国家出版基金项目
NATIONAL PUBLICATION FOUNDATION

无人机系统特征技术系列

总主编 孙 聪

无人机空中加油自主控制

Autonomous Control of UAV Aerial Refueling

段海滨 孙永斌 著

上海交通大学出版社
SHANGHAI JIAO TONG UNIVERSITY PRESS

内容提要

本书系统、深入地阐述了无人机空中加油的理论建模、视觉导航、自主控制、综合决策、飞行试验。全书共有9章,主要包括自主空中加油发展现状与关键技术,软式自主空中加油各部分建模,近距视觉导航图像预处理,锥套检测与跟踪,位姿测量,锥套位置稳定控制,多风干扰下的受油机抗干扰控制,多无人机受油编队控制与多模态综合控制决策,半物理与外场飞行验证。本书强调问题驱动和工程应用背景,结合前沿学科交叉,着眼无人机空中加油自主控制技术发展,取材新颖,内容深入浅出、覆盖面广、系统性强,力求使广大读者能快速掌握和应用无人机空中加油自主控制的理论、方法、飞行试验等关键技术知识。

本书可作为控制科学与工程、智能科学与技术、计算机科学与技术、仿生科学与工程、电子科学与技术、航空宇航科学与技术等相关学科领域的科研工作者、工程技术人员和高等院校师生的参考书,也可作为研究生和高年级本科生的教材。

图书在版编目(CIP)数据

无人机空中加油自主控制/段海滨,孙永斌著.—
上海:上海交通大学出版社,2024.1
(无人机系统特征技术系列)
ISBN 978 - 7 - 313 - 29850 - 8

Ⅰ.①无… Ⅱ.①段…②孙… Ⅲ.①无人驾驶飞机
－空中加油机－智能控制－研究 Ⅳ.①V279②V271.4

中国国家版本馆 CIP 数据核字(2023)第 215799 号

无人机空中加油自主控制
WURENJI KONGZHONG JIAYOU ZIZHU KONGZHI

著　　者:	段海滨　孙永斌			
出版发行:	上海交通大学出版社	地　　址:	上海市番禺路 951 号	
邮政编码:	200030	电　　话:	021 - 64071208	
印　　制:	上海文浩包装科技有限公司	经　　销:	全国新华书店	
开　　本:	710mm×1000mm　1/16	印　　张:	24.75	
字　　数:	428 千字			
版　　次:	2024 年 1 月第 1 版	印　　次:	2024 年 1 月第 1 次印刷	
书　　号:	ISBN 978 - 7 - 313 - 29850 - 8			
定　　价:	198.00 元			

总　序

　　无人机作为信息时代多学科、高技术驱动的创新性成果之一，已成为世界各国加强国防建设和加快信息化建设的重要标志。众多发达国家和新兴工业国家，均十分重视无人机的研究、发展和应用。《"十三五"国家战略性新兴产业发展规划》及我国航空工业发展规划中都明确提出要促进专业级无人机研制应用，推动无人机产业化。

　　无人机是我国具有自主知识产权的制造名片之一。我国从 20 世纪 50 年代起就开始自主开展无人机研究工作，迄今积累了厚实的技术和经验，为无人机产业的后续发展奠定了良好的基础。近年来，我国无人机产业规模更是呈现爆发式增长，我国无人机产品种类齐全、功能多样，具备了自主研发和设计低、中、高端无人机的能力，基本形成了配套齐全的研发、制造、销售和服务体系，部分技术已达到国际先进水平，成为我国科技和经济发展的新亮点，而且也必将成为我国航空工业发展的重要突破口。

　　虽然我国无人机产业快速崛起，部分技术赶超国际，部分产品出口海外，但我国整体上仍未进入无人机强国之列，在精准化、制空技术、协作协同、微型化、智能化等特征/关键技术方面尚需努力，为了迎接无人机大发展时代，迫切需要及时总结我国无人机领域的研究成果，迫切需要培养无人机研发高端人才。因此，助力我国成为无人机研发、生产和应用强国是"无人机系统特征技术系列"丛书策划的初衷。

　　"无人机系统特征技术系列"丛书的撰写目的是建立我国无人机技术的知识体系，助力无人机领域人才培养，推动无人机产业发展；丛书定位为科学研究和工程技术参考，不纳入科普和教材；丛书内容聚焦在表征无人机系统特征的、重要的、密切的相关技术;丛书覆盖无人机系统特征技术的基础研究、应用基础研究、应用研究、工程实现。丛书注重创新性、先进性、实用性、系统性、技术前瞻性;丛书突出智能化、信息化、体系化。

无人机系统特征技术的内涵如下:明显区别于有人机,体现出无人机高能化、智能化、体系化的特征技术;无人机特有的人机关系、机械特性、试飞验证等特征技术;既包括现有的特征技术的总结,也包括未来特征技术的演绎;包括与有人机比较的,无人机与有人机的共性、差异和拓宽的特征技术。

本丛书邀请中国工程院院士、舰载机歼-15型号总设计师孙聪担任总主编,由国内无人机学界和工业界的顶级专家担任编委及作者,既包括国家无人机重大型号的总设计师,如翼龙无人机总设计师李屹东、云影无人机总设计师何敏、反辐射无人机总设计师祝小平、中国飞行试验研究院无人机试飞总师赵永杰等,也包括高校从事无人机基础研究的资深专家,如飞行器控制一体化技术国防科技重点实验室名誉主任陈宗基、北京航空航天大学无人系统研究院院长王英勋、清华大学控制理论与技术研究所所长钟宜生、国防科技大学智能科学学院院长沈林成、西北工业大学自动化学院院长潘泉等。

本丛书的出版有以下几点意义:一是紧紧围绕具有我国自主研发特色的无人机成果展开,积极为我国无人机产业的发展提供方向性支持和技术性思考;二是整套图书全部采用原创的形式,记录了我国无人机系统特征技术的自主研究取得的丰硕成果,助力我国科研人员和青年学者以国际先进水平为起点,开展我国无人机系统特征技术的自主研究、开发和原始创新;三是汇集了有价值的研究资源,将从事无人机研发的技术专家、教授、学者等广博的学识见解和丰富的实践经验以及科研成果进一步理论化、科学化,形成具有我国特色的无人机系统理论与实践相结合的知识体系,有利于高层次无人机科技人才的培养,提升我国无人机研制能力;四是部分图书已经确定将版权输出至爱思唯尔、施普林格等国外知名出版集团,这将大大提高我国在无人机研发领域的国际话语权。

上海交通大学出版社以他们成熟的学术出版保障制度和同行评审制度,调动了丛书编委会和丛书作者的积极性和创作热情,本系列丛书先后组织召开了4轮同行评议,针对丛书顶层设计、图书框架搭建以及内容撰写进行了广泛而充分的讨论,以保证丛书的品质。在大家的不懈努力下,本丛书终于完整地呈现在读者的面前。

　　我们衷心感谢参与本丛书编撰工作的所有编著者，以及所有直接或间接参与本丛书审校工作的专家、学者的辛勤工作。

　　真切地希望这套书的出版能促进无人机自主控制技术、自主导航技术、协同交互技术、管控技术、试验技术和应用技术的创新，积极促进无人机领域产学研用结合，加快无人机领域内法规和标准制定，切实解决目前无人机产业发展迫切需要解决的问题，真正助力我国无人机领域人才培养，推动我国无人机产业发展！

无人机系统特征技术系列编委会

2020 年 3 月

前　　言

　　无人机作为"平台无人、系统有人"的飞行平台,具有生存能力强、隐蔽性好、成本低等特点,相比于有人机,其不受飞行员生理、心理等方面限制,可替代有人机更好地执行"枯燥、恶劣且危险"的任务,因此已被广泛应用于预警/监视/侦察、电子对抗、打击/跟踪、农业植保、灾难救援、环境监测等军事和民用领域。由于无人机起飞所载燃油有限,在一定程度上限制了无人机的续航时间和续航距离,而空中加油这一"云端穿针"技术是解决无人机载油量与续航矛盾的有效途径。特别是在军事领域,利用空中加油技术可更灵活地配置无人机起飞机载燃油与任务载荷的比例,使其携带更多武器装备,具备更远的打击距离、更长的监视/侦察时间等,可显著增强无人机的作战效能,提高无人机的智能自主能力等级。

　　随着无人机相关技术的迅速发展和广泛应用,自主空中加油技术的需求逐渐增大,已成为亟待解决的"卡脖子"关键技术难题。自主空中加油作为一种远程远海作战的重要模式,涉及控制、计算机、仪器、机械、通信、人工智能等多个学科,是未来无人机遂行远程远海任务的必备能力。近年来,国内外对自主空中加油理论研究和演示验证的创新成果层出不穷,无人机自主空中加油技术已逐渐成为国内外航空装备领域研究的热点和制高点。

　　十余年来,北京航空航天大学仿生自主飞行系统研究组一直面向国家需求,在自主空中加油仿生视觉导航、加/受油机自主控制、系统集成及外场飞行验证等方面开展了系统性创新研究工作,形成了一定的学术和技术积累。本书系统总结了北京航空航天大学仿生自主飞行系统研究组所取得的部分创新研究成果,旨在为广大读者提供一部关于无人机空中加油自主控制理论、方法、技术及验证方面较为系统的学术著作,为从事无人机空中加油技术研究的科技工作者、研究生和广大读者提供理论技术支撑与工程实践参考。

全书共包括 9 章。第 1 章为绪论，介绍了无人机自主空中加油在建模、近距视觉相对导航、抗干扰精确控制、飞行试验等方面的研究现状，并分析了无人机自主空中加油的关键技术；第 2 章对软式自主空中加油进行了建模，主要建立了受油机非线性模型、软管-锥套分段多刚体模型、多风干扰模型等；第 3 至 5 章研究了自主空中加油近距视觉导航的图像预处理、锥套检测与跟踪、位姿测量等方法和技术；第 6 章给出了基于鸽群优化的锥套位置稳定控制方法；第 7 章介绍了复杂多风干扰下受油机抗干扰控制，包括受油机主动抗干扰控制、锥套位置预测控制、受油机防撞控制等；第 8 章研究了多无人机受油自主控制决策方法；第 9 章介绍了无人机自主空中加油半物理与外场飞行验证平台，对自主空中加油自主控制方法进行试验验证。本书第二作者孙永斌协助完成了本书部分章节的撰写工作。本书内容基本构成了一个完整的封闭体系，取材新颖，前沿理论联系工程实际，撰写过程中力求以点带面，并注重知识的前瞻性、创新性和系统性。

感谢航空工业沈阳飞机设计研究所范彦铭研究员、北京航空航天大学陈宗基教授、成都飞机设计研究所杨朝旭研究员、西安第一飞机设计研究院高亚奎研究员、军委装备发展部程龙高级工程师、厦门大学罗德林教授在空中加油自主控制研究过程中给予的支持和指导，感谢北京航空航天大学仿生自主飞行系统研究组硕、博士研究生们"铁杵磨针"般的努力及做出的贡献，同时向本书所引用参考文献的各位作者表示诚挚谢意。

本书是在国家自然科学基金重大研究计划重点项目(91948204)、联合基金重点支持项目(U20B2071)、创新研究群体项目(T2121003)、原创探索计划重点项目（62350048）、联合基金集成项目（U1913602）、青年科学基金项目(62103040)、科技创新 2030—"新一代人工智能"重大项目(2018AAA0102403)、空军装备十二五、十三五、十四五预研项目、军委科技委基础加强计划项目、国防科技创新特区项目、航空科学基金项目(20185851022，2008ZC01006)等的支持或部分支持下取得的成果结晶，在此非常感谢上述基金及其单位和部门的大力支持。

囿于作者水平有限，书中难免存在不妥之处，恳请同行专家和广大读者不吝指正。

2023 年 11 月于北京航空航天大学

Email：hbduan@buaa.edu.cn

目　　录

1 绪 论

近年来，无人机在民用和军用领域发挥了巨大的作用。随着人工智能技术的发展，无人机的性能也得到了迅速提升，在未来的战争中，无人机必将发挥更强大的新载新质能力提升作用。但是，无人机的巡航时间、飞行距离以及载重均受到机载燃油的限制，而利用空中加油技术为在空中飞行的无人机输送燃油可成功解决这一问题。早在 1936 年，美国陆军航空队 Hap Arnold 就指出了空中加油的重要性，只有依托空中加油技术，才能够更快地实现全球作战的设想[1]，这一想法也得到世界上大多数国家的认可。空中加油是指在飞行过程中一架飞机向另一架或多架飞机传输燃油的行动。该技术自出现起，就因其在军事行动中发挥的重要作用日益受到各国的广泛重视。

根据加/受油装置的不同，空中加油系统分为伸缩桁杆式（简称硬式）、插头-锥套式（简称软式）和混合式三种[2-6]（见图 1-1）。硬式空中加油目前仅美国空军采用，需通过万向铰链将伸缩套管与加油机尾部相连，伸缩套管分为内、外管两部分，外管小翼控制硬管姿态，内管伸缩插入受油口组成燃油输送通路，同时需要保持加/受油机之间严格的相对位置，从而实现燃油的传输。硬式空中加油由于连接采用半刚性材料，所以燃油传输过程中受气流扰动的影响较小，且燃油传输速度较快，但硬式加油设备需要专门的加油操作员，成本高、体积大，不能同时给多架受油机加油。软式空中加油系统被大多数国家所采用，该系统通过在加油机上安装加油吊舱释放出软管-锥套组合体，由受油机机动将受油插头插入加油锥套完成空中加油任务。软式空中加油燃油传输过程中加/受油机不需要保持严格的相对位置，加油设备结构简单、紧凑，一架加油机安装多个加油吊舱可实现多机同时加油，可以实现战斗机间伙伴加油、直升机加油，但燃油传输速度慢，软管-锥套组合体易受气流扰动的影响，对受油机飞行员的要求极高。混合式空中加油系统是美国空军结合当前任务受油机的受油系统性质,为 KC-135 系列加油机的硬管末端加装类似软管的适配器改装而成,而其后的 KC-10 在设计时就在机尾加油桁结构处装置了两套管线,可进行硬式或混合式加油,混合式空中加油的本质与硬式或软式空中加油无异,硬式与软式空中加油的优缺点在其系统中都有所体现。比较三种空中加油系统的特点,软式空中加油适用范围最广,不需要专职加油操作员,加油过程的动作大部分由受油机承担,更加适用于无人机空中加油,近年来无人机软式自主空中加油受到国内外研究机构的广泛关注。

(a) 硬式加油   (b) 软式加油   (c) 混合式加油

图 1-1   三种典型空中加油系统

一般情况下,单架无人机执行一次空中加油可实现 80% 的航时提升,为无人机实现更丰富的作战任务奠定了基础。在海湾战争中,365 架大型加油机投入使用,多国部队共完成 5.1 万多次空中加油,对战争的胜负起到了至关重要的影响[7]。无人机软式自主空中加油因其巨大的军事应用价值得以快速发展,可显著提升无人机的自主性等级,发展现代化空中作战模式。在此背景下,本书专注于无人机软式自主空中加油热点问题,围绕软式自主空中加油建模、视觉导引、自主控制及地面/外场飞行验证等方面展开。

1.1   自主空中加油发展现状

1.1.1   自主空中加油飞行试验

以美国为首的西方国家对自主空中加油的实用化研究进行了大量探索,美国空军研究实验室给无人机自主空中加油制定了"三步走"战略计划[2]:第一阶段完成"有人驾驶加油机-有人机加油平台"的空中加油试飞;第二阶段完成"有人驾驶飞机-变稳定性飞行模拟器"的空中加油试飞;第三阶段完成"无人机-无人机"空中加油试飞。在此研究计划指导下,美国等西方国家开展了大量无人机自主空中加油项目与飞行试验(见图 1-2)。

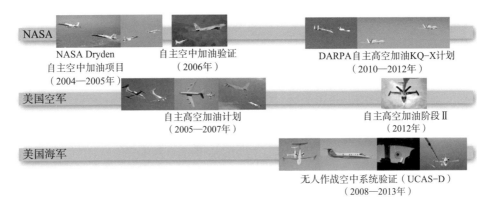

图 1-2 2014 年前美国主要的空中加油项目

自主空中加油(autonomous aerial refueling, AAR)的研究起源于自动编队飞行(autonomous formation flight, AFF)项目[8-9],该项目对保持两架飞机间相对位置的相关技术进行了系统性研究,并评估了该技术应用于自主空中加油编队飞行的可行性。

2002 年,美国启动了"自动空中加油项目"(Automated Aerial Refueling)[10],在飞行试验过程中,自主飞行无人机采用改装后的"利尔"喷气飞机,飞行员将该机驾驶到 KC-135R 加油机附近区域,通过"波音幻影工厂"(Boeing Phantom Works)设计的机载飞行控制系统将其稳定在相对加油机的某一固定位置,飞行员在该过程中只起监督作用(见图 1-3)。

(a) KC-135R 与"利尔"喷气飞机 (b) 自动对接

图 1-3 自动空中加油项目飞行试验图

美国国防部高级研究计划局(Defense Advanced Research Projects Agency, DARPA)联合美国国家航空航天局(National Aeronautics and Space

Administration, NASA)德莱顿飞行研究中心开展了"自主空中加油验证项目"的研究工作。2004 年,德莱顿飞行研究中心通过改装后的 F/A - 18 双机飞行试验[11](见图 1 - 4),获取了软式空中加油的大量飞行数据,分析了受油机头波影响范围、受油机动作引起的锥套运动规律、不同飞行条件对锥套气动参数的影响等,为研究受油机头波、效应软管-锥套组合体建模提供了试验数据。

（a）空中加油场景　　　　　　　　（b）受油机

图 1 - 4　两架 F/A - 18 飞行试验

2006 年 8 月,全自动空中加油在美国加州爱德华兹空军基地试验成功[12],由 F/A - 18 改装成的无人机试验平台与作为加油机的波音 707 - 300 实现了成功对接,如图 1 - 5 所示。F/A - 18 飞行员对自动空中加油只起监督作用,其双手已离开操纵杆。

（a）波音 707 - 300 与 F/A - 18　　　　　　　　（b）自主对接

图 1 - 5　自动空中加油飞行试验

2010 年 6 月,诺斯罗普·格鲁曼公司开始实施"KQ - X 无人机空中加油能力研发计划",该计划旨在提升高空长航时"全球鹰"无人机的续航能力,并于 2011 年 1 月,成功进行了两架"全球鹰"无人机的高空紧密编队飞行试验,标志着该计划取得了突破性进展;2012 年 10 月,两架改进型"全球鹰"无人机成功实现了自主空中加油试验[13](见图 1-6),将"全球鹰"无人机续航时间由 41 h 提升到超过 160 h。

(a) 接近

(b) 对接

图 1-6 "全球鹰"无人机自主空中加油飞行试验

2015 年 4 月,X-47B 舰载无人机在美国切萨皮克湾上空与 K-707 加油机会合,并成功实现了首次无人机自动空中加油试验[14](见图 1-7),标志着美国无人机自动/自主空中加油技术成熟度已处于较高水平。

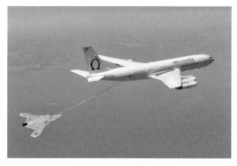
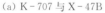
(a) K-707 与 X-47B

(b) 自主对接

图 1-7 X-47B 自动空中加油飞行试验

2018 年,空客公司首次进行了大型飞行器硬式自主空中加油飞行验证[15](见图 1-8),标志着硬式自主空中加油系统的发展又向前迈进了一步,为多场景多型号飞机的自主空中加油提供了有效的技术基础。

2019 年 9 月,波音公司设计的 MQ-25 无人空中加油机(见图 1-9)完成了首飞[15],该无人加油机完成了自主滑行、起飞、飞行预定路线、自主降落过程,在测试飞行员的指导下自主飞行了 2 h,可服务于自主空中加油系统。

图 1-8　空客硬式自主空中加油飞行验证

（a）MQ-25

（b）MQ-25 为 F-35C 加油

图 1-9　MQ-25 无人加油机空中加油

目前,国内对无人机自主空中加油的研究大多处于实验室仿真或初步验证阶段,相关技术比较缺乏外场飞行验证,技术成熟度不高。

1.1.2　软式空中加油建模

软式自主空中加油主要考虑复杂多风干扰建模、软管-锥套组合体建模以及受油机建模。其中,复杂多风干扰建模应尽可能真实地模拟空中加油环境,包括对加油机尾流[见图 1-10(a)]、受油机头波[见图 1-10(b)]、大气湍流、阵风等的建模。加油机尾流理论建模的模型有很多,包括 Lamb-Oseen 模型[16]、Rankine 模型[17]、平稳混合模型[18]、自适应模型[19]、Hallock-Burnham 模型[20]及多层级模型[21]等。Hallock-Burnham 模型通过归纳大量飞行试验数据而来,形式简单、精度较高且方便工程应用,在空中加油实验中使用最多。软式空中加油对接最后阶段,随着受油机逐渐接近加油锥套,高速运动的受油机在机头部位产生较强的前扰波即受油机头波。在受油机与加油锥套距离较近时,受油机头波会对锥套气动力产生不可忽视的影响,造成锥套向远离受油机机头的一侧飘摆。这种现象在锥套处于机头侧面的情况下较为明显,而锥套处于受油机机头正前方时影响较小但依然存在。大量的飞行实验数据表明,受油机头波严重影响近距对接的成败。NASA 分析其 2004 年飞行试验数据[11],结果显示受油机头波通常会使锥套产生 30.5～36.6 cm 的位置偏移量。考虑到锥套质量小、动态过程较快,受油机位置响应速度很难匹配锥套动态变化速度,容易引起受油机控制明显超调,进而造成受油插头折断、软管-锥套组合体鞭打受油机等加油事故。波音公司 Vassberg 等[22]研究了软管在重力与不稳定流场局部气流作用下的运动规律,同时针对受油机头波效应分析了不同对接速度下的对接位置补偿策略,明确指出受油机应对准补偿位置点完成对接。西密歇根大学 Ro 等[23]对受油机头波影响下的锥套暂态运动特性进行了分析,并提出在控制器设计时主动考虑该因素的思想。得克萨斯大学阿灵顿分校 Dogan 等[24]给出了受油机头波的近似描述并建立了简单模型,与计算流体力学(computational fluid dynamics, CFD)仿真、飞行试验数据进行了对比分析,证实了模型的可信度。布里斯托大学 Bhandari 等[25]采用兰金半体模型模拟受油机头波的影响,并设计对接位置偏移量以抑制头波风速对锥套运动的影响,但对接位置偏移量的获取方法没有给出。国内,北京航空航天大学 Dai 等[26]通过 CFD 仿真对某型受油机头波特性进行了分析,并采用简单解析函数组合形式拟合得到了受油机头波模型。北京航空航天大学 Liu 等[27]在 CFD 仿真的基础上,采用深度学习方法构建精确的受油机头波模型,以估计头波效应对锥套的运动影响,指导对接轨迹生成。无人机软式自主空中加油过程一直受到不确定性大气湍流的影响,目前飞行力学领域常用的大气湍流模型包括 Von Karman 和 Dryden 模型,其中 NASA 提出的 Dryden 模型[28]在空中加油研究中被广泛使用。

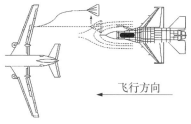

(a) 加油机尾流   (b) 受油机头波

图 1-10 软式自主空中加油风干扰

软管-锥套组合体(hose-drogue assembly, HDA)是空中加油建模的重要组成部分,其特性表现为强耦合即外流场系统与多体动力学系统的相互作用。考虑到加、受油系统间的相互影响,整个软管-锥套组合体系统的非线性程度显著增加。软管-锥套组合体[见图 1-11(a)]自身由于柔性连接易受加油机尾流、大气湍流、阵风等影响而产生不规则飘摆。此外,受油机靠近时的头波效应也促使锥套产生剧烈、快速的不规则摆动。这些因素都给软管-锥套组合体动力学分析与建模的研究增加了难度。佩鲁贾大学 Fravolini 等[29]采用有限元方法建立了软管-锥套组合体系统的模型,并通过拉格朗日方程求解得到软管-锥套的拖曳位置,进一步引入风干扰,但由于所建模型为三个线性连杆单元,无法处理软管弯曲问题。多伦多大学 Zhu 等[30-31]也采用有限元方法提出了长度恒定非线性弯曲梁软管模型,从弹性动力学角度对由软管形态变化引起的软管参数改变进行了分析,解决了小张力情况下软管建模的难点,但理论推导较复杂、计算量巨大,在实际工程中实时运行很难实现。北京航空航天大学 Liu 的研究团队基于汉密尔顿理论通过偏微分方程将柔性软管建模为变长度、变速度且带输入约束的分布式参数系统,并为该系统设计边界控制器以抑制软管抖动[32-33]。波音公司 Vassberg 等[34-36]、Ro 等[37]则使用基于集中参数原理的多刚体动力学方法,将软管-锥套组合体建模为若干由无摩擦万向铰链串联的刚性连杆,假设各段连杆受力、质量集中于相应铰链处,并分析了各段软管受到的法向与切向空气阻力、软管张力等,该模型的仿真结果已足够接近 Zhu 的弯曲梁软管模型,但模型首段软管相对于其他段长度较长且只有首段软管长度可变。国内,空军工程大学胡孟权等[38]分析了软管-锥套运动受大气湍流的影响,并计算了锥套拖拽稳定位置。空军工程大学王海涛的研究团队在原分段模型的基础上,建立了各段软管长度平均且可变的 HDA 系统多刚体分段模型,并在原模型动力学特性的基础上引入软管恢复力,该模型在软管收放过程中保持各段软管长度同等变化,更加符合实际情况[39-41]。太原科技大学 He 等[42]同样建立了变长度分段多刚体软管-锥套组合体模型,并设计了指令滤波反步滑模控制器,以抑制对接过程中的软管甩鞭现象。西北工业大学 Cai 等[43]开发了能够模拟外部干扰作用下锥套运动的硬件在环实验系统,该系统由分段多刚体动力学模型、二维移动平台、人机交互界面、运动控制模块组成,完成了锥套运动的高实时半物理实验。北京航空航天大学 Dai 等[44]以变长度分段软管-锥套模型为基础,通过系统辨识建立了带软管收放单元的锥套动力学简化模型,并通过观测软管状态、控制软管长度,以稳定锥套运动、抑制甩鞭现象。自主空中加油预对接阶段为增强复杂多风干扰下锥套位置的稳定性,降低受油机近距对接的难度,波音公司 Williamson 等[45]设计了不带控制舵面的自稳定锥套[见图 1-11(b)],该锥套存在呈"＋"形分布的四对可控锥套支架,通过控制每对锥套支架的张开角度来改变锥套伞衣的撑开面积,进而影响锥套各方向受到的空气动力。西密歇根大学 Kuk 的研究团队给出了带控制舵面的自稳定锥套[见图 1 - 11(c)],通过设计四个可控舵面来达到控制锥套气动力的效果,根据舵面的分布不同可将此种自稳定锥套分为"＋"或"×"锥套,两种带舵锥套根据不同的舵面分配来产生期望的滚转力矩和平移力,抑制复杂多风干扰造成的锥套位置飘摆[46-47]。同时,Williamson、Kuk 对自稳定锥套的动力学特性进行了风洞试验分析,通过拟合可控舵面或支架控制量与锥套气动力的关系,建立了自稳定锥套的数学模型。自稳定锥套是进行锥套预对接位置稳定控制[47-49]的基础,也为软式自主空中加油稳定对接提供了另一种解决方案,可根据需要选取自稳定锥套来降低受油机对接难度。

(a) 软管-锥套

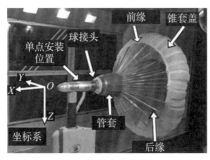

(b) 不带舵自稳定锥套

(c) 带舵自稳定锥套

图 1 - 11　软管-锥套组合体

空中加油输油段特点表现为在短时间内受油机质量大幅改变,受油机建模质量恒定的假设不再适用,因此在受油机建模时需要考虑受油机质量变化的影响。得克萨斯大学阿灵顿分校 Dogan 的研究团队在研究了不同位置油箱多种燃油输送策略引起的质量变化对受油机模型参数造成变化的规律的基础上,提出了受油机六自由度变质量非线性模型。空军工程大学 Wang 等[52]同样在受油机模型中引入变质量因素,在平移运动方程中考虑质量变化率和质量变化引起的受力情况改变对速度、加速度等状态量的影响,在角运动方程中考虑燃油传输产生的受油机转动惯量改变,且根据四个不同位置的油箱分布探究不同输油方案对受油机模型参数变化的影响。

在复杂多风干扰影响下,受油机如何实现快速、高精度的位置控制以及加油机如何保持自身状态量稳定,是成功实现自主空中加油的基本条件。国内外研究学者对软式空中加油抗干扰控制问题进行了大量研究,目前主要的控制方法有 PID 控制[53]、最优控制、鲁棒控制、自适应控制、迭代学习控制[54-56]等。

1.1.3　近距视觉相对导航

针对无人机自主空中加油近距视觉导航技术,如何实现快速、高精度的目标检测和相对位姿的测量是国内外研究的重点内容,为解决相关技术难题,许多创新性的技术先后被提出与验证。

美国得克萨斯农工大学设计了基于视觉的空中加油导航系统[57],其视觉导航实验室开发了高精度图像传感相对导航系统(Vision-based Navigation,VisNav),该系统包括位置感知二极管(position sensing diode, PSD)和红外发光二极管(light-emitting diode, LED),PSD 用于感受特定波长光照强度的 LED 光线,由于已知 LED 在锥套中的坐标,通过最小二乘法可解算出锥套与受油机的相对位姿。这套系统是迄今为止比较成熟的自主空中加油视觉导航系统,X-47B 自主空中加油验证中可能应用了该系统,其系统硬件如图 1-12 所示,系统使用如图 1-13 所示。

(a) 感受器盒　　　　(b) 带有前置放大器的 PSD　　　　(c) 红外 LED 指示灯

图 1-12　VisNav 系统硬件组成

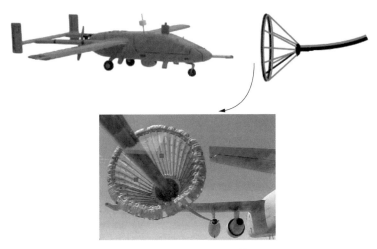

图 1-13 VisNav 系统

此外,美国得克萨斯农工大学的 Doebbler 等[58]利用基于视觉蛇光学传感器 (visual snake optical sensor, VSOS)的相对导航系统进行了精确且稳定的硬式自主空中加油视觉导航仿真实验,仿真实验结构如图 1-14 所示,其中相机传感器安装在加油杆上可伸缩处的末端,并在受油机受油口的位置处贴有视觉合作标志作用的鱼骨纹,在对接过程中通过视觉技术来测量加油杆和受油口之间的相对位姿信息,进而通过飞行控制器控制加油杆的动作来完成空中对接。

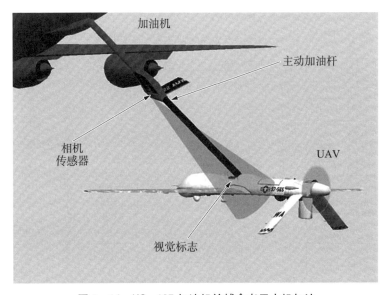

图 1-14 KC-135 加油机给捕食者无人机加油

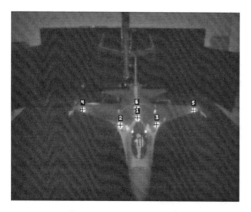

图 1-15　装有红外灯的硬式加油半物理平台

美国 SySense 公司的 Walton 与波音公司的 Stephen 等开发了一套基于差分 GPS、惯性测量系统、光电测量系统及无线传输系统相融合的硬式自主空中加油系统[59]，实验装置如图 1-15 所示，该系统通过扩展卡尔曼滤波器（extended Kalman filter, EKF）实现近距离飞行阶段两无人机之间相对位置、速度及姿态信息的精确测量，然后加油杆控制系统利用融合测量系统的输出结果来完成加油杆和受油口之间的对接。

意大利比萨大学的研究人员研究并建立了一套与 VisNav 类似的计算机视觉辅助加油系统[29, 60-61]。与之不同的是，该系统使用红外相机采集放置了红外 LED 灯的目标图像，经过一系列图像处理方法检测红外 LED 灯的图像中心坐标后使用正交迭代法计算锥套与受油机的相对位姿。此外，这些研究者还在加油机的机身上安装了红外 LED 灯，进行双机编队中的飞机位置姿态等的视觉测量，其加油锥套视觉测量系统流程如图 1-16 所示，其基于机器视觉的无人机空中加油原理如图 1-17 所示。

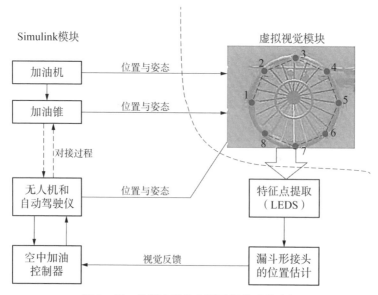

图 1-16　比萨大学锥套测量视觉系统流程

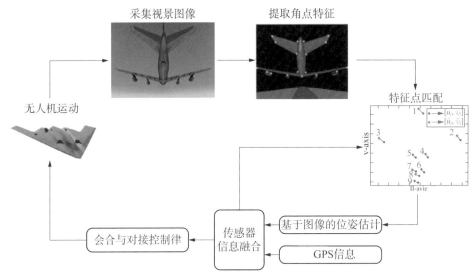

采集视景图像　　　提取角点特征

无人机运动

特征点匹配

基于图像的位姿估计

GPS信息

传感器信息融合

会合与对接控制律

图 1 - 17　比萨大学基于机器视觉的空中加油原理

　　澳大利亚悉尼大学的 Wilson 等提出了一套针对软式自主空中加油的锥套位姿估计系统[62-63]，该系统利用导出系统模型、无人机状态信息、视觉测量来估计锥套的位置、姿态以及空气动力学系数，系统组成与架构如图 1 - 18 所示，该系统在加油锥套上布置有 7 个红外 LED 灯，受油机利用带有滤光片的近红外相机来获取加油锥套图片并通过随机抽样一致方法对图像中的杂点进行滤除，进而应用椭圆拟合算法来实现对加油锥套目标的检测，最终实现了固定翼无人机的自主空中加油算法的验证。

　　目前，大多数视觉导引系统采用了类似于 LED 灯的基于特征的方法，该方法容易出现特征遮挡等情况，西班牙马德里理工大学的 Martinez 等[64]使用锥套自身特征进行相对位姿估计，该方法有效地避免了特征遮挡的情况。由于已知锥套直径，通过椭圆拟合可得到锥套外接矩形的坐标，进而得到加油机与受油机的相对位姿。在此基础上，使用机械臂对该方法进行了实物验证（见图 1 - 19），试验结果表明这一视觉导航系统具有鲁棒性好、计算量小等优点。

　　美国西弗吉尼亚大学的 Fravolini 等[65]提出了基于 GPS/视觉传感器信息融合的空中加油定位方法，将摄像机安装在受油机上，通过对加油机尾部的角点进行检测来提取特征信息，进行位姿估计，采用 KC - 135 加油机模型和 ICE - 101 无人机模型进行了空中加油的仿真模拟。伊朗谢里夫理工大学的 Khansari-Zadeh 等[66]将人工神经网络的方法应用到硬管加油对接阶段的视觉

（a）双机编队飞行

（b）带有红外 LED 灯的加油锥套

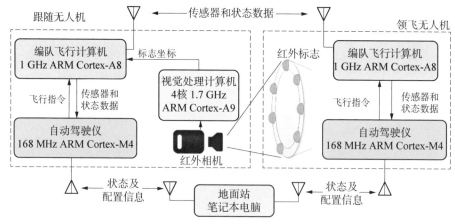
（c）软式加油系统框架图

图 1-18　悉尼大学自主空中加油系统组成与架构

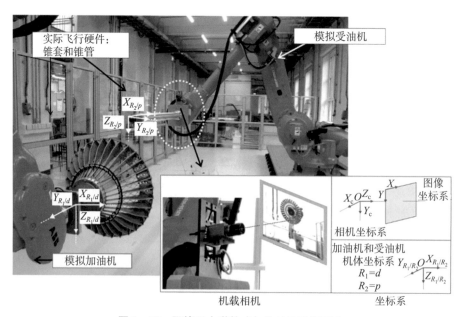

图 1-19　马德里大学软式加油地面验证平台

导航中,以识别前方加油机并进行位姿估计,该方法在前人工作基础上进行了改进,利用基于区域特征的阈值分割方法去除非感兴趣区域的物体,再通过不同的神经网络分别完成加油机识别、位置估计、方位估计。

英国 Octec 公司同样实现了自主空中加油技术,研究人员采用传统导航与视觉导航相融合的方法,会合阶段使用传统导航方法进行导引,但由于 GPS 定位精度不能满足自主对接的要求,同时锥套受气流影响产生不规则运动,造成自主对接难度的增加,故对接阶段使用视觉信息来提高 GPS 导航精度。视觉导引系统中主要通过单目相机实时采集锥套图像,并对锥套内圈圆形进行跟踪拟合,实时估计加油锥套与受油机间的相对位姿信息(见图 1 - 20)。实验结果显示,刚进入视觉导航对接阶段时,锥套与受油插头相距 30 m,测量误差在 50 cm 左右;当锥套与受油插头相距 4 m 以内时,单目相机的估计精度可达到 4 cm 以内,满足自主空中加油的精度需求[67]。

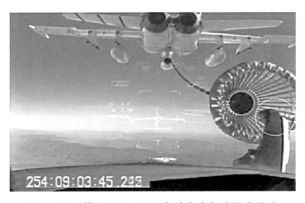

图 1 - 20　英国 Octec 公司自动空中加油视觉跟踪

国内对于自主空中加油技术的研究相对于美国等发达国家较晚,随着国家需求的加剧和资金投入的加大,近些年来许多高校和研究机构都在积极开展自主空中加油方面的研究工作。

西北工业大学闫建国团队开发了一套硬式自主空中加油地面验证平台[68-69],系统装置如图 1 - 21 所示,该系统采用一架小型的 F16 缩比模型作为受油机,受油机受油口处粘贴有带颜色的斑纹作为合作目标,半物理实验采用了一种基于颜色融合与核函数卡尔曼滤波的 MeanShift 跟踪算法来获取空间信息和处理目标遮挡问题,从而实现对合作目标的快速准确跟踪。此外,沈嘉禾等[70]提出了基于 YOLO 网络的锥套识别方法,设计了多维度的 Anchor Box,优化了网络结构以适应锥套的多尺寸情况,同时采用了多种大小的特征图,优化了网络的损失函数,并在 DSP 嵌入式系统上进行了运行测试。西北工业大学 Rasol 等[71]结合改进 YOLOv4 检测算法和 n 重伯努利概率理论提出了一种嵌入式自适应单目标跟踪框架(见图 1-22),在实现复杂背景下的小目标检测基础上,利用前帧的先验信息自适应地跟踪不同大小的目标,并设计了基于 n 重伯努利概率理论的滤波算法,降低了目标跟踪的错误率。

（a）三维移动机架　　　　　　　（b）地面验证平台

图 1-21　西北工业大学自主空中加油装置

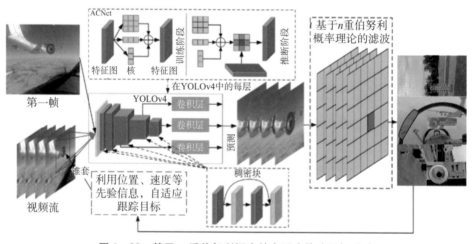

图 1-22　基于 n 重伯努利概率的自适应快速目标跟踪

空军工程大学董新民团队开发了一套基于颜色信息的自主空中加油单目视觉测量系统[72](见图 1-23),该系统制作了一个圆环形状的加油锥套合作目标,在圆环平面的表面上粘贴有红色布料,实时视觉测量过程依次进行颜色分割、椭圆拟合,根据加油锥套合作目标已知尺寸先验信息,通过单目视觉测量算法来测量锥套相对位姿信息。此外,该团队还将深度卷积神经网络(convolutional neural network,CNN)应用于软式自主空中加油近距离对接阶段的加油锥套目标检测[73],通过构建一个不同环境下各种加油锥套的数据库来对深度学习模型进行训练,同时为了确保精度和实时性,该卷积神经网络模型采用 Caffe 深度学习框架,并利用图像处理单元(graphics processing unit,GPU)来进行加速,基于深度卷积神经网络的锥套目标检测结果如图 1-24 所示。

(a) 加油锥套合作目标　　　　　　　　(b) 锥套目标定位示意图

图 1-23　空军工程大学自主空中加油装置

图 1-24　基于 CNN 的加油锥套检测

中国科学院自动化研究所 Ye 等[74]设计了一种基于单目视觉的软式自主空中加油锥套位姿测量系统(见图 1-25),该套系统主要包括三个步骤(检测加油锥套标识、定位加油锥套轮廓、解算锥套相对位姿),同时提出了基于随机森林(random forest,RF)的锥套标志检测算法实现加油锥套的实时检测,并利用加油锥套的几何结构信息来测量锥套的相对位姿,进而通过视觉导引实现自动对接。Sun 等[75]提出了一种鲁棒性的自主空中加油检测跟踪框架,包括快速深度学习检测器与强化学习跟踪器,检测器融合了高效的 MobileNet 与 YOLO 框架,跟踪器通过强化学习方法快速且准确地实现目标的分层定位与目标框尺度调整,该框架下锥套跟踪准确率可达 98.7%、帧率为 15 帧/s。此外,Sun 等[76]设计了一种多任务并行深度卷积神经网络来检测加油锥套,并利用单目视觉位置估计方法实现了鲁棒的加油锥套位置测量。

图1-25   中科院自动化研究所空中加油测试平台

南京航空航天大学孙永荣团队搭建了一套软式自主空中加油锥套检测和跟踪系统[77]（见图1-26），该系统测试了一种基于锥套目标检测与跟踪方法的单目视觉测量方案，在加油锥套目标检测阶段，采用阈值分割和形态学处理排除图像干扰，并利用轮廓提取算法来获取图像中的所有轮廓，通过锥套的形状信息从中筛选得到锥套在图像中的位置；在加油锥套跟踪阶段，通过将上一帧的检测结果确定为当前帧的感兴趣区域来实现加油锥套的跟踪。此外，还提出了一种基于单目视觉的锥套实时检测与跟踪策略[78]，该策略采用直接图像对准跟踪方法解决可靠且实时跟踪的问题，利用图像感兴趣区域边缘点形状拟合来修正跟踪框，并设计多子块融合架构以提高跟踪准确率、降低发散速度。

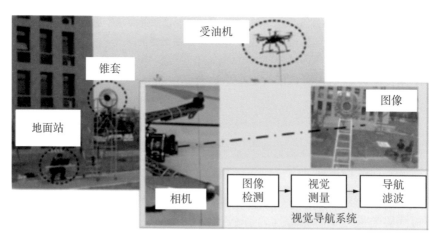

图1-26   南京航空航天大学空中加油验证平台

复旦大学张易明等提出了一种结合改进YOLOv4-Yiny深度学习与双目视觉匹配的快速定位方法[79]，以解决软式自主空中加油对接过程中实时获取加油锥套空间位置及控制导引问题。通过插入空间金字塔池化模块和修改部分卷积层结构,改进后的 YOLOv4 - Yiny 检测频率可达 182 Hz,网络体积减小 20.47%,在测试集上的平均交并比提高 5%,并引入快速边缘拟合方法获取锥套的椭圆形特征,进而设计加油锥套缩比模型开展了视觉定位试验(见图 1 - 27),试验中平均深度预测误差小于 5%,空间位置预测符合预期。

(a) 训练集选图　　　　　　　　　　(b) 双目锥套检测

图 1 - 27　复旦大学地面视觉定位试验

北京航空航天大学张广军教授团队设计了基于双目视觉的软式空中加油半物理与外场飞行验证平台[80-81](见图 1 - 28),该平台通过集成基于立体视觉的异常区域自适应处理算法、图像快速立体校正算法、多代价融合鲁棒匹配算法等,解决了图像光照不一致、相机抖动、遮挡等问题,提高了系统的位置与方位测量精度。

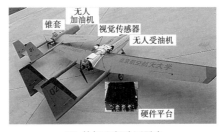

(a) 半物理平台　　　　　　　　　　(b) 外场飞行验证平台

图 1 - 28　北京航空航天大学张广军团队软式空中加油验证平台

北京航空航天大学段海滨教授团队从事空中加油技术的研究十余年,构建了硬式与软式自主空中加油半物理验证平台[4-5](见图 1 - 29),该平台通过 FlightGear 加载自主空中加油场景,并通过真实工业相机采集近距导航图像,进而利用多种视觉导航方法得到受油口或加油锥套的实时相对位姿信息,为加油

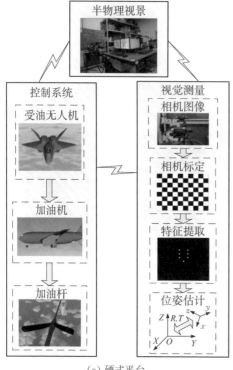

（a）硬式平台   （b）软式平台

图1-29   北京航空航天大学段海滨团队半物理验证平台

机与硬管装置（硬式）、受油机（软式）提供导引信息，实现了对硬式、软式自主空中加油导航与控制方法的地面半物理验证。

此外，段海滨教授团队还开发了基于旋翼机平台的硬式与软式空中加油外场试飞验证平台[4,82-84]（见图1-30），在受油机受油口（硬式）附近与加油锥套（软式）内部添加红色标志点，加/受油机上均配有自动飞行控制器、通信链路模块、任务机。同时，硬式的加油机装载双目视觉导航系统与硬管伺服装置，软式的受油机装载单目视觉导航系统，加/受油机自动编队飞行并通过视觉导航系统测得合作目标的相对位姿进而实现精准对接，该空中加油外场试飞验证平台验证了视觉导航系统、自主空中加油近距编队与多阶段任务的有效性。

1.1.4   空中加油抗干扰精确控制

最优控制、鲁棒控制、自适应控制、主动抗干扰控制是解决软式空中加油抗干扰精确控制问题的有效方法，国内外研究学者对此研究较多。

（a）硬式验证平台

（b）受油口视觉导航

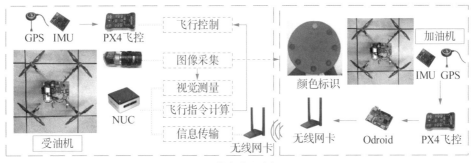
（c）软式验证平台

（d）加油锥套识别

图 1-30 北京航空航天大学段海滨团队空中加油外场试飞验证平台

最优控制理论中应用最广泛的是线性二次型调节器（linear quadratic regulator, LQR）控制方法。得克萨斯农工大学 Valasek 等[85]将加油机运动对锥套的动态影响作为系统的不确定性扰动,将非零点集方法引入 LQR 控制,设计了最优全状态反馈控制律,完成了轻度湍流下的受油机对接控制。得克萨斯农工大学 Kimmett 等[86]在锥套位置动态变化的情况下,由指令生成跟踪器根据给定控制输入实现了对锥套的动态跟踪,并针对大气扰动等对控制效果的影响,设计了线性二次型高斯控制器,增强了受油机闭环控制系统对扰动的抑制作用。此外,得克萨斯农工大学 Tandale 等[87]通过参考状态观测器实时评估控制系统参考状态及前馈控制量,并设计 LQR 闭环控制器,该方法采用测量到的锥套实时动态位置进行控制,无需锥套模型或运动的先验知识,加入中度湍流及阵风,控制系统仿真效果较好,但没有考虑加油机尾流、受油机头波对锥套运动的影响,且软管-锥套模型仅为简单的二阶模型。北京航空航天大学王宏伦等[88]给出了基于 LQR 和参考轨迹发生器的跟踪控制方法,分别验证了锥套静止和加油机尾流影响下锥套自由飘摆的对接控制。国内外其他研究人员也开展了大量 LQR 控制方法的研究工作[89-94],但控制器设计思路与 Valasek、Kimmett 等的基本相似。基于 LQR 理论的控制技术对被控对象的模型精度要求较高,且控制性能极大地依赖于反馈增益矩阵的选取,由于 LQR 控制器设计过程中考虑复杂多风干扰的影响,当引入加油机尾流、受油机头波、大气湍流等不确定性扰动时,很难保证控制系统性能。

鲁棒控制技术可较好满足无人机自主空中加油控制系统对鲁棒性和控制性能的要求。佩鲁贾大学 Fravolini 等[65]采用传统 H_∞ 控制方法设计了针对12阶受油机线性化模型的反馈控制器,但由于闭环控制器阶数达到24阶,应用到实际工程中较难。艾奥瓦州立大学 Murillo 等[95]针对简化降阶的受油机线性模型,分别通过模型跟踪、鲁棒伺服和灵敏度 H_∞ 方法设计了对接控制器,对比分析表明,设计的 H_∞ 控制器调节时间更长、超调量较大,故需要在鲁棒控制基础上采用其他理论进行辅助设计,使得自主空中加油控制系统具有较好的控制性能和较强的抗干扰能力。空军工程大学郭军等[96]针对自主空中加油中无人作战飞机(unmanned combat aerial vehicle, UCAV)位置保持问题,在 UCAV 建模中考虑燃油传输对质量/质心和转动惯量矩阵的影响,并设计了基于鲁棒理论的 H_∞ 最优控制器,实现了 UCAV 位置保持。

采用自适应控制方法是提高自主空中加油控制系统可靠性和安全性的有效途径。弗吉尼亚理工大学 Stepanyan 等[97-98]采用微分博弈思想并通过锥套运动目标区域和受油机可达区域获得制导指令,设计自适应控制器来精确跟踪制导指令。弗吉尼亚理工大学 Wang 等[99-100]采用了 L1 自适应控制方法来解决加油机尾流干扰下的受油机精确控制问题,一方面抑制了尾流对受油机控制系统的影响保证了瞬态性能,另一方面减少了由参数不确定性引起的稳态误差,进而提

高了控制系统稳态跟踪精度。得克萨斯农工大学 Marwaha 等[101]设计了自适应
容错控制器以处理自主空中加油时未知加油锥套准确动态或执行机构故障的控
制问题,提出的结构自适应模型逆控制器可以不依赖故障检测信息。弗吉尼亚
理工大学 Wang 等[102]还研究了自适应控制技术与增益调度控制器结合的方法,
使空中加油控制器能在时变参考系统的不同飞行状态且无补偿措施时恢复增益
调度标称性能,并满足存在不确定条件下的零自适应输出,分析了所设计的自适
应控制器的闭环稳定性和控制性能,表明了为保持增益控制器跟踪性能可以一
致增大自适应更新速率。北京航空航天大学李大伟等[103]将 L1 自适应控制引
入 LQR 比例积分控制器,确保了闭环控制系统暂态性能快速、平滑且稳态品质
良好。南京航空航天大学朱虎等[104]采用动态逆方法设计无人机姿态回路控制
器,并设计 L1 自适应系统补偿外界气流干扰和系统模型误差,该控制器具有很
高的抗干扰性能和鲁棒性。复旦大学张易明等[79]建立了一种基于投影算子的
模型参考自适应控制增广控制器,在机体参数存在不确定性及存在风扰动的情
况下有较强的鲁棒性,实现了受油机机体坐标系下的锥套目标跟踪。但基于自
适应控制技术的方法同样没有全面考虑加油机尾流、受油机头波、大气湍流等复
杂多风干扰情况的影响。

　　主动抗干扰控制方法通过对大气扰动、模型不确定性等干扰的在线估计,在
设计控制器时主动考虑对干扰量的抑制,以实现抗干扰精确控制,提高控制品
质。干扰观测器(disturbance observer, DO)的概念最早由日本学者
Ohnishi[105]提出。在此基础上,Umeno 等[106]给出了基于干扰观测器的系统二
元控制(disturbance observer-based control, DOBC)理论框架,其本质思想是根
据系统输出设计干扰观测器和标称系统镇定器,实现对干扰的估计与补偿。这
里的"干扰"具体指外部干扰、未知非线性、未建模动态等多种不确定因素。
DOBC 控制器以其结构简单、抗干扰性能优异等特点,被广泛推广到飞行控制等
领域。拉夫堡大学 Chen[107]结合动态逆和 DOBC 控制方法设计了非线性控制
器,解决了传统动态逆方法对被控对象模型精度要求较高的问题,实现了存在模
型不确定情况下的导弹姿态准确跟踪。拉夫堡大学 Liu 等[108]针对强耦合、强非
线性小尺寸直升机易受结构变形、风扰动影响的问题,在设计标称模型非线性预
测控制器的基础上,通过非线性状态观测器对小尺寸直升机总扰动(包括模型不
确定性、外部风干扰造成的力/力矩偏差等)进行在线估计,然后将估计值用于控
制器前馈通道干扰补偿。东南大学 Sun 等[109]设计了一种采用非线性 DO 的反
步鲁棒控制器,能够较好地解决高超声速飞行器纵向鲁棒跟踪问题,具有抗干扰

能力强、响应迅速等优点。北京理工大学 Lu 等[110]结合扩张状态观测器和滑模控制器,解决了存在有界外部干扰、输入受限、不确定转动惯量等复合影响下的航天器姿态镇定问题。北京航空航天大学 Su 的研究团队针对受油机仿射非线性模型,将整个控制框架分为位置、航迹、角度、角度率、速度五个控制回路,各控制回路的观测器(扩张状态观测器、高阶滑膜观测器)以及控制方法(自抗扰、反步、反步高阶滑膜)有所不同,并且为加快位置控制响应速度,引入受油机转动控制,组成受油机平动、转动复合控制,实现对受油相对位置的快速、精确抗干扰控制[111-114]。自抗扰控制(active disturbance rejection control, ADRC)由中科院 Han[115]首次提出,其基本思想是将简单积分串联模型作为反馈系统标准形式,把内部和外部干扰作为集总干扰,进而设计扩张状态观测器(extended state observer, ESO)对闭环系统状态量、集总干扰进行精确估计,并通过状态误差反馈(state error feedback, SEF)控制律补偿干扰量,从而提高控制精度和抗干扰能力。ADRC 是一种综合观测内、外部干扰的非线性控制器设计方法,是对 DOBC 理论框架的扩展。ADRC 不依赖被控对象精确模型,并且抗干扰能力强、精度高、结构简单。北京航空航天大学 Duan 等[4]以自抗扰控制架构为基础,设计了基于视觉导航信息的受油机参数自适应等效滑模控制器,一方面可较好地抑制空中加油复杂多风干扰,另一方面可实现高精度的锥管-锥套相对位置控制效果,同时针对受油机控制固有的响应速度慢问题,设计模糊位置预测控制方法,以应对无人机自主空中加油近距对接末端受油机头波引起的锥套位置快速、大幅改变,提高受油机位置响应速率,并且该团队的费伦等[116]还提出了一种基于变权重变异鸽群优化的受油机自抗扰控制方法,用于克服空中加油复杂环境的干扰,提高无人机空中加油的控制精度和扰动抑制性能。此外,国内外学者还研究并将其应用于固定翼飞行控制[117]、飞行器再入制导律设计[118]、火炮定向控制[119]等方面。将主动抗干扰控制技术应用于自主空中加油精确跟踪控制问题,可以从本质上提高复杂多风干扰下加/受油机控制系统的抗干扰性及控制精度,对研究自主空中加油具有重要意义。

1.2　无人机自主空中加油关键技术

无人机自主空中加油技术涉及控制、计算机、仪器、机械及人工智能等多学科,实现无人机软式自主空中加油,必然要突破自主对接近距视觉导航、无人机抗干扰精确控制、自主决策与规划、外场试飞验证等多方面的关键技术。

1.2.1　自主对接近距视觉导航

精确且实时的加油锥套相对位姿测量是自主空中加油精准对接的首要前提。无人机软式自主空中加油近距对接阶段,软管-锥套组合体的柔性特性决定了其容易受到复杂多风干扰的影响,锥套不会相对于加油机固定在某一确定的位置,而要实现成功对接,需要实时获取加油锥套的位姿信息为受油机控制系统提供导航数据。考虑到安全性及传感器精度等因素,给锥套添加符合对接要求的精确定位装置比较困难。而基于视觉的近距相对导航方法位置测量精度可以达到厘米级,不需要给锥套加装复杂的辅助装置且抗电磁干扰能力强,随着人工智能方法的大量涌现及硬件系统的升级,加油锥套特殊情况(遮挡、曝光不当、模糊等)的处理方式多样化、实用化,使得自主对接近距视觉导航更加适用于加油锥套位姿信息的获取。

同时,解剖学、行为学、电生理学等领域的发展对研究猛禽类生理结构、视觉系统及视觉信息处理机制提供了有利的支撑,将猛禽视觉处理机制研究与无人机软式自主空中加油近距视觉导航相结合,是一个关键科学问题。通过模拟猛禽视网膜感受野作用、颜色感知、成像变分辨率等处理机制,形成适用于无人机自主空中加油近距视觉导航的仿猛禽图像处理方法,是解决无人机自主空中加油对接过程中多种不同情况下视觉导航问题的关键途径。深入研究自主对接近距视觉导航系统及方法,能够促进软式空中加油近距对接阶段的顺利实施。

1.2.2　无人机抗干扰控制与协同控制

快速且精准的无人机抗干扰控制是软式自主空中加油的重要技术。软式自主空中加油环境复杂,特别是近距对接阶段受油机、软管-锥套组合体受到加油机尾流、受油机头波、大气湍流、阵风等复杂多风干扰的影响,锥套位置在较大范围内飘摆,受油机位置存在抖动,很难达到近距对接加油锥套-受油插头相对位置厘米级控制精度的要求。同时,软式自主空中加油对接过程,是一个"慢动态"(受油机)追踪"快动态"(加油锥套)的过程,实现对接需要受油机位置响应速度较快,否则很难满足受油机实时追踪加油锥套的要求。同时,针对多无人机受油自主协同控制问题,为利用受油无人机间气动耦合效应,需要实现灵活、高效的多无人机受油协同编队控制,保障多无人机受油自主协同编队与队形转换的有效性,进一步确定多无人机受油自主空中加油综合控制任务流程。研究无人机抗干扰控制与协同控制方法及框架,能够满足无人机软式自主空中加油各阶段抗干扰的精确控制及多无人机受油协同编队控制的任务需求。

鹳、雁等大型候鸟在迁徙过程中表现出协调合作的群体行为模式,以起到减少迁徙能量消耗、预防天敌攻击等作用,鸟类个体通过局部交互使得整个群体呈现智能行为。将鹳、雁群迁徙合作行为机制与多无人机自主空中加油编队控制相结合,可充分利用去中心化的鹳、雁群迁徙合作行为机制,设计多无人机自主空中加油编队分布式控制与决策算法,使其具备鹳、雁群等自然生物群体所具有的自组织、无中心、自愈性与适应性强等优势。这是构建具有"平台简单、高度协调、编队自主"特点的多无人机自主空中加油编队控制的关键点。

1.2.3　复杂情况下的自主决策与规划

灵活且智能的自主决策与规划是软式自主空中加油多阶段任务的重要保障。在具备视觉导航与精确控制的基础上,加/受油机不依赖外界指令支持,仅依靠自身机载任务设备(机载计算机、机间通信、感知传感器等)进行自主决策与规划,以完成规定的空中加油任务。因此,需要发展故障预测与自修复控制技术、自主飞行控制与决策技术、自主机动决策技术、任务自适应决策技术、快速动态任务重规划技术,突破突发复杂状况下无人机自主空中加油动态任务重规划问题,提高加/受油机任务响应实时性,以及高品质智能任务执行能力,增强无人机自主空中加油任务的安全性与实施效率。

1.2.4　自主空中加油外场试飞验证

外场试飞验证是实现无人机软式自主空中加油技术应用的必要过程。自主空中加油相关技术的研究大都基于相对理想的模型进行仿真验证,与军事、民用等实际应用还有一定的距离。研究基于真实无人机的自主空中加油外场试飞验证技术是进行实际应用前必经的一步,外场试飞验证面临更加复杂的环境:视觉导航系统容易受到不同光照强度、快速运动等因素的影响,导致导航图像太暗、过曝、模糊,进而影响导航系统的正常运行;外场复杂的电磁环境,会对验证平台GPS、通信(加/受油机间、飞机与地面站)等无线数据的获取产生不利影响,造成GPS搜星太少、不稳定、精度太低,以及通信数据延时太大、丢包率太高等问题。自主空中加油外场验证可以在更复杂的环境中对导航与控制方法进行工程试验,更好地验证方法的有效性与稳定性,使得自主空中加油技术研究更贴近实际应用。

1.3 本章小结

本章主要介绍了无人机自主空中加油发展现状与关键技术。其中,围绕自主空中加油各分系统所需技术,重点介绍了自主空中加油飞行试验、软式空中加油建模、近距视觉相对导航、软式空中加油抗干扰精确控制等方面的发展现状,为如何选择最优的无人机软式自主空中加油方案与方法提供了技术支撑;在无人机软式自主空中加油关键技术方面,总结了自主对接近距视觉导航、无人机抗干扰精确控制、复杂情况下的自主决策与规划、外场试飞验证等方面的技术难度与问题本质。

参考文献

[1] 刘永坚,葛蔺,程龙,等. 图"话"空中加油[M]. 北京:国防工业出版社,2014.

[2] Thomas P R, Bhandari U, Bullock S, et al. Advances in air to air refuelling[J]. Progress in Aerospace Sciences, 2014,71:14 - 35.

[3] Nalepka J, Hinchman J. Automated aerial refueling: Extending the effectiveness of unmanned air vehicles[C]//AIAA Modeling and Simulation Technologies Conference and Exhibit. San Francisco: 2005.

[4] Duan H B, Sun Y B, Shi Y H. Bionic visual control for probe-and-drogue autonomous aerial refueling[J]. IEEE Transactions on Aerospace and Electronic Systems, 2021,57(2):848 - 865.

[5] Duan H B, Zhang Q F. Visual measurement in simulation environment for vision-based UAV autonomous aerial refueling [J]. IEEE Transactions on Instrumentation and Measurement, 2015,64(9):2468 - 2480.

[6] 全权,魏子博,高俊,等. 软管式自主空中加油对接阶段中的建模与控制综述[J]. 航空学报,2014,35(9):2390 - 2410.

[7] 张建花,张杰,晏晖. 新型机载视频在空中加油试飞中的应用[J]. 测控技术,2016,35(7):40 - 42,47.

[8] Pachter M, D'Azzo J J, Proud A W. Tight formation flight control[J]. Journal of Guidance, Control, and Dynamics, 2001,24(2):246 - 254.

[9] Vachon M J, Ray R, Walsh K, et al. F/A - 18 aircraft performance benefits measured during the autonomous formation flight project [C]//AIAA Atmospheric Flight Mechanics Conference and Exhibit. Monterey: 2002.

[10] Nguyen B, Lin T. The use of flight simulation and flight testing in the automated aerial refueling program[C]//AIAA Modeling and Simulation Technologies Conference and Exhibit. San Francisco: 2005.

[11] Hansen J, Murray J, Campos N. The NASA dryden AAR project: A flight test approach to an aerial refueling system [C]//AIAA Atmospheric Flight Mechanics

Conference and Exhibit. Providence: 2004.

[12] Dibley R, Allen M, Nabaa N. Autonomous airborne refueling demonstration phase Ⅰ flight-test results [C]//AIAA Atmospheric Flight Mechanics Conference and Exhibit. Hilton Head: 2007.

[13] 孙永斌. 基于仿生智能的无人机软式自主空中加油技术研究[D]. 北京:北京航空航天大学,2021.

[14] 苏子康. 多重复杂干扰作用下无人机软式自主空中加油精准对接控制[D]. 北京:北京航空航天大学,2018.

[15] 马跃博. 基于卷积神经网络的自主空中加油识别测量技术研究[D]. 成都:中国科学院光电技术研究所,2020.

[16] Lamb H. Hydrodynamics[M]. Cambridge: Cambridge University Press, 1945.

[17] Giaiotti D B, Stel F. The rankine vortex model[R]. University of Trieste-International Centre for Theoretical Physics, 2006.

[18] Winckelmans G, Thirifay F, Ploumhans P. Effect of non-uniform wind shear onto vortex wakes: Parametric models for operational systems and comparison with CFD studies [C]//Handouts of the Fourth WakeNet Workshop on "Wake Vortex Encounter". Amsterdam: 2000.

[19] Proctor F. The NASA-Langley wake vortex modelling effort in support of an operational aircraft spacing system[C]//36th AIAA Aerospace Sciences Meeting and Exhibit. Reno: 1998.

[20] Burnham D C, Hallock J N. Chicago monostatic acoustic vortex sensing system [R]. Transportation systems Center, 1982.

[21] Jacquin L, Fabre D, Geffroy P, et al. The properties of a transport aircraft wake in the extended near field: An experimental study [C]//39th AIAA Aerospace Sciences Meeting and Exhibit. Reno: 2001.

[22] Vassberg J, Yeh D, Blair A, et al. Numerical simulations of KC-10 in-flight refueling hose-drogue dynamics with an approaching F/A-18D receiver aircraft[C]//23rd AIAA Applied Aerodynamics Conference. Toronto: AIAA, 2005:4605.

[23] Ro K, Kuk T, Kamman J W. Dynamics and control of hose-drogue refueling systems during coupling[J]. Journal of Guidance, Control, and Dynamics, 2011,34(6):1694－1708.

[24] Dogan A, Blake W, Haag C. Bow wave effect in aerial refueling: Computational analysis and modeling[J]. Journal of Aircraft, 2013,50(6):1856－1868.

[25] Bhandari U, Thomas P R, Richardson T S. Bow wave effect in probe and drogue aerial refuelling [C]//AIAA Guidance, Navigation, and Control (GNC) Conference. Boston: 2013.

[26] Dai X H, Wei Z B, Quan Q. Modeling and simulation of bow wave effect in probe and drogue aerial refueling[J]. Chinese Journal of Aeronautics, 2016,29(2):448－461.

[27] Liu Y H, Wang H L, Su Z K, et al. Deep learning based trajectory optimization for UAV aerial refueling docking under bow wave[J]. Aerospace Science and Technology, 2018,80:392－402.

[28] Burns R, Clark C, Ewart R. The automated aerial refueling simulation at the AVTAS laboratory[C]//AIAA Modeling and Simulation Technologies Conference and Exhibit. San Francisco: 2005.

[29] Fravolini M L, Ficola A, Campa G, et al. Modeling and control issues for autonomous aerial refueling for UAVs using a probe-drogue refueling system[J]. Aerospace Science and Technology, 2004,8(7):611－618.

[30] Zhu Z H, Meguid S A. Elastodynamic analysis of aerial refueling hose using curved beam element[J]. AIAA Journal, 2006,44(6):1317－1324.

[31] Zhu Z H, Meguid S A. Modeling and simulation of aerial refueling by finite element method[J]. International Journal of Solids and Structures, 2007,44(24):8057－8073.

[32] Liu Z J, Liu J K, He W. Modeling and vibration control of a flexible aerial refueling hose with variable lengths and input constraint[J]. Automatica, 2017,77:302－310.

[33] Liu Z J, He X Y, Zhao Z J, et al. Vibration control for spatial aerial refueling hoses with bounded actuators[J]. IEEE Transactions on Industrial Electronics, 2021,68(5):4209－4217.

[34] Vassberg J, Yeh D, Blair A, et al. Dynamic characteristics of a KC－10 wing-pod refueling hose by numerical simulation[C]//20th AIAA Applied Aerodynamics Conference. St. Louis: 2002.

[35] Vassberg J, Yeh D, Blair A, et al. Numerical simulations of KC－10 wing-mount aerial refueling hose-drogue dynamics with a reel take-up system[C]//21st AIAA Applied Aerodynamics Conference. Orlando: 2003.

[36] Vassberg J, Yeh D, Blair A, et al. Numerical simulations of KC－10 centerline aerial refueling hose-drogue dynamics with a reel take-up system[C]//22nd Applied Aerodynamics Conference and Exhibit. Providence: 2004.

[37] Ro K, Kamman J W. Modeling and simulation of hose-paradrogue aerial refueling systems[J]. Journal of Guidance, Control, and Dynamics, 2010,33(1):53－63.

[38] 胡孟权,聂鑫,王丽明."插头-锥管"式空中加油软管平衡拖曳位置计算[J].空军工程大学学报(自然科学版),2009,10(5):22－26.

[39] Wang H T, Dong X M, Xue J P, et al. Dynamic modeling of a hose-drogue aerial refueling system and integral sliding mode backstepping control for the hose whipping phenomenon[J]. Chinese Journal of Aeronautics, 2014,27(4):930－946.

[40] Wang H T, Dong X M, Liu J L, et al. Dynamics and control of the hose whipping phenomenon in aerial refueling[C]//2015 IEEE aerospace conference. Big Sky: 2015.

[41] 王海涛,董新民,等.空中加油动力学与控制[M].北京:国防工业出版社,2016.

[42] He Q S, Wang H T, Chen Y F, et al. Command filtered backstepping sliding mode control for the hose whipping phenomenon in aerial refueling[J]. Aerospace Science and Technology, 2017,67:495－505.

[43] Cai X, Yuan D L, Yan J G, et al. Hardware-in-loop simulation system for the disturbed movement of hose-drogue during aerial refueling[C]//2018 IEEE CSAA Guidance, Navigation and Control Conference (CGNCC).Xiamen: 2018.

[44] Dai X H, Wei Z B, Quan Q, et al. Hose-drum-unit modeling and control for probe-and-

drogue autonomous aerial refueling[J]. IEEE Transactions on Aerospace and Electronic Systems, 2020,56(4):2779 - 2791.

[45] Williamson W R, Reed E, Glenn G J, et al. Controllable drogue for automated aerial refueling[J]. Journal of Aircraft, 2010,47(2):515 - 527.

[46] Kuk T, Ro K. Design, Test and evaluation of an actively stabilised drogue refuelling system[J]. The Aeronautical Journal, 2013,117(1197):1103 - 1118.

[47] Kuk T. Active control of aerial refueling drogue[D]. Kalamazoo: Weatern Michigan University, 2014.

[48] Sun Y B, Duan H B, Xian N. Fractional-order controllers optimized via heterogeneous comprehensive learning pigeon-inspired optimization for autonomous aerial refueling hose-drogue system[J]. Aerospace Science and Technology, 2018,81:1 - 13.

[49] 张进. 软管锥套运动的动力学建模与控制[D]. 南京:南京航空航天大学,2016.

[50] Venkataramanan S, Dogan A. Dynamic effects of trailing vortex with turbulence & time-varying inertia properties in aerial refueling [C]//AIAA Atmospheric Flight Mechanics Conference and Exhibit. Providence: 2004.

[51] Waishek J, Dogan A, Blake W. Derivation of the dynamics equations of receiver aircraft in aerial refueling[J]. Journal of Guidance, Control, and Dynamics, 2009,32(2):586 - 598.

[52] Wang H T, Dong X M, Xue J P, et al. Modeling and simulation of a time-varying inertia aircraft in aerial refueling [J]. Chinese Journal of Aeronautics, 2016,29(2):335 - 345.

[53] Sun Y B, Deng Y M, Duan H B, et al. Bionic visual close-range navigation control system for the docking stage of Probe-and-drogue autonomous aerial refueling [J]. Aerospace Science and Technology, 2019,91:136 - 149.

[54] Dai X H, Quan Q, Ren J R, et al. Terminal iterative learning control for autonomous aerial refueling under aerodynamic disturbances[J]. Journal of Guidance, Control, and Dynamics, 2018,41(7):1576 - 1583.

[55] Ren J R, Dai X H, Quan Q, et al. Reliable docking control scheme for probe-drogue refueling[J]. Journal of Guidance, Control, and Dynamics, 2019,42(11):2511 - 2520.

[56] Ren J R, Quan Q, Liu C J, et al. Docking control for probe-drogue refueling: An additive-state-decomposition-based output feedback iterative learning control method [J]. Chinese Journal of Aeronautics, 2020,33(3):1016 - 1025.

[57] Kimmett J, Valasek J, Junkins J. Autonomous aerial refueling utilizing a vision based navigation system [C]//AIAA Guidance, Navigation, and Control Conference and Exhibit. Monterey: 2002.

[58] Doebbler J, Spaeth T, Valasek J. Boom and receptacle autonomous air refueling using visual snake optical sensor[J]. Journal of Guidance, Control, and Dynamics, 2007, 30 (6):1753 - 1769.

[59] Williamson W R, Glenn G J, Dang V T, et al. Sensor fusion applied to autonomous aerial refueling[J]. Journal of Guidance Control, and Dynamics, 2009,32(1):262 - 275.

[60] Pollini L, Campa G, Giulietti F, et al. Virtual simulation set-up for UAVs aerial

refuelling［C］//AIAA Modeling and Simulation Technologies Conference and Exhibit. Austin: 2003.

[61] Pollini L, Mati R, Innocenti M. Experimental evaluation of vision algorithms for formation flight and aerial refueling［C］//AIAA Modeling and Simulation Technologies Conference and Exhibit. Providence: 2004.

[62] Wilson D B, Göktoan A H, Sukkarieh S. Drogue motion estimation using air-to-air observations［C］//Australasian Conference on Robotics and Automation, Melbourne: 2014.

[63] Wilson D B, Sukkarieh S, Goktogan A H. Experimental validation of a drogue estimation algorithm for autonomous aerial refueling ［C］//IEEE International Conference on Robotics and Automation (ICRA). Seattle: 2015.

[64] Martinez C, Richardson T, Thomas P, et al. A vision-based strategy for autonomous aerial refueling tasks［J］. Robotics and Autonomous Systems, 2013, 61(8):876-895.

[65] Fravolini M, Ficola A, Napolitano M, et al. Development of modelling and control tools for aerial refueling for UAVs ［C］//AIAA Guidance, Navigation, and Control Conference and Exhibit. Austin: 2003.

[66] Khansari-Zadeh S M, Saghafi F. Vision-based navigation in autonomous close proximity operations using neural networks［J］. IEEE Transactions on Aerospace and Electronic Systems, 2011, 47(2):864-883.

[67] Scott D, Toal M, Dale J. Vision-based sensing for autonomous in-flight refueling［C］//Unmanned Systems Technology IX. Orlando: 2007.

[68] Wu J J, Yan J G, Wang Z Y, et al. Object tracking algorithm for UAV autonomous aerial refueling ［C］//IEEE Advanced Information Management, Communicates, Electronic and Automation Control Conference (IMCEC). Xi'an: 2016.

[69] 王卓雅,屈耀红,闫建国,等.基于无人机空中加油的目标追踪算法[J].飞行力学,2018, 36(4):53-57.

[70] 沈嘉禾,袁冬莉,杨征帆,等.基于 YOLO 网络的自主空中加油锥套识别方法[J].西北工业大学学报,2022,40(4):787-795.

[71] Rasol J, Xu Y L, Zhou Q, et al. N-fold bernoulli probability based adaptive fast-tracking algorithm and its application to autonomous aerial refueling［J］. Chinese Journal of Aeronautics, 2023, 36(1):356-368.

[72] Wang X F, Kong X W, Zhi J H, et al. Real-time drogue recognition and 3D locating for UAV autonomous aerial refueling based on monocular machine vision ［J］. Chinese Journal of Aeronautics, 2015, 28(6):1667-1675.

[73] Wang X F, Dong X M, Kong X W, et al. Drogue detection for autonomous aerial refueling based on convolutional neural networks［J］. Chinese Journal of Aeronautics, 2017, 30(1):380-390.

[74] Ye Y, Yin Y, Wu W, et al. Pose measurement of drogue via monocular vision for autonomous aerial refueling ［C］//Chinese Conference on Image and Graphics Technologies. Beijing: 2017.

[75] Sun S Y, Yin Y J, Wang X G, et al. Robust visual detection and tracking strategies for autonomous aerial refueling of UAVs［J］. IEEE Transactions on Instrumentation and

Measurement, 2019,68(12):4640 - 4652.

[76] Sun S Y, Yin Y J, Wang X G, et al. Robust landmark detection and position measurement based on monocular vision for autonomous aerial refueling of UAVs [J]. IEEE Transaction on Cybernetics, 2019,49(12):4167 - 4179.

[77] Huang B, Sun Y R, Wu L, et al. Monocular vision navigation sensor for autonomous aerial refueling[J/OL].2017. DOI:10.20944/preprints 201705.0117.v1.

[78] Huang B, Sun Y R, Zeng Q H. Real-time drogue detection and template tracking strategy for autonomous aerial refueling[J]. Journal of Real-Time Image Processing, 2020,17:437 - 446.

[79] 张易明,艾剑良.基于双目视觉的空中加油锥套定位与对接控制[J].系统工程与电子技术,2021,43(10):2940 - 2953.

[80] Shi B W, Liu Z, Zhang G J. Vision Sensor for measuring aerial refueling drogue using robust method[J]. IEEE Sensors Journal, 2021,21(24):28037 - 28049.

[81] Zhang J Y, Liu Z, Gao Y, Zhang G J. Robust method for measuring the position and orientation of drogue based on stereo vision [J]. IEEE Transactions on Industrial Electronics, 2021,68(5):4298 - 4308.

[82] Li H, Duan H B. Verification of monocular and binocular pose estimation algorithms in vision-based UAVs autonomous aerial refueling system[J]. Science China Technological Sciences, 2016,59:1730 - 1738.

[83] Duan H B, Li H, Luo Q N, et al. A binocular vision-based UAVs autonomous aerial refueling platform[J]. Science China Information Sciences, 2016,59(5):053201.

[84] Duan H B, Xin L, Chen S J. Robust cooperative target detection for a vision-based UAVs autonomous aerial refueling platform via the contrast sensitivity mechanism of Eagle's Eye[J]. IEEE Aerospace and Electronic Systems Magazine, 2019,34(3):18 - 30.

[85] Valasek J, Gunnam K, Kimmett J, et al. Vision-based sensor and navigation system for autonomous air refueling[J]. Journal of Guidance, Control, and Dynamics, 2005,28(5):979 - 989.

[86] Kimmett J, Valasek J, Junkins J L. Vision based controller for autonomous aerial refueling [C]//The 2002 IEEE International Conference on Control Applications. Glasgow: 2002.

[87] Tandale M D, Bowers R, Valasek J. Trajectory tracking controller for vision-based probe and drogue autonomous aerial refueling[J]. Journal of Guidance, Control, and Dynamics, 2006,29(4):846 - 857.

[88] 王宏伦,杜熠,盖文东.无人机自动空中加油精确对接控制[J].北京航空航天大学学报,2011,37(7):822 - 826.

[89] Bullock S, Thomas P, Bhandari U, et al. Collaborative control methods for automated air-to-air refuelling [C]//AIAA Guidance, Navigation, and Control Conference. Minneapolis: 2012.

[90] Thomas P R, Bullock S, Richardson T S, et al. Collaborative control in a flying-boom aerial refueling simulation[J]. Journal of Guidance, Control, and Dynamics, 2015,38(7):1274 - 1289.

［91］ Dogan A, Kim E, Blake W. Control and simulation of relative motion for aerial refueling in racetrack maneuvers［J］. Journal of Guidance, Control, and Dynamics, 2007,30(5):1551-1557.

［92］ Okolo W, Dogan A, Blake W. Alternate trimming methods for trailing aircraft in formation flight［J］. Journal of Guidance, Control, and Dynamics, 2015,38(10):2018-2025.

［93］ 项林杰. 自主空中加油受油机精确控制与仿真［D］. 南京:南京航空航天大学,2015.

［94］ 刘墅,周春华,袁锁中. 软管式自主空中加油飞行控制系统与仿真研究［J］. 系统仿真学报,2012,24(10):2054-2059.

［95］ Murillo O, Lu P. Comparison of autonomous aerial refueling controllers using reduced order models ［C］//AIAA Guidance, Navigation and Control Conference and Exhibit. Honolulu: 2008.

［96］ 郭军,董新民,王龙,等. 自主空中加油变质量无人机建模与控制［J］. 飞行力学,2011, 29(6):36-40.

［97］ Stepanyan V, Lavretsky E, Hovakimyan N. Aerial refueling autopilot design methodology: Application to F-16 aircraft model［C］//AIAA Guidance, Navigation, and Control Conference and Exhibit. Providence: 2004.

［98］ Stepanyan V, Lavretsky E, Hovakimyan N. A differential game approach to aerial refueling autopilot design［C］//42nd IEEE International Conference on Decision and Control. Maui: 2003.

［99］ Wang J, Cao C, Hovakimyan N, et al. Novel L1 adaptive control approach to autonomous aerial refueling with guaranteed transient performance ［C］//2006 American Control Conference. Minneapolis: 2006.

［100］ Wang J, Hovakimyan N, Cao C Y. Verifiable adaptive flight control: Unmanned combat aerial vehicle and aerial refueling ［J］. Journal of Guidance, Control, and Dynamics, 2010,33(1):75-87.

［101］ Marwaha M, Valasek J, Narang A. Fault tolerant SAMI for vision-based probe and drogue autonomous aerial refueling ［C］//AIAA Infotech@Aerospace Conference. Seattle: 2009.

［102］ Wang J, Hovakimyan N, Cao C. L1 adaptive augmentation of gain-scheduled controller for racetrack maneuver in aerial refueling［C］//AIAA Guidance, Navigation, and Control Conference. Chicago: 2009.

［103］ 李大伟,王宏伦,盖文东. 基于L1自适应的自动空中加油对接段飞行控制技术［J］. 控制理论与应用,2014(6):717-724.

［104］ 朱虎,袁锁中,申倩. 基于L1动态逆的自主空中加油对接控制［J］. 兵工自动化,2018, 37(1):19-23.

［105］ Ohnishi K. A new servo method in mechatronics［J］. Trans of Japanese Society of Electrical Engineering, 1987,177:83-86.

［106］ Umeno T, Hori Y. Robust speed control of DC servomotors using modern two degrees-of-freedom controller design［J］. IEEE Transactions on industrial electronics, 1991,38(5):363-368.

[107] Chen W H. Nonlinear disturbance observer-enhanced dynamic inversion control of missiles[J]. Journal of Guidance, Control, and Dynamics, 2003, 26(1):161-166.

[108] Liu C J, Chen W H, Andrews J. Tracking control of small-scale helicopters using explicit nonlinear MPC augmented with disturbance observers[J]. Control Engineering Practice, 2012, 20(3):258-268.

[109] Sun H B, Li S H, Yang J, et al. Non-linear disturbance observer-based back-stepping control for airbreathing hypersonic vehicles with mismatched disturbances[J]. IET Control Theory & Applications, 2014, 8(17):1852-1865.

[110] Lu K F, Xia Y Q, Zhu Z, et al. Sliding mode attitude tracking of rigid spacecraft with disturbances[J]. Journal of the Franklin Institute, 2012, 349(2):413-440.

[111] Su Z K, Wang H L, Shao X L, et al. Autonomous aerial refueling precise docking based on active disturbance rejection control[C]//41st Annual Conference of the IEEE Industrial Electronics Society. Yokohama: 2015.

[112] Su Z K, Wang H L, Yao P, et al. Back-stepping based anti-disturbance flight controller with preview methodology for autonomous aerial refueling[J]. Aerospace Science and Technology, 2017, 61:95-108.

[113] Su Z K, Wang H L, Li N, et al. Exact docking flight controller for autonomous aerial refueling with back-stepping based high order sliding mode[J]. Mechanical Systems and Signal Processing, 2018, 101:338-360.

[114] Su Z K, Wang H L. Probe motion compound control for autonomous aerial refueling docking[J]. Aerospace Science and Technology, 2018, 72:1-13.

[115] Han J Q. From PID to active disturbance rejection control[J]. IEEE transactions on Industrial Electronics, 2009, 56(3):900-906.

[116] 费伦,段海滨,徐小斌,等. 基于变权重变异鸽群优化的无人机空中加油自抗扰控制器设计[J]. 航空学报,2020,41(1):323490.

[117] Huang Y, Xu K K, Han J Q, et al. Flight control design using extended state observer and non-smooth feedback[C]//Proceedings of the 40th IEEE Conference on Decision and Control. Orlando: 2001.

[118] Xia Y Q, Chen R F, Pu F, et al. Active disturbance rejection control for drag tracking in Mars entry guidance[J]. Advances in Space Research, 2014, 53(5):853-861.

[119] Xia Y Q, Dai L, Fu M Y, et al. Application of active disturbance rejection control in tank gun control system[J]. Journal of the Franklin Institute, 2014, 351(4):2299-2314.

2 软式自主空中加油建模

精准且有效的软式空中加油建模是实现无人机软式自主空中加油技术的理论前提。软式空中加油建模[1]主要包括加/受油机、软管-锥套组合体和复杂多风干扰的建模。软式空中加油区别于其他加油方式的特点在于,受油机及软管-锥套组合体在加油过程中易受复杂多风干扰的影响[2-3]。本章主要讨论受油机机动完成自主空中加油任务的方式,因此对飞机本体的建模只考虑受油机。软管-锥套组合体(见图 2-1)是强耦合、非线性的柔性连接系统[4-6],建立的软管-锥套组合体模型应能反映其本身的柔性特性、气动耦合特性等,同时应能模拟软管空中收放特性。另外,考虑通过加油锥套的主动控制来降低复杂多风干扰引起的大范围飘摆[7],对自稳定锥套的建模[8-10]尤为必要。受油机及软管-锥套组合体在无人机软式自主空中加油不同阶段受到的复杂多风干扰种类有一定的差别,总体而言主要包括加油机尾流[11-12]、受油机头波[13-15]、大气湍流[16],并且根据所处相对位置的不同,受到的合成干扰风速存在较大的差异。

(a) J-10 空中加油场景　　　　　　　(b) 软管-锥套组合体

图 2-1　空中对接过程中的软管-锥套组合体

本章在对软式空中加油系统各部分进行充分研究的基础上,分别建立了受油机、软管-锥套组合体及复杂多风干扰的模型。为方便进行控制律设计,将传统受油机六自由度运动模型建立为仿射非线性形式[17-19],该模型分为速度、位置、航迹、角度、角速率五个环路,其中位置、航迹、角度、角速率环路级联得到高度与侧向位置状态量,将速度环从其他四个环路中分离出来,可得到前向位置状态量。软管-锥套组合体采用多刚体动力学方法和有限元思想[5-6],并充分考虑软管-锥套组合体的柔性、气动耦合及收放特性,建立了软管-锥套组合体分段多刚体模型,该模型将软管划分为由若干长度可变的无摩擦万向铰链逐级串联的刚性连杆,软管末端连接气动力可控的自稳定锥套,为后续加油锥套位置稳定控制奠定基础,模型能够较好地反映软管-锥套组合体在复杂多风干扰下的运动特性及规律。加油机尾流采用空中加油实验中使用最多的 Hallock-Burnham 模型[11],其通过归纳大量飞行试验数据而来,形式简单、精度较高且方便工程应用。受油机头波采用理论建模方法得到的兰金半体模型[14, 20],该模型简单易行、方便仿真分析,能够反映受油机接近加油锥套过程中头波效应引起的锥套运动特性。大气湍流采用空中加油研究中普遍使用的 Dryden 大气湍流模型[16]。

2.1   多风干扰受油机非线性模型

2.1.1   假设与坐标系定义

软式空中加油建模需遵循一般的指导原则:一方面,必须保证建模的准确性,所建模型应能反映建模对象的动力学与运动学特性;另一方面,所建模型必须方便后续设计控制系统。借鉴常用柔性结构、固定翼无人机及气流场等对象的建模方法,在建模过程中忽略地球曲率、地球自转引起的牵连惯性力与科氏惯性力的影响,进行如下假设[21]:

(1)忽略地球曲率和自转,建模遵循平面地球假设,并将地面系作为惯性参考系。

(2)将飞行器视为理想刚体,忽略其弹性自由度。

同时,为了有效地描述无人机软式自主空中加油过程的受油机状态量,定义如下常用的坐标系[21]。

(1)地面惯性坐标系 $S_g:O_g\text{-}X_gY_gZ_g$。定义自主空中加油起始点在地面的投影点为坐标原点 O_g,O_gX_g 轴方向与受油机初始速度方向在地面的投影保持一致,O_gZ_g 轴方向垂直指向地心,O_gY_g 轴与 O_gX_g、O_gZ_g 轴形成右手直角坐标系。

（2）受油机机体坐标系 $S_b:O_b\text{-}X_bY_bZ_b$。坐标系原点 O_b 位于受油机质心处，O_bX_b 轴在受油机对称平面内，平行于受油机机身轴线并指向头部，O_bZ_b 轴在受油机对称平面内，垂直于 O_bX_b 轴并指向机腹，O_bY_b 轴与 O_bX_b、O_bZ_b 轴形成右手直角坐标系。

（3）受油机气流坐标系 $S_a:O_a\text{-}X_aY_aZ_a$。坐标系原点 O_a 位于受油机质心处，O_aX_a 轴方向与受油机空速方向保持一致，O_aZ_a 轴在受油机对称平面内，垂直于 O_aX_a 轴并指向机腹，O_aY_a 轴与 O_aX_a、O_aZ_a 轴形成右手直角坐标系。

（4）受油机航迹坐标系 $S_k:O_k\text{-}X_kY_kZ_k$。坐标系原点 O_k 位于受油机质心处，O_kX_k 轴方向与受油机地速方向保持一致，O_kZ_k 轴位于含地速在内的铅垂面内，垂直于 O_kX_k 轴并指向下方，O_kY_k 轴与 O_kX_k、O_kZ_k 轴形成右手直角坐标系。

2.1.2 受油机六自由度非线性模型

考虑复杂多风干扰影响的受油机建模方法与传统建模方法类似，不再进行叙述。直接给出复杂多风干扰下的受油机六自由度非线性模型方程[22]如下：

$$\begin{cases} \dot{x}_R = V_k\cos\gamma\cos\chi \\ \dot{y}_R = V_k\cos\gamma\sin\chi \\ \dot{z}_R = -\dot{h}_R = -V_k\sin\gamma \end{cases} \tag{2-1}$$

$$\begin{cases} m\dot{V}_k = T\cos(\alpha+\sigma)\cos\beta - D - C\beta_w + L\alpha_w - mg\sin\gamma \\ mV_k\dot{\chi}\cos\gamma = T[-\beta_k\cos\mu + (\alpha_k+\sigma)\sin\mu] + (C-D\beta_w)\cos\mu + \\ \qquad (L-D\alpha_w)\sin\mu \\ -mV_k\dot{\gamma} = T[-\beta_k\sin\mu - (\alpha_k+\sigma)\cos\mu] + (C-D\beta_w)\sin\mu - \\ \qquad (L-D\alpha_w)\cos\mu + mg\cos\gamma \end{cases}$$

$$\tag{2-2}$$

$$\begin{cases} \dot{\alpha} = [q - (p\cos\alpha + r\sin\alpha)\sin\beta - \dot{\gamma}\cos\mu - \dot{\chi}\sin\mu\cos\gamma]/\cos\beta \\ \dot{\beta} = p\sin\alpha - r\cos\alpha - \dot{\gamma}\sin\mu + \dot{\chi}\cos\mu\cos\gamma \\ \dot{\mu} = [p\cos\alpha + r\sin\alpha + \dot{\gamma}\sin\beta\cos\mu + \dot{\chi}(\sin\gamma\cos\beta + \sin\beta\sin\mu\cos\gamma)]/\cos\beta \end{cases}$$

$$\tag{2-3}$$

$$
\begin{cases}
\dot{p} = \dfrac{1}{I_x I_z - I_{xz}^2}[(I_y I_z - I_z^2 - I_{xz}^2)rq + (I_x I_{xz} - I_y I_{xz} - I_z I_{xz})pq + I_z \bar{L} + I_{xz}N] \\[3mm]
\dot{q} = \dfrac{1}{I_y}[(I_z - I_x)pr - I_{xz}p^2 + I_{xz}r^2 + M] \\[3mm]
\dot{r} = \dfrac{1}{I_x I_z - I_{xz}^2}[(I_x^2 - I_x I_y + I_{xz}^2)pq - (I_x I_{xz} - I_y I_{xz} - I_z I_{xz})rq + I_{xz}\bar{L} + I_x N]
\end{cases}
$$

$$(2-4)$$

$$
\begin{cases}
\dot{\phi} = p + (q\sin\phi + r\cos\phi)\tan\theta \\
\dot{\theta} = q\cos\phi - r\sin\phi \\
\dot{\psi} = (q\sin\phi + r\cos\phi)\sec\theta
\end{cases}
$$

$$(2-5)$$

$$
\begin{cases}
x_P = x_R + (\cos\theta\cos\psi)x_{RP} + (\sin\phi\sin\theta\cos\psi - \cos\phi\sin\psi)y_{RP} + \\
\qquad (\sin\phi\sin\psi + \cos\phi\sin\theta\cos\psi)z_{RP} \\
y_P = y_R + (\cos\theta\sin\psi)x_{RP} + (\sin\phi\sin\theta\sin\psi + \cos\phi\cos\psi)y_{RP} + \\
\qquad (\cos\phi\sin\theta\sin\psi - \sin\phi\cos\psi)z_{RP} \\
z_P = z_R + (-\sin\theta)x_{RP} + (\sin\phi\cos\theta)y_{RP} + (\cos\phi\cos\theta)z_{RP}
\end{cases}
$$

$$(2-6)$$

式中：$\boldsymbol{P}_R = [x_R, y_R, z_R]^T$ 表示惯性系下的受油机质心位置矢量；h_R 为受油机飞行高度；V_k、γ、χ 分别为受油机航迹速度、航迹倾角、航迹偏角；α、β 分别为受油机迎角、侧滑角；μ 为航迹滚转角，α_w、β_w 分别为复杂多风干扰产生的等效迎角、侧滑角；α_k、β_k 分别为航迹系中表示的迎角、侧滑角；ϕ、θ、ψ 分别为受油机滚转角、俯仰角、偏航角；p、q、r 分别为受油机滚转角速度、俯仰角速度、偏航角速度；$\boldsymbol{P}_P = [x_P, y_P, z_P]^T$ 表示惯性系下的受油插头位置矢量；(x_{RP}, y_{RP}, z_{RP}) 为机体系下受油插头的位置，取值为 $(6.720\,3, 0.719\,7, -0.697\,6)$ m；T 是受油机发动机推力；L、C、D 分别为受油机的升力、侧力、阻力；I_{xz}、I_x、I_y、I_z 分别表示受油机各轴的转动惯性积和惯性矩；$\bar{L}$、M、N 分别表示受油机的滚转力矩、俯仰力矩、偏航力矩。

式(2-1)至式(2-6)描述的受油机模型，复杂多风干扰的影响突出表现在 α、β、α_w、β_w 及 α_k、β_k 之间的关系上。具体来说，α 和 β 由两个部分组成：一部分(主体部分)为航迹速度产生的 α_k 和 β_k；另一部分为复杂多风干扰造成的 α_w 和 β_w。α_k、β_k 及 α_w、β_w 可由以下公式近似得到：

$$\begin{cases} \alpha_k = (\theta - \gamma)\cos\phi + (\psi - \chi)\cos\gamma\sin\phi \\ \beta_k = (\theta - \gamma)\sin\phi - (\psi - \chi)\cos\gamma\cos\phi \\ \sin\mu = \sin\phi - (\psi - \chi)\sin\gamma\cos\phi \end{cases} \quad (2-7)$$

$$\begin{cases} \alpha_w = \alpha - \alpha_k \\ \beta_w = \beta - \beta_k \end{cases} \quad (2-8)$$

由式(2-7)和式(2-8)虽然可以得到 α_k、β_k 和 α_w、β_w，但计算过程复杂，为方便计算，可通过合成干扰风速近似求得。

受油机飞行速度大小与迎角、侧滑角存在如下关系：

$$\begin{cases} V = \sqrt{u^2 + v^2 + w^2} \\ \tan\alpha = w/u \\ \sin\beta = v/V \end{cases} \quad (2-9)$$

式中：u、v、w 表示受油机空速 V 在其机体坐标系下的分量。

$$\begin{bmatrix} u \\ v \\ w \end{bmatrix} = \begin{bmatrix} u_k \\ v_k \\ w_k \end{bmatrix} - \begin{bmatrix} u_w \\ v_w \\ w_w \end{bmatrix} \quad (2-10)$$

式中：$[u_k, v_k, w_k]^T$ 与 $[u_w, v_w, w_w]^T$ 分别为受油机航迹速度(地速)V_k、合成干扰风速 V_w 在机体坐标系的分量。当 α、β 与 α_k、β_k 较小且合成干扰风速远小于空速时，由式(2-8)至式(2-10)可得到近似等式为

$$\begin{cases} \alpha = w/V \\ \beta = v/V \\ \alpha_k = w_k/V \\ \beta_k = v_k/V \end{cases}, \quad \begin{cases} \alpha_w = (w - w_k)/V = -w_w/V \\ \beta_w = (v - v_k)/V = -v_w/V \end{cases} \quad (2-11)$$

通常而言，空中加油过程中，受油机空速在 150 m/s 至 250 m/s 之间，合成干扰风速满足远小于空速的条件。

式(2-2)和式(2-4)中，受油机各力与力矩计算公式如下：

$$T = T_{max}\delta_T \quad (2-12)$$

$$\begin{bmatrix} L \\ D \\ C \end{bmatrix} = QS \begin{bmatrix} c_{L,0} + c_L^\alpha \alpha + c_L^{\alpha^2}\alpha^2 + c_L^q \bar{c}q/(2V) + c_L^{\delta_e}\delta_e \\ c_{D,0} + c_D^\alpha \alpha + c_D^{\alpha^2}\alpha^2 \\ c_{C,0} + c_C^\beta \beta + c_C^{\delta_a}\delta_a + c_C^{\delta_r}\delta_r \end{bmatrix}$$

$$= QS \begin{bmatrix} c_L^0 + c_L^\alpha \alpha \\ c_D^0 + c_D^\alpha \alpha \\ c_C^0 + c_C^\beta \beta \end{bmatrix} = QS \begin{bmatrix} c_L \\ c_D \\ c_C \end{bmatrix} \tag{2-13}$$

$$\begin{bmatrix} \bar{L} \\ M \\ N \end{bmatrix} = QS \begin{bmatrix} \bar{b}[c_{\bar{L},0} + c_{\bar{L}}^{\delta_a}\delta_a + c_{\bar{L}}^{\delta_r}\delta_r + c_{\bar{L}}^{\beta}\beta + c_{\bar{L}}^{p}\bar{b}p/(2V) + c_{\bar{L}}^{r}\bar{b}r/(2V)] \\ \bar{c}[c_{M,0} + c_M^{\delta_e}\delta_e + c_M^{\alpha}\alpha + c_M^q \bar{c}q/(2V)] \\ \bar{b}[c_{N,0} + c_N^{\delta_a}\delta_a + c_N^{\delta_r}\delta_r + c_N^{\beta}\beta + c_N^{p}\bar{b}p/(2V) + c_N^{r}\bar{b}r/(2V)] \end{bmatrix}$$

$$= QS \begin{bmatrix} \bar{b}(c_{\bar{L}}^0 + c_{\bar{L}}^{\delta_a}\delta_a + c_{\bar{L}}^{\delta_r}\delta_r) \\ \bar{c}(c_M^0 + c_M^{\delta_e}\delta_e) \\ \bar{b}(c_N^0 + c_N^{\delta_a}\delta_a + c_N^{\delta_r}\delta_r) \end{bmatrix} = QS \begin{bmatrix} \bar{b}c_{\bar{L}} \\ \bar{c}c_M \\ \bar{b}c_N \end{bmatrix}$$

$$\tag{2-14}$$

式中：T_{max} 与 δ_T 分别表示发动机最大推力、油门开度（0～1）；δ_a、δ_e、δ_r 分别为受油机副翼、升降舵和方向舵偏角；c_L、c_D、c_C 分别为升力、阻力、侧力系数；$c_{\bar{L}}$、c_M、c_N 分别为滚转力矩、偏航力矩、俯仰力矩系数；Q 表示动压。

$$Q = \frac{1}{2}\rho V^2 \tag{2-15}$$

$$\begin{cases} p_{pa} = \exp(-1.256 \times 10^{-4} h_R), \quad T_A = 18 - \dfrac{6h_R}{1000} \\ T_p = \dfrac{273.15}{273.15 + T_A}, \quad \rho = 1.293 p_{pa} T_p \end{cases} \tag{2-16}$$

式中：ρ 为空气密度；p_{pa} 为压强；T_A 表示海拔温度（摄氏度）；T_p 为热力学温度比。

采用文献[23]中的无人机模型参数，具体的受油无人机气动参数、几何参数、惯性矩、惯性积如表 2-1 所示。

表 2-1 受油无人机模型参数

参数	数值	参数	数值	参数	数值	参数	数值
$c_{L,0}$	0.062	c_L^α	2.090	$c_L^{\alpha^2}$	0	c_L^q	1.530
$c_L^{\delta_e}$	0.594	$c_{D,0}$	0.023	c_D^α	0	$c_D^{\alpha^2}$	0.7

（续表）

参数	数值	参数	数值	参数	数值	参数	数值
$c_{C,0}$	0	c_C^{β}	-0.031	$c_C^{\delta_a}$	0	$c_C^{\delta_r}$	0
$c_{\bar{L},0}$	0	$c_{\bar{L}}^{\delta_a}$	-0.130	$c_{\bar{L}}^{\delta_r}$	-0.004	$c_{\bar{L}}^{\beta}$	-0.022
$c_{\bar{L}}^{p}$	-0.163	$c_{\bar{L}}^{r}$	0.012	$c_{M,0}$	-0.003	$c_M^{\delta_e}$	-0.169
c_M^{a}	-0.024	c_M^{q}	-0.400	$c_{N,0}$	0	$c_N^{\delta_a}$	-0.017
$c_N^{\delta_r}$	-0.018	c_N^{β}	-0.021	c_N^{p}	-0.023	c_N^{r}	-0.009
m	11 281 kg	S	75.12 m²	$\bar{c}$	8.763 m	$\bar{b}$	11.43 m
I_x	3.186×10^4 kg·m²	I_y	8.757×10^4 kg·m²	I_z	1.223×10^4 kg·m²	I_{xz}	-546.394 kg·m²

2.1.3　受油机仿射非线性模型

受油机作为自主空中加油控制与决策的主体，在自主空中加油过程中特别是近距对接阶段，处于加油机尾流、大气湍流等复杂多风干扰的综合作用下，增加了其位置精确控制的难度。为后续研究受油机抗干扰位置控制，需要将受油机六自由度非线性模型进行仿射化处理[18-19]。

自主空中加油任务要求受油机快速、准确地保持或跟踪期望指令（编队位置、加油锥套中心位置），故相对于定直侧滑方式，受油机更适合采用滚转消除侧向位置偏差的策略（侧滑角指令 $\beta_c=0$）。另外，由于式（2-2）χ、γ 微分方程中存在 γ、μ 的三角函数乘积项，因此通过等效变换无法将其改写成关于 α、μ 的仿射形式。在仿射化处理过程中，设计中间虚拟控制变量 $\kappa_1=\alpha\sin\mu$，$\kappa_2=\alpha\cos\mu$，从而可以将 χ、γ 微分方程改写成关于 $[\kappa_1 \quad \kappa_2]^{\mathrm{T}}$ 的仿射非线性形式。在 2.1.2 节复杂多风干扰下受油机六自由度非线性模型即式（2-1）至式（2-4）的基础上，选取用于仿射化处理的状态与控制变量：

$$\boldsymbol{S}_1=\begin{bmatrix}\bar{y}_{\mathrm{R}}\\\bar{z}_{\mathrm{R}}\end{bmatrix}=\frac{1}{V_{\mathrm{T}}}\begin{bmatrix}y_{\mathrm{R}}\\z_{\mathrm{R}}\end{bmatrix},\ \boldsymbol{S}_2=\begin{bmatrix}\gamma\\\chi\end{bmatrix},\ \boldsymbol{\kappa}=\begin{bmatrix}\kappa_1\\\kappa_2\end{bmatrix}=\begin{bmatrix}\alpha\sin\mu\\\alpha\cos\mu\end{bmatrix},$$

$$\boldsymbol{S}_3=\begin{bmatrix}\alpha\\\beta\\\mu\end{bmatrix},\ \boldsymbol{S}_4=\begin{bmatrix}p\\q\\r\end{bmatrix},\ \boldsymbol{U}_{\mathrm{act}}=\begin{bmatrix}\delta_{\mathrm{a}}\\\delta_{\mathrm{e}}\\\delta_{\mathrm{r}}\end{bmatrix}\qquad(2-17)$$

式中：V_T 表示加油机期望飞行速度。

通过等效变换的方式将受油机六自由度非线性模型改写成如下的仿射非线性方程描述的受油机模型[18-19]：

$$
\begin{cases}
\dot{V}_k = f_{V_k} + B_{V_k}\delta_T \\
\dot{S}_1 = F_1(S_2, V_k) + B_1(V_k)S_2 = F_1 + B_1 S_2 \\
\dot{S}_2 = F_2(S_2, S_3, V_k) + B_2(S_2, V_k, Q)\kappa = F_2 + B_2\kappa \\
S_3 = \begin{bmatrix} \text{sign}(\kappa_2)\sqrt{\kappa_1^2 + \kappa_2^2} & \beta & \arctan(\kappa_1/\kappa_2) \end{bmatrix}^T \\
\dot{S}_3 = F_3(\dot{S}_2, S_3) + B_3(S_3)S_4 = F_3 + B_3 S_4 \\
\dot{S}_4 = F_4(S_4) + B_4(S_2, Q)S_4 = F_4 + B_4 U_{act}
\end{cases}
\tag{2-18}
$$

式中：B_{V_k}、$B_i(i=1,2,3,4)$ 为时变输入参数或矩阵；f_{V_k}、$F_i(i=1,2,3,4)$ 表示与控制或状态变量相关的时变非线性项。

$$
f_{V_k} = (-D - C\beta_w + L\alpha_w - mg\sin\gamma)/m
\tag{2-19}
$$

$$
B_{V_k} = T_{max}\cos(\alpha + \sigma)\cos\beta/m
\tag{2-20}
$$

$$
F_1 = F_1(S_2, V_k) = \frac{1}{V_0}\begin{bmatrix} V_k(\cos\gamma\sin\chi - \chi) \\ -V_k(\sin\gamma - \gamma) \end{bmatrix}
\tag{2-21}
$$

$$
B_1 = B_1(V_k) = \frac{1}{V_T}\begin{bmatrix} V_k & 0 \\ 0 & -V_k \end{bmatrix}
\tag{2-22}
$$

$$
F_2 = F_2(S_2, S_3, V_k) = \frac{1}{mV_k}\begin{bmatrix} \{T[-\beta_k\cos\mu + (\alpha_k + \sigma)\sin\mu] + \\ (C - D\beta_w)\cos\mu + (QSc_L^0 - D\alpha_w)\sin\mu\}/\cos\gamma \\ -\{T[-\beta_k\sin\mu - (\alpha_k + \sigma)\cos\mu] + mg\cos\gamma + \\ (C - D\beta_w)\sin\mu - (QSc_L^0 - D\alpha_w)\cos\mu\} \end{bmatrix}
\tag{2-23}
$$

$$
B_2 = B_2(S_2, V_k, Q) = \frac{1}{mV_k}\begin{bmatrix} QSc_L^\alpha/\cos\gamma & 0 \\ 0 & QSc_L^\alpha \end{bmatrix}
\tag{2-24}
$$

$$
F_3 = F_3(\dot{S}_2, S_3) = \begin{bmatrix} (-\dot{\gamma}\cos\mu - \dot{\chi}\sin\mu\cos\gamma)/\cos\beta \\ -\dot{\gamma}\sin\mu + \dot{\chi}\cos\mu\cos\gamma \\ [\dot{\gamma}\sin\beta\cos\mu + \dot{\chi}(\sin\gamma\cos\beta + \sin\beta\sin\mu\cos\gamma)]/\cos\beta \end{bmatrix}
\tag{2-25}
$$

$$\boldsymbol{B}_3 = \boldsymbol{B}_3(\boldsymbol{S}_3) = \begin{bmatrix} -\cos\alpha\tan\beta & 1 & -\sin\alpha\tan\beta \\ \sin\alpha & 0 & \cos\alpha \\ \cos\alpha/\cos\beta & 0 & \sin\alpha/\cos\beta \end{bmatrix} \quad (2-26)$$

$$\boldsymbol{F}_4 = \boldsymbol{F}_4(\boldsymbol{S}_4) = \begin{bmatrix} [I_z QS\bar{b}c_L^0 + I_{xz}QS\bar{b}c_N^0 + (I_y I_z - I_z^2 - I_{xz}^2)rq + \\ (I_x I_{xz} - I_y I_{xz} - I_z I_{xz})pq]/(I_x I_z - I_{xz}^2) \\ [(I_z - I_x)pr - I_{xz}p^2 + I_{xz}r^2 + QS\bar{c}c_M^0]/ \\ I_y \\ [I_{xz}QS\bar{b}c_L^0 + I_x QS\bar{b}c_N^0 + (I_x^2 - I_x I_y + I_{xz}^2)pq - \\ (I_x I_{xz} - I_y I_{xz} - I_z I_{xz})rq]/(I_x I_z - I_{xz}^2) \end{bmatrix}$$

$$(2-27)$$

$$\boldsymbol{B}_4 = \boldsymbol{B}_4(\boldsymbol{S}_2, \boldsymbol{Q}) = QS \begin{bmatrix} \bar{b}\dfrac{I_z c_L^{\delta_a} + I_{xz}c_N^{\delta_a}}{I_x I_z - I_{xz}^2} & 0 & \bar{b}\dfrac{I_z c_L^{\delta_r} + I_{xz}c_N^{\delta_r}}{I_x I_z - I_{xz}^2} \\ 0 & \bar{c}\dfrac{c_M^{\delta_e}}{I_y} & 0 \\ \bar{b}\dfrac{I_{xz}c_L^{\delta_a} + I_x c_N^{\delta_a}}{I_x I_z - I_{xz}^2} & 0 & \bar{b}\dfrac{I_{xz}c_L^{\delta_r} + I_x c_N^{\delta_r}}{I_x I_z - I_{xz}^2} \end{bmatrix}$$

$$(2-28)$$

2.2　软管-锥套组合体多刚体动力学模型

2.2.1　假设与坐标系定义

软管-锥套组合体(hose-drogue assembly, HDA)的主体部分即加油软管和加油锥套,建模过程如何抓住其柔性、耦合特性及收放特性等是其建模的关键。本节采用多刚体动力学方法和有限元思想以建立软管-锥套组合体分段模型[6-7] (见图 2-2),将加油软管抽象为若干长度可变的无摩擦万向铰链逐级串联的刚性连杆,同时假设各段软管长度相同且其受力、质量均集中在各铰链处,并视加油锥套为固连于软管末端的质点,此处加油锥套采用自稳定锥套。建模忽略加油软管的阻尼、伸缩性及其绕自身中轴线的扭转运动。

如图 2-2 所示,惯性系 $S_g(O_g\text{-}X_g Y_g Z_g)$ 定义如 2.1.1 节,另外构建软管-锥套组合体拖拽坐标系 $S_{hd}(O_{hd}\text{-}X_{hd}Y_{hd}Z_{hd})$,其坐标原点 O_{hd} 位于加油吊舱出

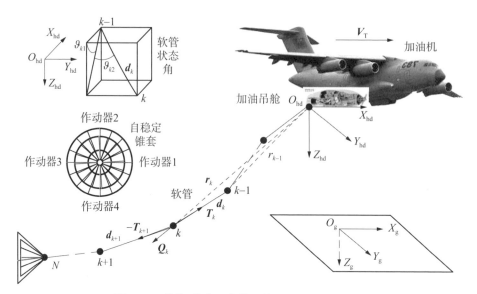

图 2-2   软管-锥套组合体建模假设与坐标系关系

口处,各坐标轴方向与加油机航迹坐标系相同。加油软管被等分为 N 段,第 $k(k=1,2,\cdots,N)$ 段软管由其相对于平面 $O_{hd}X_{hd}Y_{hd}$ 与 $O_{hd}X_{hd}Z_{hd}$ 的偏转角度 ϑ_{k1}、ϑ_{k2} 加以表述,称 ϑ_{k1}、ϑ_{k2} 为第 k 段软管的状态角。

2.2.2   运动学建模

由图 2-2 可见,铰链 k 在 S_{hd} 系中的位置矢量 $\boldsymbol{r}_k$ 可表示为[6]

$$\boldsymbol{r}_k = \boldsymbol{r}_{k-1} + \boldsymbol{d}_k \tag{2-29}$$

式中:$\boldsymbol{d}_k$ 为铰链 $k-1$ 指向铰链 k 的距离矢量,其在 S_{hd} 系中的计算公式可表示为

$$\boldsymbol{d}_k = -l_k \cdot [C_1C_2 \quad S_2 \quad -S_1C_2]^T \tag{2-30}$$

式中:l_k 为第 k 段软管的长度,$l_k = \|\boldsymbol{d}_k\| = L_h/N$;$L_h$ 表示软管的长度;$S_i = \sin\vartheta_{ki}$,$C_i = \cos\vartheta_{ki}$。

通过求式(2-29)的一阶和二阶导数,可得铰链 k 在 S_{hd} 系中的运动速度 $\boldsymbol{v}_k$、加速度 $\boldsymbol{a}_k$:

$$\begin{cases} \boldsymbol{v}_k = \boldsymbol{v}_{k-1} + \dot{\boldsymbol{d}}_k \\ \boldsymbol{a}_k = \boldsymbol{a}_{k-1} + \ddot{\boldsymbol{d}}_k \end{cases} \tag{2-31}$$

进一步考虑拖拽坐标系 S_{hd} 相对 S_g 系牵连转动的影响,求式(2-31)中的一阶和二阶导数:

$$\dot{\boldsymbol{d}}_k = \sum_{i=1}^{2} (\boldsymbol{d}_{k,\vartheta_{ki}} \dot{\vartheta}_{ki}) + \boldsymbol{d}_{k,l_k} \dot{l}_k + (\boldsymbol{\omega}_{hd} \times \boldsymbol{d}_k) \tag{2-32}$$

$$\ddot{\boldsymbol{d}}_k = \sum_{i=1}^{2} (\boldsymbol{d}_{k,\vartheta_{ki}} \ddot{\vartheta}_{ki}) + \sum_{i=1}^{2} (\dot{\boldsymbol{d}}_{k,\vartheta_{ki}} \dot{\vartheta}_{ki}) + \boldsymbol{d}_{k,l_k} \ddot{l}_k + \tag{2-33}$$

$$\dot{\boldsymbol{d}}_{k,l_k} \dot{l}_k + (\boldsymbol{\alpha}_{hd} \times \boldsymbol{d}_k) + (\boldsymbol{\omega}_{hd} \times \dot{\boldsymbol{d}}_k)$$

式中:$\boldsymbol{\omega}_{hd}$、$\boldsymbol{\alpha}_{hd}$ 分别为牵连角速度、角加速度;$\boldsymbol{\omega}_{hd} \times \boldsymbol{d}_k$ 表示牵连速度,$\boldsymbol{\alpha}_{hd} \times \boldsymbol{d}_k$ 表示牵连加速度;$\boldsymbol{\omega}_{hd} \times \dot{\boldsymbol{d}}_k$ 表示科氏加速度;$\dot{l}_k$、$\ddot{l}_k$ 分别为加油软管的长度变化速度、加速度;$\boldsymbol{d}_{k,\vartheta_{ki}} = \partial \boldsymbol{d}_k / \partial \vartheta_{ki}$,$\boldsymbol{d}_{k,l_k} = \partial \boldsymbol{d}_k / \partial l_k$。由于每段软管的质量较小且变化较慢,因此质量变化产生的附加加速度在式(2-33)中被忽略不计。另外,由偏微分方程的定义可知:

$$\begin{cases} \boldsymbol{d}_{k,\vartheta_{k1}} \cdot \boldsymbol{d}_{k,\vartheta_{k2}} = 0 \\ \boldsymbol{d}_{k,\vartheta_{k1}} \cdot \boldsymbol{d}_{k,\vartheta_{k1}} = l_k^2 C_2^2 \\ \boldsymbol{d}_{k,\vartheta_{k2}} \cdot \boldsymbol{d}_{k,\vartheta_{k2}} = l_k^2 \end{cases} \tag{2-34}$$

为得到各段软管状态角运动方程,将式(2-33)两边同时点乘 $\boldsymbol{d}_{k,\vartheta_{ki}}$($i=1$,2),并且将式(2-31)代入可得[6]

$$\ddot{\vartheta}_{ki} = \frac{\boldsymbol{d}_{k,\vartheta_{ki}} \cdot \left[\boldsymbol{a}_k - \boldsymbol{a}_{k-1} - \sum_{j=1}^{2} (\dot{\boldsymbol{d}}_{k,\vartheta_{kj}} \dot{\vartheta}_{kj}) - \boldsymbol{d}_{k,l_k} \ddot{l}_k - \dot{\boldsymbol{d}}_{k,l_k} \dot{l}_k - (\boldsymbol{\alpha}_{hd} \times \boldsymbol{d}_k) - (\boldsymbol{\omega}_{hd} \times \dot{\boldsymbol{d}}_k) \right]}{\boldsymbol{d}_{k,\vartheta_{ki}} \cdot \boldsymbol{d}_{k,\vartheta_{ki}}}$$

$$(i=1,2) \tag{2-35}$$

当 $\vartheta_{k2} = \pm \pi/2$ 或 $l_k = 0$ 即 $\boldsymbol{d}_{k,\vartheta_{k1}} \cdot \boldsymbol{d}_{k,\vartheta_{k1}} = l_k^2 C_2^2 = 0$ 或 $\boldsymbol{d}_{k,\vartheta_{k2}} \cdot \boldsymbol{d}_{k,\vartheta_{k2}} = l_k^2 = 0$ 时,式(2-35)的分母会为 0。但在正常自主空中加油过程中,状态角 ϑ_{k2} 不可能出现 $\pm \pi/2$ 且 l_k 建模时避免取值为 0,故式(2-35)始终保持物理意义。

式(2-35)即为第 k 段软管运动方程,经过迭代,便可以得到各段软管的状态角,进而求得各段软管的相对位置。由式(2-35)可见,所建的软管-锥套组合体运动模型可以体现加油机状态改变、软管长度变化。

2.2.3　动力学建模

软管-锥套组合体所受的力包括内力和外力,内力即软管拉力,外力即加油机牵引力、重力和空气阻力。结合图 2-2,铰链 k 处的加速度 $\boldsymbol{a}_k$ 可由牛顿第二定律计算得到[6]:

$$\boldsymbol{a}_k = (\boldsymbol{Q}_k + \boldsymbol{T}_k - \boldsymbol{T}_{k+1})/m_k = (\boldsymbol{Q}_k + \boldsymbol{T}_k - \boldsymbol{T}_{k+1})/(l_k \upsilon) \qquad (2-36)$$

式中:$\boldsymbol{T}_k$、$\boldsymbol{Q}_k$、m_k 表示第 k 段软管的拉力、除软管拉力外所受的外力、质量,υ 为软管单位长度质量。

铰链 k 所受软管拉力 $\boldsymbol{T}_k$ 为无法直接测量得到的系统内力,通过引入额外约束条件可达到实时解算拉力 $\boldsymbol{T}_k$ 的目的。由式(2-30)并结合第 k 段软管长度约束,可得

$$\boldsymbol{d}_k \cdot \boldsymbol{d}_k = l_k^2 \qquad (2-37)$$

考虑软管长度变化,求式(2-37)的二阶导数:

$$\dot{\boldsymbol{d}}_k \cdot \dot{\boldsymbol{d}}_k + \boldsymbol{d}_k \cdot \ddot{\boldsymbol{d}}_k = \dot{l}_k^2 + l_k \ddot{l}_k \qquad (2-38)$$

取第 k 段软管拉力的单位矢量 $\boldsymbol{n}_k = \boldsymbol{T}_k / \|\boldsymbol{T}_k\| = -\boldsymbol{d}_k / \|\boldsymbol{d}_k\|$,则 $\boldsymbol{d}_k$ 及 $\dot{\boldsymbol{d}}_k$ 可表示为

$$\begin{cases} \boldsymbol{d}_k = -l_k \boldsymbol{n}_k \\ \dot{\boldsymbol{d}}_k = -\dot{l}_k \boldsymbol{n}_k - l_k \dot{\boldsymbol{n}}_k \end{cases} \qquad (2-39)$$

进一步将式(2-31)、式(2-39)代入式(2-38),可得相邻铰链之间的加速度关系为

$$(\boldsymbol{a}_k - \boldsymbol{a}_{k-1}) \cdot \dot{\boldsymbol{n}}_k = l_k \dot{\boldsymbol{n}}_k \cdot \dot{\boldsymbol{n}}_k - \ddot{l}_k \qquad (2-40)$$

取 $T_k = \|\boldsymbol{T}_k\|$,并将式(2-36)代入式(2-40),得到相邻连杆拉力的线性代数方程为

$$\frac{\boldsymbol{n}_{k-1} \cdot \boldsymbol{n}_k}{m_{k-1}} T_{k-1} - \left(\frac{1}{m_{k-1}} + \frac{1}{m_k} \right) T_k + \frac{\boldsymbol{n}_k \cdot \boldsymbol{n}_{k+1}}{m_k} T_{k+1}$$
$$= \ddot{l}_k - l_k \dot{\boldsymbol{n}}_k \cdot \dot{\boldsymbol{n}}_k - \left(\frac{\boldsymbol{Q}_{k-1}}{m_{k-1}} - \frac{\boldsymbol{Q}_k}{m_k} \right) \cdot \boldsymbol{n}_k \qquad (2-41)$$

如果假设软管被分为 N 等份,即 $m_1 = \cdots = m_k = \cdots = m_N = m_s$,$l_1 = \cdots = l_k = \cdots = l_N = l_s$,可将式(2-41)简化为

$$(\boldsymbol{n}_{k-1} \cdot \boldsymbol{n}_k)T_{k-1} - 2T_k + (\boldsymbol{n}_k \cdot \boldsymbol{n}_{k+1})T_{k+1} \tag{2-42}$$

$$= m_s(\ddot{l}_s - l_s\dot{\boldsymbol{n}}_k \cdot \dot{\boldsymbol{n}}_k) - (\boldsymbol{Q}_{k-1} - \boldsymbol{Q}_k) \cdot \boldsymbol{n}_k$$

进一步将式(2-42)写成形如 $\boldsymbol{A} \cdot \boldsymbol{T} = \boldsymbol{q}$ 的矩阵形式,具体如下:

$$\begin{bmatrix} -1 & \boldsymbol{n}_1 \cdot \boldsymbol{n}_2 & 0 & \cdots & 0 \\ \boldsymbol{n}_2 \cdot \boldsymbol{n}_1 & -2 & \boldsymbol{n}_2 \cdot \boldsymbol{n}_3 & & \vdots \\ 0 & & & & 0 \\ \vdots & & \boldsymbol{n}_{N-1} \cdot \boldsymbol{n}_{N-2} & -2 & \boldsymbol{n}_{N-1} \cdot \boldsymbol{n}_N \\ 0 & \cdots & 0 & \boldsymbol{n}_N \cdot \boldsymbol{n}_{N-1} & -2 \end{bmatrix} \begin{bmatrix} T_1 \\ T_2 \\ T_3 \\ \vdots \\ T_N \end{bmatrix} =$$

$$\begin{bmatrix} m_s(\ddot{l}_s - l_s\dot{\boldsymbol{n}}_1 \cdot \dot{\boldsymbol{n}}_1) - (a_0 m_s - \boldsymbol{Q}_1) \cdot \boldsymbol{n}_1 \\ m_s(\ddot{l}_s - l_s\dot{\boldsymbol{n}}_2 \cdot \dot{\boldsymbol{n}}_2) - (\boldsymbol{Q}_1 - \boldsymbol{Q}_2) \cdot \boldsymbol{n}_2 \\ \vdots \\ m_s(\ddot{l}_s - l_s\dot{\boldsymbol{n}}_N \cdot \dot{\boldsymbol{n}}_N) - (\boldsymbol{Q}_{N-1} - \boldsymbol{Q}_N) \cdot \boldsymbol{n}_N \end{bmatrix}$$

$$\tag{2-43}$$

式中: a_0 为软管-锥套组合体拖拽坐标系相对地面惯性系的平动加速度,体现出加油机牵引力的作用,利用公式(2-43)可解得各段软管所受的拉力。

此外,铰链 k(除末级铰链)处所受的其他外力 $\boldsymbol{Q}_k$ 包括[24]:空气阻力 $\boldsymbol{D}_k$、软管重力,建模假设相邻软管各一半的空气阻力和重力集中于铰链 k 处(见图 2-2),具体计算如下:

$$\boldsymbol{Q}_k = \frac{(\boldsymbol{D}_k + \boldsymbol{D}_{k+1})}{2} + m_s\boldsymbol{g} \tag{2-44}$$

空气阻力 $\boldsymbol{D}_k$ 可细分为切向空气阻力 $\boldsymbol{D}_{k,t}$ 和法向空气阻力 $\boldsymbol{D}_{k,n}$:

$$\boldsymbol{D}_k = \underbrace{\left\{ -\frac{1}{2}\rho(\boldsymbol{V}_{k,a} \cdot \boldsymbol{n}_k)^2\pi d_0 l_s c_{k,t} \right\}\boldsymbol{n}_k}_{\boldsymbol{D}_{k,t}} +$$

$$\underbrace{\left\{ -\frac{1}{2}\rho \|\boldsymbol{V}_{k,a} - (\boldsymbol{V}_{k,a} \cdot \boldsymbol{n}_k)\boldsymbol{n}_k\| d_0 l_s c_{k,n} \right\} \times \{\boldsymbol{V}_{k,a} - (\boldsymbol{V}_{k,a} \cdot \boldsymbol{n}_k)\boldsymbol{n}_k\}}_{\boldsymbol{D}_{k,n}}$$

$$\tag{2-45}$$

式中: $\boldsymbol{V}_{k,a} = \boldsymbol{V}_k - \boldsymbol{V}_w$, $\boldsymbol{V}_k$ 为地面惯性系下铰链 k 的运动速度; $\boldsymbol{V}_w$ 为铰链 k 处的

合成干扰风速；d_0 为软管外径；$c_{k,t}$ 为软管切向空气阻力系数；$c_{k,n}$ 为软管法向空气阻力系数。

末级铰链 N 处的受力情况与前 $N-1$ 个铰链点不同，外力 $\boldsymbol{Q}_N$（不包括软管拉力）具体计算公式如下：

$$\boldsymbol{Q}_N = \frac{\boldsymbol{D}_N}{2} + \boldsymbol{D}_{\text{dro}} + \left(\frac{m_s}{2} + m_{\text{dro}}\right)\boldsymbol{g} \tag{2-46}$$

式中：m_{dro} 为加油锥套的质量；$\boldsymbol{D}_{\text{dro}}$ 为加油锥套所受的气动力。

$$\boldsymbol{D}_{\text{dro}} = -\frac{1}{2}\rho\|\boldsymbol{V}_{N,a}\|\left(\frac{\pi d_{\text{dro}}^2}{4}\right)c_{\text{dro}}\boldsymbol{V}_{N,a} + \boldsymbol{F}_{\text{D}} \tag{2-47}$$

式中：d_{dro} 为加油锥套直径；c_{dro} 为锥套气动阻力系数；$\boldsymbol{F}_{\text{D}}$ 为采用自稳定锥套控制产生的主动气动力，若采用普通锥套或自稳定锥套不使能，则 $\boldsymbol{F}_{\text{D}}$ 不存在。自稳定锥套设置有呈"＋"形分布的四个作动器，如图 2-2 自稳定锥套红色部分所示，以改变加油锥套伞衣内外环支撑杆之间的张开角度，起到改变锥套伞衣形态（即改变加油锥套的有效受风面积）的作用，进而产生维持锥套位置稳定的主动控制气动力。$\boldsymbol{F}_{\text{D}}$ 的具体计算可表示为

$$\boldsymbol{F}_{\text{D}} = \frac{1}{2}\rho\|\boldsymbol{V}_{N,a}\|^2\boldsymbol{C}_u(\boldsymbol{u}_{\text{act}} - \boldsymbol{u}_0) = \begin{bmatrix} F_h^{\text{dro}} & F_s^{\text{dro}} & F_v^{\text{dro}} \end{bmatrix}^T \tag{2-48}$$

式中：$\boldsymbol{C}_u$ 表示作动器张开角度气动系数；$\boldsymbol{u}_{\text{act}}$ 为作动器实时张开角度；$\boldsymbol{u}_0$ 为作动器基础张开角度。此时，主动控制气动力为 0。由于加油机飞行速度较快促使自稳定锥套的滚转角较小，并结合表 2-2 列出的作动器气动系数 $\boldsymbol{C}_u$，建模假设自稳定锥套作动器 1、3 张开角度改变量大小相等符号相反，主要产生侧向主动控制气动力 F_s^{dro}，自稳定锥套作动器 2、4 张开角度改变量大小相等符号相反，主要产生垂向主动控制气动力 F_v^{dro}，由于上述原因，不同作动器产生的前向主动控制气动力较小，可以忽略，故 F_h^{dro} 几乎为 0。

建立的软管-锥套组合体模型几何参数、气动参数[6,8] 如表 2-2 所示。

表 2-2　软管-锥套组合体模型参数

参数	意义	数值	参数	意义	数值
L_h	软管长度	22.86 m	m_{dro}	锥套质量	29.5 kg
N	软管段数	24	d_{dro}	锥套直径	0.61 m

参数	意义	数值	参数	意义	数值
υ	软管单位长度质量	$4.11\,\mathrm{kg/m}$	c_{dro}	锥套气动阻力系数	0.831
$c_{k,\mathrm{t}}$	切向空气阻力系数	$0.005\,2$	$\boldsymbol{u}_0$	基础张开角度	$\begin{bmatrix} 30.24°, & 30.24°, \\ 30.24°, & 30.24° \end{bmatrix}$
$c_{k,\mathrm{n}}$	法向空气阻力系数	0.218			
C_u	张开角度气动系数	$\begin{aligned} 10^{-4}\times \\ \begin{bmatrix} -8.64 & -10.41 & -8.64 & -3.44 \\ -56.4 & 0 & 56.4 & 0 \\ -3.44 & 53.4 & -3.44 & -53.0 \end{bmatrix} \end{aligned}$			

2.3　多风干扰模型

2.3.1　坐标系定义

为描述加油机尾流、受油机头波、大气湍流等复杂多风干扰,定义如下坐标系[20,22,25]。

(1)加油机尾流坐标系 $S_{\mathrm{vor}}:O_{\mathrm{vor}}\text{-}X_{\mathrm{vor}}Y_{\mathrm{vor}}Z_{\mathrm{vor}}$。坐标系原点 O_{vor} 位于加油机机翼后缘尾涡中心连线的中点处,$O_{\mathrm{vor}}X_{\mathrm{vor}}$ 轴与加油机速度方向一致,$O_{\mathrm{vor}}Y_{\mathrm{vor}}$ 轴与尾涡中心连线重合且指向右侧,$O_{\mathrm{vor}}Z_{\mathrm{vor}}$ 轴垂直于 $O_{\mathrm{vor}}X_{\mathrm{vor}}Y_{\mathrm{vor}}$ 平面且指向下。

(2)受油机头波平面极坐标系 S_{lp}。坐标系原点 O_{lp} 位于受油机机头内的一点源处,极坐标轴 $O_{\mathrm{lp}}X_{\mathrm{lp}}$ 平行于受油机机体坐标系 $O_{\mathrm{b}}X_{\mathrm{b}}$ 轴且方向相反,极平面与受油机机体坐标系平面 $O_{\mathrm{b}}X_{\mathrm{b}}Z_{\mathrm{b}}$ 重合。

(3)受油机头波平面直角坐标系 $S_{\mathrm{lp},xy}:O_{\mathrm{lp},xy}\text{-}X_{\mathrm{lp},x}Y_{\mathrm{lp},y}$。坐标系原点 $O_{\mathrm{lp},xy}$ 与平面极坐标系原点 O_{lp} 位置相同,$O_{\mathrm{lp},xy}X_{\mathrm{lp},x}$ 轴与极坐标轴 $O_{\mathrm{lp}}X_{\mathrm{lp}}$ 重合,$O_{\mathrm{lp},xy}Y_{\mathrm{lp},y}$ 轴位于极平面内且垂直于 $O_{\mathrm{lp},xy}X_{\mathrm{lp},x}$ 轴指向上方。

(4)受油机头波三维直角坐标系 $S_{\mathrm{bow}}:O_{\mathrm{bow}}\text{-}X_{\mathrm{bow}}Y_{\mathrm{bow}}Z_{\mathrm{bow}}$。坐标系原点 O_{bow} 与平面极坐标系原点 O_{lp} 位置相同,$O_{\mathrm{bow}}X_{\mathrm{bow}}$、$O_{\mathrm{bow}}Z_{\mathrm{bow}}$ 轴分别平行于受油机机体坐标系 $O_{\mathrm{b}}X_{\mathrm{b}}$、$O_{\mathrm{b}}Z_{\mathrm{b}}$ 轴且方向相反,$O_{\mathrm{bow}}Y_{\mathrm{bow}}$ 轴与 $O_{\mathrm{bow}}X_{\mathrm{bow}}$、$O_{\mathrm{bow}}Z_{\mathrm{bow}}$ 轴形成右手直角坐标系。

2.3.2 加油机尾流建模

大型加油机在飞行过程中不可避免地会对周围的空气产生强烈扰动,形成加油机尾流。考虑到发动机滑流、附面层湍流作用距离较小,在受油机及软管-锥套组合体运动范围之外,本节只对机翼引起的尾流进行建模。

机翼尾流随着发展会在飞机翼尖形成一对尾涡对,建模时将其等效为一对强度相等但旋转方向相反的尾涡对(见图 2-3)。尾涡模型存在多种,综合考虑模型复杂度、精度及工程应用等因素,Hallock-Burnham 模型[11]是较符合软式空中加油仿真需求的模型,其具体表达式如下:

$$\boldsymbol{V}_\theta = \frac{\Gamma_0}{2\pi r_v} \frac{r_v^2}{r_v^2 + r_c^2} \tag{2-49}$$

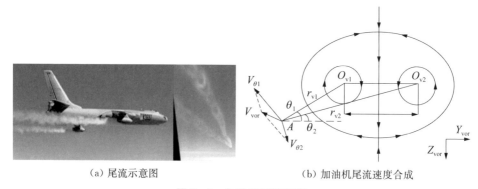

(a) 尾流示意图   (b) 加油机尾流速度合成

图 2-3   加油机尾流建模

式中:$\boldsymbol{V}_\theta$ 为尾涡诱导速度;r_v 为垂直于涡线的平面内任意位置点到尾涡中心的距离;Γ_0 表示尾涡初始强度;r_c 为涡核半径。

Γ_0、r_c 表达式[25]为

$$\Gamma_0 = \frac{4G_T}{\pi \rho V_T b_T} \tag{2-50}$$

$$\begin{cases} r_c = 0.5\sqrt{t_c} \\ t_c = \dfrac{\|x_{rel}\|}{V_T} \end{cases} \tag{2-51}$$

式中:G_T 为加油机重力,$G_T = m_T g$;V_T 为加油机速度;b_T 为加油机翼展;t_c 为尾涡发展时间;x_{rel} 为加油机尾流坐标系内某一尾流计算点处的 $O_{vor}X_{vor}$ 轴坐标。

取加油机尾流坐标系内任一位置 A 处的坐标为 $(x_{rel}, y_{rel}, z_{rel})$，如图 2-3 (b)所示，此处的尾流速度由两尾涡诱导速度合成得到：

$$\begin{cases} v_{vor} = -V_{\theta_1} \sin\theta_1 + V_{\theta_2} \sin\theta_2 \\ w_{vor} = -V_{\theta_1} \cos\theta_1 + V_{\theta_2} \cos\theta_2 \end{cases} \quad (2-52)$$

式中：v_{vor}、w_{vor} 分别表示尾流速度的 $O_{vor}Y_{vor}$、$O_{vor}Z_{vor}$ 轴分量；V_{θ_1}、V_{θ_2} 分别为左右尾涡产生的诱导风速；θ_1、θ_2 分别为左右尾涡到位置点 A 的距离夹角。将式(2-49)代入式(2-52)可得

$$\begin{cases} v_{vor} = \dfrac{\Gamma_0}{2\pi} \left[\dfrac{z_{rel}}{(y_{rel} - \pi b_T/8)^2 + r_c^2 + z_{rel}^2} - \dfrac{z_{rel}}{(y_{rel} + \pi b_T/8)^2 + r_c^2 + z_{rel}^2} \right] \\ w_{vor} = \dfrac{\Gamma_0}{2\pi} \left[\dfrac{y_{rel} + \pi b_T/8}{(y_{rel} + \pi b_T/8)^2 + r_c^2 + z_{rel}^2} - \dfrac{y_{rel} - \pi b_T/8}{(y_{rel} - \pi b_T/8)^2 + r_c^2 + z_{rel}^2} \right] \end{cases}$$
$$(2-53)$$

由于尾涡下洗作用的存在，尾涡会产生下移，令式(2-49)中的 $r_v = \tilde{b} = \pi b_T/4$ 即两尾涡中心之间的距离，可得尾涡下移速度：

$$V_{mz} = \frac{\Gamma_0}{2\pi} \frac{\tilde{b}}{\tilde{b}^2 + r_c^2} \quad (2-54)$$

为尽量减少模型计算量且保证对模型精确性影响不大，如果假设尾涡下移速度一直保持初始时刻下移速度，即 $r_c = 0$，则

$$V_{mz} = V_{mz0} = \frac{\Gamma_0}{2\pi\tilde{b}} = \frac{2\Gamma_0}{\pi^2 b_T} \quad (2-55)$$

利用下移速度 V_{mz} 可对式(2-53)表示的尾流模型进行修正，得到考虑尾涡下移的加油机尾流模型，定义新的 z'_{rel} 代替式(2-53)中 z_{rel}：

$$z'_{rel} = z_{rel} + \frac{V_{mz} \|x_{rel}\|}{V_T} \quad (2-56)$$

此处，取加油机质量 $m_T = 120\,000$ kg、翼展 $b_T = 39.88$ m、速度 $V_T = 200$ m/s、高度 $h_T = 7010$ m，得到加油机尾流坐标系中 $x_{rel} = -10$ m 处的尾流场分布如图 2-4 所示。

进一步可得加油机尾流坐标系 $x_{rel} = -10$ m 且 $z_{rel} = 10$ m 轴上尾流风速的分量如图 2-5 所示，可见风速趋势符合加油机尾流的飞行数据统计规律。

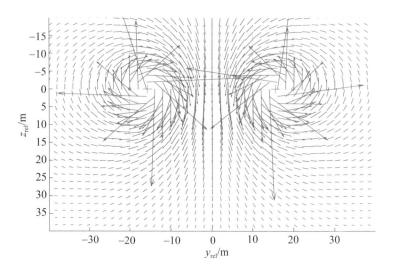

图 2-4　$x_{rel}=-10\,m$ 处加油机尾流场分布

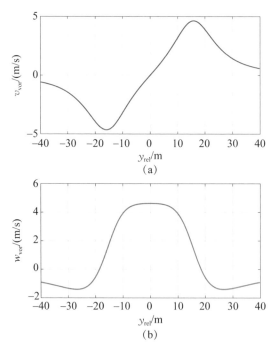

(a)

(b)

图 2-5　加油机尾流风速两轴分量

2.3.3 受油机头波建模

歼-10 空中加油试飞员在总结第一次空中加油试飞经验时提到过一种现象:在加油管即将进入锥套对接成功时,锥套会先"离我而去"而后又"快速回摆"。此现象突出体现了受油机头波对加油锥套运动的影响,如图 2-6 所示,随着受油机逐渐接近加油锥套,锥套受头波作用会被推向远离受油机机头的一侧,而后由于软管-锥套组合体的二阶特性迅速回摆。建立有效的受油机头波模型,对于分析软管-锥套组合体在头波作用下的运动特性,进而为设计末对接控制策略以解决加油锥套由受油机头波造成的快速运动问题奠定了基础。

空中加油近距对接过程中,正常情况下加油锥套的运动范围仅在受油机机头附近,故采用计算量较小的兰金半体受油机头波模型[14, 20]就可以大致对受油机机头附近的头波气流扰动进行模拟。如图 2-7 所示,平面极坐标系 S_{lp} 下的兰金半体模型由点源与均流叠加而成,其中点源即流体自一点均匀向各方流去,均流表示具有平行直线流线且速度均匀分布的气流。点源特性决定了离源点

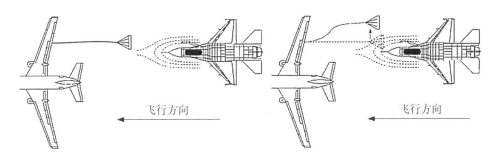

图 2-6　受油机头波对加油锥套的干扰运动

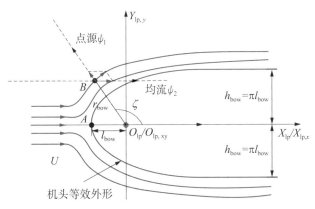

图 2-7　平面极坐标系下的受油机头波模型

O_{lp} 径向距离相同处流体速度大小相等,因此在平面极坐标系 S_{lp} 中,点源流函数 ψ_1 可表示为

$$\psi_1 = \frac{Q_{\mathrm{bow}}}{2\pi}\zeta \tag{2-57}$$

式中:Q_{bow} 为源点强度;ζ 为极角。

同样地,可在 S_{lp} 系中表示均流的流函数 ψ_2 为

$$\psi_2 = U_{\mathrm{bow}} r_{\mathrm{bow}} \sin\zeta \tag{2-58}$$

式中:U_{bow} 表示均流流速;r_{bow} 为极径。

由于流函数具有可叠加性,兰金半体绕流的流函数可通过上述两种流函数叠加得到[20]:

$$\psi_{\mathrm{bow}} = \psi_1 + \psi_2 = \frac{Q_{\mathrm{bow}}}{2\pi}\zeta + U_{\mathrm{bow}} r_{\mathrm{bow}} \sin\zeta \tag{2-59}$$

二维气流的流线方程可表示为

$$V_{r_{\mathrm{bow}}} r_{\mathrm{bow}} \mathrm{d}\zeta - V_\zeta \mathrm{d}\zeta = 0 \tag{2-60}$$

式中:$V_{r_{\mathrm{bow}}}$ 为径向速度;V_ζ 为周向速度。

连续性方程如下:

$$\frac{\partial(r_{\mathrm{bow}} V_{r_{\mathrm{bow}}})}{\partial r_{\mathrm{bow}}} + \frac{\partial V_\zeta}{\partial\zeta} = 0 \tag{2-61}$$

式(2-60)成为函数 $\psi_{\mathrm{bow}}(r_{\mathrm{bow}}, \zeta)$ 全微分的充分必要条件是式(2-61)成立,具体意义可由下式表示:

$$\mathrm{d}\psi_{\mathrm{bow}} = \frac{\partial\psi_{\mathrm{bow}}}{\partial r_{\mathrm{bow}}}\mathrm{d}r_{\mathrm{bow}} + \frac{\partial\psi_{\mathrm{bow}}}{\partial\zeta}\mathrm{d}\zeta = -V_{r_{\mathrm{bow}}} r_{\mathrm{bow}} \mathrm{d}\zeta + V_\zeta \mathrm{d}\zeta \tag{2-62}$$

由式(2-62)可得

$$\begin{cases} V_{r_{\mathrm{bow}}} = \dfrac{\partial\psi_{\mathrm{bow}}}{r_{\mathrm{bow}}\partial\zeta} \\[3mm] V_\zeta = -\dfrac{\partial\psi_{\mathrm{bow}}}{\partial r_{\mathrm{bow}}} \end{cases} \tag{2-63}$$

将式(2-59)代入式(2-63),得到兰金半体受油机头波模型在平面极坐标系 S_{lp} 下的径向和周向速度为

$$\begin{cases} V_{r_{\text{bow}}} = \dfrac{\partial \psi_{\text{bow}}}{r_{\text{bow}} \partial \zeta} = U_{\text{bow}} \cos \zeta + \dfrac{Q_{\text{bow}}}{2\pi r_{\text{bow}}} \\ V_{\zeta} = -\dfrac{\partial \psi_{\text{bow}}}{\partial r_{\text{bow}}} = -U_{\text{bow}} \sin \zeta \end{cases} \tag{2-64}$$

由式(2-59)易知,通过给 ψ_{bow} 取不同的常值即 $\dfrac{Q_{\text{bow}}}{2\pi} \zeta + U_{\text{bow}} r_{\text{bow}} \sin \zeta = C$ 可获得不同的流线,其中零流线的一部分便是绕流物体轮廓线。零流线左半部分与 $O_{\text{lp}} X_{\text{lp}}$ 轴的一部分($\zeta = \pi$)重合,由此可知驻点 $A(-l_{\text{bow}}, \pi)$ 处的气流速度为零,故可得

$$V_{r_{\text{bow}} = l_{\text{bow}}, \, \zeta = \pi} = -U_{\text{bow}} + \frac{Q_{\text{bow}}}{2\pi l_{\text{bow}}} = 0 \tag{2-65}$$

求解式(2-65)得到:

$$l_{\text{bow}} = \frac{Q_{\text{bow}}}{2\pi U_{\text{bow}}} \tag{2-66}$$

而零流线的右半部分可通过经过驻点 A 的流函数值得到:

$$\frac{Q_{\text{bow}}}{2\pi} \zeta + U_{\text{bow}} r_{\text{bow}} \sin \zeta = \psi_{r_{\text{bow}} = l_{\text{bow}}, \, \zeta = \pi} = \frac{Q_{\text{bow}}}{2} \tag{2-67}$$

因此,结合式(2-66)可将零流线方程表示为

$$r_{\text{bow}} = \frac{Q_{\text{bow}}}{2\pi U_{\text{bow}}} \frac{\pi - \zeta}{\sin \zeta} = \frac{l_{\text{bow}}(\pi - \zeta)}{\sin \zeta} \tag{2-68}$$

另外,当 ζ 趋近于 0 或者 2π 时,零流线上下两部分趋于平行,故其与 $O_{\text{lp}} X_{\text{lp}}$ 轴的垂直距离为

$$h_{\text{bow}} = (r_{\text{bow}} \sin \zeta)_{\zeta = 0, \, 2\pi} = [l_{\text{bow}}(\pi - \zeta)]_{\zeta = 0, \, 2\pi} = \pm \pi l_{\text{bow}} \tag{2-69}$$

已知受油机飞行速度和机头半径,由式(2-64)至式(2-69)可求得平面极坐标系 S_{lp} 下受油机头波风速的分量 $V_{r_{\text{bow}}}$、V_{ζ}。同时,考虑到径向和周向速度向量存在如下关系:

$$\begin{cases} \boldsymbol{V}_{r_{\text{bow}}} = V_{r_{\text{bow}}} \cos \zeta \boldsymbol{i} + V_{r_{\text{bow}}} \sin \zeta \boldsymbol{j} \\ \boldsymbol{V}_{\zeta} = -V_{\zeta} \sin \zeta \boldsymbol{i} + V_{\zeta} \cos \zeta \boldsymbol{j} \end{cases} \tag{2-70}$$

式中:$\boldsymbol{i}$、$\boldsymbol{j}$ 表示平面直角坐标系 $S_{\text{lp}, xy}$ 两轴的单位向量。

因此,在平面直角坐标系 $S_{\mathrm{lp},xy}$ 下表示的受油机头波风速为

$$\begin{cases} V_x = V_{r_{\mathrm{bow}}}\cos\zeta - V_\zeta\sin\zeta \\ V_y = V_{r_{\mathrm{bow}}}\sin\zeta + V_\zeta\cos\zeta \end{cases} \quad (2-71)$$

如图 2-8 所示,进一步将受油机头波风速映射到三维直角坐标系 S_{bow},则

$$\begin{cases} V_{\mathrm{bow},x} = V_x \\ V_{\mathrm{bow},y} = V_y\,\dfrac{y_{\mathrm{bow}}}{\sqrt{y_{\mathrm{bow}}^2 + z_{\mathrm{bow}}^2}} \\ V_{\mathrm{bow},z} = V_y\,\dfrac{z_{\mathrm{bow}}}{\sqrt{y_{\mathrm{bow}}^2 + z_{\mathrm{bow}}^2}} \end{cases} \quad (2-72)$$

式中:$V_{\mathrm{bow},x}$、$V_{\mathrm{bow},y}$、$V_{\mathrm{bow},z}$ 分别为受油机头波风速的三轴分量;(x_{bow},y_{bow},z_{bow})为头波风速计算点的空间坐标。

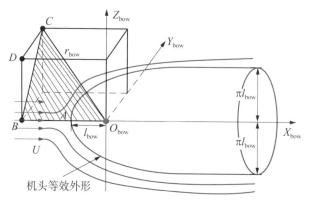

图 2-8　三维直角坐标系下的受油机头波模型

受油机头波仿真时取 $U_{\mathrm{bow}} = V_k$、$h_{\mathrm{bow}} = \pi l_{\mathrm{bow}} = 0.4\ \mathrm{m}$,此处取 $U_{\mathrm{bow}} = 200\ \mathrm{m/s}$,得到如图 2-9 所示受油机头波分布,可见分布趋势符合实际规律。

2.3.4　大气湍流建模

大气湍流是叠加在全局常值风或位置相关常值风上的连续随机脉动,使得加/受油机位置时刻处于不确定抖动之中,严重降低了位置控制的精度与稳定性。大气湍流建模需要进行如下假设[22]:

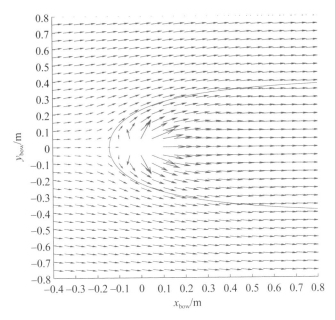

图 2-9　受油机头波分布

（1）满足平稳性和均匀性假设,即飞机以均匀速度飞行时湍流速度为平稳随机过程,其统计特性与时间无关。

（2）各向同性假设,即坐标系旋转不改变大气湍流统计特性。

（3）高斯分布假设,即湍流速度大小满足正态分布。

（4）冻结场假设,由于飞机飞行速度往往远大于大气湍流速度及其变化量,因此对于湍流场只考虑气流速度空间分布。

大气湍流模型采用空中加油中常被使用的 Dryden 模型,其速度空间频谱如下[26]:

$$
\begin{cases}
\Phi_u(\Omega) = \sigma_u^2 \dfrac{2L_u}{\pi} \dfrac{1}{1+(L_u\Omega)^2} \\[3mm]
\Phi_v(\Omega) = \sigma_v^2 \dfrac{L_v}{\pi} \dfrac{1+3(L_v\Omega)^2}{[1+(L_v\Omega)^2]^2} \\[3mm]
\Phi_w(\Omega) = \sigma_w^2 \dfrac{L_w}{\pi} \dfrac{1+3(L_w\Omega)^2}{[1+(L_w\Omega)^2]^2}
\end{cases} \tag{2-73}
$$

式中: Ω 为空间频率; L_u、L_v、L_w 为三轴特征尺度; σ_u、σ_v、σ_w 为三轴风速均

方值。

将式(2-73)进行频谱分解及拉普拉斯变换,可得大气湍流速度模型如下:

$$
\begin{cases}
u_{\text{turb}}(s) = \sigma_u \sqrt{\dfrac{2L_u}{\pi V}} \ \dfrac{1}{1 + \dfrac{L_u}{V}s} \\[3ex]
v_{\text{turb}}(s) = \sigma_v \sqrt{\dfrac{L_v}{\pi V}} \ \dfrac{1 + \dfrac{\sqrt{3}L_v}{V}s}{\left(1 + \dfrac{L_v}{V}s\right)^2} \\[3ex]
w_{\text{turb}}(s) = \sigma_w \sqrt{\dfrac{L_w}{\pi V}} \ \dfrac{1 + \dfrac{\sqrt{3}L_w}{V}s}{\left(1 + \dfrac{L_w}{V}s\right)^2}
\end{cases}
\tag{2-74}
$$

式中:u_{turb}、v_{turb}、w_{turb} 分别为大气湍流的三轴分量;s 为拉普拉斯变量;V 为飞行器飞行速度。

仿真过程中根据 MIL-F-8785C 规范推荐选取参数,得到轻度大气湍流在地面惯性系下的三轴速度分量如图 2-10 所示。

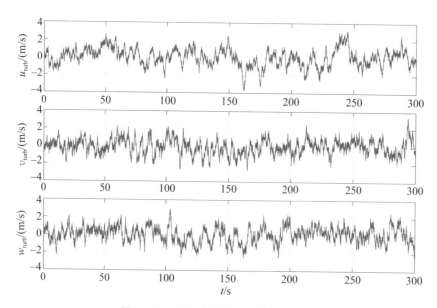

图 2-10　轻度大气湍流三轴速度分量

2.4　本章小节

本章在充分研究与分析软式空中加油系统的基础上,建立了能够反映复杂多风干扰影响的受油机六自由度非线性模型,并进一步将该模型仿射化处理得到受油机仿射非线性模型,使得模型更加适用于受油机控制系统设计。对软式空中加油系统的独特组成部分——软管-锥套组合体,采用多刚体动力学方法和有限元思想建立了软管-锥套组合体分段模型,将软管-锥套组合体抽象为若干长度可变的无摩擦万向铰链逐级串联的刚性连杆,分析了各段软管-锥套所受的重力、拉力、空气阻力及弯曲恢复力,同时考虑了作动器呈"＋"形分布的可控锥套气动效应,所建模型能够充分体现软管-锥套组合体的柔性、收放特性和复杂多风干扰对软管-锥套运动状态的影响。此外,建立了软式空中加油复杂多风干扰模型,包括对加油机尾流、受油机头波及大气湍流的建模,其中加油机尾流采用归纳大量飞行试验数据的 Hallock-Burnham 模型,兰金半体受油机头波模型通过叠加点源和均流得到,大气湍流采用空中加油中常被使用的 Dryden 模型,仿真结果表明,所建模型符合相应风干扰的统计规律,能够较好地模拟软式空中加油复杂的流场环境。本章建立的软式空中加油各部分模型,为后续进行无人机软式自主空中加油导航与控制技术研究奠定了基础。

参考文献

[1] 全权,魏子博,高俊,等. 软管式自主空中加油对接阶段中的建模与控制综述[J]. 航空学报,2014,35(9):2390-2410.

[2] 王宏伦,杜熠,盖文东. 无人机自动空中加油精确对接控制[J]. 北京航空航天大学学报,2011,37(7):822-826.

[3] Hansen J, Murray J, Campos N. The NASA Dryden AAR project: A flight test approach to an aerial refueling system [C]//AIAA Atmospheric Flight Mechanics Conference and Exhibit. Providence: 2004.

[4] Vassberg J, Yeh D, Blair A, et al. Dynamic characteristics of a KC-10 wing-pod refueling hose by numerical simulation [C]//20th AIAA Applied Aerodynamics Conference. St. Louis: 2002.

[5] Ro K, Kamman J W. Modeling and simulation of hose-paradrogue aerial refueling systems[J]. Journal of Guidance, Control, and Dynamics, 2010,33(1):53-63.

[6] Wang H T, Dong X M, Xue J P, et al. Dynamic modeling of a hose-drogue aerial refueling system and integral sliding mode backstepping control for the hose whipping phenomenon[J]. Chinese Journal of Aeronautics, 2014,27(4):930-946.

[7] Sun Y B, Duan H B, Xian N. Fractional-order controllers optimized via heterogeneous comprehensive learning pigeon-inspired optimization for autonomous aerial refueling hose-drogue system[J]. Aerospace Science and Technology, 2018, 81:1 - 13.

[8] Williamson W R, Reed E, Glenn G J, et al. Controllable drogue for automated aerial refueling[J]. Journal of Aircraft, 2010, 47(2):515 - 527.

[9] Kuk T, Ro K. Design, Test and evaluation of an actively stabilised drogue refuelling system[J]. The Aeronautical Journal, 2013, 117(1197):1103 - 1118.

[10] Kuk T. Active control of aerial refueling drogue[D]. Kalamazoo: Weatern Michigan University, 2014.

[11] Burnham D C, Hallock J N. Chicago monostatic acoustic vortex sensing system [R]. Transportation Systems Center, 1982.

[12] Jacquin L, Fabre D, Geffroy P, et al. The properties of a transport aircraft wake in the extended near field: An experimental study [C]//39th AIAA Aerospace Sciences Meeting and Exhibit. Reno: 2001.

[13] Dogan A, Blake W, Haag C. Bow wave effect in aerial refueling: Computational analysis and modeling[J]. Journal of Aircraft, 2013, 50(6):1856 - 1868.

[14] Bhandari U, Thomas P R, Richardson T S. Bow wave effect in probe and drogue aerial refuelling[C]//AIAA Guidance, Navigation, and Control (GNC) Conference [C]. Boston: 2013.

[15] Dai X H, Wei Z B, Quan Q. Modeling and simulation of bow wave effect in probe and drogue aerial refueling[J]. Chinese Journal of Aeronautics, 2016, 29(2):448 - 461.

[16] Burns R, Clark C, Ewart R. The automated aerial refueling simulation at the AVTAS laboratory [C]//AIAA Modeling and Simulation Technologies Conference and Exhibit. San Francisco: 2005.

[17] Su Z K, Wang H L, Yao P, et al. Back-stepping based anti-disturbance flight controller with preview methodology for autonomous aerial refueling[J]. Aerospace Science and Technology, 2017, 61:95 - 108.

[18] Su Z K, Wang H L. Probe motion compound control for autonomous aerial refueling docking[J]. Aerospace Science and Technology, 2018, 72:1 - 13.

[19] Duan H B, Sun Y B, Shi Y H. Bionic visual control for probe-and-drogue autonomous aerial refueling[J]. IEEE Transactions on Aerospace and Electronic Systems, 2021, 57 (2):848 - 865.

[20] 张进. 软管锥套运动的动力学建模与控制[D]. 南京:南京航空航天大学,2016.

[21] 吴森堂. 飞行控制系统[M]. 2 版. 北京:北京航空航天大学出版社,2013.

[22] 肖业伦,金长江. 大气扰动中的飞行原理[M]. 北京:国防工业出版社,1993.

[23] Waishek J, Dogan A, Blake W. Derivation of the dynamics equations of receiver aircraft in aerial refueling[J]. Journal of Guidance, Control, and Dynamics, 2009, 32(2):586 - 598.

[24] Vachon M, Ray R, Calianno C. Calculated drag of an aerial refueling assembly through airplane performance analysis [C]//42nd AIAA Aerospace Sciences Meeting and Exhibit. Reno: 2004.

［25］陈博,董新民,徐跃鉴,等.加油机尾流场建模与仿真分析［J］.飞行力学,2007,25(4)：73-76.

［26］赵震炎,肖业伦,施毅坚.Dryden大气紊流模型的数字仿真技术［J］.航空学报,1986,7(5):433-443.

3 自主空中加油图像预处理

无人机软式自主空中加油环境存在多种风干扰,使加油锥套一直处于位置大范围飘摆之中,因此如何确定加油锥套的实时相对位置为受油机控制系统提供精确导引信息,是一个亟待解决的关键技术问题。传统的空中加油编队定位方式包括差分全球定位系统(differential global positioning system,DGPS)和惯性导航[1-2]。DGPS 定位精度通常在分米级,相对加油锥套的实际尺寸,分米级精度不能满足对接导航要求,并且 DGPS 信号的抗电磁干扰性能较差;惯性导航系统存在累积误差且定位精度同样不满足导航要求。同时,考虑到燃油传输的安全性问题,软管-锥套组合体需要严格的电隔离,使加油锥套加装 DGPS、惯性导航等电子装置存在较大的安全隐患。视觉导航系统(见图 3-1)定位精度可达厘米级,具有传感器便宜、抗电磁干扰性能强等优点,是实现无人机软式自主空中加油近距视觉导航的有效技术途径。

(a) 大型加油机与受油机　　　　　　　　(b) 伙伴加油

图 3-1　空中加油视觉导航

无人机软式自主空中加油近距视觉导航系统包括图像预处理、锥套目标检测、锥套目标跟踪、锥套标志点匹配与测量等部分。本章针对图像预处理具体问题，设计了可见光锥套和红外锥套，并设计了导航图像颜色预处理、加油锥套轮廓提取、图像去模糊方法，以提高视觉导航图像的质量。

3.1 锥套图像颜色预处理

3.1.1 锥套合作目标设计

1) 可见光标志锥套

本节设计了典型的无人机软式自主空中加油近距视觉导航合作目标（加油锥套）。自主空中加油视觉导航背景颜色相对简单，主要为蓝色（天空）和白色（天空/云层），因此加油锥套[3-6]整体采用容易与背景色区分的红色，方便通过视觉处理方法进行提取锥套 ROI 区域。由于采用带先验标志点的视觉导航方法更容易获得高精确的锥套相对位置及姿态，故无人机自主空中加油虚拟/半物理仿真平台在锥套平面外围设置七个标志点（m_1—m_7），其中，绿色标志点为 m_1，蓝色标志点顺时针排序为 m_2—m_7。加油锥套区域及标志点外观、尺寸如图3-2所示，E_1—E_4 为加油锥套外接矩形四个顶点。

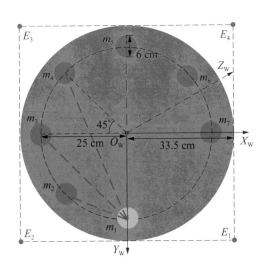

图3-2　虚拟/半物理仿真平台加油锥套

针对无人机空中加油外场试验，设计两种可见光标志锥套[4-5, 7-8]：①如图3-3所示，加油锥套圆环内直径为12 cm，外直径为15 cm，在锥套的圆环上安装了一个绿色圆形标志点和六个蓝色圆形标志点;②如图 3-4 所示,红色加油锥套区域半径为 15 cm,标志点距圆心的距离为 12 cm,标志点半径为 1.5 cm,各个标志点在锥套区域的分布角度与图 3-2 相同。

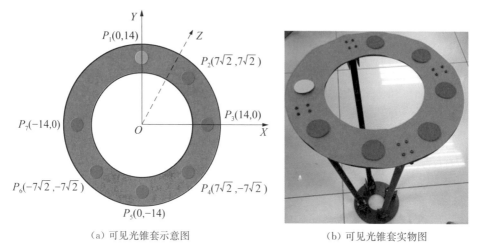

（a）可见光锥套示意图　　　　　　（b）可见光锥套实物图

图 3-3　外场试验可见光加油锥套 1

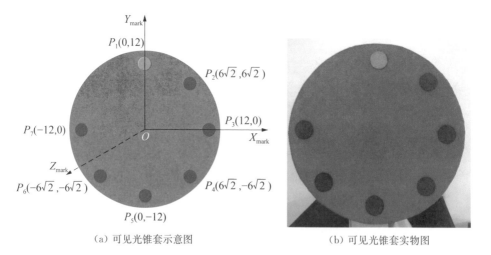

（a）可见光锥套示意图　　　　　　（b）可见光锥套实物图

图 3-4　外场试验可见光加油锥套 2

2) 红外标志锥套

本节为加油锥套添加了红外 LED 作为合作标志,一方面可减少可见光光源在白天对锥套标志成像造成的影响,不仅可使光学系统更适应恶劣的天气条件,还可实现夜间加油的目标。采集该锥套图像时,可在摄像机镜头前安装红外带通滤光片。加油锥套红外 LED 标志点分布及配置[7-9]如图 3 - 5 示。

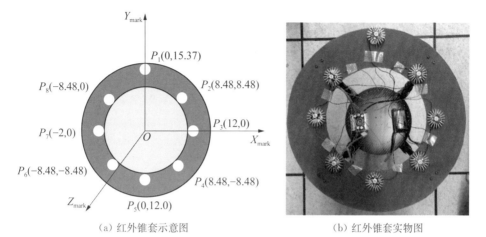

（a）红外锥套示意图　　　　　　　　（b）红外锥套实物图

图 3 - 5　外场试验红外加油锥套

3.1.2　传统图像颜色分割

工程应用中相机实时采集的图像一般都是 RGB 彩色图像，RGB 颜色空间模型虽适合图像显示，但当需要对图像中某种特定颜色目标进行颜色分割时，将图像转换到 HSV 颜色空间更合适，该空间由 H（颜色通道）、S（深度通道）以及 V（明暗通道）三维空间构成，整个 HSV 颜色空间模型呈现为一个倒立的圆锥形状（见图 3 - 6），其中：H 值的取值范围为 $0°\sim360°$；S 值的取值范围为 $0\sim100$；V 的取值范围为 $1\sim100$。

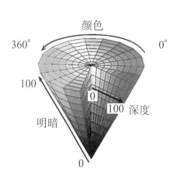

图 3 - 6　HSV 颜色空间模型

HSV 颜色空间是一种较直观且便于理解的模型，H、S、V 三个通道清晰地反映了颜色类型、颜色深浅及颜色明暗度。在使用 Word 及其他相关软件进行颜色设置时，第一步需要确定的是颜色的类型即确定 H 值，第二步需要确定的是颜色的深浅即确定 S 值，一般情况下当这两步完成时，颜色就已经被设置完成。故采用 HSV 颜色空间对图像中特定颜色目标进行分割，具有直观的意义，只需要设置 H 通道和 S 通道合适的阈值即可。

利用 HSV 颜色空间对特定颜色目标进行分割[10]，需要先将采集到的图像从 RGB 空间转换到 HSV 空间，两个颜色空间的转换式如下：

$$H = \begin{cases} 0° & V_{max} = V_{min} \\ 60° \times \dfrac{g-b}{V_{max}-V_{min}} + 0° & V_{max} = r,\ g \geqslant b \\ 60° \times \dfrac{g-b}{V_{max}-V_{min}} + 360° & V_{max} = r,\ g < b \\ 60° \times \dfrac{b-r}{V_{max}-V_{min}} + 120° & V_{max} = g \\ 60° \times \dfrac{r-g}{V_{max}-V_{min}} + 240° & V_{max} = b \end{cases} \tag{3-1}$$

$$S = \begin{cases} 0 & V_{max} = 0 \\ \dfrac{V_{max}-V_{min}}{V_{max}} & V_{max} \neq 0 \end{cases} \tag{3-2}$$

$$V = V_{max} \tag{3-3}$$

式中:V_{max} 是 RGB 颜色空间中 r、g、b 三个分量中的最大值;V_{min} 是三个分量中的最小值。当实时采集到 RGB 空间的加油锥套图像后,先根据式(3-1)至式(3-3)进行颜色空间转换,再根据加油锥套自身颜色的类型及深浅等先验信息,设置 HSV 空间中 H 和 S 两个通道的阈值,经图像二值化处理后,进行相应的形态学处理,即可实现对锥套合作目标的有效颜色分割。

3.1.3　仿猛禽视觉图像颜色分割

颜色视觉在不同动物的认知、行为、生态进化中具有不同的意义,而且颜色视觉对应的视网膜和神经系统潜在机制在不同种群的动物中区别也较大。在这些根据种群产生的差异性中,已有证明鸟类的颜色视觉非常有趣,并且存在相对较多的研究结果,有结果证明猛禽(包括鹰)是四色视觉鸟类[11-12]。首先,对于鸟类不同类型的视觉细胞和视色素已有较多的认识;其次,行为学的实验也验证了鸟类的多色视觉特性;再次,对于鸟类视神经机制的生理学分析也印证了这一结果,并且还存在一些偶然性的生态学观察结果从侧面印证了这一结论;最后,还存在一些只针对鸟类的潜在证据,包括对于其视色素蛋白质的基因识别与分析。只有将这些不同类型与层次的证据结合起来,才能分析一个动物种群的颜色视觉。本节根据现有的研究结果,对鹰眼颜色视觉进行分析,并构建仿猛禽视觉的加油锥套图像颜色分割方法。

3.1.3.1 猛禽视觉系统颜色感知

颜色感知是生物视觉系统较为重要的一部分,猛禽视网膜光感受器细胞接受光信号并由双极细胞转换为电信号传递至视网膜神经节细胞,继而进行颜色信息处理。猛禽视网膜中的光感受器细胞可以大致分为三类,即单锥细胞、双锥细胞、视杆细胞(如图 3 - 7 所示),其中只有单锥细胞能够感知颜色。研究显示猛禽视网膜上视锥细胞内的油滴(oil droplets)和视色素[13]增加了其颜色视觉感知的敏感波长,使其颜色感知能力相对于人类来说可能更为优秀。

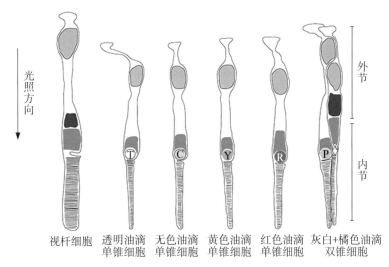

图 3 - 7　昼行性猛禽视网膜光感受器

　　猛禽视锥细胞根据其感受色素的类型不同可以进行细分,并且光波长响应范围比视杆细胞小得多,同时相比于哺乳动物,猛禽视锥细胞在形态学上更复杂,种类更多[14]。如图 3 - 7 所示,视锥细胞底部位置存在有色或无色油滴,由于油滴中类胡萝卜素的不同,油滴显示出多种颜色,光线在到达视色素之前必须通过这一过滤器。对于理解猛禽颜色视觉的功能而言,研究视锥细胞光谱敏感性尤为重要,视锥细胞光谱敏感性决定因素[15]为油滴的光谱透射率和视色素的光谱吸收率。最简单的检验方法是假设油滴是长通截止滤波器,截止波长为油滴 50% 透射率对应波长,并且取截止区间曲率曲线作为滤波曲线,该情况下只要准确测得透射率,依据这些信息便可以计算油滴的光谱吸收率对于其下视色素的影响。此外,由于光谱区域的不同截止频率可能归因于不同的类胡萝卜素或同种类胡萝卜素的不同浓度,另一种更详细的方法通过将油滴混合在更大一滴矿物油中,发现随着油滴体积的增大,类胡萝卜素的浓度降低,这样就可以得到更加精准的光谱吸收率,进行化学上的识别[16]。一种类型的油滴通常为两种类胡萝卜素的混合,并且混合比例在视网膜不同感受细胞中不尽相同,即表面上看起来同类的油滴,实际上可能并不是同一种,而它们对于彩色通道光谱性能的影响还并不明确。目前,对鸟类油滴并没有产生绝对共识,主要归因于油滴多样性,两种实验方法得出结果的不确定性,以及是否存在新的实验方法能够对现有油滴类型进行正确分类。在表3-1中,将Chen等[17]使用前述第二种方法的测量和分类结果(第一列)与Bowmaker等[18]和Patridge[14]没有稀释油滴的测量结果进行关联,对存疑的结果用"*"进行了标记,可是关于这些不同方法的研究结果尚不能完全达成共识。因此,油滴的作用到目前为止仍然只是推测,可能的作用也并不互斥,比如缩小视锥细胞的光谱敏感范围,提高颜色对比或减小色差影响,保护视锥细胞的外侧不受短波光照的伤害,以及聚焦视锥外侧的光线。

表3-1   不同试验方法油滴数据测量结果关联对比

类型	外观	鉴定的类胡萝卜素	最大吸收波长/ nm	Bowmaker 称呼	Patridge 称呼
R	红色	虾青素	477	Red	R
O	橘色	不确定	425～477	C*	
Y	黄色	玉米黄质	435～455	C	Y_2
P	灰白	鸡视网膜黄素(405 nm)或 χ(375 nm)和E胡萝卜素	375～455	B_1	P_1^*, P_2, Y_1
C	无色或 灰黄	鸡视网膜黄素(405 nm)或 χ(375 nm)胡萝卜素	375～405	A*	P_1^*
T	透明	没有类胡萝卜素	无	Clear	

光线最终被视锥细胞中的视色素吸收,视色素由视蛋白和与其成对的视黄醛(也即维生素A醛)构成。视锥细胞对于光谱的不同区域敏感归因于其不同视蛋白的光谱吸收程度。鸟类视网膜典型基因表达了三种以上视锥视蛋白,分别存在于独立的视锥细胞群中,而每种视色素又可能与多种油滴相组合,故可能存在的色彩通道可能多于视色素的种类数。迄今为止的研究中,视色素吸收波长最长的光线(约570 nm,大概在视网膜上"红"和"绿"敏感的色素支配的光谱区域)是最丰富的。这种视色素就是视青素,最开始在鸡身上发现,也是影响鸟类视觉光谱敏感性最主要的视色素[19]。对于企鹅的测量结果则说明,该物种的

视色素顺应了自然选择——光谱吸收区域转移到了约543 nm的短波长位置,符合其生活的蓝色、水栖环境。鸟类通常具有多种吸收短波长的视色素,但通常吸收蓝色和紫色光的色素只存在于很少的视锥细胞中。

虽然对鸟类颜色视觉感知并没有绝对的共识,但现有研究大部分认为猛禽具有四色视觉[17, 20],其光谱敏感性如图3-8所示。单锥细胞根据其极值敏感波长不同分为短波敏感(short wavelength-sensitive, SWS)型、中波敏感(medium wavelength-sensitive, MWS)型、长波敏感(long wavelength-sensitive, LWS)型和紫光敏感型或紫外光敏感(violet-sensitive, VS; ultraviolet-sensitive, UVS)型。其中,SWS、MWS和LWS型的敏感波长大致分别对应蓝色、绿色和红色光谱区域。单锥细胞的不同敏感波长主要来源于其中不同的油滴类型,对应关系为无色油滴对应短波敏感视锥,黄色油滴对应中波敏感视锥,红色油滴对应长波敏感视锥,透明油滴对应紫光敏感视锥或紫外光敏感视锥。

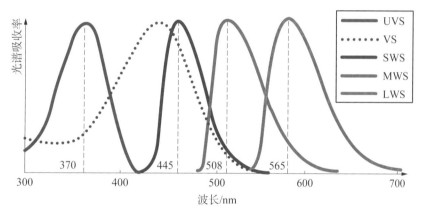

图3-8 猛禽视网膜敏感光谱

鸟类可能的颜色信息处理过程包含四个阶段[21],如图3-9所示。第一阶段视网膜中不同波长敏感型细胞初步感知光信号,并将其转换为电信号;第二个阶段颜色拮抗处理不同光感受器的信号,并输出产生的颜色拮抗信息;第三阶段计算颜色拮抗信息与参照颜色的差异;第四阶段根据颜色差异信号做出相应的行为反应。

不同生物处理颜色信息的机制不尽相同,但是大多数生物(如人类[22]、昆虫[23]、鸟类[24]等)的视觉处理系统均表现出颜色拮抗作用。Lythgoe等[25]的研究表明,鸟类颜色信息的处理存在拮抗(opponency)与求和(sum)两种方式。此

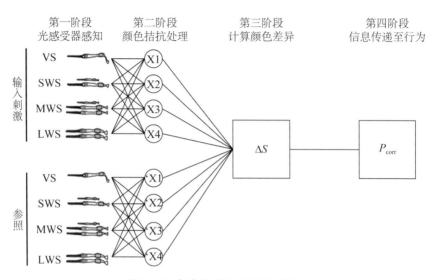

图 3-9 颜色信息处理阶段示意图

外,Maturana 等[26]发现在鹌鹑背外侧膝状体中存在颜色拮抗响应,该区域为视觉信息处理中首次发现的颜色拮抗响应核团。

3.1.3.2 仿猛禽视觉简单拮抗图像颜色分割

本节模仿猛禽颜色视觉机制构建仿猛禽颜色视觉简单拮抗模型,并将其用于对加油锥套图像中不同波段信号信息的提取。由于在加油锥套彩色图像中,红、绿、蓝 3 种颜色分别代表了可见光谱中的长波、中波和短波 3 个不同波段的信息,而亮度则可以用来代替紫外线波段信号。因此,构建仿猛禽颜色视觉模型的基本思路是:L 通道主要吸收彩色图像中的红色信号,并对其他颜色的信号进行抑制,具体表现为在 RGB 图像中某个像素 R 通道的灰度值占 R、G、B 三通道灰度值之和的比例越大,L 通道中该像素处的响应就越大。同样地,M 通道、S 通道则分别吸收彩色图像中的绿色和蓝色信号,并对其他颜色信号进行抑制,而 U 通道则吸收了图像中的亮度信号。通过在 L、M、S 通道中分别保持红色、绿色和蓝色成分灰度值对比度并削弱其他颜色成分灰度值对比度来构建仿猛禽颜色视觉模型,从而使得三通道主要保留各自所对应波段的颜色信息,具体公式描述如下[5]:

$$\begin{cases} I_L = \max[0, \min(G_R - G_G, G_R - G_B)] \\ I_M = \max[0, \min(G_G - G_R, G_G - G_B)] \\ I_S = \max[0, \min(G_B - G_R, G_B - G_G)] \\ I_U = (G_R + G_G + G_B)/3 \end{cases} \quad (3-4)$$

式中：I_L、I_M、I_S 和 I_U 分别为长波、中波、短波及紫外波段四个通路对图像的输出响应；G_R、G_G、G_B 为输入彩色图像中三个颜色通道的灰度值。L 通道将对图像中的红色区域产生强的响应，而对其他颜色区域响应则很弱；M 通道和 S 通道将分别对图像中的绿色区域和蓝色区域产生强响应，而对其他颜色区域响应较弱；U 通道则主要反映图像中的亮度分布情况。

通过仿猛禽颜色视觉模型可以成功地将图像中具有不同波长信号的区域分离出来，对于 RGB 彩色图像而言，通过所建模型可以将图像中红色区域、绿色区域及蓝色区域的分布情况提取出来，达到颜色分割的目的。如果已知检测目标属于哪个波段，则可以直接将注意力集中在它所对应的波段通路具有强烈响应的区域，从而将检测区域大幅度缩小，不仅可以增加目标检测的速度，还可以提高目标检测的准确率。针对无人机软式自主空中加油过程中的加油锥套合作目标，由于在设计时将它的底色设置为红色，标志点设置为绿色和蓝色，因此后续处理时只需选择相应通道输出即可，从而可以极大地提高图像处理的效率。

3.1.3.3 仿真实验分析

为验证所设计的仿猛禽视觉拮抗机制的图像颜色分割方法，利用该方法分别对在不同种场景下采集的加油锥套图像进行颜色分割，并且将其与 HSV 颜色分割方法进行对比。由于所设计的加油锥套合作目标底色为红色，故在仿猛禽视觉颜色拮抗机制的图像颜色分割实验中选择 L 通道的响应输出图像进行阈值分割从而得到目标颜色分割的结果，设置用于滤除红色干扰区域的轮廓边缘面积阈值 $S_{thr1} = 200$，实验结果如图 3-10 至图 3-13 所示。

（a）视觉导航图像   （b）锥套 ROI 区域

图 3-10 仿猛禽视觉锥套 ROI 区域检测

（a）原始图像

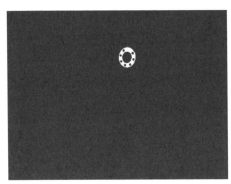

（b）仿猛禽颜色分割结果

（c）HSV 颜色分割结果

图 3-11　地面测试场景

（a）原始图像

（b）锥套 ROI 区域

图 3-12　空中测试场景一

（a）原始图像

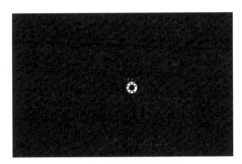

（b）仿猛禽颜色分割结果

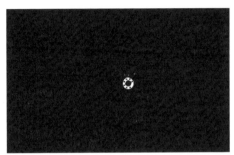

（c）HSV 颜色分割结果

图 3 - 13 空中测试场景二

颜色分割实验共选择了视景仿真、地面和不同空中场景共四种不同场景，图 3 - 10 至图 3 - 13 中的实验结果是根据不同环境设置合适参数调试得到的。在仿猛禽颜色分割方法中只需要调节一个阈值参数，对相关阈值的依赖性较弱，而在 HSV 颜色分割方法中需要调节两个，后者的难度大大超过了前者，表明仿猛禽颜色分割方法在调试复杂度上比 HSV 颜色分割方法更具优势。另外，针对地面和空中实验场景，仿猛禽颜色分割方法每帧平均处理时间在 0. 26 ms 左右，而 HSV 颜色分割方法由于涉及颜色空间转换，每帧平均处理时间大约在 0. 64 ms，显然仿猛禽视觉颜色分割方法降低了计算复杂度，提高了算法的实时性。由图 3 - 10 至图 3 - 13 可见，仿猛禽视觉的颜色分割方法去除了图像中大量无关的纹理细节和噪声轮廓，分割效果比 HSV 颜色分割方法更好。

3.1.4　仿猛禽视觉颜色恒常光照处理

3.1.4.1　颜色恒常性与颜色双拮抗机制

颜色恒常性是视觉系统在不同光谱的光线下，依旧能够保持颜色感知稳定的现象[27]。图 3-14(a)是原始自然光线下的图片,图 3-14(b)在左侧的苹果上增加了红色的蒙版,观察到的苹果颜色发生了变化,图 3-14(c)在整幅图像上增加了红色蒙版,视觉认知到的左侧苹果颜色仍是绿色[21]。此例子表明了颜色恒常性的两个方面:第一,空间上的相互作用相当重要;第二,颜色恒常性并不能完美地修正颜色,故图 3-14(a)和图 3-14(c)的颜色并不完全相同。之所以说颜色恒常性只能在一定程度上适应不良环境,是因为这种光线光谱变化本身也会增加一些场景本身的信息[28]。

(a) 原始图像　　　(b) 仅在单个苹果上添加红色蒙版　(c) 对整幅图像添加红色蒙版

图 3-14　颜色恒常性示例图

猛禽视觉系统中存在四种类型的单锥细胞用于感知颜色,并且其中存在的不同着色的油滴可以作为光线滤波器,研究认为这一结构可提高猛禽对颜色的区分能力[16],另有研究认为油滴就是支持颜色恒常性的一种生理结构[29]。油滴的滤过作用使得感光细胞的感光光谱变得更加狭窄,减少相邻光谱分类感光细胞间的敏感光谱重叠区间,就可增加不同颜色间的对比度,从而增强颜色恒常性。该作用在 MWS 视锥细胞、LWS 视锥细胞、SWS 视锥细胞和 VS 视锥细胞间都已经被证实。

如上文所述,猛禽颜色信息处理过程中,经油滴和视色素对光线进行滤过后,即对获得的颜色光电信号进行拮抗处理,并输出颜色拮抗信息。从神经生理学角度分析,视锥光感受器吸收了光线后,视网膜神经节细胞的双拮抗细胞对于视锥的活动进行对比,然后将颜色信号通过外膝体传输至颜色视觉中枢[30]。神经节细胞层和外膝体内的细胞大多是单拮抗细胞,对感受野(receptive field)内接收到的颜色信息以红-绿、蓝-黄、黑-白拮抗机制进行编码。中央拮抗细胞对于颜色一致的区域响应效果较好,中央-周边拮抗细胞对于对比度信息响应效果较好。单拮抗响应后的颜色信息继续向视觉神经中枢传递,在对颜色信息进行编码时,认为外纹体的功能类似哺乳动物初级视觉皮层中的斑点区,光谱中某些波段的光线会使其产生兴奋响应,而另一波段的光线刺激则会使其产生抑制响应,其感受野呈中心-周边双色拮抗性质。双拮抗细胞可根据感受野的空间结构分为两类:中心感受野双拮抗细胞和定向感受野拮抗细胞。通常来说,中心感受野双拮抗细胞的中央周边感受野为同心圆结构,并且在光谱和空间上都具有拮抗性质。双拮抗细胞的这些性质构成了它们对于颜色恒常性和颜色对比性的生理学支撑。

3.1.4.2 仿猛禽视觉双拮抗图像颜色恒常处理

根据猛禽拮抗细胞的拮抗机制,使用同心圆感受野的双拮抗细胞建立颜色恒常模型,用于对无人机自主空中加油近距视觉导航图像特殊情况的预处理。为了适应视锥细胞的颜色感受光谱,对于输入的 RGB 图像,利用式(3-5)将其转换至 LMS(long, medium, short)颜色空间,输入图像在 LMS 空间中的分量可以对应理解为 LWS、MWS 和 SWS 三种视锥细胞的响应。此外,为了构成蓝-黄拮抗作用,合成额外的黄色分量,具体计算如式(3-6)所示。

$$\begin{pmatrix} L \\ M \\ S \end{pmatrix} = \begin{pmatrix} 0.319\,2 & 0.609\,8 & 0.044\,7 \\ 0.164\,7 & 0.763\,8 & 0.087\,0 \\ 0.020\,2 & 0.129\,6 & 0.939\,1 \end{pmatrix} \begin{pmatrix} r \\ g \\ b \end{pmatrix} \tag{3-5}$$

$$I_Y(x, y) = \frac{I_L(x, y) + I_M(x, y)}{2} \tag{3-6}$$

式中:$I_L(x, y)$ 和 $I_M(x, y)$ 分别是图像 I 中 (x, y) 像素处 L 分量和 M 分量的值;$I_Y(x, y)$ 则为合成得到的黄色分量值。

此外,定义一个亮度分量 $I_W(x, y)$,用于计算可以表示亮度的明亮敏感的拮抗机制:

$$I_W(x, y) = I_L(x, y) + I_M(x, y) + I_S(x, y) \tag{3-7}$$

为了模拟双拮抗机制,本节仅考虑中心拮抗类型的单拮抗机制。神经节细胞的感受野可以使用二维各向同性高斯滤波核进行模拟[30-31],计算公式如下:

$$G(x, y; \sigma) = \frac{1}{2\pi\sigma^2} \exp\left(-\frac{x^2 + y^2}{2\sigma^2}\right) \tag{3-8}$$

式中:σ 是高斯滤波核的标准差,在这一公式中由它定义神经节细胞感受野的大小。对于 LMS 颜色空间在外膝体内向单拮抗空间的转换[32],具体为

$$\begin{pmatrix} I_{LM} \\ I_{YS} \\ I_{W+} \end{pmatrix} = \begin{pmatrix} \dfrac{1}{\sqrt{2}} & -\dfrac{1}{\sqrt{2}} & 0 \\ \dfrac{1}{\sqrt{6}} & \dfrac{1}{\sqrt{6}} & -\dfrac{2}{\sqrt{6}} \\ \dfrac{1}{\sqrt{3}} & \dfrac{1}{\sqrt{3}} & \dfrac{2}{\sqrt{3}} \end{pmatrix} \begin{pmatrix} I_L \\ I_M \\ I_S \end{pmatrix} = -\begin{pmatrix} I_{ML} \\ I_{SY} \\ I_{W-} \end{pmatrix} \tag{3-9}$$

式中：I_{LM} 表示 L 兴奋、M 抑制的 L - M 拮抗；I_{ML} 表示 M 兴奋、L 抑制的 L - M 拮抗；I_{YS} 表示 Y 兴奋、S 抑制的 Y - S 拮抗；I_{SY} 表示 S 兴奋、Y 抑制的 Y - S 拮抗；I_{W+} 表示明亮兴奋的拮抗；I_{W-} 表示明亮抑制的拮抗。用式(3 - 8)的二维各向同性高斯滤波核模拟感受野空间结构，以 L 兴奋、M 抑制的单拮抗细胞为例，细胞的响应可以近似为

$$C_{L+M-}(x, y; \sigma_c) = I_{LM}(x, y) * G(x, y; \sigma_c) \qquad (3 - 10)$$

式中：$C_{L+M-}(x, y; \sigma_c)$ 表示在图像中的 (x, y) 坐标处以 σ_c 为感受野大小的细胞响应；$G(x, y; \sigma_c)$ 为二维各向同性高斯滤波核，$*$ 表示卷积操作。同理，可以计算出 M 兴奋、L 抑制的 $C_{M+L-}(x, y)$ 单拮抗细胞响应，Y 兴奋、S 抑制和 S 兴奋、Y 抑制的 $C_{Y+S-}(x, y)$ 与 $C_{S+Y-}(x, y)$ 单拮抗细胞响应，以及明亮兴奋和明亮抑制的 $C_{W+}(x, y)$ 和 $C_{W-}(x, y)$ 单拮抗细胞响应。

根据双拮抗细胞响应的结构，可用两个不同感受野大小的中心拮抗细胞响应构造双拮抗细胞的响应，如：一个感受野范围较小的 L 兴奋、M 抑制的单拮抗细胞和一个感受野范围较大的 M 兴奋、L 抑制单拮抗细胞。因此，双拮抗细胞的响应可表示为

$$D_{LM}(x, y) = C_{L+M-}(x, y; \sigma_c) + k \cdot C_{M+L-}(x, y; \lambda\sigma_c) \qquad (3 - 11)$$

式中：σ_c 和 $\lambda\sigma_c$ 表示双拮抗细胞中心和周边感受野的尺度；k 表示周边感受野的占比，通常 $k \neq 1$ 表示双拮抗细胞从两种类型的单拮抗细胞接收到不同大小的输入。

同理可知，S - Y 双拮抗细胞的响应可表示为

$$D_{SY}(x, y) = C_{S+Y-}(x, y; \sigma_c) + k \cdot C_{Y+S-}(x, y; \lambda\sigma_c) \qquad (3 - 12)$$

那么，明亮敏感型双拮抗细胞的响应可表示为

$$D_W(x, y) = C_{W+}(x, y; \sigma_c) + k \cdot C_{W-}(x, y; \lambda\sigma_c) \qquad (3 - 13)$$

到目前为止，并没有研究表明猛禽的颜色恒常性由脑内哪一核团完成，但根据其视觉中枢的特性，以及颜色恒常性的全局处理性质，可将双拮抗细胞的输出转换至与图像一致的 LMS 空间，其转换式与式(3 - 9)互为逆矩阵：

$$\begin{pmatrix} \mathrm{DO}_L(x, y) \\ \mathrm{DO}_M(x, y) \\ \mathrm{DO}_S(x, y) \end{pmatrix} = \begin{pmatrix} \dfrac{1}{\sqrt{2}} & -\dfrac{1}{\sqrt{2}} & 0 \\ \dfrac{1}{\sqrt{6}} & \dfrac{1}{\sqrt{6}} & -\dfrac{2}{\sqrt{6}} \\ \dfrac{1}{\sqrt{3}} & \dfrac{1}{\sqrt{3}} & \dfrac{2}{\sqrt{3}} \end{pmatrix}^{-1} \begin{pmatrix} D_{LM}(x, y) \\ D_{SY}(x, y) \\ D_W(x, y) \end{pmatrix} \qquad (3 - 14)$$

如式(3-5)给出在 LMS 空间下双拮抗细胞输出,为了使用常规显示方式进行展示,可将 LMS 颜色空间的输出转换至 RGB 颜色空间,公式如下:

$$\begin{pmatrix} r \\ g \\ b \end{pmatrix} = \begin{pmatrix} 5.3341 & -4.2829 & 0.1428 \\ 0.1647 & 2.2581 & -0.1542 \\ 0.0448 & -0.2195 & 1.0831 \end{pmatrix} \begin{pmatrix} L \\ M \\ S \end{pmatrix} \quad (3-15)$$

输入图像按式(3-5)至式(3-15)的步骤计算,可得双拮抗细胞对图像的处理结果,该处理结果近似等同于对于图像中光照情况的编码估计结果。为了从图像中消除存在的光谱偏差,使经过处理后的图像更符合人眼感受,同时适用于后续计算机视觉处理,拟将图像恢复至 D65 光源下的数据。D65 光源是标准光源中最接近日光的一种人工光源,该光源下的图像近似等同于在太阳光下观测的效果。

根据视觉系统的映射关系,以外纹体为代表的视觉中枢对于光谱颜色的感知以区域的形式产生,可使用池化的方式对双拮抗细胞的输出结果进行处理,从而估计图像中的整体光源情况。由于神经元对刺激产生响应,响应方式大多是非负的,需要先将 LMS 空间中的双拮抗细胞为负值的响应置零。

在常规情况下,假设图像中的场景为单一光源,并且整幅图像的照射光在空间上分布均匀、颜色一致。基于该假设,光照数据 $\boldsymbol{E} = (e_L, e_M, e_S)$ 就可用池化机制估计得到:

$$e_K = \frac{\underset{(x,y)}{P}\left[\mathrm{DO}_K(x,y)\right]}{\sum\limits_{K \in \{L,M,S\}} \underset{(x,y)}{P}\left[\mathrm{DO}_K(x,y)\right]}, \quad K \in \{L,M,S\} \quad (3-16)$$

式中:$P(\cdot)$ 表示对全图双拮抗细胞响应通道之间的池化操作,可分为 max pooling 和 sum pooling 两种不同的池化方式。max pooling 将图像不重叠地分割成同样大小的小块,对每个小块内的图像只选取最大值,然后在原有的平面结构上保留该最大值,舍弃其他取值,从而实现降采样。sum pooling 与 max pooling 类似,但对图像块内的值进行求和操作,也实现了对图像的降采样。

设计的仿猛禽视觉拮抗机制图像颜色恒常性(raptor visual-opponency based color constancy, RVOCC)处理方法计算流程如下。

Step 1:参数初始化。设置视锥细胞中心感受野范围 σ_c,设置视锥细胞周边感受野范围 $\lambda\sigma$,设置单拮抗响应间的占比 k。

Step 2：RGB 到 LMS 的颜色空间转换。对于输入的 RGB 图像 $I(x,y)$，根据鹰眼视网膜内不同视锥细胞感光波长的性质，将其转换至 LMS 颜色空间［见式(3-5)］。

Step 3：计算黄色和亮度通道。为了构成与 S 通道的拮抗作用，需要根据式(3-6)计算黄色通道，为了实现对图像亮度的调整，根据式(3-7)计算亮度通道。

Step 4：LSM 到单拮抗响应空间转换。为了计算在单拮抗空间内的拮抗响应，根据式(3-9)将图像从 LSM 空间转换至单拮抗空间。

Step 5：计算各向同性高斯差分滤波核。根据感受野范围参数 σ 和 $\lambda\sigma$，计算中心和周边的二维各向同性高斯差分滤波核。

Step 6：颜色单拮抗响应计算。根据式(3-10)可计算出六种不同颜色单拮抗细胞的响应。

Step 7：颜色双拮抗响应计算。根据式(3-11)至式(3-13)可计算得到三种双拮抗细胞的响应结果。

Step 8：双拮抗响应的非线性操作。为了模拟细胞的兴奋反应，将计算得到的双拮抗细胞响应中的负值置零。

Step 9：光照估计。模拟视觉中枢的区域映射响应模式，根据式(3-16)对图像进行池化操作，计算双拮抗空间中的光照计算结果，并进行正则化。

Step 10：图像光照校正。根据计算得到的光照情况，与原始图像进行卷积操作，计算得出光照校正后的图像。

对于图像与日光(D65 人工光源)下的差异，可以使用角度误差作为误差矩阵进行分析，其计算公式如下：

$$\varepsilon = \arccos\left(\frac{\boldsymbol{E}_e \cdot \boldsymbol{E}_t}{\|\boldsymbol{E}_e\| \cdot \|\boldsymbol{E}_t\|}\right) \tag{3-17}$$

式中：$\boldsymbol{E}_e$ 代表估计的照明情况；$\boldsymbol{E}_t$ 代表真实的光源情况；$\|\cdot\|$ 表示计算其欧式归一化。由于用于测试的数据集中给出的实际光源颜色信息都是 RGB 颜色空间的信息，故需要将 Step 9 估计得到的照明信息转换至 RGB 颜色空间［见式(3-15)］，进而计算两种光源向量间的角度差。角度差越小，表明两种光源越接近。根据前文所述步骤，结合模型评价方式，仿猛禽视觉双拮抗图像颜色恒常处理仿真流程图如图 3-15 所示。

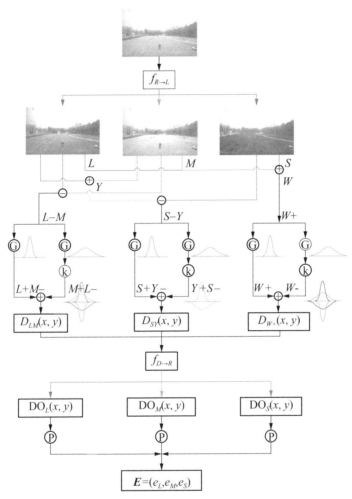

图 3-15　仿猛禽视觉双拮抗图像颜色恒常处理仿真流程

3.1.4.3　仿真实验分析

针对自主空中加油过程中可能遇到的情况,这里设计了三种不同的光照干扰,包括光线过亮、光线过暗和滤光异常,这三种情况都是在实际采集图像过程中曾经遇到的情况。在这三种情况下,没有人工设置的光源,光源都为自然光,但由于采集过程中存在曝光或滤光的异常,导致图像出现颜色和亮度失真的问题。不存在光源真值,故对于本节的实验测试数据只进行定性分析,不进行定量分析。

针对空中加油过程中最可能出现的光线变化问题,如图 3-16 所示为室内环境光照较暗的情况。该图片采集时间为傍晚,加之玻璃的滤光作用,采集到的图像颜色较暗且存在黄色的色偏。使用 RVOCC 进行光照矫正后,图像颜色趋向常规情况下的颜色,并且锥套区域的红蓝绿颜色对比更清晰。

　　(a) 原始图像

　　(b) RVOCC 光照校正后

图 3-16　光　照　较　暗

　　如图 3-17 所示为室内场景采集到的曝光过强的情况,虽锥套区域的曝光程度对于后续的特征检测等不会造成影响,但从 RVOCC 光照矫正后的结果可见,锥套区域的颜色对比更明显,并且图像中曝光过度区域的细节也得到展现。因此,在锥套区域受曝光不当的情况下可使用 RVOCC 进行校正。

　　(a) 原始图像

　　(b) RVOCC 光照校正后

图 3-17　光　照　较　亮

　　相机靶面的感光波长决定了相机采集到图像的颜色,对于感光波长范围较广的相机,通常使用具有一定滤光功能的滤光片进行滤光,从而确保得到的图像颜色在正常可见光范围内。如图 3-18 所示的图像就是在没有正常滤光的极端情况下采集到的图像,相机工作异常,没有进行正常图像采集。由于图像的色偏过于严重,使用 RVOCC 也不能使图像恢复正常颜色,仍存在一定程度的色偏,但颜色校正后的图像锥套区域较为明显,为后续处理提供了一定帮助。

（a）原始图像　　　　　　　（b）RVOCC 光照校正后

图 3‑18　滤光异常图像的校正

3.2　仿猛禽视觉锥套轮廓提取

无人机自主空中加油近距视觉导航过程中，图像颜色分割后，通常需要对目标轮廓进行提取，然后利用轮廓信息实现目标检测。顾名思义，轮廓提取就是提取图像中目标的轮廓特征。常规的图像轮廓特征提取方法一般基于图像灰度梯度阈值分割。猛禽具有优越的视觉内部机制，可借鉴与目标轮廓提取相关的机制，本节通过模拟猛禽视网膜上细胞间的感受野机制和侧抑制机制设计了两种目标轮廓提取方法，并用于解决加油锥套目标轮廓提取问题。

3.2.1　仿猛禽视觉感受野机制轮廓提取

视觉信号进入猛禽视觉通路时，各种神经细胞通过不同形式的感受野可逐级提取各种有效信息用于目标检测与识别。感受野这个概念是由 Hubel 等最先提出的[33]，他们通过光照实验发现猫的视网膜对于不同形式的光斑刺激具有不同的响应。若施加光斑刺激与相应感受野类型保持一致，猫的视网膜具有最强的响应，而当施加光斑刺激与相应感受野类型完全不一致时，猫的视网膜具有最弱的响应[34]。最简单且经典的感受野模型为中心‑周边模型，有两种不同的形式，即中间兴奋‑周边抑制的 ON‑OFF 型、中间抑制‑周边兴奋的 OFF‑ON型，模型示意图如图 3‑19 所示。其中，"＋"表示视神经细胞兴奋，"－"表示视神经细胞抑制。若光斑刺激集中在 ON‑OFF 型感受野的中心兴奋区时，神经细胞反应剧烈；同样地，当光斑刺激集中在 OFF‑ON 型感受野的周边兴奋区时，神经细胞也将反应剧烈。

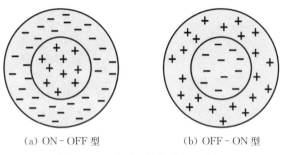

(a) ON‐OFF 型   (b) OFF‐ON 型

图 3‐19   中心‐周边感受野模型

猛禽视觉通路各种简单细胞的感受野可通过叠加组合形成各种形状复杂的复杂细胞感受野,而各种复杂细胞感受野同样可通过叠加组合形成超复杂细胞感受野,其理论示意图如图 3‐20 所示[35]。猛禽视觉系统通过各种不同大小、方向、形状的感受野提取复杂目标的有用视觉信息,从而实现对目标的检测、识别、跟踪等功能。

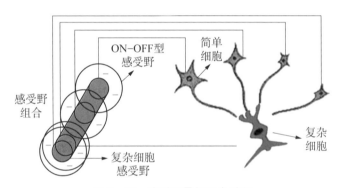

图 3‐20   感受野叠加组合过程

图 3‐20 中红色的长条形感受野是通过多个简单细胞的 ON‐OFF 型感受野组合叠加而成的复杂细胞感受野,若有一束长条形的光斑照射在红色长条形区域,复杂细胞将较剧烈地响应,并且随着长条形光斑以其几何中心为原点进行旋转直至转动 90°,整个过程中该复杂细胞的响应逐渐减弱。

猛禽视觉系统中,简单感受野通过叠加组合逐渐形成了对各种形状、纹理等特征兴奋的复杂细胞,从而使其具备了提取初级到高级目标特征的能力。通过模仿猛禽视觉系统的感受野机制,并且对经颜色分割处理后的加油锥套图像进行处理,以提取加油锥套目标轮廓特征。本节利用二维 Gobor 函数对猛禽简单神经细胞的中心‐周边感受野模型进行建模[36]。相关实验表明,Gabor 函数对简单细胞感受野模型具有优异的拟合效果[34]。二维 Gabor 函数如下式所示：

$$G(\sigma, \theta, \varphi, \gamma, x, y) = \exp\left(-\frac{X^2 + \gamma^2 Y^2}{2\sigma^2}\right) \times \cos\left(\frac{2\pi}{\lambda}X + \varphi\right) \quad (3-18)$$

式中：$X = x\cos\theta + y\sin\theta$，$Y = -x\sin\theta + y\cos\theta$；$\gamma$ 为感受野区域的横纵比，控制感受野的形状；θ 控制感受野的方向；σ 控制感受野的大小，λ 为余弦调制因子的波长，而 σ/λ 决定了空间频率带宽，通常为一个定值（0.56），所以 λ 的值由 σ 唯一确定；φ 为余弦调制因子的相位偏移值，控制感受野的对称性，通常取值 $0°$ 或 $-90°$。

二维 Gobor 函数能够较好地拟合猛禽中心-周边感受野模型，其用于轮廓特征提取时具有与感受野类似的特性，即当轮廓所对应频率与函数模型保持一致时具有强烈的响应，而当轮廓所对应频率与函数模型不一致时，响应受到抑制，Gobor 函数模型相当于一个带通滤波器，只允许与其相对应频率的轮廓顺利通过，而其他的轮廓将受到抑制。而具有特定尺度和特定方向的二维 Gabor 函数相当于一种特定形式下的感受野拟合模型，通过改变函数中控制感受野方向和大小的参数 θ、σ，就可以得到不同形式下的感受野拟合模型，如图 3-21 所示。

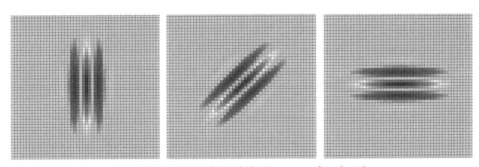

（a）不同方向下的感受野拟合模型（$\sigma=5$；$\theta=0°$，$45°$，$90°$）

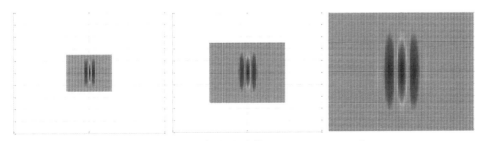

（b）不同大小下的感受野拟合模型（$\sigma=3$，5，10；$\theta=0°$）

图 3-21 Gobor 函数感受野拟合模型

通过这些感受野拟合模型可对图像进行不同尺度、不同方向上的轮廓特征提取。构建一组具有不同 θ、不同 σ 的二维 Gabor 滤波器,并利用这组滤波器与图像进行卷积操作,可提取出图像中不同尺度不同方向上的轮廓特征,从而得到多组轮廓特征图像。公式描述如下:

$$R_{\sigma,\theta,\varphi}(x,y) = (I * G_{\sigma,\theta,\varphi})(x,y) \tag{3-19}$$

在得到的多组轮廓特征图像中包括了不同方向、不同大小的轮廓特征,通过模仿猛禽视觉系统中感受野组合叠加原理,有选择性地融合不同尺度、不同方向的二维 Gobor 函数模型处理后的图像结果,提取出图像中目标的有效轮廓特征,同时排除图像中的无效细节、纹理及噪声干扰。

3.2.2　仿猛禽视觉侧抑制机制轮廓提取

猛禽视网膜上的神经细胞感受野存在重叠的情况,当某一细胞在视网膜上处于兴奋状态时,其相邻细胞可能在该处正处于抑制状态,反过来也有一样的抑制作用。大量实验已经证明在各种动物神经细胞之间都存在侧抑制的作用。侧抑制的概念最早是由 Hartline 等在研究鲎的视觉生理实验中提出的,这种现象在神经细胞之间存在一个共性[37]。猛禽视网膜上相邻的神经细胞之间都存在相互抑制的作用[38],而相互之间抑制的强度与两个细胞之间的距离有关,通常距离越近,抑制作用就越大,但是当距离大到超出抑制作用影响范围时,抑制效果就会消失。因此,在猛禽视网膜上只有相邻的神经细胞之间才存在侧抑制作用。在猛禽视觉系统中其利用神经细胞之间的侧抑制作用可以去除细胞对轻微刺激的响应,反映到图像特征提取上则表现为对图像中细节纹理信息的忽略,只提出图像中显著的主流信息。而将这一理论应用到目标图像轮廓提取时,将会提取出目标的显著轮廓信息,而图像中的细节纹理及噪声将会被去除,使得目标图像边缘凸出,能够极大地降低目标检测的难度。

本节通过模拟猛禽视觉侧抑制机制对图像进行处理,增大图像中目标边缘处像素点的灰度值,同时减小非边缘处像素点的灰度值。本节通过 Huggins 等提出的侧抑制数学模型来构建基于仿猛禽视觉的侧抑制模型,并将其用于导航图像锥套目标轮廓的提取[39]。侧抑制数学模型公式如下:

$$I'_p = I_p + \sum_{\substack{j=1 \\ j \neq p}}^{n} k_{p,j} I_j \tag{3-20}$$

式中：I'_p 为经过侧抑制处理后 p 像素点的灰度值；I_p 为侧抑制处理前的灰度值；$k_{p,j}$ 为周围像素点的侧抑制系数；I_j 为周围像素点的灰度值；$j \neq p$ 表明感光细胞自身不会对自身产生任何可能的抑制性作用；n 为相邻像素个数。此处，设定抑制野的范围为 5×5 的领域像素，即只有以当前像素为中心的 5×5 领域内的像素点对当前像素具有侧抑制作用，并且距离中心像素越远，侧抑制系数越小。同时，因为所选窗口具有对称性，所以侧抑制数学公式可以改写为

$$I'(x, y) = I(x, y) + k_1 \Big[\sum_{i=-1}^{1} \sum_{j=-1}^{1} I(x+i, y+j) - I(x, y) \Big] +$$

$$k_2 \Big[\sum_{i=-2}^{2} \sum_{j=-2}^{2} I(x+i, y+j) - \sum_{i=-1}^{1} \sum_{j=-1}^{1} I(x+i, y+j) \Big]$$

$$(3-21)$$

式中：k_1 和 k_2 分别为距离中心像素一个单元和两个单元的像素所对应的侧抑制系数，并且存在 $|k_1| > |k_2|$。

经过上述仿猛禽视觉侧抑制模型处理后的图像在边缘处的像素点灰度值很大，而在非边缘处的像素点灰度值很小，通过设置一个合适的阈值可以将导航图像中的锥套轮廓提取出来。

3.2.3 仿真实验分析

在导航图像颜色分割的基础上，为了进一步测试仿猛禽侧抑制机制和仿猛禽感受野机制两种目标轮廓提取方法的效果，利用这两种方法仿猛禽颜色分割中长波通路（即红色通道）的输出响应图像（未进行图像二值化处理）进行轮廓提取。为了进行效果对比分析，同时使用 Canny 边缘检测算法进行轮廓提取。选择上述颜色分割实验中地面和空中场景二中的锥套图像进行轮廓提取。针对地面和空中两种场景情况：将仿猛禽侧抑制机制的轮廓提取方法中的侧抑制系数 k_1 和 k_2 分别设置为 $(k_1=0.075, k_2=0.025)$ 和 $(k_1=0.085, k_2=0.02)$；将仿猛禽感受野模型机制的轮廓提取方法中的尺度参数 σ 分别设为 0.31 和 0.3；考虑到锥套目标形状为圆形，将方向参数 σ 分别设置为 $0°$ 和 $90°$。两组实验结果如图 3-22 和图 3-23 所示。

由实验结果可见，通过 Canny 边缘检测提取的图像轮廓中包括许多的细节纹理信息，这些信息可能是由噪声干扰造成的。而在不同情况下即使是同一张图像其干扰信息也可能发生变化，这将对基于轮廓特征信息的目标检测造成干

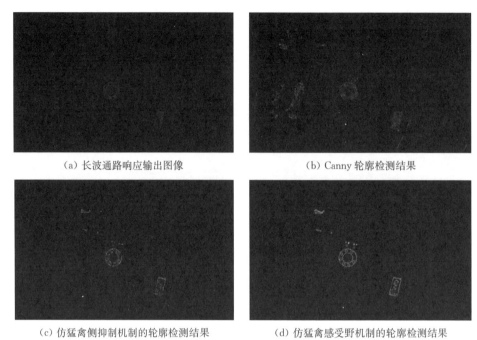

(a) 长波通路响应输出图像　　　　　　　　(b) Canny 轮廓检测结果

(c) 仿猛禽侧抑制机制的轮廓检测结果　　　(d) 仿猛禽感受野机制的轮廓检测结果

图 3‑22　地面场景下轮廓检测结果

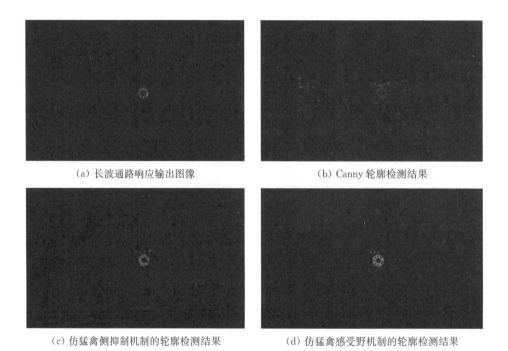

(a) 长波通路响应输出图像　　　　　　　　(b) Canny 轮廓检测结果

(c) 仿猛禽侧抑制机制的轮廓检测结果　　　(d) 仿猛禽感受野机制的轮廓检测结果

图 3‑23　空中场景下轮廓检测结果

扰,所以仅仅使用基于 Canny 的边缘检测方法很难提取出能够对目标进行有效描述的轮廓特征。仿猛禽侧抑制机制的轮廓提取方法能够很好地提取出目标的轮廓,其相对于 Canny 边缘检测方法有了很大的改进,但是在所提轮廓的周围存在一些离散的边缘点,这些离散的边缘点也将对基于轮廓特征的目标检测造成影响。仿猛禽感受野机制的轮廓检测方法由于具备选择融合的功能,在三种算法中表现出了最好的性能,通过选择性地融合不同方向、不同尺度上的目标轮廓特征,不仅能够有效地去除图像中的纹理细节及噪声干扰,而且对目标的显著轮廓具有增强作用,提取的轮廓特征能够对目标进行有效的表达,适合基于轮廓信息的目标检测。

3.3 仿视锥-视杆细胞感光机制图像去模糊

3.3.1 视锥-视杆细胞的明-暗调节机制

与其他大多种动物类似,视网膜上存在着视锥细胞和视杆细胞两类光感受器。视锥细胞在明亮的条件下较为敏感,为明视觉感受器,能够感受颜色视觉,并且可以提供较为精细的视觉信息。视杆细胞则在黑暗的条件下较为敏感,为暗视觉感受器,在夜行性猛禽的视网膜上密度较高。由于视锥细胞和视杆细胞分别主宰了明视觉和暗视觉功能,且二者在信息通道中具有一定的相对独立性,因此它们传递给大脑的信息有很大差别。视觉通道中的各级中枢分别接收了视网膜视锥细胞和视杆细胞的输入,进而为视觉皮层内更加细致的明暗、颜色信息处理创造有利条件。明视系统和暗视系统功能性质比较如表 3 - 2[40] 所示。

表 3 - 2　明视系统和暗视系统功能性质

功能性质	感受器类型	对光敏感度	视网膜最敏感位置	视锐度	工作光强范围	色觉类型	对闪烁光刺激	对光进入瞳孔位置
暗视	视杆	高	侧中央凹	低	低、中等	无(黑白)	反应慢	不敏感
明视	视锥	低	正中央凹	高	高、中等	色觉和黑白	反应快	敏感

视网膜内视锥细胞和视杆细胞的信息传递通路不同[41],视锥细胞接受的视觉信息传递至 ON -双极细胞和 OFF -双极细胞,调制 ON 和 OFF 型视锥-双极细胞活动,然后由后者将处理后的信息传递到神经节细胞,分别去刺激 ON 和 OFF 型神经节细胞,完成视网膜内最后一阶段信息处理后,将信息以动作电位

脉冲串的方式传递到脑。视杆细胞不仅通过电突触调制视锥细胞的末梢,同时将单光子的事件信号只传递给其独有的视杆-双极细胞。需要特别指出的是:在 ON-亚层内,视杆细胞的信息传递会兴奋 ON 型视锥细胞和 ON 型神经节细胞;而在 OFF-亚层内,视杆细胞则会抑制 OFF 型视锥细胞和 OFF 型神经节细胞。双极细胞是视网膜内首次出现具有 ON-和 OFF-中心同心圆拮抗感受野的两类细胞,它们分别对闪光刺激呈现去极化和超极化反应[40]。这两条独立的 ON-和 OFF-通路将明视觉和暗视觉信息在视网膜中分离开来,并且这两种信息的独立处理给视觉系统提供了更为丰富的知觉信息。

3.3.2　基于明-暗视觉调制的图像去模糊

图像去模糊问题包括非盲去模糊和盲去模糊。非盲去模糊是指模糊核已知,恢复清晰图像的问题[42-43],盲去模糊是指仅模糊图像已知,求解清晰图像和模糊核的问题[44-45]。这两种去模糊问题,均可建模为清晰图像与模糊核的卷积过程。考虑噪声的情况下,模糊过程可建模为

$$b = I * k + n \tag{3-22}$$

式中:b 表示模糊图像;I 表示清晰图像;$*$ 表示卷积过程;n 表示模糊过程中的噪声,模糊过程如图 3-24 所示。

＝＊＋

图 3-24　图像模糊过程示意图

因为空中加油任务过程中,引起图像模糊的原因主要为相机和锥套由于气流引起的抖动,模糊核未知,所以本节主要研究盲去模糊问题。盲去模糊更加符合实际应用场景,但是盲去模糊问题中的未知量远大于已知量,实现的难度更大。

近年来,人们对自然图像的统计特性进行分析提出了许多种图像去模糊的方法,但基于统计特性的方法一般针对特定类型的模糊图像才能有较好的效果,例如文本图像、低照度图像、高照度图像等[46-47]。由于视锥细胞与视杆细胞对于明视觉和暗视觉的分通道处理性质,综合图像的明通道和暗通道先验信息,本节中设计一种迭代优化模型,通过对估计的模糊核和清晰图像在空域的迭代运

算,得到去模糊后的清晰图像。

暗通道先验信息概念最先在图像去雾算法中被提出和应用[48],暗通道先验信息是指自然图像中的像素总会在某个颜色通道具有一个较低的值,即该区域具有较小的光照强度,自然清晰图像与模糊图像的暗通道对比如图 3-25 所示,暗通道的数学公式如下所示:

$$I^{\mathrm{dark}}(x) = \min_{z \in N(x)} \left[\min_{c \in \{r, g, b\}} I^c(z) \right] \qquad (3-23)$$

式中:I^{dark} 表示图像暗通道;$N(x)$ 表示中心为 x 的图像块;I^c 表示第 c 个颜色通道,包括红、绿和蓝三个通道;z 表示计算的像素点。

(a) 模糊图像

(b) 清晰图像

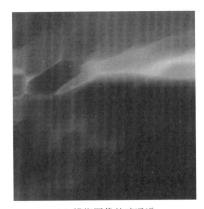
(c) 模糊图像的暗通道

(d) 清晰图像的暗通道

图 3-25　清晰与模糊自然图像暗通道对比

同理,明通道的先验信息是指自然图像中,某些像素总会存在某个颜色通道具有一个较高的值的情况,该区域具有较强的光照强度,自然清晰图像与模糊图

像的明通道对比如图 3-26 所示,明通道的数学公式如下所示,其定义与式(3-23)一致:

$$I^{\text{light}}(x) = \max_{z \in N(x)} \left[\max_{c \in \{r, g, b\}} I^c(z) \right] \tag{3-24}$$

式中:I^{light} 表示图像明通道。

（a）模糊图像

（b）清晰图像

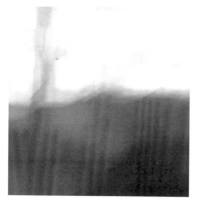

（c）模糊图像的明通道

（d）清晰图像的明通道

图 3-26　清晰与模糊自然图像明通道对比

由对比图可见,清晰图像的暗通道和明通道均具有稀疏性。但是,暗通道对图像中存在高亮度的区域稀疏性较差,而明通道对这类区域稀疏性良好。同理,明通道对图像中存在低亮度的区域稀疏性较差,而暗通道对这类区域稀疏性良好。

根据对于自然图像的明、暗通道特性的分析和统计,清晰、模糊图像的明、暗通道的统计特性区别明显。清晰图像在明通道的高亮度区域和暗通道的低亮度区域,均具有更集中的分布。在此基础上,对该特性进行了数学意义上的证明,证明过程如下所示。

以暗通道为例,图像模糊过程可表示为

$$b(x) = \sum_{z \in \Omega_k} I\left(x + \left[\frac{m}{2}\right] - z\right) * k(z) \tag{3-25}$$

式中:$b(x)$ 为模糊图像;$k(z)$ 为模糊核,其尺寸为 m,满足 $k(z) \geqslant 0$;Ω_k 表示暗通道算法中图像区域坐标,$\sum_{z \in \Omega_k} k(z) = 1$;$[\cdot]$ 表示向上取整。

那么,可得

$$\begin{aligned}
b(x) &\geqslant \sum_{z \in \Omega_k} \min_{y \in \Phi(x)} I(y) * k(z) \\
&= \min_{y \in \Phi(x)} I(y) \sum_{z \in \Omega_k} k(z) = \min_{y \in \Phi(x)} I(y)
\end{aligned} \tag{3-26}$$

式中:$\min\limits_{y \in \Phi(x)} I(y)$ 表示模糊图像 $b(x)$ 对应清晰图像块中像素最小值。

模糊核的约束条件来源于模糊核的特性,主要包括:①归一化特性,即图像在模糊过程中能量守恒;②非负性,即模糊核本质上表示能量的重新分布,具有非负的特性;③连续性,即模糊过程是连续的,即使采用离散方法表示仍具有连续的特性;④稀疏性,即模糊图像的模糊核具有统计学意义上的稀疏性。

根据暗通道定义可知

$$\begin{aligned}
I^{\text{dark}}(x) &= \min_{z \in N(x)} \left[\min_{c \in \{r, g, b\}} b^c(z) \right] \\
&= \min_{z \in N(x)} b(z) \\
&= \min_{z \in N(x)} \sum_{y \in \Omega(k)} I\left(z + \left[\frac{m}{2}\right] - y\right) * k(y)
\end{aligned} \tag{3-27}$$

由式(3-26)可知

$$\begin{aligned}
I^{\text{dark}}(x) &\geqslant \sum_{y \in \Omega_k} \min_{z \in N(x)} I\left(z + \left[\frac{m}{2}\right] - y\right) * k(y) \\
&\geqslant \sum_{y \in \Omega_k} \min_{z' \in N'(x)} I(z') * k(y) \\
&= \min_{z' \in N'(x)} I(z') = I(x)
\end{aligned} \tag{3-28}$$

因此,可证明模糊图像暗通道像素值大于清晰图像暗通道像素值。同理可知,模糊图像明通道像素值小于清晰图像明通道像素值。该结论印证了明、暗通道统计分析结果。

通过对图像明、暗通道的特性分析,可得盲去模糊的数学模型,其中正则项包括:传统标准去模糊模型中的模糊核正则项和图像梯度正则项,以及本章根据明-暗视觉独立处理性质添加的明暗通道正则项。那么,有如下式模型:

$$\min_{I,k}\|I*k-B\|_2^2+\gamma\|k\|_2^2+\mu\|\nabla I\|_0+\alpha\|D(I)\cdot M_1\|_0+\beta\|[1-B(I)]\cdot M_2\|_0$$

$$(3-29)$$

式中:第一项 $\|I*k-B\|_2^2$ 表示恢复后图像被卷积核模糊后与模糊图像的相似程度;第二项 $\gamma\|k\|_2^2$ 为加权卷积核正则项;第三项 $\mu\|\nabla I\|_0$ 为加权图像梯度 L_0 范数,保留较大梯度,则能够在滤除冗余信息的基础上,维持图像信息量;第四项和第五项分别表示反向后的明通道和暗通道的 L_0 范数; M_1 和 M_2 分别表示明通道和暗通道的掩模。

由于目标方程较为复杂且非凸,求解存在一定难度,本节采用迭代优化的方法分别求解清晰图像 I 和模糊核 k。 同时,为了使算法能够兼容大尺度模糊的情况,采用金字塔方法进行迭代优化,提高算法的适应性。

首先,将式(3-29)模型分解为

$$\min_{I,k}\|I*k-B\|_2^2+\mu\|\nabla I\|_0+\alpha\|D(I)\cdot M_1\|_0+\beta\|[1-B(I)]\cdot M_2\|_0$$

$$(3-30)$$

$$\min_{I,k}\|I*k-B\|_2^2+\gamma\|k\|_2^2 \qquad (3-31)$$

然后,对式(3-30)进行优化,估计清晰图像。

清晰图像方程中包括 L_2 范数和 L_0 范数,其中 L_0 范数的计算难度较大,本节中使用半二次方分解方法对其进行求解[49]。对式(3-30)中的 L_0 项引入辅助变量 (u,v,g),分别对应 $\|\nabla I\|_0$、$\|D(I)\cdot M_1\|_0$、$\|[1-B(I)]\cdot M_2\|_0$ 项。通过辅助变量的引入可将式(3-30)转换为

$$\{\hat{I},\hat{u},\hat{v},\hat{g}\}=\arg\min_{I,u,v,g}\|I*k-B\|_2^2+\alpha\|\nabla I-u\|_2^2+$$

$$\beta\|D(I)\cdot M_1-v\|_2^2+\omega\|[1-B(I)]\cdot M_2-g\|_2^2+$$

$$\mu\|u\|_0+\lambda\|v\|_0+y\|g\|_0$$

$$(3-32)$$

式中: α、β、ω 均为惩罚系数,当惩罚系数接近无穷大时,可认为式(3-32)等价

于式(3-30)。将明暗通道操作符转换为线性操作符[47],同时固定辅助变量,可直接采用快速傅里叶变换(fast Fourier transform,FFT)求解清晰图像 I。 固定清晰图像后,以 g 为例,可分别如下式求解辅助变量 (u,v,g)[50]:

$$g = \begin{cases} 1 - B(I), & |1 - B(I)|^2 \geqslant \dfrac{\eta}{\omega} \\ 0, & 其他 \end{cases} \quad (3-33)$$

通过迭代方法求得清晰图像后,可将清晰图像作为初始值,求解模糊核。在模糊核求解过程中,将清晰图像和模糊图像转换为图像梯度信息,可提高计算速度,转换后公式如下:

$$\hat{k} = \arg\min_k \|\nabla I * k - \nabla b\|_2^2 + \gamma\|k\|_2^2 \quad (3-34)$$

上式中只存在 L_2 范数且只包含线性操作符,因此采用FFT进行求解[51],有:

$$\hat{k} = \mathcal{F}^{-1}\left[\frac{\overline{\mathcal{F}(\nabla I)}\mathcal{F}(\nabla b)}{\overline{\mathcal{F}(\nabla I)}\mathcal{F}(\nabla I) + \gamma}\right] \quad (3-35)$$

考虑到模糊核的特性,将求解得到的模糊核中负值项置零,并进行归一化处理。

通过以上方法对估计模糊核和清晰图像进行迭代优化,即可得到最终期望的去模糊空中加油导航图像。

3.3.3 仿真实验分析

空中加油过程中,大气湍流、加油机尾流、受油机头波等必然会对锥套和机载相机造成扰动,而二者间相对运动则会导致拍摄到的锥套图像存在模糊,干扰后续的特征提取和位姿估计等计算过程。针对这一问题,设计实验模拟抖动产生的模糊图像,使用本节方法进行去模糊处理。为了验证本节方法的有效性,使用去模糊前后的图像进行位姿测量,观察去模糊结果。由于抖动情况下的位姿估计难以测量真值,对于实验结果只做定性分析,而不做定量分析。

为模拟头波、尾流和大气湍流产生的干扰,直接对锥套进行人为的无规则抖动,并拍摄模糊图像序列。模糊源包括锥套的抖动、相机的抖动,以及二者之间的相对运动。

目标个体运动而相机保持静止产生的运动模糊处理前后结果如图3-27所示,去模糊后图像中红色锥套标志边缘位置变得较为清晰,但是整体标志区域仍存在较大的模糊程度。相机运动而目标静止产生的模糊图像如图 3 - 28 所示，可以看出去模糊后的图像中红色的锥套标识区域边界变得较为清晰，其中蓝色标志点由于模糊产生的面积变小，虽然难以达到边界完全清晰的程度，但也存在较明显改善。

(a) 模糊图像

图 3 - 27　目标运动产生的模糊图像

(a) 模糊图像　　　　　　　　　　　　　(b) 去模糊后图像

图 3 - 28　相机运动产生的模糊图像

结合本节所述算法分析，由于基于图像统计分析的优化过程以整幅图像的差异为优化目标，图像中锥套区域的位置较小，当只有锥套区域存在模糊时，这一区域的差异对整体图像间差异影响较小，则会导致去模糊结果相对整体图像模糊情况的结果较差。同时，本组测试数据在光照较暗的室内环境采集，与自然图像的明暗通道统计特性可能存在一定的差异。

测试目标和相机都存在运动时产生的模糊，可对其进行去模糊，效果如图 3 - 29 所示，锥套区域经过去模糊后变得较为清晰，特征点边缘清楚，对后续算法的影响变小。对去模糊前后的图像序列中的标志进行特征提取与位姿估计，位姿估计结果如图 3 - 30 所示。

（a）模糊图像 （b）去模糊后图像

图 3 - 29　相机和目标存在运动产生的模糊及去模糊效果

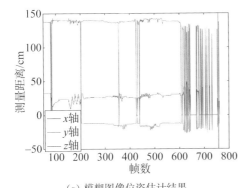 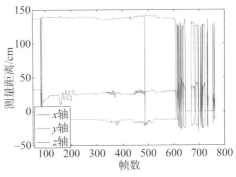

（a）模糊图像位姿估计结果 （b）去模糊后图像位姿估计结果

图 3 - 30　去模糊前后位姿估计结果

　　图 3 - 30 中横坐标为图像帧数,纵坐标为三个方向上的位姿估计结果,从这一结果中清晰可见去模糊后的图像序列位姿估计结果更加准确,位姿跳变点的减少说明由于模糊导致的表示点特征不可得或特征点位置变化减少,得到的位姿估计结果更为稳定。需要说明的是,在第 608～613 帧中出现了特征点遮挡的情况,而本节的位姿估计算法中并未考虑特征点遮挡这种场景,所以导致了位姿估计出现异常值和不可计算的情况。通过计算位姿的方式,证明了本节所述图像去模糊算法在无人机自主空中加油近距视觉导航过程中的有效性。

3.4　本章小节

　　本章针对无人机软式自主空中加油视觉导航图像预处理问题,设计了导航图像颜色预处理、加油锥套轮廓提取、图像去模糊方法。其中,颜色恒常性光照预处理方法可减小自主空中加油环境光照变化、相机曝光不恰当等不利影响,颜色分割预处理方法可提取导航图像中特定的颜色信息,包括加油锥套、特定标志点等;加油锥套轮廓提取方法能够在复杂环境信息中,有效提取锥套轮廓,有利于后续用轮廓形状信息识别加油锥套;针对自主空中加油加/受油机高速运动引起的导航图像模糊问题,采用图像去模糊方法建立一种迭代优化模型,通过对估计的模糊核与清晰图像的迭代运算,可以在一定程度上还原模糊图像,增强导航图像质量。

参考文献

[1] Wang X G, Cui N G, Guo J F. INS/VisNav/GPS relative navigation system for UAV [J]. Aerospace Science and Technology, 2013, 28(1): 242 - 248.

[2] Guo Y, Wu M P, Tang K H, et al. Covert spoofing algorithm of UAV based on GPS/INS-integrated navigation[J]. IEEE Transactions on Vehicular Technology, 2019, 68 (7): 6557 - 6564.

[3] 孙永斌. 基于仿生智能的无人机软式自主空中加油技术研究[D]. 北京: 北京航空航天大学, 2021.

[4] 李晗. 仿猛禽视觉的自主空中加油技术研究[D]. 北京: 北京航空航天大学, 2019.

[5] Duan H B, Sun Y B, Shi Y H. Bionic visual control for probe-and-drogue autonomous aerial refueling[J]. IEEE Transactions on Aerospace and Electronic Systems, 2021, 57 (2): 848 - 865.

[6] Sun Y B, Deng Y M, Duan H B, et al. Bionic visual close-range navigation control system for the docking stage of probe-and-drogue autonomous aerial refueling [J]. Aerospace Science and Technology, 2019, 91: 136 - 149.

[7] 陈善军. 基于仿鹰眼视觉的软式自主空中加油导航技术研究[D]. 北京: 北京航空航天大学, 2018.

[8] 李聪. 基于计算机视觉的软式自主空中加油位姿测量[D]. 北京: 北京航空航天大学, 2017.

[9] Chen S J, Duan H B, Deng Y M, et al. Drogue pose estimation for unmanned aerial vehicle autonomous aerial refueling system based on infrared vision sensor[J]. Optical Engineering, 2017, 56(12): 124105.

[10] 张聪. 面向无人机编队的视觉测量方法研究[D]. 北京: 北京航空航天大学, 2017.

[11] 段海滨, 邓亦敏, 王晓华. 仿鹰眼视觉及应用[M]. 北京: 科学出版社, 2021.

[12] 王晓华. 基于仿鹰眼-脑机制的小目标识别技术研究[D]. 北京: 北京航空航天大学, 2018.

[13] 段海滨, 张奇夫, 邓亦敏, 等. 基于仿鹰眼视觉的无人机自主空中加油[J]. 仪器仪表学报, 2014, 35(7): 1450 - 1458.

[14] Partridge J C. The visual ecology of avian cone oil droplets[J]. Journal of Comparative Physiology A, 1989, 165(3): 415 - 426.

[15] Budnik V, Mpodozis J, Varela F J, et al. Regional specialization of the quail retina: Ganglion cell density and oil droplet distribution[J]. Neuroscience Letters, 1984, 51 (1):145 – 150.

[16] Vorobyev M. Coloured oil droplets enhance colour discrimination[J]. Proceedings of the Royal Society of London Series B: Biological Sciences, 2003, 270(1521):1255 – 1261.

[17] Chen D M, Collins J S, Goldsmith T H. The ultraviolet receptor of bird retinas [J]. Science, 1984, 225(4659):337 – 340.

[18] Bowmaker J, Martin G. Visual pigments and colour vision in a nocturnal bird, *strix aluco* (tawny owl)[J]. Vision Research, 1978, 18(9):1125 – 1130.

[19] Remy M, Emmerton J. Behavioral spectral sensitivities of different retinal areas in pigeons[J]. Behavioral Neuroscience, 1989, 103(1):170 – 177.

[20] Goldsmith T H. Hummingbirds see near ultraviolet light[J]. Science, 1980, 207 (4432):786 – 788.

[21] Olsson P. Colour vision in birds: Comparing behavioural thresholds and model predictions[D]. Lund: Lund University, 2016.

[22] Koenderink J J, van de Grind W A, Bouman M. A. Opponent color coding: A mechanistic model and a new metric for color space[J]. Kybernetik, 1972, 10(2):78 – 98.

[23] Chittka L. The colour hexagon: A chromaticity diagram based on photoreceptor excitations as a generalized representation of colour opponency[J]. Journal of Comparative Physiology A, 1992, 170(5):533 – 543.

[24] Endler J A, Mielke J R P W. Comparing entire colour patterns as birds see them [J]. Biological Journal of the Linnean Society, 2005, 86(4):405 – 431.

[25] Lythgoe J N, Partridge J C. Visual pigments and the acquisition of visual information [J]. Journal of Experimental Biology, 1989, 146(1):1 – 20.

[26] Maturana H R, Varela F J. Color-opponent responses in the avian lateral geniculate: A study in the quail (*Coturnix coturnix japonica*)[J]. Brain research, 1982, 247(2):227 – 241.

[27] Hurlbert A. Colour constancy[J]. Current Biology, 2007, 17(21):R906 – R907.

[28] Smithson H E. Sensory, computational and cognitive components of human colour constancy[J]. Philosophical Transactions of the Royal Society B: Biological Sciences, 2005, 360(1458):1329 – 1346.

[29] Vorobyev M, Osorio D. Receptor noise as a determinant of colour thresholds [J]. Proceedings of the Royal Society of London Series B: Biological Sciences, 1998, 265 (1394):351 – 358.

[30] Conway B R, Chatterjee S, Field G D, et al. Advances in color science: From retina to behavior[J]. Journal of Neuroscience, 2010, 30(45):14955 – 14963.

[31] Shapley R, Hawken M J. Color in the cortex: Single- and double-opponent cells [J]. Vision research, 2011, 51(7):701 – 717.

[32] Ebner M. Color Constancy[M]. New York: John Wiley & Sons, 2007.

[33] Hubel D H, Wiesel T N. Receptive fields, binocular interaction and functional

architecture in the cat's visual cortex[J]. Journal of Physiology, 1962, 160(1):106 - 154.

[34] Tai S L. Image representation using 2D gabor wavelets[J]. IEEE Transactions on Pattern Analysis and Machine Intelligence. 1996, 18(10):959 - 971.

[35] Varela F J, Thompson E. Color vision: A case study in the foundations of cognitive science[J]. Revue de Synthèse, 1990, 111(1/2):129 - 138.

[36] 邓亦敏. 基于仿鹰眼视觉的无人机自主着舰导引技术研究[D]. 北京:北京航空航天大学, 2017.

[37] 刘国琴. 基于仿生视觉原理的巡航导弹制导与控制技术研究[D]. 南京:南京航空航天大学, 2008.

[38] 赵国治, 段海滨. 仿鹰眼视觉技术研究进展[J]. 中国科学(技术科学), 2017, 47(5):514 - 523.

[39] 李言俊, 张科. 视觉仿生成像制导技术及应用[M]. 北京:国防工业出版社, 2006.

[40] 寿天德. 视觉信息处理的脑机制[M]. 2版. 北京:中国科学技术大学出版社, 2010.

[41] 李晗, 段海滨, 李淑宇. 猛禽视觉研究新进展[J]. 科技导报, 2018, 36(17):52 - 67.

[42] Wiener N. Extrapolation, Interpolation, and Smoothing of Stationary Time Series, with Engineering Applications[M]. Cambridge: MIT Press, 1950.

[43] Richardson W H. Bayesian-based iterative method of image restoration[J]. Journal of the Optical Society of America, 1972, 62(1):55 - 59.

[44] Caron J N, Namazi N M, Rollins C J. Noniterative blind data restoration by use of an extracted filter function[J]. Applied Optics, 2002, 41(32):6884 - 6889.

[45] Kundur D, Hatzinakos D. Blind image deconvolution[J]. IEEE Signal Processing Magazine, 1996, 13(3):43 - 64.

[46] Levin A. Blind motion deblurring using image statistics[M]//Schölkopf B, Platt J, Hofman T. Advances in Neural Information Processing Systems 19:Proceeding of the 2006 Conference. Cambridge: MIT Press, 2007:841 - 848.

[47] Likas A C, Galatsanos N P. A variational approach for Bayesian blind image deconvolution[J]. IEEE Transactions on Signal Processing, 2004, 52(8):2222 - 2233.

[48] He K, Sun J, Tang X. Single image haze removal using dark channel prior[J]. IEEE Transactions on Pattern Analysis & Machine Intelligence, 2010, 33(12):2341 - 2353.

[49] Thiébaut E, Conan J M. Strict a priori constraints for maximum-likelihood blind deconvolution[J]. Journal of the Optical Society of America A, 1995, 12(3):485 - 492.

[50] Weiss Y, Freeman W T. What makes a good Model of natural images? [C]//IEEE Conference on Computer Vision and Pattern Recognition. Minneapolis: 2007.

[51] Molina R, Katsaggelos A K, Abad J, et al. A Bayesian approach to blind deconvolution based on Dirichlet distributions[C]//IEEE International Conference on Acoustics, Speech, and Signal Processing. Munich: 1997.

4　自主空中加油锥套检测与跟踪

无人机自主空中加油视觉导航要求精确检测加油锥套并对其进行实时目标跟踪(见图 4‑1),以降低视觉导航算法的计算复杂度,增强后续视觉处理的实时性。本章针对近距视觉导航锥套检测与跟踪问题,设计了自主空中加油显著区域检测、锥套目标检测、锥套目标跟踪方法,以实现复杂环境下锥套目标的有效检测与跟踪。

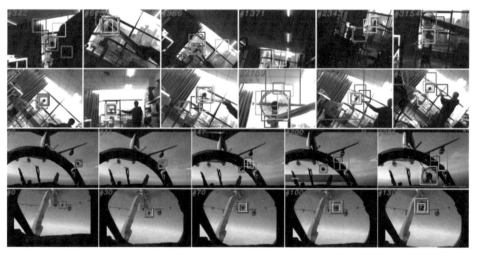

图 4‑1　自主空中加油锥套检测与跟踪[1]

4.1　自主空中加油图像显著区域检测

视觉注意机制能帮助生物从复杂的场景中迅速关注几个显著性区域,使得生物更容易获取场景中的有用信息以完成对场景的理解[2]。当生物的视觉系统接收到大量的视觉信息时,大脑会从中选择显著性区域,剔除冗余信息,优先对感兴趣的视觉信息进行处理。近年来,计算机视觉和生物视觉等学科间的交流给视觉注意的研究带来了新的思路。其中,较为可行的方法是从生物的视觉系统出发,模拟其感受外界刺激的机制,利用生物实验数据和数学模型建立出视觉注意计算模型,使机器能将图像中的显著性区域提取出来,完成对图像的快速处理和理解,从而极大地提高图像分析系统的处理效率。

　　针对无人机软式自主空中加油近距视觉导航系统,在进行锥套目标检测、跟踪、特征提取之前,可通过视觉注意算法将空中加油导航图像中的显著性区域提取出来,消除图像中如蓝天、白云和草地等无关冗余背景信息。

4.1.1　基于增量编码长度的显著性检测

　　视觉注意在生物的视觉系统中起到了至关重要的作用。这种自发的机制允许生物能够分配其感官和计算资源,对海量信息中最有价值的部分优先处理。在过去的几十年中,众多学者对鸟类的视觉注意计算模型进行了深入的研究,提出了多种静态图像表达模型,并设计一系列算法生成图像的显著图。文献[3]和文献[4]通过一系列实验,研究物体的颜色、运动方向和对比敏感度对仓鸮视觉注意力的影响,并提出了显著图生成模型。

　　与哺乳动物的视觉系统类似,鸟类如鹰、隼和仓鸮的视觉系统同样由视皮层和视网膜这两个部分组成。但鸟类的视觉系统与哺乳动物的视觉系统存在一定的差异。鸟类视觉系统主要包括离顶盖通路和离丘脑通路两条视觉信息传输路径。离顶盖通路主要负责运动、颜色、亮度等初级特征的提取和选择,该通路中的大部分细胞对运动敏感;而离丘脑通路与视觉深度信息采集和立体视觉的形成相关。此外鸟眼视觉系统还有副视系统这一条重要通路,其功能为产生视觉振动。离丘脑通路是由视网膜传递到对侧丘脑后再传递至端脑的通路,类似于哺乳动物的外膝体纹状通路;而离顶盖通路是从视网膜传递至对侧顶盖,再经丘脑后传递到端脑的通路,类似于哺乳动物中的上丘—丘脑枕—纹状外视区通路。鸟类视觉系统结构如图 4-2 所示。

　　国内外学者就鸟类离顶盖通路对视觉信息的编码和表达机制进行了深度的研究,分析了鸟类的动态视觉注意过程,并得到了许多生理学数据[5-7]。电生理研究表明,在视顶盖细胞感受野中通常存在中央-周边的结构,顶盖细胞中的简单细胞具有方向性和带通性等特点,每个神经元细胞通过稀疏编码(sparse

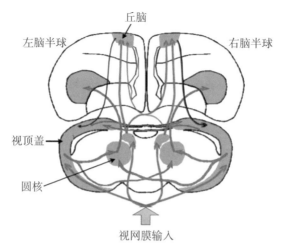

丘脑

左脑半球　　　　　　　　　　　　右脑半球

视顶盖

圆核

视网膜输入

图 4 - 2　鸟类视觉系统结构

coding)原理对其所受到的刺激进行响应,以稀疏编码的形式对图像显著特征如条纹、边缘和端点进行描述。参考顶盖通路细胞响应特性,这里利用一种基于增量编码长度(increments coding length,ICL)的方法对图像进行显著性检测。通过测量图像对于每个稀疏特征的响应强度,并在一个统一的框架内对图像的能量进行重新分布,生成最终的显著图。以下内容主要围绕算法的关键步骤进行详细介绍[8]。

4.1.1.1　稀疏特征表示

生物视皮层感受野里的简单细胞具有方向性和带通性等特点,每个神经元细胞通过稀疏编码原理对其所受到的刺激进行响应,以稀疏编码的形式将图像显著特征如条纹、边缘和端点进行描述[9]。稀疏编码假设图像由一系列基函数的线性组合得到:

$$I(x, y) = \sum_{i=1}^{k} a_i \Phi_i(x, y) \qquad (4-1)$$

式中:$\Phi_i(x, y)$ 表示基函数;a_i 代表系数。要求一系列系数中,只有极少的非零系数,以达到稀疏表示的目的。本节通过学习的方式,寻找一系列能够对自然界中的图像进行稀疏表示的基函数。

将一系列基函数构成的稀疏基底用 A 表示,图像的滤波函数则为 $W = A^{-1}$,其中 $W = [w_1, w_2, \cdots, w_{192}]^T$,$w_j$ 可代表图像块的一个线性滤波器。对于一个给定向量化的图像 x,它的稀疏表示可由对所有线性滤波器的响应而获得,即 $s = Wx$。每个基函数类似于视皮层里的一个简单神经元,在对一幅自然图像进行表达时,只有少量的神经元在同一时刻被同时激活。

选取 12000 张 8×8 的彩色自然图像块作为训练样本,生成 192 个基函数对图像进行稀疏表示。所得到的基函数和滤波函数如图 4-3 所示。

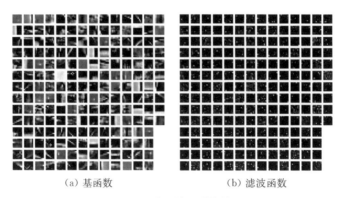

(a) 基函数　　　　　　　　　　(b) 滤波函数

图 4-3　稀疏编码训练结果

4.1.1.2　增量编码长度

生物实验表明,当生物观察到显著物体时,视皮层的能量会发生迅速变化。为弄清这一机制,有大量学者研究视觉系统的能量分布表示和信息编码方式。Hou 等受到预测编码的启发设计出了增量编码长度,将其作为图像特征的计算准则[8]。这里通过计算图像每个稀疏特征的增量编码长度,对图像系统的有限能量进行优化配置,生成显著图。

计算每个特征的激活度,设第 i 个特征的激活度为 p_i,其物理意义是对输入图像样本的相对响应程度。设定样本矩阵 $\boldsymbol{X} = [x^1, x^2, \cdots, x^k, \cdots]$,其中 x^k 为向量化的图像块,则第 i 个特征的激活度 p_i 为

$$p_i = \frac{\sum\limits_{i}^{k} |w_i x^k|}{\sum\limits_{i} \sum\limits_{i}^{k} |w_i x^k|} \tag{4-2}$$

设 $\boldsymbol{p} = [p_1, p_2, \cdots]^{\mathrm{T}}$ 为稀疏特征激活度的分布。因为视觉信息是由所有特征共同编码得到的,所以最有效的编码方式为对所有特征响应级别进行均衡利用。本节通过最大化熵 $H(p)$ 来实现最优编码。

设某一时刻的特征激活度分布为 p。此时,对第 i 个特征增加新的视觉刺激,即将特征激活度 p_i 加上一个值 ε,以改变整个稀疏特征激活度分布。对于每个特征 p_j,其激活度变化为

$$p_j^{\wedge} = \begin{cases} \dfrac{p_j + \varepsilon}{1 + \varepsilon}, & j = i \\[3mm] \dfrac{p_j}{1 + \varepsilon}, & j \neq i \end{cases} \tag{4-3}$$

此时,系统的特征激活度熵也发生改变,将其对特征激活度求偏导可得

$$\frac{\partial H(p)}{\partial p_i} = -\frac{\partial p_i \log_2 p_i}{\partial p_i} - \frac{\partial \sum\limits_{j \neq i} p_j \log_2 p_j}{\partial p_i} = -1 - \log_2 p_i - \frac{\partial \sum\limits_{j \neq i} p_j \log_2 p_j}{\partial p_i}$$
$$\tag{4-4}$$

上式中最后一项可展开为

$$\frac{\partial \sum\limits_{j \neq i} p_j \log_2 p_j}{\partial p_i} = H(p) - 1 + p_i + p_i \log_2 p_i \tag{4-5}$$

则增量编码长度 L_{IC} 可由下式定义:

$$L_{IC}(p_i) = \frac{\partial H(p)}{\partial p_i} = -H(p) - p_i - \log_2 p_i - p_i \log_2 p_i \tag{4-6}$$

将显著特征集定义为 $S = \{i \mid L_{IC}(p_i) > 0\}$,即如果一个特征是显著的,当激活这个特征时,此特征能够增加系统的熵。在特征级别的一般优化框架中,可以重新分布每个特征的能量。设各个特征得到的能量为 d_i,若 $i \in \bar{S}$,则 $d_i = 0$,此特征会被系统忽略。当 $i \in S$,则特征分配到的能量为

$$d_i = \frac{L_{IC}(p_i)}{\sum\limits_{j \in S} L_{IC}(p_j)} \tag{4-7}$$

最后,给定一幅经过向量化的图像 $\boldsymbol{X} = [x^1, x^2, \cdots, x^n]$。显著图 $\boldsymbol{M} = [m^1, m^2, \cdots, m^n]$ 可由下式计算得到:

$$m^k = \sum_{i \in S} d_i w_i x^k \tag{4-8}$$

由式(4-8)可知,每个图像块的显著程度是由特征激活度动态分配得到的,并不是一个常量。因此,图像块的显著度受到空间和时间的影响,显著特征会随着场景而不断变化,以此体现出每个即时场景的统计特性。图 4-4 给出了基于增量编码长度的视觉注意计算流程。

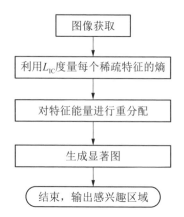

图 4-4 基于增量编码长度的视觉注意计算流程

4.1.2 基于显著性滤波的显著区域提取

鸟的视顶盖接收视网膜神经节细胞传递来的刺激,同时接收来自端脑等其他部分的输出调制。顶盖输出的信息通过神经纤维向更高层传递,顶盖的上行投射经过顶盖-丘脑纤维束后最终传递至位于丘脑的圆核区域。视顶盖中很多细胞参与颜色选择,同时对物体的空间分布具有一定响应。顶盖还有纤维投射到中脑峡核,形成顶盖-峡核回路。同时,视顶盖表面由浅到深层次的同一通道内,细胞感受野在视野中的中心位置基本能够重合,而兴奋区的平均直径由浅到深逐渐变大。这种结构说明视觉信息在视顶盖中存在由浅到深的整合加工。这种整合加工最终能够从输入图像中提取到其最基本且最主要的一些特征,同时将这些特征进行融合对原图像进行表达。图 4-5 给出了视顶盖与皮层和视网膜的神经联系。

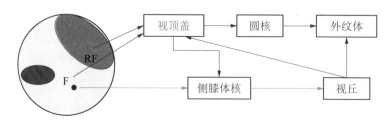

图 4-5 视顶盖与皮层和视网膜的神经联系

借鉴生物对颜色和空间分布的敏感特性,本节利用显著性滤波(saliency filters,SF)算法对图像进行操作,得到输入图像的显著图[10]。首先,将整幅图像进行颜色空间转换,通过超像素分割将整幅图像分割成小块。然后,计算每个超像素基本元素的颜色独特性值,颜色独特性值越高,则该区域越显著。同时,考虑到区域显著度值与该区域像素空间分布的关系,计算出每个超像素元素的空间显著度。若超像素元素的空间方差大,则该元素的显著度应减少;对于空间方差小的超像素元素,其显著度应增大。最后,将每个超像素元素的颜色特征和空间特征进行融合,得到图像中每个像素的最终显著度值并归一化生成显著图。

4.1.2.1 基于简单迭代线性聚类算法的图像超像素分割

利用简单迭代线性聚类(simple linear iterative cluster,SLIC)算法对图像进行超像素分割,将图像抽象化为视觉一致性区域[11]。在使用 SLIC 算法前,首先将图像从 RGB 颜色空间转换为 CIE Lab 颜色空间。CIE Lab 颜色空间与设备无关,是一种基于人类生理特征的颜色系统。Lab 颜色空间中的 L 维度代表像素的亮度,代表纯黑到纯白,取值范围为 $[0, 100]$,a 和 b 表示颜色对立维度,分别表示从绿色到红色的范围和从蓝色到黄色的范围,取值范围都为 $[-127, 127]$。CIE Lab 颜色空间如图 4-6 所示。

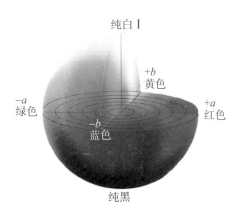

图 4-6 CIE Lab 颜色空间

SLIC 算法按照设定的超像素元素个数在图像中均匀生成 K 个种子点(聚类中心)。若像素点总数为 N,则可将图像分割为 K 个相同尺寸的超像素,分割后的每块超像素大小近似为 N/K,相邻种子点即每块超像素的边长近似为 $S = \sqrt{N/K}$。随后,在种子点 $n \times n$ 的邻域内对种子点进行重新选取(一般取 $n = 3$)。在此过程中,需要计算种子点邻域内所有像素点的梯度值,并选取该邻域内梯度值最小处为新种子点的位置。此步骤的目的是避免梯度值较大的轮廓边界处存在种子点,以免影响后续聚类效果。其次,对每个种子点邻域内的所有像素点分配其所属的类标签,确定出每个像素点的聚类中心。为了提高算法的收敛速度,SLIC 算法的搜索范围为 $2S \times 2S$。对于每个像素点,分别计算它和种子点的颜色距离 d_c 和空间距离 d_s,并得出最终的距离度量 D',距离计算过程如下:

$$d_c = \sqrt{(l_j - l_i)^2 + (a_j - a_i)^2 + (b_j - b_i)^2} \tag{4-9}$$

$$d_s = \sqrt{(x_j - x_i)^2 + (y_j - y_i)^2} \tag{4-10}$$

$$D' = \sqrt{\left(\frac{d_c}{N_c}\right)^2 + \left(\frac{d_s}{N_s}\right)^2} \qquad (4-11)$$

式中：$N_s = S = \sqrt{N/k}$ 为类内空间最大距离；最大颜色距离 N_c 取值范围为 $[1, 40]$，其具体值随颜色和聚类情况而变化，在本节中将最大颜色距离取值为 10。最终的距离度量可表示为

$$D' = \sqrt{\left(\frac{d_c}{10}\right)^2 + \left(\frac{d_s}{S}\right)^2} \qquad (4-12)$$

由于图像中的每个像素点都会被多个种子点搜索到，计算每个像素点与周围种子点的距离，该像素点的聚类中心为与其距离最小的种子点。将上述步骤迭代直到聚类中心不再发生变化，本节所取的迭代次数为 10。针对空中加油导航图像，超像素分割结果如图 4-7 所示。

（a）输入图像 1

（b）分割结果 1

（c）输入图像 2

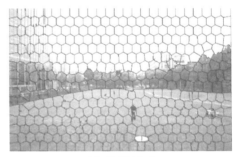
（d）分割结果 2

图 4-7　超像素分割结果

4.1.2.2　超像素元素独特性计算

若图像的某部分区域在某些方面与其他区域显著不同，此区域可被标记为

显著性区域。因此,需要评估每个超像素元素与图像其他超像素元素之间的差异性来确定图像的显著性区域。通过上文可知,生物对颜色信息较为敏感,本节首先比较每个超像素元素与其他超像素元素在图像中的位置和在 CIE Lab 颜色空间中的颜色分量,得到第 i 个超像素元素的颜色独特性分量,定义为

$$U_i = \sum_{j=1}^{N} \| c_i - c_j \|^2 \cdot \underbrace{w(p_i, p_j)}_{w_{ij}^{(p)}} \qquad (4-13)$$

式中:c_i 为第 i 个超像素元素在 CIE Lab 空间中的颜色分量;p_i 为第 i 个超像素元素在图像中的位置。通过引入 $w_{ij}^{(p)}$,可以有效地结合全局和局部的对比度信息影响颜色独特性操作算子。当 $w_{ij}^{(p)}$ 取值较大时,在显著估计的过程中会增强物体的边缘效果。当 $w_{ij}^{(p)} \approx 1$ 时,为全局显著度计算,对图像的局部对比度变化不敏感。

超像素元素独特性颜色计算操作的时间复杂度为 $O(N^2)$,其中 N 为超像素元素的个数。对于许多自底向上的显著性检测方法,生成的显著图不能保留原图中的轮廓信息,反而会使物体的轮廓边缘模糊化。对于显著性滤波算法,$w_{ij}^{(p)} = \dfrac{1}{Z_i} \exp\left(-\dfrac{1}{2\sigma_p^2} \| p_i - p_j \|^2\right)$ 服从高斯分布。本节取 σ_p 为 0.25,从而平衡图像的全局信息和局部信息,Z_i 为归一化因子且保证 $\sum\limits_{j=1}^{N} w_{ij}^{(p)} = 1$。

对于超像素元素 i,测量其颜色分量 c_i 的空间方差 D_i 来度量此超像素元素的空间分布。对于一个显著性物体,其空间分布通常紧凑,因此显著物体的空间方差较小。超像素元素的空间独特性计算公式如下:

$$D_i = \sum_{j=1}^{N} \| p_j - u_i \|^2 \underbrace{w(c_i, c_j)}_{w_{ij}^{(c)}} \qquad (4-14)$$

式中:$w_{ij}^{(c)} = \dfrac{1}{Z_i} \exp\left(-\dfrac{1}{2\sigma_c^2} \| c_i - c_j \|^2\right)$ 表示超像素元素 i 和超像素元素 j 在颜色空间的相似性,服从高斯分布;p_j 代表元素 j 的位置;$u_i = \sum\limits_{j=1}^{N} w_{ij}^{(c)} p_j$ 为元素 i 的加权平均位置。将式(4-14)展开可得

$$\begin{aligned}
D_i &= \sum_{j=1}^{N} \| p_j - u_i \|^2 w_{ij}^{(c)} \\
&= \sum_{j=1}^{N} p_j^2 w_{ij}^{(c)} - 2u_i \sum_{j=1}^{N} p_j w_{ij}^{(c)} + u_i^2 \sum_{j=1}^{N} w_{ij}^{(c)}
\end{aligned} \qquad (4-15)$$

4.1.2.3　显著图生成

得到超像素元素的颜色独特性值和空间方差后，需要将这两个特征进行融合生成显著图。在这一步骤中，首先将超像素元素颜色独特性值 U_i 和空间方差 D_i 归一化到 $[0,1]$ 的范围。由于颜色独特性和空间独特性相互独立，超像素元素 i 的显著性可表示为

$$S_i = U_i \cdot \exp(-k \cdot D_i) \tag{4-16}$$

相比于颜色独特性值，空间方差对于显著度的决定性更大，因此在显著性计算公式中使用指数函数加强空间方差对显著度的影响。在最后一步中，需要对图像中的每个超像素分配加权显著度值 $\widetilde{S}_i$，由其邻域的每个超像素显著度值线性加权得到，计算公式如下：

$$\widetilde{S}_i = \sum_{j=1}^{N} w_{ij} S_j \tag{4-17}$$

式中：高斯加权系数 $w_{ij} = \dfrac{1}{Z_i} \exp\left[-\dfrac{1}{2}(\alpha\|c_i - c_j\|^2 + \beta\|p_i - p_j\|^2)\right]$；$\alpha$ 和 β 分别控制显著性模型对颜色和空间的敏感程度。在本文中，$\alpha = \dfrac{1}{30}$，$\beta = \dfrac{1}{30}$。最终将每个像素的显著度归一化到 $[0,1]$ 的范围。图 4-8 给出了基于显著性滤波算法的视觉注意计算流程。

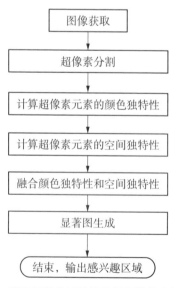

图 4-8　基于显著性滤波算法的视觉注意计算流程

4.1.3   仿真实验分析

为了验证所设计的视觉注意方法对空中加油任务的有效性,采集实际飞行过程中的图像,利用基于增量编码长度和显著性滤波的视觉注意方法对导航图像序列进行显著性物体检测,并与其他经典的视觉注意方法,如谱残差方法(spectral residual, SR)[12]、自然统计显著方法(saliency using natural statistics, SUN)[13]和空间权重差异方法(spatially weighted dissimilarity, SWD)[14]进行对比。将基于增量编码长度的视觉注意方法的稀疏特征向量数目 N 设置为 192,显著图二值化阈值 t 设置为 60;同时,将基于显著性滤波的视觉注意方法的超像素元素个数 N_1 设置为 400,最大颜色距离 N_c 设置为 10,超像素分割迭代次数设置为 10,颜色独特性融合权值 α 设置为 $\frac{1}{30}$,空间独特性融合权值 β 设置为 $\frac{1}{30}$,其他视觉注意方法的参数与文献[14]一致。

各视觉注意算法生成的显著图如图 4-9 和图 4-10 所示。在得到原图的显著图后,首先对显著图进行形态学膨胀操作,在膨胀操作过程中,结构元素选为矩形,大小为 20。随后,将处理后的显著图与采集到的图像进行与运算得到最终的感兴趣区域,各算法所得到的感兴趣区域对比结果如图 4-11 和图 4-12 所示。

(a) 导航图像

(b) SF

(c) ICL

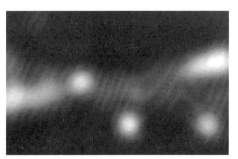
(d) SR

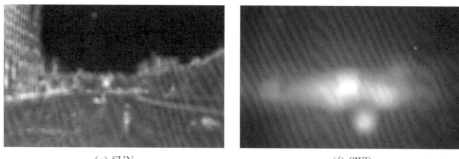

(e) SUN　　　　　　　　　　　　　　　(f) SWD

图 4-9　五种视觉注意算法显著性检测结果(场景一)

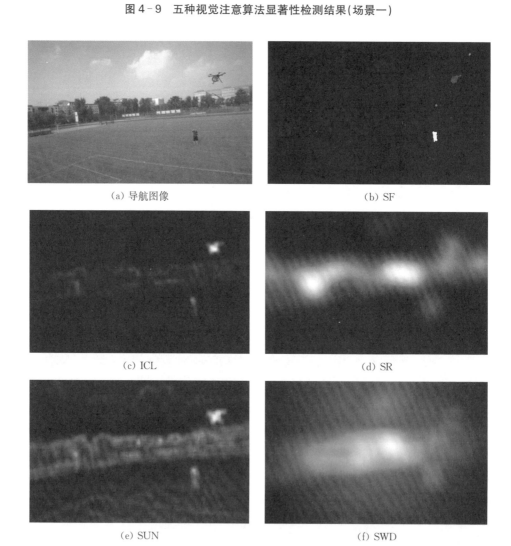

(a) 导航图像　　　　　　　　　　　　　(b) SF

(c) ICL　　　　　　　　　　　　　(d) SR

(e) SUN　　　　　　　　　　　　　　　(f) SWD

图 4-10　五种视觉注意算法显著性检测结果(场景二)

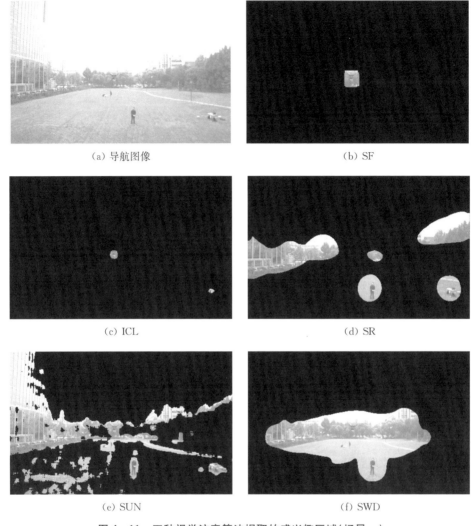

图 4‑11　五种视觉注意算法提取的感兴趣区域(场景一)

（a）导航图像

（b）SF

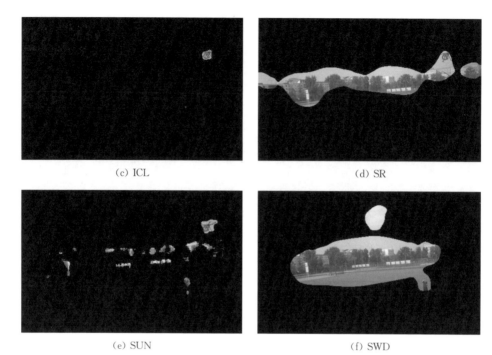

(c) ICL

(d) SR

(e) SUN

(f) SWD

图4‐12　五种视觉注意算法提取的感兴趣区域(场景二)

　　由实验结果可见,基于显著性滤波的视觉注意算法和基于增量编码长度的视觉注意算法生成的显著图中不包含输入图像中如蓝天和草地等冗余背景信息,所提取到的显著物体只有锥套区域和人等极为显著物体。对于无人机目标,其颜色独特性值较高但空间方差小,因此利用基于显著性滤波的视觉注意算法时,无人机区域的显著度值较小。与SF和ICL算法相比,利用其他算法提取到的显著图中,楼房和树木等物体的显著度值也很高,若对图像进行二值分割,这些背景物体也会被分割出来而不能减少图像的冗余信息。

　　由图4‐11和图4‐12可见,SF和ICL算法能提取到完整的锥套区域,同时将很多背景信息进行滤除,通过膨胀操作可以将图像的显著性区域扩大,提取出原图中的完整物体,避免丢失显著物体的细节信息。显著性滤波算法利用到了图像的颜色信息,需要对图像进行超像素分割和颜色空间转换,计算代价极大。基于增量编码长度的显著性提取方法对图像进行灰度转换,没有考虑图像颜色等其他丰富信息,因此计算速度非常快,在本节实验中,将图像缩放到 80×120 后,平均运行时间小于 20 ms,实时性极强。虽然对于如 DUT‐OMRON 数据库等标准数据库,SF算法的精确率和召回度更高,但对于空中加油任务,利用增量编码长度进行显著性区域提取能够取得很好的效果,同时满足实时性要求。

4.2 自主空中加油锥套检测

在空中加油过程中,加油锥套由于受到大气扰动等因素的影响会发生摆动,在采集到加油锥套图像以后需要从图像中将锥套目标检测出来,以便后续对锥套特征进行提取。本节针对加油锥套目标检测问题给出了5种方法:①基于图像灰度值的匹配算法,寻找合适的平移参数将模板图像和待匹配图像进行匹配,并利用改进鸽群优化(pigeon inspired optimization, PIO)算法选择平移参数,最大化匹配值,从而完成目标检测;②基于二值鲁棒不变尺度特征点(binary robust invariant scalable keypoints, BRISK)特征提取算法,利用BRISK算法对模板图像和采集到的图像进行特征提取与描述,再使用汉明距离对特征点进行匹配,最后利用随机抽样一致(random sample consensus, RANSAC)算法对误匹配进行剔除;③基于目标轮廓形状信息的模板匹配算法,通过寻找合适的平移、旋转和尺度缩放参数将目标轮廓模板与待匹配图像中的不同区域进行匹配,先计算待匹配测试图像的窗口化边缘势函数(windowed edge potential function, WEPF),并利用改进鸽群优化算法搜寻最优参数,在待匹配图像中寻找对模板图像具有最大边缘势引力的位置,从而实现目标检测;④基于机器学习方法的锥套目标进行检测;⑤基于仿鹰眼特殊搜索图机制的锥套目标检测方法,利用加油锥套已知的先验信息进行目标检测,充分利用所设计锥套合作目标的颜色、轮廓和形状信息来实现快速、准确且稳定的目标检测。

4.2.1 基于图像灰度信息的锥套检测

4.2.1.1 基于图像灰度信息的模板匹配

模板匹配操作要求待搜寻的大图像中包含模板图像,通过特定的算法在大图像中搜寻目标[15]。基于图像灰度信息的匹配算法基本思想是:选取包含待识别目标的模板,其尺寸略大于运动目标。将模板图像 $T(M \times N$ 像素)在待匹配图 $S(W \times H$ 像素)上进行平移操作,模板覆盖被搜索图的那块区域称为子图 $S^{i,j}$,(i, j) 为子图左下角在被搜索图上的坐标[16],如图 4-13 所示。

模板匹配过程中,需要考虑搜索策略和相似度测量标准。本节利用改进鸽群优化算法确定平移参数,采用相似度函数作为优化算法的代价函数。相似度函数定义为

$$F(m, n) = \sum_{i=0}^{X-1} \sum_{j=0}^{Y-1} f(m+i, n+j) \qquad (4-18)$$

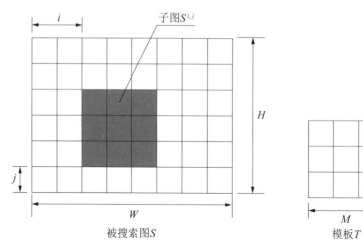

子图$S^{i,j}$

被搜索图S

模板T

图 4 - 13　模板匹配示意图

定义 $I(i, j)$ 为模板图像中图像坐标为 (i, j) 的像素点的灰度值，$I_0(m+i, n+j)$ 为待匹配图像中图像坐标为 $(m+i, n+j)$ 的像素点的灰度值。若 $I_0(m+i, n+j)=I(i, j)$，则 $f(m+i, n+j)=1$。X 和 Y 分别为模板图像的高度和宽度。由上式可知，$F(m, n)$ 代表模板图像与原图中某区域具有相同像素值的像素点总数。

鸽群优化算法是模仿鸽子归巢行为的一种新型仿生群体智能优化算法[17]。有生物实验表明，太阳、地球磁场和地标会对鸽子的导航产生影响，并且鸽子会在归巢的不同阶段使用不同的导航方法。PIO 算法模拟了鸽子的归巢行为，创新性地提出了两种不同的算子模型：①地图和指南针算子（map and compass operator）；②地标算子（landmark operator）。基本的鸽群优化算法在实际问题中得到了广泛的应用，收敛速度极快，但是鸽群优化算法容易陷入局部收敛，需要引入一些新的机制对鸽群优化算法进行改进，增强算法的全局收敛能力。本节利用莱维飞行机制对鸽群优化算法进行改进，莱维飞行机制服从马尔可夫过程，被证明是最好的随机游走模型，其步长服从莱维重尾分布。基于改进鸽群优化算法的图像灰度匹配流程如图 4 - 14 所示。

4.2.1.2　仿真实验分析

在进行基于图像灰度信息的模板匹配操作前，需要从采集到的飞行图像中截取锥套区域得到模板图像，再利用基于莱维飞行机制改进的鸽群优化算法求得最佳的匹配结果，从而定位出锥套区域。获得的待匹配图像和模板图像如图 4 - 15 所示。

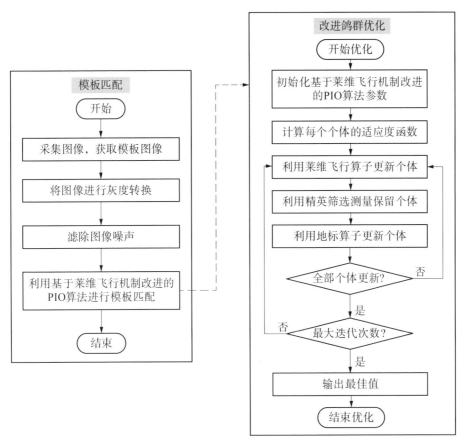

图 4-14 基于改进鸽群优化算法的图像灰度匹配流程

(a) 待匹配图像

(b) 模板图像

图 4-15 模板匹配图像

为了验证本节所设计算法的有效性和鲁棒性,将改进的鸽群优化算法与基本鸽群优化算法、粒子群优化算法和人工蜂群算法进行对比,进行 10 次独立重复实验,各优化算法的基本参数设置如表 4-1 所示。

表 4-1　优化算法参数取值

算　　法	参　数	描　　述	取　　值
改进鸽群优化(MPIO)算法	k	logsin 函数中的控制参数	15
传统鸽群优化(PIO)算法	R	地图和指南针算子参数	0.01
	N_{c_1}	地图和罗盘算子最大迭代次数	25
	N_{c_2}	地标算子最大迭代次数	5
粒子群优化(PSO)算法	c_1	局部最优项权重	1.494 45
	c_2	全局最优项权重	1.494 45
人工蜂群(ABC)算法	F	食物数量	15
	L_{Rf}	更新限度	1 000

各优化算法在 10 次独立重复实验过程中的进化曲线如图 4-16 所示。

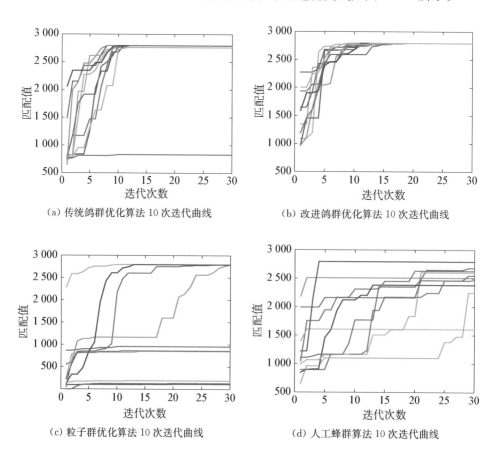

（a）传统鸽群优化算法 10 次迭代曲线

（b）改进鸽群优化算法 10 次迭代曲线

（c）粒子群优化算法 10 次迭代曲线

（d）人工蜂群算法 10 次迭代曲线

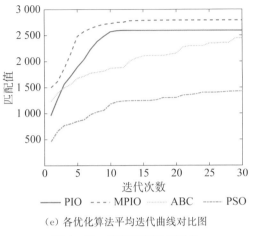

（e）各优化算法平均迭代曲线对比图

图 4‑16　模板匹配所用图像

　　由迭代曲线可见，传统鸽群优化算法收敛速度最快，在 10 次独立重复实验中，每次实验都在 10 代左右就已经收敛，但是容易收敛到局部最优。改进鸽群优化算法通过莱维飞行机制更新个体后，能够有效地跳出局部最优，在收敛速度和搜索能力上得到平衡。利用改进的鸽群优化算法优化图像匹配值函数，能得到最优的效果。蜂群算法由于迭代次数比较少，收敛速度较慢，并没有表现出优秀的性能，不太适用于本节所设计的模板匹配方法。粒子群优化算法在优化图像匹配函数的过程中，极容易陷入局部最优，对此类问题明显不适用。用蓝色的方框框出锥套区域检测结果，匹配结果如图 4‑17 所示。

图 4‑17　基于改进鸽群优化的图像匹配结果

　　为了进一步验证算法的有效性,将模板图像进行旋转和缩放等操作,利用经过莱维飞行机制改进的鸽群优化算法对图像匹配函数进行优化,之后进行模板匹配操作,所使用的旋转变化后的模板图像序列如图 4-18 所示,匹配结果如图 4-19 所示。

　　(a) 逆时针 10°　　　　　(b) 逆时针 20°　　　　　(c) 顺时针 10°　　　　　(d) 顺时针 20°

图 4-18　模板图经旋转后结果

(a) 逆时针 10°匹配结果　　　　　　　　　　　(b) 逆时针 20°匹配结果

(c) 顺时针 10°匹配结果　　　　　　　　　　　(d) 顺时针 20°匹配结果

图 4-19　模板旋转变换后匹配结果

　　此外,对模板图像分别进行 50%、80%、1.2 倍、2 倍尺度变换,利用本节所设计的方法进行模板匹配,所得结果如图 4-20 所示。

(a) 50%尺度变换匹配结果　　　　　　　　　(b) 80%尺度变换匹配结果

(c) 1.2倍尺度变换匹配结果　　　　　　　　　(d) 2倍尺度变换匹配结果

图 4-20　模板尺度变换后匹配结果

由实验结果可见,当模板图像分别经过逆时针旋转 10°、逆时针旋转 20°、顺时针旋转 10°、顺时针旋转 20°后,本节所设计的基于图像灰度的模板匹配方法都能在待搜寻图像中找到锥套区域,具有很好的旋转不变性。但是,当模板的尺度明显小于目标在待搜寻图像里的尺度时,匹配效果不佳。这是因为本节采用了基于图像灰度值的匹配算法,若模板图像与待匹配图像中的尺度相差太多,二者之间具有相同灰度值的像素点很少。当模板的尺度大于目标在待搜寻图像里的尺度时,匹配框的中心部分为锥套区域,匹配效果较好。因此,本节所设计的基于图像灰度的模板匹配方法在模板图像旋转和放大时能取得较好的效果。

4.2.2　基于图像局部特征的锥套检测

4.2.2.1　BRISK 算法

对于空中加油过程中的锥套目标检测问题,除使用基于图像灰度的模板匹配方法外,也可预先选取锥套的模板图像,然后采用 BRISK 算法进行模板匹配[18]。BRISK 算法由二进制鲁棒独立基本特征(binary robust independent elementary features，BRIEF）算法改进得来，它具有旋转不变、尺度不变、光照不变的性质，同时对图像噪声具有很好的鲁棒性。与尺度不变特征变换（scale-invariant feature transform，SIFT）和加速鲁棒特征（speeded-up robust features，SURF）算法相比，BRISK 算法运算速度快，可以对图像进行实时性处理。BRISK 算法的主要原理和操作如下。

1）关键点检测

在进行关键点检测之前，首先需要构建图像的尺度空间金字塔，金字塔包含 n 层（octave）c_i 和 n 个中间层（intra-octaves）d_i，在本节方法中，$n=4$，$i=\{0，1，\cdots，n-1\}$。c_0 为原始输入图像，c_1 由 c_0 通过缩放因子为 2 的降采样操作得到，以此类推，每层图像通过对上一层图像进行半采样得到。中间层 d_i 位于 c_{i+1} 和 c_i 之间，d_0 由 c_0 通过缩放因子为 1.5 的降采样操作得到，d_1 由 d_0 通过半采样得到，以此类推，可知 $t(c_i)=2^i$，$t(d_i)=1.5^i$，t 表示尺度因子。随后，在每个尺度空间中，利用 FAST9 - 16 检测器对特征点进行检测[18]。FAST9 - 16 检测器使用 16 个像素点的圆形模板，若有连续 9 个以上的像素点的灰度值比圆形模板圆心的灰度值小于或大于一个阈值，则模板圆心为待选特征点。

在检测到待选特征点后，需要在图像的尺度空间金字塔中进行非极大值抑制。若某一待选特征点的 FAST 值 s 大于其同层邻域的其他 8 个点的 FAST 值，同时与其上下层同区域的所有点相比较时，这一待选关键点的 FAST 值也最大，那么此待选特征点可以被确定为特征点，最后可以得到每个关键点的坐标和尺度信息。

2）关键点描述

在确定特征点之后，需要对特征点进行描述，BRISK 算法通过比较特征点邻域区域像素点对之间的灰度大小关系，得到一个对特征点进行描述的二进制串。BRISK 算法在以特征点为中心的多个同心圆上均匀采样 N 个点，共生成 $N(N-1)/2$ 个采样点对，如图 4 - 21 所示。图 4 - 21 中小蓝圈表示采样点的位置，$N=60$，对于采样点对 $(p_i，p_j)$，对每个采样点进行高斯平滑，平滑后的强度值分别为 $I(p_i，\sigma_i)$ 和 $I(p_j，\sigma_j)$，图中红色圆圈的大小代表平滑采样点的高斯平滑核的方差 σ 大小。

每个采样点对 $(p_i，p_j)$ 的局部梯度为

$$g(p_i，p_j)=(p_j-p_i)\cdot\frac{I(p_j，\sigma_j)-I(p_i，\sigma_i)}{\|p_j-p_i\|^2} \tag{4-19}$$

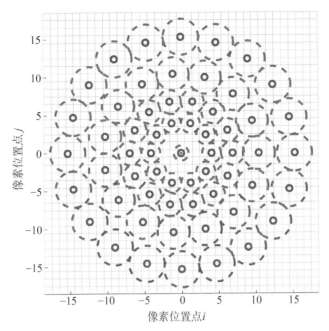

图 4-21　BRISK 采样点图

考虑所有采样点对存在以下关系：

$$A = \{(p_i, p_j) \in \mathbb{R}^2 \times \mathbb{R}^2 \mid i < N \wedge j < i \wedge i, j \in \mathbb{N}\} \quad (4-20)$$

计算采样点对之间的距离,得到短距离点对集合 S 和长距离点对集合 L：

$$S = \{(p_i, p_j) \in A \mid \|p_j, p_i\| < \delta_{\max}\} \subseteq A \quad (4-21)$$

$$L = \{(p_i, p_j) \in A \mid \|p_j, p_i\| > \delta_{\min}\} \subseteq A \quad (4-22)$$

在本节中,距离阈值设置为 $\delta_{\max} = 9.75t$, $\delta_{\min} = 13.67t$。 在计算特征点的梯度信息时,只考虑长距离的采样点对的贡献,计算公式如下：

$$g = \binom{g_x}{g_y} = \frac{1}{L} \cdot \sum_{(p_i, p_j)} g(p_i, p_j) \quad (4-23)$$

特征点的主方向 α 为 $\arctan 2(g_y, g_x)$,为了使特征点具有旋转不变性,在进行特征点的描述时,需要对特征点区域进行旋转,旋转角度为 α,最后根据式(4-24),利用短距离点对对特征点进行描述：

$$b = \begin{cases} 1, & I(p_j^\alpha, \sigma_j) > I(p_i^\alpha, \sigma_i) \\ 0, & \text{其他} \end{cases} \quad \forall (p_i^\alpha, p_j^\alpha) \in S \quad (4-24)$$

在对特征点进行描述时,只选取 512 个短距离点对,因此 BRISK 算法的特征描述符为 512 位。

3) 特征点匹配

本节首先利用汉明距离对两个 BRISK 描述符进行匹配,通过异或操作得到这两个不同 BRISK 二进制描述符的不同字符个数,即二进制串的汉明距离。汉明距离 d 的计算公式如下:

$$d = \sum_{i=0}^{512} x[i] \oplus y[i] \qquad (4-25)$$

式中:x 和 y 为 512 位的 BRISK 描述符。在特征点的匹配过程中,容易出现误匹配的情况,本节先对所有匹配点对的汉明距离进行排序,对匹配距离较大的特征点对进行滤除,然后采用 RANSAC 算法进一步去除匹配点。RANSAC 算法筛除 BRISK 特征误匹配的流程如下。

Step 1:在所有的特征点对中随机选择一个 RANSAC 样本,即 8 个匹配点对。

Step 2:根据选择的样本对计算基础矩阵 $\boldsymbol{F}$。

Step 3:根据匹配点对样本集、基础矩阵 $\boldsymbol{F}$ 和误差度量函数计算内点数目。

Step 4:根据当前基础矩阵 $\boldsymbol{F}$ 对应的内点数目,判断当前的一致集是否为最优一致集,若是则更新当前最优一致集。

Step 5:对当前错误概率 p 进行更新,若当前错误概率大于预先设定的最小错误概率,则重复 Step 1 至 Step 4,直到 p 比最小错误概率小。

4.2.2.2　锥套区域检测

利用 BRISK 算法对锥套区域进行识别,需要预先提供锥套区域的图像作为模板。在识别过程中,利用 BRISK 算法对模板图像和采集图像分别进行特征点提取,计算匹配点对的汉明距离,剔除距离过大的特征点对,再使用 RANSAC 算法对误匹配的点对进行进一步剔除得到最终的匹配点集,从而识别出锥套区域。基于 BRISK 算法的锥套区域检测流程如图 4-22 所示。

4.2.2.3　仿真实验分析

同基于图像灰度信息的锥套模板匹配实验相似,本节对采集到的飞行图像进行部分截取得到模板图像,对采集到的图像和模板图像进行 BRISK 关键点检测。如图 4-23 所示即为 BRISK 关键点检测结果,检测到特征点的尺度信息由圆圈半径大小表示,特征点的方向信息由圆内射线方向表示,每个关键点用 256 位的二进制串进行描述。由图 4-23 可见,特征点一般分布在物体的边缘区域。

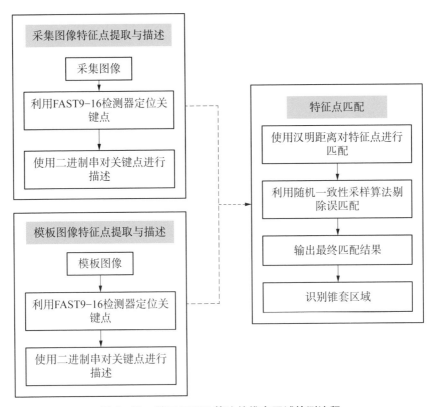

图 4‑22   基于 BRISK 算法的锥套区域检测流程

图 4‑23   BRISK 特征点检测

　　将模板图像的特征点与待匹配图像的特征点进行匹配时,需要计算出每个特征点对之间的汉明距离,并统计出最大汉明距离,保留汉明距离小于最大距离一半的特征点对,匹配结果如图 4‑24(a)所示。由实验结果可见,此时依然存在很多误匹配点对,因此需要利用 RANSAC 方法对匹配结果进行滤波。在所有的特征点中,选择 8 个点对计算出模板图像和待检测图像间的基础矩阵 F,根据预先设定的阈值得到内点数目,不断优化迭代直至输出最优结果。对于 RANSAC 算法,将点到对极线距离设定为 8,若点到对极线距离大于 8,则将这个点舍弃,同时将置信矩阵设置为 0.98。图 4 - 24(b)显示了滤波之后的匹配结果,实验结果表明利用 RANSAC 方法可以有效去除特征点误匹配。

(a) RANSAC 前　　　　　　　　　　　　(b) RANSAC 后

图 4 - 24　RASANC 前后匹配结果

为了进一步验证算法的有效性,将模板图像进行旋转和缩放操作,利用 BRISK 算法进行特征提取并利用 RANSAC 进行滤波,匹配结果如图 4 - 25 所示。

(a) 缩小 50%　　　　　　　　　　　　　　(b) 放大 3 倍

(c) 逆时针旋转 20°　　　　　　　　　(d) 逆时针旋转 20°且放大 2 倍

图 4 - 25　旋转及变尺度匹配结果

　　由实验结果可见,不同于基于图像灰度信息的模板匹配方法,当模板图像分别缩小 50%、放大 3 倍时,模板图像与待匹配图像都有大量的点成功匹配,成功检测出锥套区域,同时,经过 RANSAC 滤波之后,匹配结果中不存在误匹配点。此外,对模板图像同时进行旋转和缩放操作后,模板图像中的 BRISK 特征点和待搜寻图像中的 BRISK 特征点也匹配成功。实验结果表明,基于 BRISK 算法的模板匹配方法具有较好的旋转不变性和尺度不变性,能够较好地应用于锥套目标检测。

　　BRISK 算法为二进制特征点提取算法,与尺度不变特征变换(scale-invariant feature transform, SIFT)和加速鲁棒特征(speeded-up robust features, SURF)算法相比,计算代价大大减少,但是当图像为 200 万像素时,提取图像特征需要 0.3 s 的时间。有两种方法可以解决这一问题:第一种方法是利用统一计算架构(compute unified device architecture, CUDA)或开放式图形库(open graphic library, OPENGL)进行并行计算,可提高 10 倍以上的速度,但此方法对硬件配置要求较高;第二种方法为将待搜寻图像和模板图像进行缩放处理,将原图和模板图像缩小为原来大小的 50% 后,提取图像特征的时间降为 0.05 s,能够满足空中加油实时处理的需求,图 4‑26 给出了原图和模板图像缩小 50% 后的匹配结果。

图 4‑26　待搜寻图像和模板图像缩小 50% 后的匹配结果

4.2.3　基于轮廓形状匹配的锥套检测

4.2.3.1　边缘提取和边缘势函数

　　利用边缘轮廓信息匹配来进行目标检测是一种常见方法,首先利用 3.2 节设计的仿猛禽视觉锥套图像预处理方法提取出锥套模板图像和待匹配测试图像的轮廓特征,在此基础上,通过计算待匹配轮廓图像的窗口化边缘势函数(windowed edge potential function, WEPF)来进行模板匹配。边缘势函数(edge potential function, EPF)是由 Dao 等[19]提出的一种新的度量轮廓相似度的函数。相对于传统的轮廓匹配方法,它作为一种轮廓描述符具有更好的性能且计算复杂度小。EPF 的概念源自物理中的电磁学,将图像边缘像素点建模为带电元素,以便对具有相似形状的目标产生吸引力,图像之间轮廓相似度越大,所产生的吸引力越大,这为基于轮廓信息匹配的目标检测提供了一种有效方法。EPF 模拟物理学中的电场现象,将每个边缘像素点看作一个电荷,在图像中形成边缘势场。图像中任意像素点 (u, v) 处的边缘电势强度 E_{PF} 定义为

$$E_{PF}(u, v) = \frac{1}{4\pi\varepsilon} \sum_{i=1}^{N} \frac{Q_{eq}(u_i, v_i)}{\sqrt{(u-u_i)^2 + (v-v_i)^2}} \qquad (4-26)$$

随后 Dao 等又对 EPF 进行了改进,提出了 WEPF[19]。在 WEPF 中定义了一个窗口来限制每个点电荷产生电势的半径范围,从而使得图像中每个像素的电势强度 E_{WPF} 被重新定义为

$$E_{WPF}(u, v) = \frac{Q}{4\pi\varepsilon} \sum_{(u_i, v_i) \in W(\varepsilon_{eq})} \frac{1}{\sqrt{(u-u_i)^2 + (v-v_i)^2}} \qquad (4-27)$$

式中:W 为所设定的窗口;(u_i, v_i) 为窗口内的边缘像素点的坐标;Q 为边缘像素点所带的电量;ε_{eq} 为电势系数。在计算 WEPF 时,图像中所有的边缘点被设定为具有相等的电量 Q,而且对每个像素都以它为中心设定一个窗口,只有在这个窗口之内的边缘像素点才能在该中心像素点处产生电势,通过这种机制可以减轻杂波和高度密集边缘的影响,从而提高轮廓匹配的鲁棒性和速度。

4.2.3.2　基于最大化边缘轮廓电势吸引力的锥套目标检测

在基于边缘轮廓形状信息匹配的锥套目标检测过程中,首先利用仿猛禽视觉的锥套图像预处理方法提取出锥套模板图像和待检测图像的轮廓特征,然后计算出待检测图像的 WEFP。在匹配过程中,模板轮廓图像将会被 WEFP 中与它具有相似轮廓的区域吸引,而且相似度越高,势场所产生的吸引力越大。一旦对模板吸引力最大的一系列边缘点被找到,则表明锥套目标检测完成。因此,这是一个最大化吸引力的过程,可以利用改进 PIO 来优化模板相对于待匹配图像的平移、旋转和尺度缩放,从而实现锥套目标的检测,搜索空间的维数为 4,优化目标函数(适应度函数)为模板轮廓图像所受到的边缘电势吸引力的大小,定义如下:

$$f(x) = \frac{1}{N} \sum_{i=1}^{N} \{E_{\text{WPF}}(u_i, v_i)\} \tag{4-28}$$

式中：(u_i, v_i) 为经过平移、旋转和缩放变换后的模板轮廓图像中第 i 个边缘像素点的横坐标和纵坐标；N 为变换后模板轮廓图像总的像素数。基于最大化边缘轮廓电势吸引力的锥套目标检测步骤如下。

Step 1：锥套模板图像的选取及待检测图像的采集。

Step 2：仿猛禽视觉的图像预处理，提取图像轮廓。

Step 3：计算待检测轮廓图像的 WEPF。

Step 4：初始化改进鸽群优化算法的参数。

Step 5：更新鸽群的位置和速度。

Step 6：计算每个个体的适应度函数值。将模板图像进行平移、旋转、尺度变换，根据式（4-28）计算模板图像与待检测图中某一区域之间的势引力，即适应度函数值。

Step 7：若当前迭代次数达到了最大迭代次数，则终止操作，输出最佳锥套检测结果；反之，返回 Step 5。

4.2.3.3　仿真实验分析

在进行基于边缘轮廓形状信息匹配的过程中，首先得在待匹配的锥套测试图像中选择出锥套所在子区域作为模板图像，再利用仿猛禽视觉的锥套图像预处理技术对锥套模板图像和待匹配的锥套测试图像进行轮廓特征提取并计算出待匹配锥套测试轮廓图像的 WEPF，最后利用改进 PIO 算法搜索最佳的平移、旋转和缩放参数，在 WEPF 中找到对锥套模板轮廓图像具有最大边缘势引力的位置，从而实现对锥套目标的检测。所选择的待匹配图像、锥套模板图像、提取出的轮廓图像和计算出的 WEPF 如图 4-27 所示。

(a) 待匹配图像

(b) 锥套模板

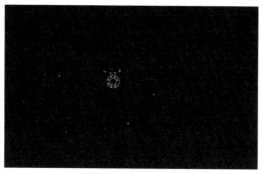

（c）待匹配图像轮廓　　　　　　　（d）模板轮廓

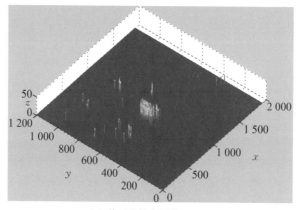

（e）待匹配轮廓图像 WEPF

图 4‑27　模板匹配前期处理结果

在得到待匹配图像的 WEPF 和模板轮廓图像后，利用改进 PIO 算法在 WEPF 中寻找对模板轮廓吸引力最大的位置即为检测到的锥套目标。对锥套模板进行不同尺度缩放和不同角度旋转后的锥套目标检测结果如图 4‑28 所示，其中红色方框所在处即为检测到的锥套目标位置。

由图 4‑28 可见，即使是在模板图像发生了旋转和尺度变换的情况下，本节所设计的基于 WEPF 和改进 PIO 的轮廓匹配检测方法仍然能够从图像中准确地检测出锥套目标的位置。该方法以最大化 WEPF 中的边缘电势对锥套模板轮廓图像的吸引力为目标函数，通过改进 PIO 算法对搜寻过程中的平移、旋转和尺度缩放因子进行优化，从而实现锥套目标的检测，并且取得了很好的检测效果。

(a) 尺度因子 0,旋转因子 0°

(b) 尺度因子 0.8,旋转因子逆时针 10°   (c) 尺度因子 1.25,旋转因子顺时针 10°

图 4-28 基于轮廓信息匹配的锥套目标检测结果

4.2.4 基于 HOG 和 SVM 的锥套检测

4.2.4.1 HOG 特征

自主空中加油锥套目标检测问题是一个二分类问题,可通过传统的机器学习方法进行分类检测,在涉及分类问题时首先需要做的是选择合适的特征向量对目标进行有效的表达,这里选择方向梯度直方图(histogram of oriented gradient, HOG)特征向量。HOG 最初是由 Navneet Dalal 针对行人检测问题提出的一种基于局部区域的特征描述符[20],该描述符具有很强的目标特征表达能力,而且其在光学变化以及局部几何上具有很好的不变性。计算图像的 HOG 特征操作如下。

1) 像素点梯度大小和方向的计算

计算图像 HOG 特征的第一步是图像灰度化,统计灰度图像中各个像素点的梯度方向和大小,像素坐标为 $I(x, y)$ 的像素点梯度大小和方向分别定义如下:

$$\begin{cases} G_x(x,\,y) = I(x+1,\,y) - I(x-1,\,y) \\ G_y(x,\,y) = I(x,\,y+1) - I(x,\,y-1) \\ G(x,\,y) = \sqrt{G_x(x,\,y)^2 + G_y(x,\,y)^2} \end{cases} \tag{4-29}$$

$$\alpha(x,\,y) = \arctan \frac{G_y(x,\,y)}{G_x(x,\,y)} \tag{4-30}$$

2) 细胞单元梯度特征的计算

从图像中划分出一系列大小为 $n \times n$ 的细胞单元(cell),并将其沿梯度方向划分为 m 个相等的方向区间段。针对每个 cell 首先初始化一个 m 维的梯度特征零向量,然后对其中每个像素点的梯度方向所在的方向区间段进行判定,一旦确定该像素点梯度方向所属的区间段,则将 cell 梯度特征向量的这个维度上的值加上该像素点的梯度值。依次类推直至统计完该 cell 中的所有像素点后,将得到一个计算好的 m 维的 cell 特征向量。

3) 归一化处理

将 k 个相邻的 cell 合并成一个方块(block),每个 block 的特征向量由 k 个 cell 的特征向量串联而成。设定整个检测窗口由 $L \times L$ 个相互重叠的 block 组成,则整个检测窗口的特征向量又由这 $L \times L$ 个 block 的特征向量串联而成,所以整个待检测图像的 HOG 特征向量的维数为 $L \times L \times k \times m$。由于各个 block 之间存在重叠的关系,每个 cell 的梯度直方图向量会以不同的结果多次出现在最终的 HOG 特征向量中。

4) 多尺度检测

在实际锥套目标检测过程中,目标距离相机远近的不同会导致其在图像中的成像尺寸发生变化。为了实现锥套目标检测,采用图像金字塔的方法将检测图像缩放,从而可得对检测图像的多尺度表示,然后分别对各个不同尺度的图像进行锥套目标检测。

4.2.4.2　SVM 线性分类器

在提取出图像的 HOG 特征以后需要通过分类器来判别其是否为锥套目标,本节采用支持向量机(support vector machine, SVM)线性分类器[21]来进行分类。SVM 线性分类器的原理是通过不断训练来找出一条最优分界线或者分界超平面将不同类别的数据分割到不同的区域,可以利用一个线性函数表示:

$$g(x) = \langle w,\,x \rangle + b \tag{4-31}$$

式中：w 和 b 是需要训练的分界线或面的参数；$\langle\ \rangle$ 是内积符号。

假定分类所设阈值为 0，则当检测图像的特征向量 $\boldsymbol{x}_i$ 满足 $g(\boldsymbol{x}_i)>0$ 时表示其为待检测目标，而当 $g(\boldsymbol{x}_i)<0$，则表示其不是目标（锥套检测为二分类问题）。训练参数 w 和 b 的过程就是寻找不同类型点集到分界线或者分界面最大几何间距的过程，训练的目标就是去找出能够最大化几何间距的超平面。对于空间中的任意一个样本 x_i，它到分界超平面上的几何间距可以表示为

$$D(\boldsymbol{x}_i)=\frac{g(\boldsymbol{x}_i)}{\|w\|} \tag{4-32}$$

由上式可知，几何距离与 $\|w\|$ 成反比，所以最大化几何距离等同于最小化 $\|w\|$，线性分类器问题可以描述为

$$\begin{cases} \min\left|\dfrac{1}{2}\|w\|^2\right. \\ \text{且满足 } y_i[\langle w, x_i\rangle+b]-1\geqslant 0(i=1,2,\cdots,n) \end{cases} \tag{4-33}$$

式中：n 为样本数量；w 由样本点的位置和类别决定：

$$w=\sum_{j=1}^{n} y_j\alpha_j x_j \tag{4-34}$$

式中：$\alpha_j\geqslant 0$ 为各个样本的拉格朗日乘子。它可以将上述关于 w 的不等式约束问题转化为关于 α 的等式约束问题。公式表示如下：

$$\begin{cases} \min\limits_{\alpha}\dfrac{1}{2}\sum\limits_{i=1}^{n}\sum\limits_{j=1}^{n}y_iy_j\alpha_i\alpha_j(x_iy_i)-\sum\limits_{j=1}^{n}\alpha_j \\ \sum\limits_{i=1}^{n}y_i\alpha_i=0,\ \alpha_i\geqslant 0 \end{cases} \tag{4-35}$$

通过求解上述等式约束问题既可以确定 w 和 b 的值，从而实现分类器的训练，利用训练好的分类器进行目标检测。

4.2.4.3 目标检测流程

为了利用 SVM 分类器对加油锥套目标进行分类，首先需要制作大量的锥套目标图像正样本和周围环境图像的负样本对 SVM 分类器参数进行训练，对每张样本图像提取出它的 HOG 特征向量，并将所提特征输入到 SVM 分类器中进行训练，利用训练好的分类器对实时采集到的锥套测试图进行锥套目标检测。

基于 HOG+SVM 的锥套目标检测流程[22]（见图 4-29）如下。

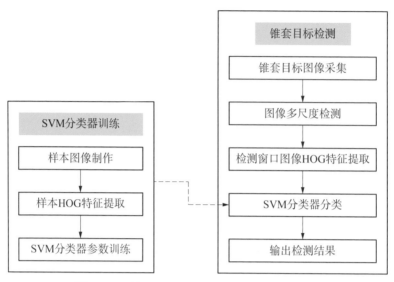

图 4‑29　基于 HOG＋SVM 的锥套目标检测流程

Step 1：制作样本。从采集的大量加油锥套图像中截取锥套模板作为正样本，从图像背景中截取子图像作为负样本。

Step 2：SVM 分类器训练。提取出所有样本图像的 HOG 特征，并将这些参数输入到 SVM 分类器中对分类参数进行训练。

Step 3：对采集的锥套测试图像进行多尺度检测。利用图像金字塔的方法对采集到的锥套图像进行不同尺度的缩放，得到一系列经过缩放后的待检测图像。

Step 4：提取待检测图像的 HOG 特征进行分类。对 Step 3 中得到的一系列待检测图像进行 HOG 特征提取，并根据所提特征利用 SVM 分类器进行分类。

Step 5：输出检测结果。

4.2.4.4　仿真实验分析

基于 HOG 和 SVM 的锥套目标检测分为训练和检测两个过程，在进行基于 HOG＋SVM 的锥套目标检测实验前，先制作了包括 5 997 张正样本和 17 930 张负样本在内的训练样本集，每个样本大小都是 64×64，每个 block 的尺寸设为 16×16，每个 cell 的尺寸设为 8×8，每个样本需要计算的特征向量维度为 1 784。从采集的锥套图像中截取的部分锥套正样本图像如图 4‑30 所示，负样本则在锥套目标的周围环境中随机截取，正负样本数量比例近似 1∶3。

接着选择没有用于训练的 143 帧图像序列进行测试实验，在对这 143 帧图

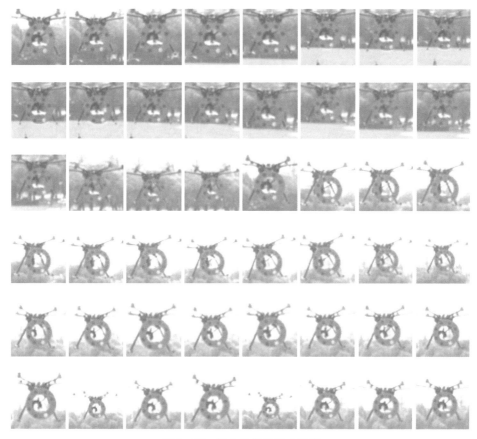

图 4‑30　部分锥套正样本图像

像序列进行锥套目标检测时,通过设置合适的参数和阈值,所得锥套目标检测的正确率比较理想。部分检测实验结果如图 4‑31 所示。

在基于 HOG+SVM 的锥套目标检测过程中,参数的设置是其中的重点内容,不同的参数设置对检测速度和准确率有着重要的影响。这里重点分析三个参数:置信度阈值、检测步长和金字塔图像缩放因子。通过比较检测窗口图像特征向量到分类超平面的距离和置信度阈值之间的大小可以确定是否将其作为锥套目标,因此置信度阈值的设定直接决定是否将检测图像归为目标。当置信度阈值设置过高时,可能会将锥套目标图像归类为负样本,而当置信度阈值设置过低时,可能会将背景图像归类为正样本,在实验中将置信度阈值设置为 0.55,可以取得很好的检测效果。金字塔图像缩放因子和检测步长都是影响检测速度的重要参数,通过实验发现当将金字塔图像缩放因子从 1.05 逐步增加到 1.4 时,

(a) 第 2 帧　　　　　　　　　　　　(b) 第 14 帧

(c) 第 78 帧　　　　　　　　　　　　(d) 第 117 帧

(e) 第 125 帧　　　　　　　　　　　　(f) 第 142 帧

图 4-31　HOG+SVM 检测结果

检测速度明显加快,检测速度大约能够提高 4 倍,但是当将金字塔图像缩放因子从 1.4 继续往上增加时,检测速度不再发生明显的变化。因此,在实验中将金字塔图像缩放因子的值设置为 1.4。通过增大检测步长的值也可以加快检测速度,但是在实验中由于检测步长必须是 8 的倍数,其提升空间不大,故将其设置为 8。基于 HOG+SVM 的锥套目标检测速度大约在 100 ms 一帧,锥套目标检测效果较好。

4.2.5　仿猛禽特殊搜索图机制的锥套检测

4.2.5.1　算法基本原理

猛禽具有许多非常优异的视觉特性,除了之前提及的高视觉敏锐度、大视野及颜色视觉机制等特性外,Mueller等[23]通过一系列实验证明了猛禽的特殊搜索图机制。研究者通过将不同的猎物以一定的密度放置在捕食区域,研究猛禽的捕食选择行为,实验发现猛禽更倾向于关注某一种特定的猎物,会忽略其他类型的潜在猎物,而且它们在搜寻食物时,也常常会积极地寻找某一种特定的猎物而排除对其他潜在猎物的捕捉,即猛禽钟情于对自己已知的且认可的某一特定猎物进行捕食,而直接淘汰其他的食物。在猛禽这种特殊搜索图机制的启发下,研究利用加油锥套自身特有的性质将它从图像中筛选出来,从而实现对锥套目标的检测。

通过模仿猛禽对某种特殊猎物的筛选捕食行为,在加油锥套图像中对具有特定性质的目标进行筛选,从而达到锥套目标检测的目的。由于所设计的锥套合作目标底色为红色并且整体呈现为圆环形状,其上贴有不同颜色的圆形标志点,因此可以利用锥套的颜色和轮廓形状信息对图像中的目标进行筛选。首先,根据锥套目标底色为红色这个先验信息,利用3.1.3节设计的仿猛禽颜色视觉机制图像颜色分割方法对输入图像进行颜色分割,排除图像中大量非红色背景信息的干扰。再对图像进行二值化处理并统计二值图像中的连通区域,由于锥套上贴有7个非红色的圆形斑点,因此锥套目标除了一个圆形的外轮廓以外,它还有7个由圆形斑点形成的较小的内轮廓和一个由锥套内圆环形成的较大的内轮廓,根据这些轮廓信息可以确定锥套在图像中的具体位置。考虑到遮挡的情况,首先对内轮廓数量少于4个的连通域进行排除,然后对于剩下的连通域,判断其外轮廓是否为圆形。

针对判断连通域外轮廓是否为圆形的问题,设计了一种轮廓四分圆拟合判定方法,其基本思路是:利用具有圆形外轮廓的轮廓点像素坐标进行圆拟合后,外轮廓的所有轮廓点像素坐标到拟合圆上的平均误差将很小,通过设置一个合适的阈值,如果某个外轮廓的平均圆拟合误差小于这个阈值,则表明这个外轮廓是圆形的。但是,当目标出现部分遮挡时,此时目标的外轮廓只有未被遮挡的部分具有较小的平均圆拟合误差,因此首先对目标的外轮廓像素点进行凸包变换以应对锥套被严重遮挡的情况,然后将凸包变换处理后的外轮廓以轮廓外接矩形的中心为依据分为四个轮廓区域,然后对四个轮廓区域分别进行圆拟合并计算平均误差,以其中最小的平均误差来代替整个外轮廓的平均误差进行判定。

在进一步确定某连通域的外轮廓为圆形以后,基本就可以确定该连通域为锥套目标所在区域。接着计算出该连通域中内轮廓像素数少于外轮廓一半的所有轮廓中心坐标,并利用这些中心坐标进行圆拟合确定锥套中心位置,再将拟合半径进行相应的调节即可以准确地检测出锥套在图像中的位置。基于先验信息的锥套目标检测的具体实现步骤如下。

Step 1:获取实时视觉导航图像,计算长波通道的细胞响应 I_L 并进行二值化处理,从而得到只包括红色区域的二值图像,并进行连通域检测。

Step 2:通过设置轮廓边缘面积滤波阈值 S_{thr1},滤除二值图像中红色区域轮廓边缘面积小于 S_{thr1} 的干扰区域。

Step 3:选择一个连通域。

Step 4:判断连通域内轮廓数量,若大于 3,则进行下一步操作。否则,返回 Step 3。

Step 5:通过轮廓四分圆拟合法判断连通域外轮廓是否为圆形,若为圆形,则进行下一步操作。否则,返回 Step 3。

Step 6:统计内轮廓像素数少于外轮廓一半的所有轮廓中心坐标,并利用这些中心坐标进行圆拟合。

Step 7:确定锥套目标位置。

整个算法的流程如图 4 - 32 所示。

4.2.5.2　仿真实验分析

为了测试仿猛禽特殊搜索图机制的锥套目标检测方法的效果,对空中采集的一组加油锥套目标图像进行检测,部分检测结果如图 4 - 33 所示。

由图 4 - 33 可见,仿猛禽特殊搜索图机制的锥套目标检测取得了很好的检测效果,而且检测速度很快,一帧的处理速度大约在 5 ms。另外,在设计仿猛禽特殊搜索图机制的锥套目标检测方法时,考虑到了锥套可能被遮挡的情况,因此该方法对于锥套部分遮挡情况具有一定的适应能力,为了测试算法在锥套出现部分遮挡时的检测效果,进行了地面的人为遮挡实验,部分实验结果如图 4 - 34 所示。

图 4 - 34 中用蓝色圆形曲线给出了检测到的锥套内外环位置。从实验结果可以看出,仿猛禽特殊搜索图机制的锥套目标检测方法在处理部分遮挡问题时取得了很好的效果。在不同程度的人为遮挡下,即使是在锥套被一分二为的情况下,该方法也能够准确地从图像中检测出锥套目标。此外,相对于前面的基于HOG＋SVM 的锥套目标检测方法和基于边缘轮廓形状信息匹配的锥套检测方

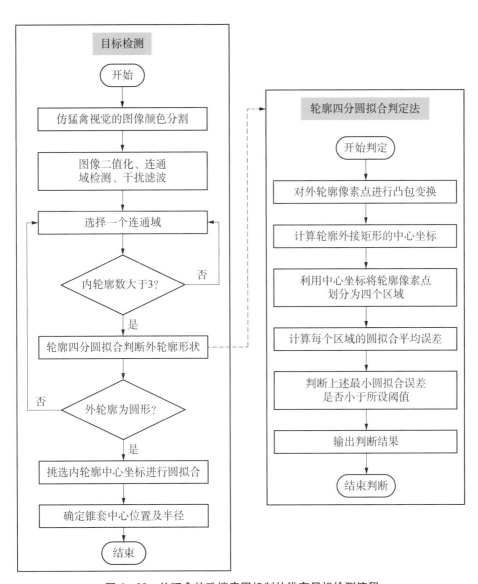

图 4‑32　仿猛禽特殊搜索图机制的锥套目标检测流程

(a) 第 1308 帧

(b) 第 1338 帧

(c) 第 1368 帧

(d) 第 1398 帧

(e) 第 1445 帧

(f) 第 1487 帧

图 4 - 33　基于先验信息的锥套目标检测结果

(a) 第 548 帧　　　　　　　　(b) 第 552 帧

(c) 第 556 帧　　　　　　　　(d) 第 559 帧

(e) 第 564 帧　　　　　　　　(f) 第 566 帧

图 4‑34　锥套部分遮挡时的检测结果

法,仿猛禽特殊搜索图机制的锥套目标检测方法具有更快的检测速度和更高的准确率,而且算法结构更加简单,是三种目标检测方法中最实用、效果最好的锥套目标检测方法。

4.3　自主空中加油锥套跟踪

空中加油对接阶段,基于机器视觉的近距相对导航需要准确识别锥套,并对其进行精确的特征提取、位姿估计等。对接阶段的任务包括到达指定加油区域后,从较远距离的双机编队到双机逐渐接近直至受油插头插入锥套的全过程。那么对于这一阶段而言,视觉导航任务中重要的一环就是对于锥套目标的跟踪。稳定的目标跟踪圈选出视觉识别与测量任务的感兴趣区域可以大幅度减少后续任务的计算量,提高计算速度,满足空中加油实时视觉导航处理任务需求。

目标跟踪作为计算机视觉领域的经典问题,一直以来备受关注,主要解决方法包括经典的目标跟踪算法[24-25]、基于相关滤波的方法[26-27]、基于深度学习的方法[28-29]等。但是,目前常用算法鲁棒性较差,当跟踪目标位姿和尺度发生变化时,会产生目标跟踪不准确甚至失败的情况。猛禽能够稳定跟踪空中、地面及水中快速运动的猎物,除依赖其优秀的飞行能力外,其视觉系统对目标的准确追踪作为信息获取的主要方式功不可没。猛禽视觉信息处理脑通路中的离顶盖通路和离丘脑通路的信息提取与双通路之间的信息整合和交叉传递的双侧处理的方式对于目标跟踪过程也具有一定的指导意义。此外,猛禽双凹-视网膜的眼动特性能够有效调节目标的凝视与搜索之间的转换,解决跟踪中目标遮挡、丢失和再入问题。

4.3.1　基于核相关滤波器的锥套跟踪

相关滤波器被广泛应用于目标跟踪领域。Bolme 等[30]利用最小输出平方误差和相关滤波器对灰度图像的物体进行跟踪,提出的方法对目标外观变化有较强的鲁棒性;Henriques 等[31]基于 HOG 特征和正则化最小二乘分类器,提出了核相关滤波器(kernelized correlation filter, KCF)。KCF 速度快、效果好,但在跟踪过程中对目标的尺度没有进行更新,在很大程度上限制了其性能,本节将目标跟踪与检测结合,采用在线更新策略,实现了多尺度的相关滤波器视觉目标跟踪。

4.3.1.1　核相关滤波器原理

核相关滤波器首先将跟踪目标的感兴趣区域进行循环移位,从而构造出足够多的样本对正则化最小二乘分类器进行训练。定义 $C(x)$ 为 $n \times n$ 的循环矩阵,通过一个 $1 \times n$ 的向量 r 进行循环移位得到,可表示为

$$\boldsymbol{C}(x) = \begin{bmatrix} x_0 & x_{n-1} & \cdots & x_1 \\ x_1 & x_0 & \cdots & x_2 \\ \vdots & \vdots & & \vdots \\ x_{n-1} & x_{n-2} & \cdots & x_0 \end{bmatrix} \tag{4-36}$$

将向量 x 进行转置构成 $\boldsymbol{C}(x)$ 的第一列,将向量 x 向右循环移动一位然后转置,构成循环矩阵 $\boldsymbol{C}(x)$ 的第二列,依此类推,$\boldsymbol{C}(x)$ 的所有列均可由 x 进行循环移位和转置获得。所有的循环矩阵都能通过离散傅里叶变换实现矩阵对角化,如下式所示:

$$X = \boldsymbol{F} \operatorname{diag}(\hat{x}) \boldsymbol{F}^H \tag{4-37}$$

式中:$\boldsymbol{F}$ 为傅里叶变换系数矩阵;$\boldsymbol{F}^{\mathrm{H}}$ 是 $\boldsymbol{F}$ 的共轭转置;$\hat{x}$ 表示生成向量 x 的离散傅里叶变换。

KCF 算法首先将跟踪目标所在区域图像进行向量化,得到 $n \times 1$ 的向量 x,然后利用置换矩阵 $\boldsymbol{P}$ 对 x 进行循环移位,构建出训练样本集合 $\{P^i x \mid i = 0, 1, \cdots, n-1\}$。其中:

$$\boldsymbol{P} = \begin{bmatrix} 0 & 0 & \cdots & 0 & 0 & 1 \\ 1 & 0 & \cdots & 0 & 0 & 0 \\ 0 & 1 & \cdots & 0 & 0 & 0 \\ \vdots & \vdots & & \vdots & \vdots & \vdots \\ 0 & 0 & \cdots & 1 & 0 & 0 \\ 0 & 0 & \cdots & 0 & 1 & 0 \end{bmatrix} \tag{4-38}$$

定义 X_i 为循环移动 i 位后得到的训练样本,$X_i = P^i x, \forall i = 0, 1, \cdots, n-1$,利用其构造出训练样本集合 X:

$$\boldsymbol{X} = \boldsymbol{C}(x) = \begin{bmatrix} X_0 & X_1 & \cdots & X_{n-1} \end{bmatrix}^{\mathrm{T}} \tag{4-39}$$

核相关滤波器利用正则化最小二乘分类器计算所有候选区域成为跟踪区域的概率,并选择概率最大的候选区域为跟踪区域。利用核函数映射 $\varphi(x)$ 将样本映射到高维空间,分类器表示为 $f(z) = w^{\mathrm{T}} z$,w 为分类器的待求系数,可表示为样本的线性组合:

$$w = \sum_i \alpha_i \varphi(x_i) \tag{4-40}$$

记 $\varphi^{\mathrm{T}}(x)\varphi(x') = k(x, x')$,则有 $f(z) = w^{\mathrm{T}} z = \sum_{i=1}^{n} \alpha_i k(z, x_i)$。在样本

$x_i \in R^{1 \times n}(i=1, 2, \cdots, n)$，样本标签为 $y_i(i=1, 2, \cdots, n)$ 下对分类器进行训练，将 x_i 通过核函数转变为 $\varphi(x_i)$，分类器的训练代价函数为

$$\min \frac{1}{2} \sum_i \left[f(x_i) - y_i \right]^2 + \frac{\lambda}{2} \| f \|_k^2 \tag{4-41}$$

对 $\boldsymbol{\alpha}$ 求导，由循环矩阵的性质可得

$$\boldsymbol{\alpha} = (\boldsymbol{K} + \lambda \boldsymbol{I})^{-1} y \tag{4-42}$$

式中：$\boldsymbol{K}$ 为样本映射后的核矩阵；$K_{ij} = k(x_i, x_j)$。对于置换矩阵 $\boldsymbol{P}$，高斯核函数满足 $k(x, x') = k(\boldsymbol{P}x, \boldsymbol{P}x')$，$\boldsymbol{K}$ 为循环矩阵。利用循环矩阵的性质，可以通过傅里叶变换对 $\boldsymbol{\alpha}$ 求解，避免使用矩阵的逆，计算公式如下：

$$\boldsymbol{\alpha} = \frac{y}{k^{xx} + \lambda} \tag{4-43}$$

式中：k^{xx} 是核矩阵 $\boldsymbol{K}$ 第一行。对于新输入的图像区域 z，其为目标的概率为

$$f(z) = \sum_i \alpha_i k(x_i, z) \tag{4-44}$$

核相关滤波器同样对新输入图像区域 z 进行循环位移操作产生候选样本训练集。由候选样本和候选块可得矩阵 $\boldsymbol{K}^z = k(\boldsymbol{P}^{i-1}z, \boldsymbol{P}^{i-1}x)$，由于训练样本和候选块分别是由基样本与基图像块循环移动而得到的，因此，$\boldsymbol{K}^z$ 也是循环结构矩阵：

$$\boldsymbol{K}^z = \boldsymbol{C}(\boldsymbol{k}^{xz}) \tag{4-45}$$

式中：$\boldsymbol{k}^{xz}$ 为 $\boldsymbol{K}^z$ 的第一行基向量。将其变换到频域时为 x 与 z 的核相关：

$$f(z) = (\boldsymbol{K}^z)^{\mathrm{T}} \alpha = \left[\boldsymbol{C}(\boldsymbol{k}^{xz}) \right]^{\mathrm{T}} \alpha \tag{4-46}$$

根据循环矩阵对角化性质可将上式利用傅里叶变换求解：

$$\hat{f}(z) = \hat{k}^{xz} \odot \hat{\alpha} \tag{4-47}$$

式中：$\odot$ 代表向量对应元素相乘，所得向量 $f(z)$ 中的每个元素对应该候选区域成为跟踪目标的概率，通过选择 $f(z)$ 中最大值的元素对应区域即可确定最终跟踪目标。

4.3.1.2　锥套目标检测与跟踪融合

无人机自主空中加油过程中，目标跟踪的作用与图像感兴趣区域的确定有相同之处，都是为了缩小图像处理的区域，集中运算资源到解算最有可能出现无人机目标的感兴趣区域，以达到提高运算速度、提高帧率的目的。同时，当跟踪

目标失败后,如何重新对目标进行跟踪,是本节研究的重点。

利用视觉注意提取图像显著区域的方法有一部分是自底向上的,数据驱动的数学模型,对于每幅需要处理的图像,不需要其前后帧的信息,就可以进行计算。而对于目标跟踪问题,通常需要初始化跟踪目标,框定目标区域,再进行目标跟踪,每帧图像的处理需要用到前帧图像中目标的信息,一旦目标丢失,很难再找回目标区域。

根据视觉注意方法、特征提取和目标跟踪方法的应用特点,以及软式自主空中加油中的实际任务需求,本节设计一种目标跟踪、识别与测量框架[32]。对于初始帧和前一帧图像没有检测到目标的情况,目标跟踪的方法并不适用,因此需要对全局图像提取视觉显著区域,然后再对得到的显著区域进行特征提取、目标识别、视觉测量的核心处理过程。若前一帧已经检测到目标,利用 KCF 目标跟踪的方法获得感兴趣区域,再对 ROI 区域进行处理。同时,若当前时刻跟踪区域内没有目标时,应该再次对全图进行目标检测,获取目标的感兴趣区域,再次初始化跟踪器。此外,KCF 局限于预测目标的位置而没有对目标尺度进行预测,这在很大程度上限制了其跟踪性能。因此,本节将跟踪与检测结合,采用在线更新策略,实现了多尺度的相关滤波器视觉目标跟踪。具体方法为对锥套进行连续 20 次跟踪后,再对图像进行全图检测,得到锥套的感兴趣区域,对跟踪区域进行初始化和修正。这样的设计思路能够充分结合视觉注意方法和视觉跟踪方法的优势,最大限度地减小计算量,提高运算速度。本节的目标跟踪、识别和测量原理流程如图 4-35 所示。

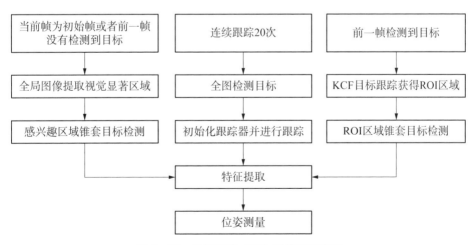

图 4-35　目标跟踪、识别、测量原理流程

4.3.1.3　仿真实验分析

为验证算法的有效性,在室内和室外环境下利用该方法对锥套进行实时跟踪,结果如图 4-36 和图 4-37 所示。

（a）第 1 帧　　　　　　　　　　　　（b）第 50 帧

（c）第 100 帧　　　　　　　　　　　（d）第 150 帧

图 4-36　室内环境锥套跟踪结果

（a）第 1 帧　　　　　　　　　　　　（b）第 100 帧

图 4-37　空中环境锥套跟踪结果

由实验结果可见,利用 KCF 可以对锥套在不同的环境中进行有效跟踪,当目标被部分遮挡时,跟踪器依然能稳定地跟踪目标。通过将目标检测与跟踪相结合,可以对目标进行在线尺度更新,使跟踪器对目标的尺度变换具有更好的鲁棒性。本节也对 KCF 的跟踪精度进行了定量分析,具体方法为比较每帧图像中目标的中心图像坐标和跟踪区域的中心图像坐标,计算出二者间的像素误差,所得结果如图 4 - 38 所示。

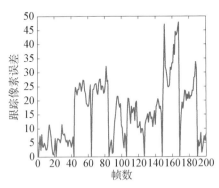 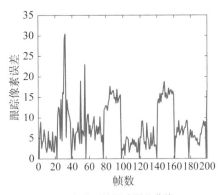

(a) 室内环境跟踪误差曲线　　　　　(b) 室外环境跟踪误差曲线

图 4 - 38　KCF 跟踪误差曲线

由实验结果可见,跟踪区域中心和锥套目标中心的像素差值在 50 以内,因此在实际应用过程中,需要将跟踪区域进行扩大,保证整个锥套都处于跟踪框内。与目标检测过程类似,在锥套目标跟踪的过程中,需要将原图像进行缩小,以提高实时性,本节在目标追踪的过程中,分别将图像的长宽缩小为原来的 1/2 和 1/4,对算法所用时间进行比较,所有试验都是在处理器为 Intel(R) Core(TM) i7 - 5600U, RAM 为 8GB 的计算机上运行,KCF 运行 100 帧后的平均耗时如表 4 - 2 所示。

表 4 - 2　KCF 跟踪算法耗时对比

图像大小	所用时间/ms
原图(1 920×1 200)	50.9
缩放图像(960×600)	15.2
缩放图像(480×300)	4.7

由跟踪耗时结果可见,利用循环矩阵性质求解分类器参数的核相关滤波器的运算速度极快,即使原图不经过缩小,跟踪速度也能达到 20 帧/s,可选择核相

关滤波器作为锥套目标跟踪的方案。

4.3.2　仿猛禽视顶盖信息中转整合的锥套跟踪

4.3.2.1　视顶盖的信息整合与交互处理

猛禽视顶盖通路是以视网膜—视顶盖—圆核—外纹体为主要核团的视觉通路,离丘脑通路是以视网膜—背外侧膝状体—视丘为主要核团的视觉通路。这两条通路将视网膜获取信息以交叉的方式传递至脑内核团,处理得到目标特征的编码信息,并逐步整合传输至大脑同侧的高级核团,实现视觉信息提取。此外,有研究结果显示脑内核团间也存在向对侧大脑传递信息的神经通路,并且在离丘脑通路与离顶盖通路之间也存在特征信息的传递。在这样复杂的信息交互传递的过程中,视顶盖承担了信息传递中转站的任务,以视顶盖为中心,总结离顶盖和离丘脑通路中与其相关的神经通路如图4-39所示,视觉信息从视网膜输入,经由对侧视顶盖处理后向同侧和对侧圆核传递,视顶盖同时接收视丘输入的信息。

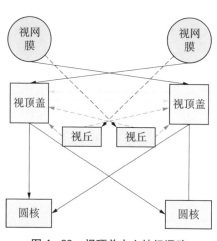

图 4-39　视顶盖中心神经通路

由图4-39可见,以视顶盖为中心的神经通路主要包括离顶盖通路的一部分(图中不包括与视顶盖无直接信息传递的外纹体)和离丘脑通路中的视丘。研究认为离顶盖通路主要检测获得目标的形状、颜色、亮度和空间细节等信息,完成视觉系统的"模式识别"功能[33-34]。视丘作为离丘脑通路的中枢环节,主要获取目标的运动朝向、背景情况和视觉定位等信息[35]。视顶盖还可以处理目标的运动和方向等信息,由于视丘和视顶盖之间存在信息传递,因此认为视顶盖处理的目标运动信息极有可能来源于视丘。猛禽脑内核团中的圆核与哺乳动物的丘脑枕后外侧核同源,而丘脑在哺乳动物中的一个任务就是实现前景与背景的分辨[36]。那么以视顶盖为中心的部分视觉信息脑处理通路的任务可以总结为视觉信息经由视网膜输入后,传递向对侧视顶盖,提取出目标的部分特征;视丘接收到离丘脑通路处理得到的目标的方向位置等运动信息后回传至视顶盖;对侧的视顶盖之间通过顶盖上联合和顶盖下联合两个半脑间连接,实现信息在左右半脑之间的传递;视顶盖整合所有浅层特征与信息后,传递至圆核,由圆核进一步进行目标的几何形状、亮度、颜色和精细空间结构的特征辨识处理[37-38]。

这一部分视觉信息传递过程中的一个重要特点与作用是打破了视觉信息传递过程中交叉传递的壁垒,实现了双侧脑之间的信息融合,包括双侧视顶盖之间的信息传递、视丘向同侧和对侧视顶盖的信息传递、视顶盖向同侧和对侧圆核的信息传递。经过这种传递机制,实现了双眼获取视觉信息在对侧半脑处理后的整合调制。

4.3.2.2　模拟猛禽交叉通路的神经网络

1) 网络的基本结构

目标跟踪的任务是在已知视频序列第一帧中目标位置与尺寸的情况下,预测后续视频序列中这一目标的大小和位置。通常人为框选初始目标或前期依靠目标检测得到跟踪目标,由跟踪算法在下一帧中计算出多个候选框,然后提取候选框内的图像特征,并基于特征对这些候选框进行评分,最后选择一个得分最高的候选框作为预测的目标,或者融合多个预测值从而得到更优的预测结果。本节根据视顶盖信息整合与交互的特征处理系统,设计了一种模拟交叉通路的神经网络,跳出双通路信息依赖双目视觉分别获取的思维框架,将单镜头获取的图像分为两路进行处理。首先,输入目标模板图像和待跟踪的图像,作为交叉通路的两路信息,模拟猛禽视顶盖与视丘的神经网络特征提取层,对两幅图像进行特征提取;然后,模拟视丘—视顶盖—圆核的特征传递整合机制,加入不同特征层之间的融合操作(Concat),整合低级形状纹理特征的同时,提取出二者的高级抽象特征;最后,在待跟踪图片特征图上使用模板目标的特征图进行卷积得到卷积响应图。响应最大的区域即为目标的跟踪结果,根据特征图和原图的比例关系,进行等比例放缩完成目标跟踪的任务。整个网络的框架如图 4-40 所示。输入部分的左图为锥套

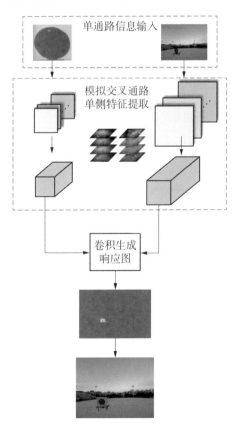

图 4-40　锥套目标跟踪总体框架

目标模板图像,右图为待跟踪图像,在跟踪算法中第一帧的目标位置和图像作为地面实况(ground truth, GT),两幅图像都经过模拟猛禽单侧特征提取网络进行特征提取,主要包括卷积神经网络常用的卷积层、池化层和非线性激活函数,进而得到二者的特征图。以模板图像的特征图作为卷积核,对待跟踪图像的特征图进行卷积操作,得到的卷积响应图,即为待跟踪图像中各个位置与目标模板的相似度值,卷积响应图中较亮的部分即为目标跟踪的响应最大位置,同时也是跟踪结果。

总体而言,仿猛禽交叉通路卷积网络提取整个待跟踪图像和模板图像的特征,直接卷积计算两幅特征图的相似度找到目标位置,相比于传统网络方法通过遍历的方式生成候选框后对每个候选框提取特征后进行比对,减少了计算量,节省了计算时间。从原理上来说,这种方法和相关性滤波的方法有相似之处。在搜索区域中逐个地对目标模板进行匹配,可以将这种注意平移匹配计算相似度的方法看成是卷积操作,而卷积结果中相似度最大的点也就是新的目标中心。其中,主要的部分为模拟交叉信息传递的特征提取网络,整个特征提取网络的结构如图 4-41 所示,主要包括了一些基本的卷积层、池化层和非线性激活函数,这些基本的特征提取层类似猛禽视顶盖、视丘、圆核等对特征的单侧提取与传递作用。图中的灰色正方体代表了各层的特征图尺寸,最终通过将第二、三和四层的特征图进行整合之后再经过一次卷积得到最终的特征图,而这一次卷积就是模拟视顶盖对单侧特征的整合作用。

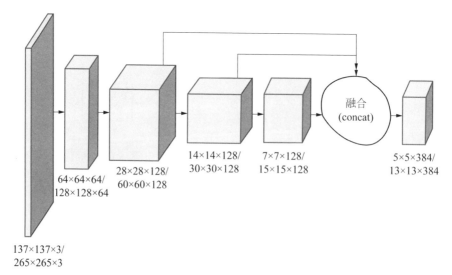

64×64×64/
128×128×64

28×28×128/
60×60×128

14×14×128/
30×30×128

7×7×128/
15×15×128

融合
(concat)

5×5×384/
13×13×384

137×137×3/
265×265×3

图 4-41　模拟交叉通路特征提取网络

目标模板图像和待跟踪图像共用同一特征提取网络,二者图像尺寸有差异,各自的特征图尺寸也不同。具体的卷积层、池化层的参数设置如表 4-3 所示。

表 4-3　网络参数设置

卷积池化层	卷积核尺寸	步长	填充像素	模板图尺寸	跟踪图尺寸	通道数
输入图像	—	—		137×137	265×265	3
Conv1	11×11	2	0	64×64	128×128	64
Pool1	2×2	2	0	32×32	64×64	128
Conv2	5×5	1	0	28×28	60×60	128
Pool2	2×2	2	0	14×14	30×30	128
Conv3	3×3	1	2	14×14	30×30	128
Pool3	2×2	2	0	7×7	15×15	128
Conv4	3×3	1	2	7×7	15×15	128
Conv5	3×3	1	0	5×5	13×13	384

在较低层的特征图中,卷积核的尺寸采用了 11×11 和 5×5 的卷积大小,这样可以在低层特征图中取得较大的感受野,保留更多的低级特征,后面的卷积核采用 3×3 的常规卷积核大小。池化层根据需要对特征图降采样的特性,都采用了 2×2 的尺寸且步长为 2。在 Concat 操作中,由于要对不同特征图统一尺寸进行整合,因此需要对较大的特征图进行下采样的操作以获得一致的尺寸,主要涉及的特征图为第二、三和四层的特征图,具体参数如表 4-4 所示。Conv2—Conv4 指的是从第二层特征图整合到第四层特征图之前需要进行卷积和下采样,类似地,Conv3—Conv4 指的是从第三层特征图整合到第四层特征图,二者的下采样均采用了 1×1 卷积核和相对应大小的池化层来完成。

表 4-4　融 合 层 参 数

Concat 层	卷积池化层	卷积核尺寸	步长	模板图尺寸	跟踪图尺寸	通道数
Conv2—Conv4	Conv2—4	1×1	1	28×28	60×60	128
	Pool2—4	4×4	4	7×7	15×15	128
Conv3—Conv4	Conv3—4	1×1	1	14×14	30×30	128
	Pool3—4	2×2	2	7×7	15×15	128
Concat2—3—4		—	—	7×7	15×15	384

2) 网络参数训练与优化

(1) 损失函数。

在神经网络的训练过程中,通过最小化损失函数并不断缩小误差才能获取最优模型。本节算法损失函数的定义为:对搜索区域内的位置点进行了正负样本的区分,即认为目标一定范围内的点是正样本,这一范围外的点是负样本,损失函数为逻辑回归损失函数[39],具体的损失函数形式如下,最终的卷积响应图中每个点的损失为

$$l(y, v) = \ln[1 + \exp(-y \times v)] \tag{4-48}$$

式中:$y \in \{+1, -1\}$ 是卷积响应图中每个点对应的标签;v 是图中每个像素点的真实值。

式(4-48)对每个点的损失值进行了描述,在此基础上定义卷积响应图的整体损失函数为

$$L(y, v) = \frac{1}{|D|} \sum_{u \in D} l(y[u], v[u]) \tag{4-49}$$

式中:$u \in D$ 代表卷积响应图中对应点的位置。

(2) 卷积响应相关度函数。

提取到目标模板和待跟踪图像的特征后,由卷积响应的相关度计算相似度,其中相似度函数选用交叉相关函数,如下式所示:

$$f(z, x) = \varphi(z) * \varphi(x) + \|b\|_1 \tag{4-50}$$

式中:z 代表输入模板图像;x 代表输入待跟踪图像;φ 是提取特征的网络。将 $\varphi(z)$ 作为卷积核,在 $\varphi(x)$ 上进行卷积,相似度大的地方,卷积响应值就大,对应的就是目标 z 在 x 中的位置。

(3) 学习率优化。

学习率决定了向负梯度的方向前进的幅度,根据梯度来实现对网络中参数的调节。学习率越小代表着对最优值的搜索越慢,但是不容易错过极小值,学习率越大代表着学习的速率快,但是会导致错过一些极值,优点在于不容易被困在局部最优中。一般而言,这个速率的设置要结合具体的梯度变化和经验。因此,想直接取得最优学习速率是很难的。

小批量梯度下降(mini-batch gradient descent, MBGD)法[40]每次使用小批量的数据(batch)进行训练,并求取均值后进行反向传播,其公式如下:

$$\begin{cases} \dfrac{\partial J(\theta)}{\partial \theta_j} = -\dfrac{1}{m} \sum_{i=1}^{m} [y_i - h_\theta(x_i)] x_j \\[3mm] h(\theta) = \sum_{j=0}^{n} \theta_j x_j \\[3mm] \theta_j = \theta_j - \dfrac{\partial J(\theta)}{\partial \theta_j} \eta \end{cases} \tag{4-51}$$

式中：$h(\theta)$ 为目标函数；$J(\theta)$ 是损失函数；θ 是神经网络中的参数；m 是一个 batch 内的样本数量；j 是神经网络参数的个数；η 为学习率。

该方法的核心原理是每次对样本中的一个小批量样本进行损失计算和梯度回归，学习率通过经验和实验来设置，不同于每次梯度更新都利用全部的样本进行反向传播。这种小批量的方式使得学习的方向也并没有每次都是向着全局最优的方向，但是增加了学习方向的多样性。

（4）非线性激活层。

神经网络中的非线性激活层主要依靠非线性激活函数实现。非线性激活函数（rectified linear unit，ReLU）能够使神经网络更好地解决非线性的、复杂的问题[41]。ReLU 函数实际上是一个分段的线性函数，小于零的输入都会得到零输出，而正值则保持不变，类似于单侧抑制。而 ReLU 的非线性正是通过这种类似单侧抑制的方法增加了神经网络参数的稀疏性。

对于非线性函数可能出现的梯度消失问题，由于 ReLU 在正数区间为常数形式，在负数区间为零，故不存在因梯度过小而发生梯度消失的情况，其具体函数为

$$\mathrm{ReLU}(x) = \begin{cases} x, & x > 0 \\ 0, & x \leqslant 0 \end{cases} \tag{4-52}$$

式中：x 为神经元的输出。ReLU 非线性激活函数相比于以往常用需要计算指数的 Sigmoid 函数来说，实质是一个比较函数，计算量很小，针对神经网络中庞大的神经元计算量来说，大大提高了效率，同时也避免了梯度消失的问题。

（5）训练数据预处理。

由于特征提取网络的输入分别为 137×137 的目标模板图像和 265×265 的待跟踪图像。在实际的训练数据集中，很少有这种标准尺寸的图像，因此需要对输入数据进行预处理。总体的思想是以目标的圈选框（bounding box）的中心为图像的中心，扩充至网络输入的大小，原图中没有的部分采用图像的均值进行填

充。针对输入的目标模板图像，如果目标模板图中的 bounding box 的大小为 $w \times h$，那么对应的背景部分就由 bounding box 区域向外扩充 p 并利用尺度变换 s 来使得新区域的面积等于所需的输入面积（$A=137\times137$）。其具体公式为

$$\begin{cases} p=\dfrac{w+h}{4} \\ A=s(w+2p)\times s(h+2p) \end{cases} \tag{4-53}$$

式中：p 为按比例所需扩充边界，这里设置成 bounding box 长和宽的均值；而 s 变换方式是通过在原有部分图像尺寸不变的情况下，使用图像的均值来对边界进行填充。图像边框处理如图 4-42 所示。

图 4-42　图像边框处理示意

为了增强网络的适用范围，使用 ImageNet 检测数据集和 COCO 检测数据集中的样本作为正样本，并对图像进行旋转、尺度变换、亮度变化等以扩张数据量；负样本中除了完全不同的目标外，增加同类标签下的不同目标作为困难样本，旨在提高网络的区分能力。此外，使用模拟加油过程中无人机采集的图像截取目标无人机作为正样本，截取背景环境和与加油标志相近的物体图像作为负样本。

相应地，待搜索图也是在原图的基础上，以 bounding box 为中心，以原有图像数据为基础，以 s 变换补充像素均值的方式完成对输入图片的尺寸变换。在训练中，为了避免形变过大影响对于网络的训练，在训练中目标模板和待跟踪的帧数不超过 5 帧。同时，在训练中，因为网络的训练是针对通用目标跟踪任务的，所以样本的物体类别是可以忽略不计的。正负样本是通过当帧图像最终的响应图中对应的标签来划分的。具体公式如下：

$$y[u] = \begin{cases} +1, & k\|u-c\| \leqslant R \\ -1, & \text{其他} \end{cases} \tag{4-54}$$

式中：u 为响应图中每个像素点的位置；c 为 bounding box 的图像中心坐标；R 为距离阈值，与卷积响应的步长 k 相关。

3）网络特征可视化分析

研究成果发现，在顶盖中，视觉信息由浅层到深层存在着整合作用。顶盖细胞对视觉刺激的形状、大小、颜色等信息敏感。其中：70%的顶盖细胞对运动目标敏感；30%的顶盖细胞具有方向选择性；30%的顶盖细胞对颜色敏感，该部分细胞参与对色觉信息的加工。利用不同顶盖细胞对不同特征敏感的特性，采用浅层到深层的多层的整合作用最终实现对目标准确、稳定的特征提取。

由于视觉通路对视觉信息的处理，是由浅层到深层这种多层结构实现的。为了对这一通路进行模拟，本节拟采用多层神经网络结构。多层神经网络在传统意义上包括输入层、隐藏层和输出层，其中隐藏层的层数根据实际需要确定。但是，多层神经网络在实际应用中面临多种限制，主要包括：①输入数据较多时，需要人为提取原始数据的特征作为数据，在训练过程中，必须忽略不相关变量，同时保留有用信息；②为提高学习准确性，必须增加隐藏层的层数，导致梯度扩散问题的产生；③由于多层神经网络不含时间参数，导致其无法处理时间序列数据。为了改善传统意义上多层神经网络存在的问题，在原结构的基础上，拟加入特征学习部分，实现特征的自主提取。

卷积神经网络也是依照生物特性的特征提取原理，通过多层的卷积核进行特征提取和下采样以从低层的初级特征来抽象出目标的高级特征来完成特征的提取操作的。以 AlexNet 网络为例[42]，首先将输入图片缩放成 224×224 尺度大小的图片，经过一些不同尺寸卷积核的卷积层和若干个池化层获得高级特征，可以说卷积神经网络是一个模拟人从学习抽象到最终判断的过程。

这里设计的模拟交叉通路的特征提取网络中，对于训练好的模型中的特征图和权重进行了可视化，如图 4-43 所示。上述可视化图像是向训练好的卷积神经网络中输入待检测目标图像，并将其中部分卷积层输出结果获取后进行可视化输出，其中每张图像大小都是卷积网络输出的真实大小。由图 4-43 可见，低层的卷积核输出包含了无人机和表示形状纹理等信息，高层卷积核输出的信息更为抽象，相比于低层卷积核，其包含的形状纹理等信息变少，信息变少的原因是对应层的卷积核没有提出想要的特征，符合卷积神经网络对于特征的提取

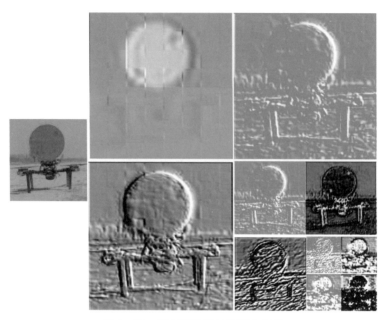

图 4‑43　卷积核输出的可视化图像

过程,是从开始的形状方向到纹理最终到物体的整体抽象特征的变化。

　　针对模拟交叉通路特征提取网络中的卷积核进行可视化分析,所谓卷积核就是提取特征的单元,了解卷积核的数据对其进行可视化分析,有助于理解每层卷积核都是怎样去理解图像和提取特征的,本节对设计的仿猛禽深度学习网络进行了不同卷积层中的卷积核可视化分析,抽出部分卷积核的可视化结果如图 4‑44 所示。

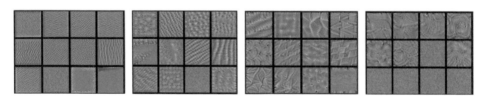

图 4‑44　卷积核可视化

　　图 4‑44 中包括低层卷积核到高层卷积核的可视化结果,采用的方法是利用图像和卷积核的结果关系,理论上来说,图像中某块部分与卷积核越接近,输出结果就越大。对于一张内容随机的图像,先将卷积核与图像进行卷积,将结果取均值后计算损失值从而计算出梯度,进而采用梯度上升法使得输出图像均值最大,具体如下:

$$LOSS = \text{mean}(I \times K_i) \tag{4-55}$$

式中：I 为输入的随机图像；K_i 为对应的第 i 个卷积核，与图像进行卷积操作后取均值进行梯度上升更新。

为了取得更高的分类结果，通过反向梯度更新对输入图像进行更新，计算过程如下：

$$x = x + \mu \frac{\partial K_i(x)}{\partial x} \tag{4-56}$$

式中：x 为图像中的像素；μ 为学习率；偏导式就是为了求得输出损失值对应像素的偏导。

通过根据卷积核输出对应标签的损失值，对输入图像进行梯度更新学习，使得卷积核的响应输出最大，即可求得卷积核最感兴趣的图像。由图 4-43 可见，位于低层的卷积核对颜色边缘信息比较感兴趣，而高层的卷积核则是更加抽象的特征。

通过对特征图和卷积核的可视化理解，可以对模拟交叉通路特征提取网络的特性有进一步的认识，也验证了基于模拟交叉通路的特征提取网络的目标跟踪算法的可行性。通过对多层特征图进行融合操作，将低级特征与高级特征进行特征整合后再进行计算，模拟了猛禽视觉通路中圆核、外纹体及视顶盖等核团的信息处理方式。

4.3.2.3 基于双凹扩大搜索策略的目标跟踪

1）双凹扩大搜索策略

目标跟踪过程中，一个重要的难点就是当目标遇到遮挡或飞出图像后，如何在其再次出现或重新进入图像时继续对其跟踪。很多目标跟踪算法为了节省计算时间，提高跟踪的帧率，在跟踪过程中不对跟踪器进行在线修改，但是这样就无法应对跟踪场景与目标发生剧烈变化的情况。此外，还有一部分跟踪算法在目标丢失时使用局部搜索策略，只在最后识别到目标的图像位置附近进行搜索，无法应对长时跟踪时难以避免的目标完全遮挡和离开图像的问题。针对这一问题，结合猛禽双凹-眼动特性，在本节中制定一种适合空中加油过程视觉导航阶段的目标跟踪搜索策略。

O'Rourke 对于红尾鹰、库氏鹰和美洲隼这 3 种日行性猛禽的感受野结构的研究结果显示，这些不同物种的日行性猛禽的感受野结构上的差异与捕食采用的搜索策略和在环境中的视觉障碍角度（例如栖息地的开放程度）相关，而不同物种间的眼动角度差异则与觅食策略相关。此外,猛禽双目和视觉盲区的大小会由于眼动产生巨大差异。物种间的视觉区域和眼动则会影响栖息过程中的搜索和猎物追踪策略[43]。O'Rourke 还研究了这 3 种日行性捕食者的头动策略,结果显示,这 3 种猛禽都有常规和平移的头动,但是范围并不相同。研究认为,这 3 种猛禽在栖息过程中有自己种群独特的获取视觉信息的策略,不同栖息地引起的视觉系统障碍区域不同,而这些策略或许可以优化当前环境下侦查搜索猎物的方式。例如:库氏鹰的常规头动频率最高,因为这样可以在视景杂乱的环境(草木丛生的栖息地)下促进对猎物的跟踪;红尾鹰连续头动间隔时间较长,因为在它们搜索猎物的环境(开放型栖息地)中视觉障碍较少,而且可使用中央凹观察远距离的猎物的运动;美洲隼头部平动(水平或竖直方向的头动,喙的朝向不动)率最高,这种运动可以通过视差获取深度信息,且高的头部平动率则可以弥补这一物种眼动角度小的缺憾[44]。

猛禽捕食过程中的搜索策略不仅与其栖息环境和猎物种类相关,还与其本身包括视场角、眼动与头动范围和视网膜结构导致的视觉敏锐度变化相关。在视场角有限的情况下,尽量利用双凹的视觉敏锐度可变特性,结合眼动与头动调整最高视觉敏锐度的视野位置,实现对于目标的搜索。这种搜索策略不仅适用于目标不确定情况下的目标分辨,也同样适用于目标遮挡或从场景中消失再入的重新搜索情况。

2) 扩大搜索范围的遮挡与再入目标跟踪

根据猛禽的双凹-眼动特性,设计了一种局部-全局的搜索策略,用于长时目标跟踪。图像通过模拟交叉通路的神经网络得到卷积响应图后,对图像中响应区域求取均值,得到图中 n 个备选目标区域。使用非极大值抑制方法(non-maximum suppression, NMS)方法,选出当前图像中响应值最大的目标,即 s_t,然后选出图像中 k 个非极大响应区域 r 进行重新排序,得到最终选择的目标 q 有

$$q = \underset{r_k \in (p_1 \cdots p_n)}{\operatorname{argmax}} \left[f(s, r_k) - \frac{\hat{\alpha} \sum_{i=1}^{n} \alpha_i f(p_i, r_k)}{\sum_{i=1}^{n} \alpha_i} \right] \tag{4-57}$$

式中: $f(\cdot)$ 表示计算两个响应区域之间的相似性,也体现响应大小的差异; $p_1, \cdots, p_n$ 为潜在的目标; $\hat{\alpha}$ 为控制全部非极大响应区域对下一帧图像影响的总权重系数; α_i 为控制单个非极大响应区域对下一帧图像影响的权重系数。

由式(4-57)可见,这一步骤的意义在于计算当前响应区域和极大响应区域之间的相似度后,减去当前区域与全部备选响应区域相似度的加权和。猛禽在利用双凹大视场确定视觉注意区域后,通过快速眼动逐一对比排除非最佳目标的注意区域,并对部分区域进行记忆,用于后续排除目标。由于每次计算的时间复杂度和空间复杂度较高,为了降低时间和空间复杂度,根据式(4-50)可将上式表达为

$$q = \operatorname*{argmax}_{r_k \in (p_1 \cdots p_n)} \left[\varphi(s) - \frac{\hat{\alpha} \sum\limits_{i=1}^{n} \alpha_i \varphi(p_i)}{\sum\limits_{i=1}^{n} \alpha_i} \right] \cdot \varphi(r_k) \tag{4-58}$$

以学习率 β_t 对目标模板和干扰项进行增量学习,如下式所示:

$$q_{T+1} = \operatorname*{argmax}_{r_k \in (p_1 \cdots p_n)} \left[\frac{\sum\limits_{t=1}^{T} \beta_t \varphi(s_t)}{\sum\limits_{t=1}^{T} \beta_t} - \frac{\sum\limits_{t=1}^{T} \beta_t \hat{\alpha} \sum\limits_{i=1}^{n} \alpha_i \varphi(p_i, t)}{\sum\limits_{t=1}^{T} \beta_t \sum\limits_{i=1}^{n} \alpha_i} \right] \cdot \varphi(r_k) \tag{4-59}$$

上式(4-59)通过将现有的相似性矩阵转移到另一个特定的域内降低了计算量,加快了算法的运行速度。

当目标由于遮挡等原因在原位置消失,或脱离图像范围再次进入时,用深凹-浅凹的视觉焦点转移方式,扩大聚焦范围,重新在浅凹对准的更大方位内搜索确定目标,也就是目标跟踪过程中的再入搜索。在该跟踪方法中,对响应区域的得分设定门限值,当图像极大响应区域的得分均低于阈值时,认为目标从当前图像中消失,需要进行再入搜索。以当前帧计算确定的候选响应区域中得分最高的区域作为搜索中心,以固定步长为扩大搜索半径,逐步扩大目标搜索区域,直至找到目标或完成对序列中全部目标的扩大搜索。基于双凹扩大搜索策略的目标跟踪算法流程如图4-45所示,其算法具体实现步骤如下。

Step 1:将加油标志的模板图像和待跟踪的图像输入模拟交叉通路的神经网络中,经过多层的卷积神经网络提取特征,并整合低层和高层特征图,输出二者的特征图。

Step 2:计算图像卷积响应。根据式(4-50)计算卷积响应图中区域响应值,响应值对应位置即代表图像中目标可能出现的不同位置。

Step 3:非极大值抑制确定候选目标。使用非极大值抑制的方法,从图像中选定 5 个尺寸为 13×13 的备选目标并排除冗余目标,留选得分在 0.8~0.95 之间

的目标作为候选目标,除得分最高的目标区域外,其他区域即为干扰目标区域。

Step 4:排序候选区域。为了学习干扰目标,在后续图像序列中排除干扰目标对目标跟踪的影响,根据式(4-58)逐一计算候选目标与确定目标之间的相似度并以此排序,式中的权值 $\hat{\alpha}$ 设为 0.5,α_i 设置为 1,学习率 $\beta_t = \sum\limits_{i=0}^{t-1}\left(\dfrac{\eta}{1-\eta}\right)^i$,其中 $\eta = 0.01$。

Step 5:再入目标的扩大搜索。针对长时跟踪任务中目标在图像中消失的情况(包括目标的完全遮挡和目标离开图像),根据 Step 3 中候选区域的得分,当区域得分为 0 时,认为目标从图像中消失。以这一区域为搜索中心,67 像素值为扩大搜索半径,在扩大的搜索范围内重新计算响应值,寻找目标。

Step 6:反卷积确定目标位置。通过反卷积将响应图还原至原始图像大小,那么响应图中的目标位置即对应原图中的目标位置。

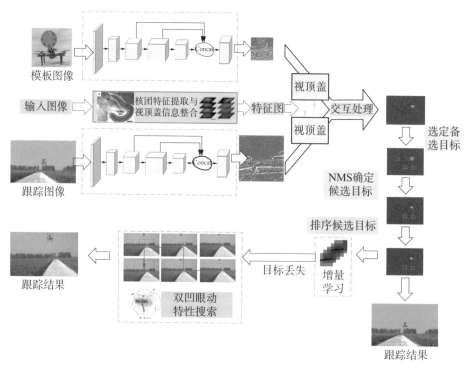

图 4-45　基于猛禽视顶盖信息中转整合的目标跟踪算法流程

4.3.2.4　仿真实验分析

为了测试仿猛禽目标跟踪算法对于空中加油场景的适应性,采集加油锥套图像进行目标跟踪实验。实验过程中使用搭载相机的无人机拍摄搭载锥套的无人机,采集得到视频序列后在地面工作站上进行跟踪测试。如图 4-46 所示,利用本节算法可以对锥套进行较为稳定的跟踪。

(a) 第50帧　　　　　　　　　　　　(b) 第150帧

图 4-46　仿猛禽视觉锥套跟踪测试结果

4.4　本章小结

本章设计了无人机软式自主空中加油显著区域检测、锥套目标检测与跟踪方法。基于增量编码长度的显著区域检测方法模拟了生物视皮层简单细胞对刺激的响应过程,最大化图像熵并合理分配特征能量,生成显著图;基于显著性滤波的显著区域检测模型,模拟生物视觉系统对物体颜色和空间分布的敏感性,实现对导航图像中锥套显著目标的提取;多种自主空中加油目标检测方法利用了不同的图像特征信息,包括灰度、局部特征、轮廓、HOG、颜色等,能够较好地从复杂空中加油背景中提取出加油锥套;此外,面向自主空中加油长时跟踪任务,针对目标丢失情况下的目标快速重定位问题,通过将核相关滤波跟踪与目标检测结合的在线更新策略,以及仿猛禽双凹-眼动特性的扩大搜索策略,可有效实现对空中加油锥套的实时、快速跟踪。

参考文献

[1] Yin Y J, Wang X G, Xu D, et al. Robust visual detection-learning-tracking framework for autonomous aerial refueling of UAVs[J]. IEEE Transactions on Instrumentation and Measurement, 2016,65(3):510-521.

[2] 王龙. 基于视觉注意机制与支持向量机自动图像标注[D]. 大连:大连理工大学,2013.

[3] Yamane Y, Carlson E T, Bowman K C, et al. A neural code for three-dimensional

object shape in macaque inferotemporal cortex[J]. Nature Neuroscience, 2008,11(11): 1352 - 1360.

[4] Gao D S, Mahadevan V, Vasconcelos N. The discriminant center-surround hypothesis for bottom-up saliency[M]//Platt J C, Koller D, Singer Y, et al. Proceedings of the 20th International Conference on Neural Information Processing Systems. New York: Curran Associates Inc., 2007:497 - 504.

[5] Fux M, Eilam D. How barn owls (*tyto alba*) visually follow moving voles (*microtus socialis*) before attacking them[J]. Physiology & Behavior, 2009,98(3):359 - 366.

[6] Kobayashi A, Yokogawa H, Higashide T, et al. Clinical significance of owl eye morphologic features by in vivo laser confocal microscopy in patients with cytomegalovirus corneal endotheliitis[J]. American Journal of Ophthalmology, 2012, 153(3):445 - 453.

[7] Allman J, Miezin F, Mcguinness E. Stimulus specific responses from beyond the classical receptive field: Neurophysiological mechanisms for local-global comparisons in visual neurons[J]. Neuroscience, 1985,8(8):407 - 430.

[8] Wright J, Ma Y, Tao Y, et al. Classification via minimum incremental coding length [M]//Platt J C, Koller D, Singer Y, et al. Proceedings of the 20th International Conference on Neural Information Processing Systems. New York: Curran Associates Inc., 2007:1633 - 1640.

[9] Ohiorhenuan I E, Mechler F, Purpura K P, et al. Sparse coding and high-order correlations in fine-scale cortical networks[J]. Nature, 2010,466(7306):617 - 621.

[10] Perazzi F, Krähenbühl P, Pritch Y, et al. Saliency filters: Contrast based filtering for salient region detection [C]//IEEE Conference on Computer Vision and Pattern Recognition. Provence: 2012.

[11] Achanta R, Shaji A, Smith K, et al. SLIC superpixels compared to state-of-the-art superpixel methods [J]. IEEE Transactions on Pattern Analysis and Machine Intelligence, 2012,34(11):2274 - 2282.

[12] Hou X D, Zhang L Q. Saliency detection: A spectral residual approach[C]//IEEE Conference on Computer Vision and Pattern Recognition. Minneapolis: 2007.

[13] Zhang L Y, Tong M H, Marks T K, et al. SUN: A Bayesian framework for saliency using natural statistics[J]. Journal of Vision, 2008,8(7):1 - 20.

[14] Duan L J, Wu C P, Miao J, et al. Visual saliency detection by spatially weighted dissimilarity[C]//IEEE Conference on Computer Vision and Pattern Recognition. Colorado: 2011.

[15] 杨曼,贾立锋. 基于模板匹配的水泡识别研究[J]. 机械工程与自动化,2016(2):147 - 148,151.

[16] 刘汉洲. 图像配准技术研究[D]. 西安:西安电子科技大学,2006.

[17] Duan H B, Qiao P X. Pigeon-inspired optimization: A new swarm intelligence optimizer for air robot path planning [J]. International Journal of Intelligent Computing and Cybernetics, 2014,7(1):24 - 37.

[18] Leutenegger S, Chli M, Siegwart R Y. BRISK: binary robust invariant scalable

keypoints[C]//International Conference on Computer Vision. Barcelona: 2011.

[19] Dao M S, Natale F G B D, Massa A. Edge potential functions (EPF) and genetic algorithms (GA) for edge-based matching of visual objects[J]. IEEE Transactions on Multimedia, 2007,9(1):120 – 135.

[20] Dalal N, Triggs B. Histograms of oriented gradients for human detection[C]//IEEE Conference on Computer Vision and Pattern Recognition. San Diego: 2005.

[21] Yu C, Joachims T. Learning structural SVMs with latent variables [M]//Danyluk A. Proceedings of the 26th Annual International Conference on Machine Learning. New York: Association for Computing Machinery, 2007:1169 – 1176.

[22] 陈善军. 基于仿鹰眼视觉的软式自主空中加油导航技术研究[D]. 北京:北京航空航天大学,2018.

[23] Mueller H C. Factors influencing prey selection in the American kestrel[J]. The Auk, 1974,91(4):705 – 721.

[24] Li X, Jiaya J, Yasuyuki M. Motion detail preserving optical flow estimation[J]. IEEE Transactions on Pattern Analysis and Machine Intelligence, 2012,34(9):1744 – 1757.

[25] Nummiaro K, Koller-Meier E, Gool L V. an adaptive color-based particle filter [J]. Image and Vision Computing, 2003,21(1):99 – 110.

[26] Henriques J F, Caseiro R, Martins P, et al. High-speed tracking with kernelized correlation filters[J]. IEEE Transactions on Pattern Analysis and Machine Intelligence, 2015,37(3):583 – 596.

[27] Danelljan M, Khan F S, Felsberg M, et al. Adaptive color attributes for real-time visual tracking [C]//IEEE Conference on Computer Vision and Pattern Recognition. Columbus: 2014.

[28] Yun S, Choi J, Yoo Y, et al. Action-decision networks for visual tracking with deep reinforcement learning [C]//IEEE Conference on Computer Vision and Pattern Recognition. Honolulu: 2017.

[29] Wang N, Yeung D Y. Learning a deep compact image representation for visual tracking [M]//Burges C J C, Bottou L, Welling M, et al. Proceedings of the 26th International Conference on Neural Information Processing Systems-Volume 1. New York: Curran Associate Inc., 2013:809 – 817.

[30] Bolme D S, Beveridge J R, Draper B A, et al. Visual object tracking using adaptive correlation filters [C]//IEEE Conference on Computer Vision and Pattern Recognition. San Francisco: 2010.

[31] Henriques J F, Rui C, Martins P, et al. High-speed tracking with kernelized correlation filters[J]. IEEE Transactions on Pattern Analysis and Machine Intelligence, 2015, 37 (3):583 – 596.

[32] 李聪. 基于计算机视觉的软式自主空中加油位姿测量[D]. 北京:北京航空航天大学,2017.

[33] Frost B J. Moving background patterns alter directionally specific responses of pigeon tectal neurons[J]. Brain research, 1978,151(3):599 – 603.

[34] Frost B J. Subcortical analysis of visual motion: Relative motion, figure-ground

discrimination and self-induced optic flow[J]. Reviews of oculomotor research, 1993,5: 159 – 175.

[35] Watanabe S, Mayer U, Bischof H J. Visual wulst analyses "where" and entopallium analyses "what" in the zebra finch visual system[J]. Behavioural brain research, 2011, 222(1):51 – 56.

[36] Acerbo M J, Lazareva O F, McInnerney J, et al. Figure-ground discrimination in the avian brain: The nucleus rotundus and its inhibitory complex[J]. Vision Research, 2012,70:18 – 26.

[37] 李晗,段海滨,李淑宇. 猛禽视觉研究新进展[J]. 科技导报,2018,36(17):52 – 67.

[38] Hodos W, Karten H J. Brightness and pattern discrimination deficits in the pigeon after lesions of nucleus rotundus[J]. Experimental Brain Research, 1966,2(2):151 – 167.

[39] Collins M, Schapire R E, Singer Y. Logistic regression, adaboost and bregman distances[J]. Machine Learning, 2001,48(1/2/3):253 – 285.

[40] Ruder S. An overview of gradient descent optimization algorithms[R]. National University of Ireland, Galway, 2016.

[41] Maas A L, Hannun A Y, Ng A Y. Rectifier nonlinearities improve neural network acoustic models[C]//International Conference on Machine Learning. Atlanta: 2013.

[42] Krizhevsky A, Sutskever I, Hinton G E. Imagenet classification with deep convolutional neural network[J]. Communications of the ACM, 2017,60(6):84 – 90.

[43] O'Rourke C T, Hall M I, Pitlik T, et al. Hawk eyes Ⅰ: Diurnal raptors differ in visual fields and degree of eye movement[J]. Plos one, 2010,5(9):e12802.

[44] O'Rourke C T, Pitlik T, Hoover M, et al. Hawk Eyes Ⅱ: Diurnal raptors differ in head movement strategies when scanning from perches[J]. PLos One, 2010,5(9): e12169.

5　自主空中加油位姿测量

　　无人机软式自主空中加油视觉导航的最终目的是实时解算加油锥套相对位姿信息。因此,在前述导航图像预处理、加油锥套检测与跟踪的基础上,需进一步提取加油锥套特征点、匹配特征点、位姿估计、坐标系转换,以得到可直接用于受油机控制系统的视觉导航数据。

　　本章针对可见光锥套视觉导航全过程可能出现的标志点检测正常、远距标志点检测不到以及近距标志点部分遮挡三种典型情况,分别设计了标志点匹配、椭圆拟合及标志点预测三种方法;针对红外锥套视觉导航过程,设计了正常情况与恶劣环境下的锥套特征点提取与匹配方法。此外,介绍了多种迭代与非迭代位姿估计方法,设计了一种基于植物枝根算法(runner root algorithm, RRA)的BPnP位姿估计方法,用于解算实时、高精度的加油锥套位姿信息,实现无人机自主空中加油对接全过程的近距视觉导航。

5.1　锥套特征提取与匹配

　　为了获取相机与加油锥套间的相对位姿信息,需要从加油锥套目标中提取特征点,并将这些特征点与它们所对应的特征标志点进行匹配,以便利用位姿估计算法进行相对位姿测量。本节设计了自主空中加油近距对接视觉导航框架,以处理自主空中加油对接过程的不同视觉导航情况。利用3.1.3节的仿猛禽视觉拮抗机制的图像颜色分割方法将锥套上带有颜色的圆形标志点中心坐标提取出来作为锥套特征点。由于在进行外场实验时发现基于颜色信息的锥套目标检测和特征点提取对于强光照等外部环境的适应性比较弱,在有些情况下(特别是外部光照比较强时)容易导致算法参数调试困难甚至失效。针对仿猛禽视觉颜色分割方法的不足,设计了一种基于红外 LED 标志灯的锥套目标检测及特征点提取方法,通过斑点检测来提取锥套特征点。针对近距视觉导航全过程可能出现的标志点检测正常、远距标志点检测不到以及近距标志点部分遮挡三种情况,分别设计标志点匹配、椭圆拟合、标志点预测方法,构建全面的近距视觉导航方案,为受油无人机提供高精度、实时的加油锥套视觉导航信息。

5.1.1 近距视觉导航框架

无人机软式自主空中加油视觉导航仿真场景(见图 5-1)主要包括三个部分[1-2]:加油机(KC-135)、受油机(F-16)和软管-锥套组合体(即加油吊舱)。其中:加油机分别在左翼尖、中线及右翼尖位置安装三个加油吊舱,但在数字仿真中仅使用中线加油吊舱;受油插头根据受油机类型的不同有所差别,战斗机一般位于机头右侧,无人机一般位于机头正前方,但由于机头右侧流场环境更为复杂,自主对接相对更难,故这里采用受油插头位于机头右侧的情况,并且将导航相机安装在受油机右机翼中间附近。加油吊舱、受油插头及导航相机具体安装位置如表 5-1 所示。

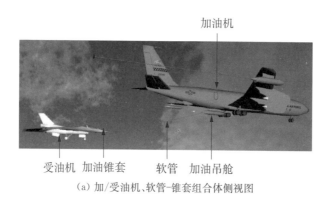

(a) 加/受油机、软管-锥套组合体侧视图

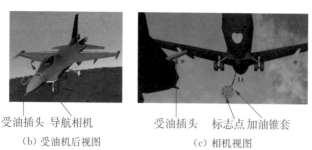

(b) 受油机后视图   (c) 相机视图

图 5-1   无人机软式自主空中加油视觉导航仿真场景

表 5-1　加油吊舱、受油插头及导航相机安装位置

参数	物理意义	位置坐标
$(x_{pod}, y_{pod}, z_{pod})$	加油机机体系下加油吊舱出口位置	$(-6.741, 0, 6.138)\text{m}$
(x_R^p, y_R^p, z_R^p)	受油机机体系下受油插头出口位置	$(6.720, 0.720, -0.698)\text{m}$
(x_R^c, y_R^c, z_R^c)	受油机机体系下相机安装位置	$(1.460, 1.633, -0.071)\text{m}$

　　为方便描述近距视觉导航方法,对视觉导航过程中涉及的坐标系(reference frame,RF)定义如下。

　　(1)加/受油机机体坐标系:定义与 2.2.1 节相同,分别简写为 TRF(tanker-body RF)、RRF(receiver-body RF),如图 5-2 所示。

　　(2)相机坐标系(O_C-$X_CY_CZ_C$):原点 O_C 取在相机成像平面中心,O_CX_C、O_CY_C、O_CZ_C 轴分别与受油机机体坐标系 $O_{RB}Y_{RB}$、$O_{RB}Z_{RB}$、$O_{RB}X_{RB}$ 轴平行,相机坐标系固连于受油机机翼右侧相机安装位置,如图 5-2 所示。

　　(3)地面惯性坐标系(O_E-$X_EY_EH_E$):定义与 2.2.1 节略有不同,即 O_gZ_g 轴取反得到 O_EH_E 轴,更加方便表示高度,如图 5-2 所示。

　　(4)锥套世界坐标系(O_W-$X_WY_WZ_W$):原点 O_W 位于锥套标志点平面的中心,O_WX_W 轴经过标志点

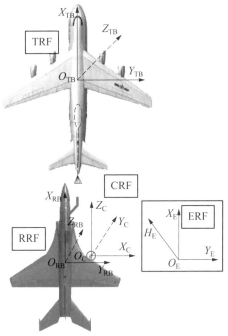

图 5-2　近距视觉导航各坐标系

m_7,O_WY_W 轴经过标志点 m_1,O_WZ_W 轴与 O_WX_W、O_WY_W 轴构成右手直角坐标系,锥套世界坐标系固连于锥套平面中心处,如图 3-2 所示。

　　无人机软式自主空中加油近距对接视觉导航系统的本质作用就是实时获取相机坐标系与锥套世界坐标系之间的相对位置及姿态关系,为受油无人机控制系统提供导引信息。

　　随着受油无人机逐渐接近加油锥套,根据受油机与加油锥套间的距离,将视

觉导航过程分为三个阶段,分别对应远距锥套标志点检测不到、中距锥套标志点检测正常及近距锥套标志点部分遮挡三种情况[2-3]。自主空中加油近距对接视觉导航框架如图5-3所示,由于自主空中加油通常在直线飞行段进行,此阶段航向基本保持恒定:若仿真设置加油机直线飞行航向角为0(即为受油机目标航向),并且在对接近距导航过程中,受油机航向角变化较小,则以加/受油无人机前向相对距离差 Δx 为标准,判断选用不同视觉导航方法;若加油机飞行航向角不为0,则不同视觉导航方法的判断标准距离需要经坐标系转换。

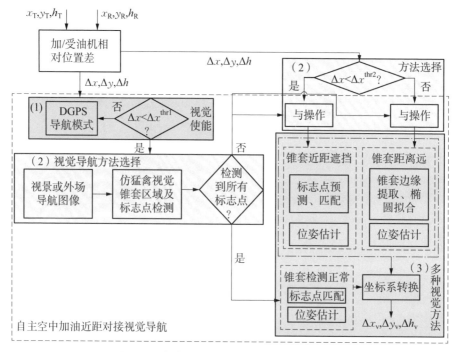

图5-3　自主空中加油近距对接视觉导航框架

视觉导航框架整体包括三个部分[4],即视觉使能、视觉导航方法选择、多种视觉导航方法,具体如下。

(1)视觉使能获取加/受油无人机相对位置差(Δx,Δy,Δh),判断前向相对距离差(Δx)是否小于视觉使能距离阈值(Δx^{thr1}):如果 $\Delta x < \Delta x^{thr1}$,仿猛禽视觉导航使能,获取导航图像进行后续视觉处理,实时解算得到加油锥套的相对位置及姿态;否则,视觉导航不使能,依旧采用DGPS导航模式。

(2)视觉导航方法选择存在两个判断标准,即距离差 Δx 是否小于视觉方法选择距离阈值(Δx^{thr2}),以及是否检测到所有标志点。利用设计的仿猛禽颜色视觉处理方法提取加油锥套 ROI 区域并检测预设的标志点。如果检测到所有标志点(情况一),说明受油机与加油锥套距离适中,采用锥套标志点检测正常的视觉处理方法;如果没有检测到全部标志点且 $\Delta x \geqslant \Delta x^{\mathrm{thr2}}$(情况二),说明受油机与加油锥套距离过远,采用远距锥套标志点检测不到的视觉处理方法;如果没有检测到全部标志点且 $\Delta x < \Delta x^{\mathrm{thr2}}$(情况三),说明受油机与加油锥套距离近且部分标志点被遮挡,采用近距锥套标志点遮挡的视觉处理方法。

(3) 多种视觉导航方法处理无人机软式自主空中加油近距对接过程可能出现的前述三种情况。其中,情况一进行标志点匹配、位姿估计,情况二进行锥套 ROI 区域边缘提取、椭圆拟合、位姿估计,情况三进行标志点预测及匹配、位姿估计。三种视觉导航处理方法都需要执行坐标系转换,得到地面惯性系下受油机与加油锥套间的视觉导航相对位置关系(Δx_v、Δy_v、Δh_v)。

5.1.2　可见光标志点提取与匹配

5.1.2.1　标志点提取与匹配导航基本原理

为了提高算法的精度和速度,对锥套特征点的提取是在锥套目标检测基础上进行的,这样可排除大量无关背景信息的干扰。可见光加油锥套合作目标颜色标志点分布如图 3-2 至图 3-4 所示。针对所检测到的锥套目标区域,利用仿猛禽颜色视觉机制的图像分割方法对其进行颜色分割,锥套目标检测过程只选择了 L 通路的响应输出,并将其用于去除图像中非红色背景区域的干扰,而 M 和 S 通路的响应输出(见 3.1.3 节)并没有得到具体应用。这里将利用 M 和 S 通路的响应输出来提取锥套上绿色和蓝色圆形标志点的中心像素坐标,从而实现对锥套特征点的提取。对所检测到的锥套目标区域进行颜色分割后,先从 L 通路中分离出锥套目标所在的圆环区域,由于锥套圆环上粘贴了 1 个绿色和 6 个蓝色的圆形标志点,通过 L 通路得到的二值图像是一个带有 7 个小型孔洞的圆环形状,通过孔洞填充可以去除这些孔洞,然后将去除孔洞后的圆环形锥套二值图像与所检测到的锥套目标区域图像进行相与操作,可得到只含有圆环形锥套的彩色图像。在上述步骤的基础上,对得到的圆环形锥套彩色图像再次进行颜色分割,选择 M 和 S 通路的输出响应进行阈值分割,从而得到只含有绿色或蓝色圆形标志点的二值图像,对它们进行斑点检测可得到锥套特征点,以实现锥套特征点的提取。

在提取出锥套特征点后,为了进行后续的相对位姿测量,还需要完成特征点的匹配,即将从图像中提取到的特征点与它们实际所对应的圆形标志点进行配对。本节利用圆形标志点的颜色信息并结合凸包变换来实现特征点匹配。先对所提取到的所有绿色和蓝色特征点进行凸包变换,使得这些特征点像素坐标按顺时针方向排列,将绿色圆形标志点作为第一个特征点,按顺时针方向依次将蓝色圆形标志点确定为第二到第七个特征点,根据排列序号可依次确定它们所对应的像素坐标,完成特征点匹配。针对实时采集的视觉导航图像,基于仿猛禽颜色处理机制的锥套区域及标志点检测流程如图 5-4 中紫色虚线框所示。

Step 1:获取实时视觉导航图像,计算长波通道的细胞响应 I_L[见式(3-4)]并进行二值化处理,从而得到只包括红色区域的二值图像,并进行连通域检测。

Step 2:通过设置轮廓边缘面积滤波阈值 S_{thr1},滤除二值图像中红色区域轮廓边缘面积小于 S_{thr1} 的干扰区域。

Step 3:对滤波后二值图像的红色区域进行孔洞填充,环境干扰不太大的情况下,可得只包含锥套 ROI 区域的二值图像。

Step 4:将只包含锥套 ROI 区域的二值图像与原视觉导航图像进行与操作,得到只包含锥套 ROI 区域的 RGB 图像。

Step 5:分别计算锥套 ROI 区域的短波通道简单双拮抗细胞响应 I_S 和中波通道简单双拮抗细胞响应 I_M[见式(3-4)],并且进行二值化处理,以提取锥套 ROI 区域中的蓝色和绿色区域。

Step 6:设置检测蓝色与绿色标志点的轮廓边缘面积滤波阈值 S_{thr2},滤除 **Step 5** 中提取出的蓝色和绿色区域中轮廓边缘面积小于 S_{thr2} 的区域。在虚拟仿真视景中,根据加/受油机前向位置偏差(Δx)确定滤波阈值 S_{thr2} 的具体值。如果 $\Delta x \geqslant 45\,\mathrm{m}$,令 $S_{thr2}=5$;否则,令 $S_{thr2}=15$。

Step 7:对 I_S 和 D_M 双拮抗细胞响应二值图像执行斑点检测,得到蓝色与绿色标志点的总数(N_{detect})、像素坐标,并判断 N_{detect} 是否等于 7,以选择后续不同的视觉导航方法。

当加油锥套与受油无人机距离适中时(情况一),经过仿猛禽颜色处理机制的锥套区域及标志点检测,可得所有标志点的像素坐标,此时需要进行标志点匹配、位姿估计及坐标系转换,得到惯性坐标系下加油锥套的相对位置关系(Δx_v、Δy_v、Δh_v)。为方便后续与其他情况相区别,简称此处理过程为标志点匹配方法,如图 5-4 中红色虚线框所示。

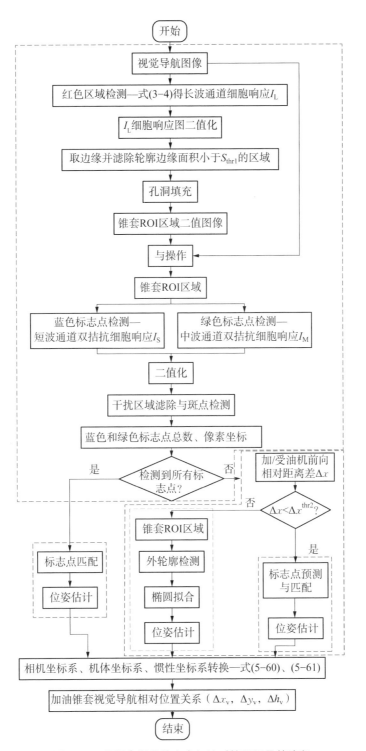

图 5-4 仿猛禽视觉的空中加油对接近距导航流程

标志点匹配就是将检测到的像素坐标与真实先验标志点世界坐标一一对应的过程。如图 3-2 所示，绿色标志点的标签为 m_1，蓝色标志点的标签按顺时针方向分别为 $m_2 \sim m_7$，利用图 3-2 中标明的角度及尺寸可得各个标志点的世界坐标。定义标志点世界坐标点集为 $\boldsymbol{M} = \{m_1, m_2, \cdots, m_7\}$，其中 $m_i = (x_i, y_i, 0)$ 表示第 i 个标志点的世界坐标；定义检测到的 7 个标志点的像素坐标点集为 $\hat{\boldsymbol{M}} = \{\hat{m}_1, \hat{m}_2, \cdots, \hat{m}_7\}$，其中 $\hat{m}_i = (u_i, v_i)$ 表示检测到的某一标志点的像素坐标，虽然检测到的蓝色标志点像素坐标（$\hat{m}_2 \sim \hat{m}_7$）此时并未与真实蓝色标志点标签（$m_2 \sim m_7$）一一对应，但由于绿色标志点的唯一性，检测到的绿色标志点像素坐标恒为 $\hat{m}_1$。寻找世界坐标点集 $\boldsymbol{M}$ 与像素坐标点集 $\hat{\boldsymbol{M}}$ 中元素对应关系的过程即为标志点匹配，具体包含如下两个步骤。

（1）凸包变换。对像素坐标点集 $\hat{\boldsymbol{M}}$ 执行凸包变换，得到将 $\hat{\boldsymbol{M}}$ 中元素按顺时针方向排序的新像素坐标点集，记为 $\hat{\boldsymbol{M}}^c = \{\hat{m}_1^c, \hat{m}_2^c, \cdots, \hat{m}_7^c\}$。

（2）标志点顺序匹配。由于绿色标志点像素坐标确定为 $\hat{m}_1$，故通过比较 $\hat{m}_1$ 与 $\hat{\boldsymbol{M}}^c$ 中每个元素是否相等，便可找出点集 $\hat{\boldsymbol{M}}^c$ 中绿色标志点的像素坐标，对应标签为 m_1 的绿色标志点，然后其他蓝色标志点的像素坐标按顺时针方向依次对应标签为 $m_2 \sim m_7$ 的蓝色标志点。举例说明，如果 $\hat{m}_2^c = \hat{m}_1$，那么蓝色标志点世界坐标 $m_2 \sim m_7$ 依次对应匹配像素坐标 $\hat{m}_3^c$、$\hat{m}_4^c$、$\hat{m}_5^c$、$\hat{m}_6^c$、$\hat{m}_7^c$、$\hat{m}_1^c$。

对匹配正确的所有标志点，应用位姿估计方法，得到相机坐标系下的加油锥套位置，并进行相机坐标系、机体坐标系、地面惯性系的坐标转换，得到加油锥套与受油插头在地面惯性系下的位置差 Δx_v、Δy_v、Δh_v。

5.1.2.2　仿真实验分析

为验证可见光标志点提取与匹配视觉导航方法，这里以自主空中加油数字仿真视觉导航图像、地面与空中实拍导航图像作为应用实例，对相关方法进行了测试。其中，采用 3.1 至 3.2 节导航图像预处理方法进行锥套区域检测与锥套轮廓提取。在实验过程中将仿猛禽颜色视觉机制中的 L、M、S 三个视觉通路响应输出图像进行二值化的阈值分别设置为 20、15 和 5。在轮廓孔洞填充的过程中，首先统计出轮廓区域非零像素点的数量 N_{pixel}，确定出孔洞面积填充阈值为 $N_{pixel}/15$，若轮廓内部的某个孔洞的面积超过了填充阈值，则不对此孔洞进行填充。该操作的目的是不填充锥套的内环区域，从而使得原图中内环区域包含的绿色和蓝色物体不会对后续的锥套特征提取操作产生影响。实验结果如图 5-5 至图 5-7 所示。

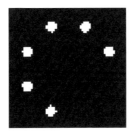

（a）导航图像　　　　　　　　（b）蓝色标志点　　　　　　（c）绿色标志点

图 5‑5　仿真视景仿猛禽视觉标志点检测结果

（a）原图　　　　　　　　　　　　　　　（b）标志点检测结果

图 5‑6　地面测试仿猛禽视觉标志点检测结果

（a）导航图像　　　　　　　　　　　　（b）ROI 区域

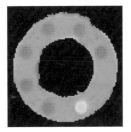
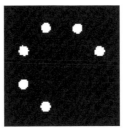

（c）圆环形锥套　　　　　（d）蓝色标志点　　　　　（e）绿色标志点

（f）标志点检测结果

图 5-7   空中测试仿猛禽视觉标志点检测结果

由图 5-5 至图 5-7 可见,仿猛禽颜色视觉机制的锥套特征点提取与匹配方法取得了较好的效果,通过红色分割成功地分离出了圆形/圆环形锥套区域,在此基础上再通过蓝、绿色分割成功地将锥套特征标志点分离出来,从而实现了锥套特征点的提取。在原图中用黑色的小点表示提取出来的圆形标志点中心,可看出特征点与圆形标志点的中心基本重合,验证了本节所设计方法的有效性。当 7 个有色圆形标志点的中心像素坐标被确定后,以绿色标志点为第一个特征点,蓝色标志点则按顺时针方向依次对应第二到第七个特征点,从而实现了特征点的匹配。

5.1.3   可见光轮廓提取与椭圆拟合

5.1.3.1   轮廓提取与椭圆拟合导航基本原理

当加油锥套与受油无人机距离较远时(情况二),锥套标志点只占视觉导航图像的几个像素,很难区分开先验标志点与干扰点,因此标志点匹配方法不再适用。经过仿猛禽颜色处理机制的锥套区域检测,提取出加油锥套 ROI 区域,接着执行外边缘检测(传统方法或 3.2 节中的方法)、椭圆拟合、位姿估计及坐标系转换,可得惯性坐标系下加油锥套的相对位置关系 (Δx_v、Δy_v、Δh_v)。 为方便后续与其他情况相区别,简称此处理过程为椭圆拟合方法,如图 5-4 中绿色虚线框所示。此方法与其他两种情况处理方法的区别是,由于此方法不存在确定的先验标志点,不能求解出受油无人机与加油锥套之间的相对姿态关系。

首先,利用外边缘检测方法得到锥套 ROI 区域外轮廓的像素坐标,对外轮廓像素坐标进行椭圆拟合。椭圆的一般方程可表示为

$$Ax^2 + Bxy + Cy^2 + Dx + Ey + F = 0 \qquad (5-1)$$

式中:A、B、C、D、E、F为待求未知椭圆参数。

根据最小二乘椭圆拟合方法,可将椭圆拟合问题归结为代数距离平方和的最小化,待拟合多个特征点的距离平方和计算如下:

$$f(A, B, C, D, E, F) = \sum_{i=1}^{N} (Ax^2 + Bxy + Cy^2 + Dx + Ey + F)^2 \quad (5-2)$$

式中:N表示待拟合特征点的数量。进一步通过求式(5-2)的偏导数实现最小化过程:

$$\frac{\partial f}{\partial A} = \frac{\partial f}{\partial B} = \frac{\partial f}{\partial C} = \frac{\partial f}{\partial D} = \frac{\partial f}{\partial E} = \frac{\partial f}{\partial F} = 0 \quad (5-3)$$

可得一个偏微分线性方程组,求解该方程组可得式(5-1)中的未知参数,从而实现对特征点的椭圆拟合。

其次,构建拟合椭圆的外接矩形,便可得到外接矩形四个顶点的像素坐标。由于实际加油锥套的尺寸已知,因此可确定真实锥套外接矩形四个顶点(如图3-2中$E_1 \sim E_4$所示)的世界坐标,进而将拟合椭圆外接矩形四个顶点的像素坐标按顺时针方向分别匹配到真实顶点$E_1 \sim E_4$。最后,执行位姿估计、坐标系转换得到惯性系下的插头-锥套实时相对位置关系(Δx_v、Δy_v、Δh_v)。

5.1.3.2 仿真实验分析

为验证轮廓提取与椭圆拟合视觉导航方法,这里将自主空中加油数字仿真视觉导航图像作为应用实例,对相关方法进行了测试。同样地,采用3.1、3.2节导航图像预处理方法进行锥套区域检测与锥套轮廓提取。图5-8给出了远

(a) 导航图像   (b) 远距椭圆拟合视觉导航结果

图5-8 仿真视景轮廓提取与远距椭圆拟合视觉导航结果

距椭圆拟合视觉导航结果,图中用不同的颜色显示了重投影标志点的位置。由图可见,远距情况下加油锥套被拟合出来的椭圆、外接矩形、重投影标志点与实际情况没有明显差别,验证了本节方法的有效性。

5.1.4 可见光标志点提取与预测

5.1.4.1 标志点提取与预测导航基本原理

当加油锥套与受油无人机距离较近时(情况三),会出现锥套标志点被受油机机头或者受油插头部分遮挡的情况。此时,标志点不会被全部检测到,如果依旧采用椭圆拟合方法,由于不存在先验标志点,会造成视觉导航重投影像素误差变大的状况[2, 5],因此需采用其他方法来处理该情况。经过仿猛禽颜色处理机制的锥套区域及标志点检测,可得未被遮挡标志点的像素坐标,接着执行标志点预测与匹配、位姿估计及坐标系转换,可得惯性坐标系下加油锥套的相对位置关系(Δx_v,Δy_v,Δh_v)。 为方便与其他情况相区别,简称此处理过程为标志点预测方法,如图 5-4 中蓝色虚线框所示。

在设计具体标志点预测方法之前,定义该方法的应用场景、通用检测规则。设定标志点预测方法在被遮挡标志点数量小于 3 的情况下使能,因为当被遮挡标志点数量更多且包含绿色标志点时,存在多个预测模板标志点分布相同的情况,所以检测到的标志点与先验标志点标签无法达到一致匹配。虽然可以直接从多个相同模板中任选一个用于标志点预测,但此时解算求得的相对姿态角是不准确的,故标志点预测方法不处理被遮挡标志点数量大于或等于 3 的场景。通常情况下,该应用场景适用于自主空中加油平稳对接过程,但是如果被遮挡标志点数量较多,那么仍然采用椭圆拟合方法解算加油锥套相对位置。后续处理步骤首先需要对检测到的标志点执行凸包变换,得到按顺时针方向排序的标志点像素坐标点集 $\hat{M}^o = \{\hat{m}_i^o\}$、$\hat{m}_i^o = (u_i^o, v_i^o)$。 若检测到了绿色标志点,以点集 $\hat{M}^o$ 中绿色标志点像素坐标为初始点,按顺时针方向重新排序点集 $\hat{M}^o$ 得到新点集 $\hat{M}^{og} = \{\hat{m}_i^{og}\}$。 定义点集 $\hat{M}^o$ 或 $\hat{M}^{og}$ 中相邻像素坐标之间的距离集为 $L = \{l_i\}$,其中 $l_i = \sqrt{(u_i^o - u_{i+1}^o)^2 + (v_i^o - v_{i+1}^o)^2}$,距离集 L 中的最小距离为 l_{min},距离比集为 $L^r = \{l_i^r\}$,其中 $l_i^r = l_i/l_{min}$。 根据图 3-2 中尺寸参数,可计算得到标志点 m_1 与标志点 $m_2 \sim m_5$ 之间的距离分别为 19.13 cm、35.36 cm、46.19 cm、50 cm,故可得与最小距离的真实距离比分别为 1、1.85、2.41、2.61。建立判定检测到的相邻标志点之间是否存在被遮挡标志点的距离比规则,具体如下[2]:

（1）如果满足 $0.8 < l_i^{\mathrm{r}} < 1.2$，则检测到的相邻标志点之间不存在遮挡点。

（2）如果满足 $1.7 < l_i^{\mathrm{r}} < 2$，则检测到的相邻标志点之间有 1 个遮挡点。

（3）如果满足 $2.3 < l_i^{\mathrm{r}} < 2.5$，则检测到的相邻标志点之间有 2 个遮挡点。

（4）如果满足 $2.5 < l_i^{\mathrm{r}} < 2.75$，则检测到的相邻标志点之间有 3 个遮挡点。

（5）如果 l_i 以绿色标志点为末端，则结合先验标志点的分布情况（如图 3-2 所示），判定遮挡点数量减一。

距离比规则选取真实距离比附近较大的阈值范围，并且随着近距锥套 ROI 区域占导航图像比例的增大，该规则的有效性得以提高。在实际工程应用中，真实相机采集的导航图像需要经过畸变校正，此外加油机飞行速度较快，由于气动效应，加油锥套存在的姿态变化较小，并且考虑到标志点预测方法的适用距离，此时受油机姿态变化同样较小，进一步保证了距离比规则的有效性。

本节所设计的基于标志点模板与仿射变换的标志点预测与匹配方法，根据检测到标志点数量的不同，分两种情况加以讨论。

1）检测到 6 个标志点

如果绿色标志点被遮挡，先计算得到点集 $\hat{M}^\circ$ 的距离比集 $L^{\mathrm{r1}} = \{l_i^{\mathrm{r1}}\}$（$i=1$，$2$，$\cdots$，$6$），并找出距离比集 L^{r1} 中的元素最大值 $l_{\max}^{\mathrm{r1}}$，然后以 $l_{\max}^{\mathrm{r1}}$ 对应的末端标志点为始按顺时针方向重新排序点集 $\hat{M}^\circ$，形成新的点集 $\hat{M}^{\mathrm{ob}} = \{\hat{m}_i^{\mathrm{ob}}\}$；如果仅遮挡 1 个蓝色标志点，如通用检测方法所述形成点集 $\hat{M}^{\mathrm{og}}$。因此，最终可得按真实锥套标志点（缺少被遮挡标志点）标签排序的点集 $\hat{M}^{\mathrm{ob}}$ 或 $\hat{M}^{\mathrm{og}}$。

选取加油锥套距离适中时的一张视觉导航图像，并检测到 7 个标志点的像素坐标，按标签顺序保存先验标志点模板。从全部 7 个标志点中任选 6 个，构成此情况下的 $C_7^6 = 7$ 个先验标志点模板。分别计算点集 $\hat{M}^{\mathrm{ob}}$ 或 $\hat{M}^{\mathrm{og}}$ 与 7 个先验标志点模板之间的仿射变换矩阵集 $\boldsymbol{TT}_{\mathrm{a}} = \{\boldsymbol{T}_i\}$（$i=1$，$2$，$\cdots$，$7$），并通过最小化反投影误差，计算出 7 个标志点模板与当前检测到标志点之间的最优仿射变换矩阵 $\boldsymbol{T}_{\mathrm{a}}$。然后，利用最优矩阵 $\boldsymbol{T}_{\mathrm{a}}$ 对包含所有标志点的模板执行投影变换，则可得包含所有标志点的模板在当前图像平面内的预测像素坐标点集 $\hat{M}^{\mathrm{p}} = \{\hat{m}_i^{\mathrm{p}}\}$（$i=1$，$2$，$\cdots$，$7$）。为增强视觉导航的检测精度，只选取预测点集 $\hat{M}^{\mathrm{p}}$ 中被遮挡标志点的坐标用于最终的标志点匹配。具体来说，根据最优矩阵 $\boldsymbol{T}_{\mathrm{a}}$ 在矩阵集 $\boldsymbol{TT}_{\mathrm{a}}$ 中的索引号，选择点集 $\hat{M}^{\mathrm{p}}$ 中具有相同索引号的被遮挡标志点预测像素坐标 $\hat{m}_o^{\mathrm{p}}$，并进一步将其插入点集 $\hat{M}^{\mathrm{ob}}$ 或 $\hat{M}^{\mathrm{og}}$ 中具有相同索引号的位置，得到匹配完成的标志点像素坐标点集 $\hat{M}^{\mathrm{pred1}} = \{m_i^{\mathrm{pred1}}\}$（$i=1$，$2$，$\cdots$，$7$）。

2）检测到 5 个标志点

由于存在多个预测模板标志点分布相同,不能实现先验标签与检测到标志点的一致匹配,故不处理绿色标志点被遮挡情况。先计算点集 $\hat{M}^{og}$ 的距离比集 $L^{r2}=\{l_i^{r2}\}(i=1,2,\cdots,5)$,并定义被遮挡标志点数集 $N^o=\{N_i^o\}(i=1,2,\cdots,5)$。根据设计的距离比规则,若 $l_i^{r2}>1.7$,令 $N_i^o=1$。然后,判断被遮挡的 2 个标志点是否相邻,如果 $\sum\limits_{i=1,i\in N}^{5} N_i^o=1$,说明被遮挡标志点是相邻的,否则是不相邻的。若被遮挡的 2 个标志点相邻,则采用与检测到 6 个标志点时相同的预测方法,通过仿射变换与投影变换,从此种情况的 5 个先验模板中选取最优模板,并预测相邻被遮挡标志点,形成匹配好的标志点像素坐标点集 $\hat{M}^{pred2}=\{m_i^{pred2}\}(i=1,2,\cdots,7)$。若被遮挡的 2 个标志点不相邻,定义并初始化被遮挡标志点的索引号分别为 $N_{OM1}=0$、$N_{OM2}=0$,其具体值的确定规则如下:

（1）如果 $N_i^o=1(i\leqslant4)$ 且 $N_{OM1}=0$,则令 $N_{OM1}=i+1$,那么第 1 个被遮挡标志点可确定为 $m_{N_{OM1}}$。

（2）如果 $N_j^o=1(i<j\leqslant5)$ 且 $N_{OM1}\neq0$,则令 $N_{OM2}=j+1$,那么第 2 个被遮挡标志点为 $m_{N_{OM2}}$。

2 个被遮挡标志点不相邻的先验标志点模板共有 10 个,根据被遮挡标志点的索引号,可找出对应的正确先验模板。然后,利用仿射变换得到所确定先验模板与实时检测到标志点之间的仿射变换矩阵,并通过投影变换实现对不相邻被遮挡标志点的预测,形成匹配好的标志点像素坐标点集 $\hat{M}^{pred3}=\{m_i^{pred3}\}(i=1,2,\cdots,7)$。

最终,利用匹配好的标志点像素坐标点集执行位姿估计、坐标系转换,得到惯性坐标系下加油锥套的实时相对位置关系（Δx_v、Δy_v、Δh_v）。

5.1.4.2　仿真实验分析

为验证标志点提取与预测视觉导航方法,将自主空中加油数字仿真视觉导航图像作为应用实例,对相关方法进行了测试。同样地,采用 3.1 节导航图像预处理方法进行锥套区域检测与锥套标志点提取,实验结果如图 5-9 所示。

由图 5-9 所示,近距导航同样能够较好地检测出锥套 ROI 区域及蓝色、绿色标志点,即使在近距标志点部分遮挡的情况下,提取的锥套 ROI 区域仍然精确、完整,进而确保了对锥套 ROI 区域内标志点的有效检测。近距视觉导航的重投影标志点与原标志点基本重合,并且能够预测得到近距遮挡标志点的位置,表明了本节方法的有效性。

（a）导航图像

（b）锥套 ROI 区域

（c）蓝色标志点

（d）绿色标志点

（e）标志点预测结果

图 5-9　仿真视景近距遮挡标志点检测与预测结果

5.1.5　红外标志点提取与匹配

为了克服将圆形颜色标志作为特征点对光照等环境因素敏感的不足,本节利用红外 LED 灯来代替颜色标志作为锥套目标的特征点[6,8],红外加油锥套合作目标如图 3-5 所示。在加油锥套合作目标上一共安置了 8 个红外 LED 灯,考虑到所设计的锥套尺寸比较小,选择功率太大的红外 LED 灯会导致各灯所形成的光斑相互重叠而导致无法检测,同时为了使供电电路更加简便,选择了 8 个 1 W 的红外 LED 灯,每个灯都通过一个稳压电路并行连接。为了便于后续实现特征点的匹配,8 个灯中有 7 个灯严格地分布在一个圆上,而另外一个则布置在该圆的外侧以示区分。为了尽量减小自然光中红外波段对锥套特征点提取的干扰,8 个红外 LED 灯的波长选择了 940 nm,这个波长的红外光成分在自然光中辐射量最小[9]。

5.1.5.1　正常情况下的特征点提取与匹配

1）特征点提取与匹配基本原理

为了采集加油锥套的红外图像,选择一款近红外增强相机,该相机对红外 LED 灯发射的 940 nm 光线具有较好的吸收率。同时,为了排除自然界中其他波段的光线对红外 LED 灯成像的影响,在相机的镜头前面加了一块 940 nm 的带通滤光片。这样在正常情况下采集到的红外加油锥套图像将是只含有 8 个亮斑的红外图像。

红外图像锥套特征点提取:先对采集到的红外图像进行图像二值化处理,检测二值图像中的连通区域,并计算出每个连通区域的中心像素坐标,从而得到锥套特征点的像素坐标。因为 8 个红外 LED 灯分布在一个圆环上,所以由这 8 个红外特征点形成的最外围多边形的顶点刚好就是 8 个红外 LED 灯的位置,通过凸包变换可实现将这 8 个特征点的像素坐标按顺时针方向排列,而在设计红外加油锥套时也是采用顺时针的顺序对 8 个红外 LED 灯进行编号,锥套特征点编号示意图如图 3-5 所示。距离锥套中心最远的红外 LED 灯被设置为 1 号灯,所以为了实现锥套特征点匹配,需要确定出锥套中心的像素坐标。

为了确定锥套中心的像素坐标,这里采用椭圆拟合误差最小化的方法。5 个点就可唯一确定一个椭圆,对采用顺时针排列的特征点进行五五分组,共有八种组合,分组示意图如图 5-10 所示。图中每个正方块代表一个特征点,每五个黄色的正方块为分好的一组,没有被选中的特征点采用蓝色的正方块标志。其中,第一、五、六、七、八种组合包含 1 号红外 LED 灯,第二、三和四种组合则不包

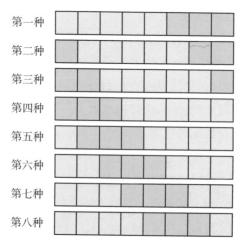

图 5-10　红外特征点分组示意

含 1 号红外 LED 灯。

在对提取到的特征点完成分组后,对每组中选中的五个特征点进行椭圆拟合,并记录拟合误差、椭圆的中心坐标,以及长、短半轴的长度。椭圆拟合见式(5-1)至式(5-3)。

求解得到的线性方程组,可得出式(5-1)中的待求参数,则拟合椭圆的中心坐标和长、短半轴可表示为

$$x_0 = \frac{BE - 2CD}{4AC - B^2} \tag{5-4}$$

$$y_0 = \frac{BD - 2AE}{4AC - B^2} \tag{5-5}$$

$$a = 2 \times \sqrt{\frac{-2F}{A + C - \sqrt{B^2 + \left(\frac{A-C}{F}\right)^2}}} \tag{5-6}$$

$$b = 2 \times \sqrt{\frac{-2F}{A + C + \sqrt{B^2 + \left(\frac{A-C}{F}\right)^2}}} \tag{5-7}$$

从上述 8 组椭圆拟合曲线中选择出具有最小拟合误差的椭圆中心作为加油锥套的中心坐标,并计算 8 个特征点到该椭圆中心坐标的距离,其中距离最远的即为 1 号红外 LED 灯所对应的特征点,然后按照顺时针的顺序依次为 2 号到 8 号红外 LED 灯所对应的特征点,从而实现特征点的匹配。基于红外视觉的锥套特征点提取及匹配流程如图 5-11 所示,其中特征点野值去除将在下一节详细介绍。

2)仿真实验分析

为了测试基于红外视觉的锥套特征点提取及匹配方法的效果,选取了一组红外图像进行实验,首先测试了 8 组特征点组合所拟合的椭圆曲线效果,实验结果如图 5-12 所示。

图 5-12 给出的结果都是便于观察的锥套区域局部放大图,其中 8 个白色亮斑为红外 LED 灯在图像中的成像,红色曲线为每组 5 个特征点拟合的椭圆曲线,红色原点为拟合曲线的中心。由图 5-12 可见,8 组椭圆拟合曲线中有 3 组不包括 1 号红外 LED 灯的拟合曲线,都能够比较好地确定出锥套中心的坐标;而包括 1 号红外 LED 灯的 5 组拟合曲线,则由于 5 个特征点并不是精确地分布

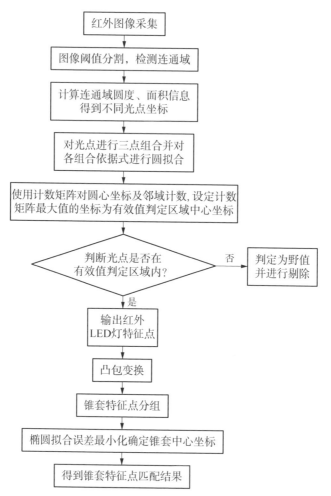

图 5-11 基于红外视觉的锥套特征点提取及匹配流程

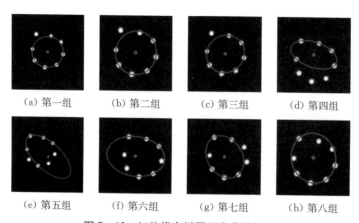

图 5-12 红外锥套椭圆拟合曲线结果

在一个圆上,拟合曲线的中心坐标相对于锥套的中心有一定的偏差。通过最小化椭圆拟合误差可准确地提取出锥套的中心像素坐标。在提取出锥套中心像素坐标后,利用距离及位置关系就可实现锥套特征点的快速匹配,一组锥套在不同状态下的红外特征点匹配结果如图 5-13 所示。

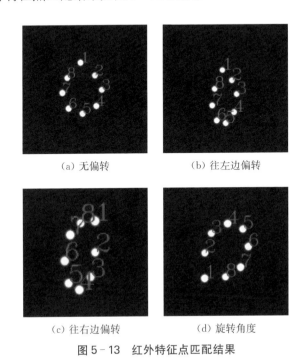

(a) 无偏转   (b) 往左边偏转

(c) 往右边偏转   (d) 旋转角度

图 5-13 红外特征点匹配结果

图 5-13 中所显示的锥套特征点匹配结果也都是便于观察的锥套区域的局部放大图,其中每个亮斑旁边的数字表示该亮斑对应第几个锥套特征点。由图可见,即使在锥套发生一定的旋转或者偏转时,所设计的匹配算法仍然能够取得很好的匹配效果,算法具有较好的稳定性。这里所设计的基于红外视觉的锥套特征点提取及匹配方法在没有特殊干扰的情况下,能够准确、快速地实现锥套特征点的提取与匹配,算法结构简单、工作效率高、稳定性好。

5.1.5.2 恶劣环境下的锥套特征点提取与匹配

红外锥套特征提取方法相较于基于颜色信息的方法有了很大的改进,操作更加简单,不需要调节相关参数,并且对光照等环境干扰适应性更强。但是,由于自然光中也存在 940 nm 的红外辐射,当这些光线通过反射进入到红外增强相机时也会在红外图像中形成光斑,从而对锥套特征点的提取及匹配造成干扰。另外,红外 LED 灯是电子设备,容易出现故障,在加油过程中某些红外 LED 灯熄灭时也会对锥套特征点的提取及匹配造成干扰。针对锥套外部存在自然光的红外辐射干扰,以及锥套内部部分红外 LED 灯出现故障的情况,设计了基于拟合曲线中心计数矩阵的锥套区域检测方法,用来排除锥套区域以外的红外亮斑干扰,同时应用基于特征模板与仿射变换的故障锥套特征点坐标预测方法,用来对由于部分红外 LED 灯出现故障而在红外图像中消失的特征点的坐标进行预测。

1) 外部干扰点的排除

针对恶劣环境下锥套特征点的提取与匹配问题,首先要做的就是从红外图像中找出加油锥套所在的区域,一旦确定了这个区域就可将锥套外部可能存在的其他红外光源的干扰排除。为了实现这个目的,可利用锥套上红外 LED 灯已知的分布信息,将 8 个 LED 灯中的 7 个精确地分布在锥套圆环平面同一个圆上,在不考虑检测误差的情况下,利用这 7 个灯所形成的特征点中的任意 5 个进行椭圆拟合后得到的拟合椭圆中心即为加油锥套中心位置。当这 7 个灯都没有出现故障时,共有 $C_7^5 = 21$ 种组合椭圆拟合后具有相同的中心坐标,当 7 个灯中有 1 个灯出现故障时,也有 $C_6^5 = 6$ 种组合椭圆拟合后具有相同的中心坐标。因此,当出现故障的红外 LED 灯不多时,可通过统计拟合椭圆中心落在红外图像中某个像素处的次数来检测加油锥套区域,具体操作步骤如下。

Step 1:构建一个一维计数矩阵 M_1 和一个二维计数矩阵 M_2,M_1 的长度与图像的宽度相同,M_2 的大小与红外图像大小相同,并将它们的所有元素都初始化为 0。

Step 2:假定从当前采集的红外图像中一共提取出 N 个亮斑的中心坐标,对这 N 个亮斑坐标进行五五组合,一共有 C_N^5 种不同的组合。

Step 3:从上述组合中选择一个组合通过最小二乘椭圆拟合方法[10]计算出拟合椭圆的中心坐标和半长轴。

Step 4:如果拟合椭圆的中心像素坐标为 (x_i, y_i),则将矩阵 M_2 中距离 (x_i, y_i) 处最近的 5 个元素的值加 1;如果拟合椭圆的半长轴为 r,则将矩阵 M_1 中序号下标在 $[r-1, r+1]$ 区间内的元素的值加 1。

Step 5:重复 Step 3 和 Step 4 的操作,按照 Step 4 中的规则更新 M_1 和 M_2 两个计数矩阵中元素的值。

Step 6:当所有组合都遍历后,则 M_2 中值最大的元素在矩阵中的位置坐标就是红外图像中的锥套中心坐标,M_1 中元素值最大的元素所对应的下标序号即为锥套所在区域的圆半径大小。根据中心坐标和半径可确定锥套在红外图像中的区域。当锥套区域被确定以后,所提取到的亮斑中心像素坐标落在锥套区域以外的即被视作干扰点,而落在锥套区域以内的则被认为是由红外 LED 标志灯所形成的锥套特征点。

基于椭圆拟合的锥套区域检测方法最多需要进行 21 次椭圆拟合,最少要进行 6 次。但是,当出现故障的红外 LED 灯较多时,比如 7 个分布在一个圆上的红外 LED 灯有 2~3 个出现故障时,五点椭圆拟合的算法就失效了。此时,可以利用三点圆拟合的算法[11]来代替:当 7 个灯中有 2 个出现故障时,共有 $C_5^3=10$ 种组合圆拟合后具有相同的中心坐标;当 7 个灯中有 3 个出现故障时,共有 $C_4^3=4$ 种组合圆拟合后具有相同的中心坐标。因此,同样可利用统计拟合圆的中心坐标落在红外图像中某个像素处的次数来实现对加油锥套区域的检测。由于拍摄角度的关系,虽然在实际采集的锥套红外图像中红外特征点并不是分布在一个圆上而是分布在一个椭圆上,通过圆拟合可能会导致拟合圆心坐标脱离图像的范围,但是在锥套不发生明显偏转的情况下,基于三点圆拟合的锥套区域检测方法仍是有效的。基于拟合曲线中心计数矩阵的干扰点排除算法流程如图 5-14 所示。

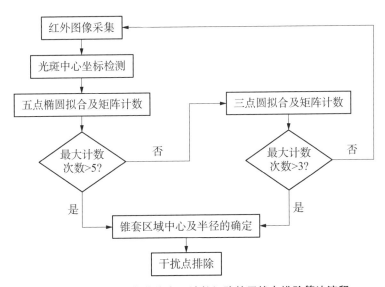

图 5-14 基于拟合曲线中心计数矩阵的干扰点排除算法流程

2) 故障特征点像素坐标的预测

经过外部干扰点的排除操作后,剩下的亮斑中心像素坐标都是锥套区域内的锥套特征点。因为可能存在红外 LED 灯故障,所以在确定锥套区域后要统计落在该区域内的特征点个数。当特征点个数小于 8 时,说明有些红外 LED 灯出现了故障,它们没有在红外图像上成像。此时,为了实现后续的特征点匹配及相对位姿测量,需对出现故障的红外 LED 灯在图像上所对应的特征点坐标进行预测。

　　本节应用基于特征模板与仿射变换的故障特征点坐标预测方法,其基本思想与可见光锥套标志点预测方法相同。首先采集一帧不受外部干扰点影响且红外 LED 灯都正常的加油锥套红外图像,对其进行锥套特征点提取,并将提取到的特征点像素坐标保存作为锥套模板特征点点集。由于在不同帧红外锥套图像中的特征点点集相当于发生了一种特定参数的仿射变换,如果能够求出两帧图像特征点点集之间的仿射变换关系,则可轻松地将一帧图像的特征点坐标变换到另一帧图像。因此,当在某一帧图像中提取到的特征点个数小于 8 时,可先通过计算模板特征点点集和当前帧特征点点集之间的仿射变换矩阵,然后利用该矩阵将故障的特征点坐标预测出来。

　　仿射变换(affine transformation)是一种常见的几何变换,它涉及旋转、平移、尺度缩放、反射、相似等几何变换,而且将这些简单几何变换进行随机组合后仍是仿射变换。仿射变换可保持图像中线段之间的平行关系和线段长度的比例关系不变,但是在仿射变换过程中线段的长度和不同线段之间的夹角可能会发生变化。仿射变换的一般公式如下:

$$\begin{pmatrix} x' \\ y' \\ 1 \end{pmatrix} = \begin{pmatrix} m_{11} & m_{12} & t_x \\ m_{21} & m_{22} & t_y \\ 0 & 0 & 1 \end{pmatrix} \begin{pmatrix} x \\ y \\ 1 \end{pmatrix} \tag{5-8}$$

展开得

$$\begin{cases} x' = m_{11}x + m_{12}y + t_x \\ y' = m_{21}x + m_{22}y + t_y \end{cases} \tag{5-9}$$

式中:(x, y) 为仿射变换前的坐标;(x', y') 为变换后的坐标;m_{ij} 表示旋转、尺度缩放参数;t_x、t_y 为平移参数。

　　假定在当前帧红外图像中只检测到 $L(L<8)$ 个特征点,为了计算锥套模板特征点集和当前帧检测到的特征点集之间的仿射变换矩阵,需从模板中也选择 L 个特征点与当前帧检测到的特征点构成 L 个点对,即从 8 个模板特征点中任意选择 L 个,一共有 C_8^L 种不同的组合,通过最小化反投影误差,计算出模板特

征点集到当前帧检测特征点集之间的最优仿射变换矩阵,然后利用这个最优矩阵对所有模板特征点进行仿射变换,则可预测出故障红外 LED 灯所对应的锥套特征点在图像中的像素坐标,从而利用这些预测的特征点像素坐标完成后续的相对位姿测量。基于特征模板与仿射变换的故障特征点坐标预测算法流程如图 5-15 所示。

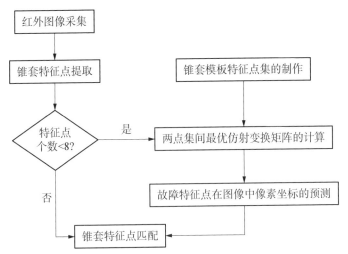

图 5-15 基于特征模板与仿射变换的故障特征点坐标预测算法流程

3) 仿真实验分析

为了测试恶劣环境下锥套特征点提取及匹配方法的有效性,进行了一系列测试实验。首先对基于拟合曲线中心计数矩阵的干扰点排除方法进行了测试,在测试实验过程中通过人为地在锥套外部加入特征干扰点,同时在锥套内部对红外 LED 灯进行人为遮挡处理,以模拟部分红外 LED 灯出现故障的情况,实验测试结果如图 5-16 所示。

图 5-16 左边图像中的红色曲线表示不同亮斑像素坐标组合所拟合出的曲线,二维计数矩阵中最大元素所对应下标在图像中的位置代表锥套中心位置。白色圆形曲线表示以锥套中心为圆心,以一维计数矩阵中最大元素所在下标序号值为半径所画的圆,代表检测到的锥套区域。图 5-16 右边的图像表示左边图像去除拟合曲线的锥套区域检测效果图。由图可见,即使是在部分红外 LED 灯出现故障且锥套发生偏转的情况下,所设计的方法仍然能够准确地定位出加油锥套所在的区域,从而将外部的人为红外干扰点排除,只保留锥套内部区域的锥套特征点。

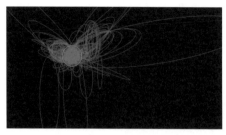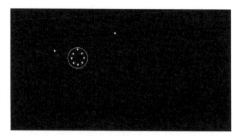

(a) 红外 LED 灯无故障

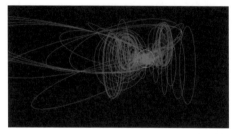

(b) 1 个红外 LED 灯出现故障

(c) 2 个红外 LED 灯出现故障

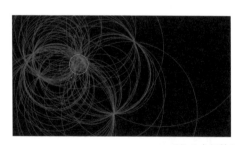

(d) 3 个红外 LED 灯出现故障

图 5-16　外部干扰点排除实验结果

对基于特征模板与仿射变换的故障特征点坐标预测方法进行了测试,实验过程中通过人为地对部分红外 LED 灯进行遮挡,以模拟部分红外 LED 灯出现故障的情况,实验结果如图 5-17 所示。

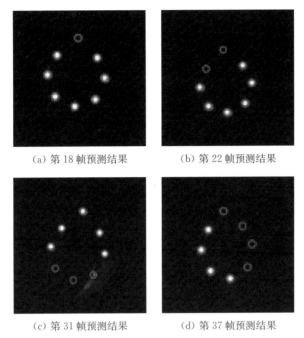

(a) 第18帧预测结果 (b) 第22帧预测结果

(c) 第31帧预测结果 (d) 第37帧预测结果

图 5-17 基于特征模板和仿射变换的锥套特征点坐标预测结果

为便于观察,图5-17中所示的锥套故障特征点坐标预测结果图是锥套区域的局部放大图像,图中红色的小圆形曲线代表利用计算得到的锥套模板特征点点集与当前帧红外图像检测点点集之间的最优仿射变换矩阵,将模板特征点变换到当前帧图像后在当前帧红外图像中的位置。

红色小圆形曲线所在位置与当前帧图像中的特征点圆形亮斑重合度越高,说明变换误差越小,而其中没有与白色光斑重合的小圆形曲线所在的位置则是代表对故障红外 LED 灯在图像中所对应特征点像素坐标的预测。图5-17所示4种情况中检测到的锥套特征点像素坐标与小圆形曲线所代表的锥套特征点的预测像素坐标对比结果数据如表5-2至表5-5所示。

表 5-2 1个红外 LED 灯故障时的数据对比

特征点序号	检测 x 坐标	检测 y 坐标	预测 x 坐标	预测 y 坐标
1	620.4	659.6	620.9	659.7
2	647.4	650.4	647.4	650.9
3	596.2	647.2	596.2	346.7
4	661.2	624.5	660.7	624.1

（续表）

特征点序号	检测 x 坐标	检测 y 坐标	预测 x 坐标	预测 y 坐标
5	588.3	619.2	587.7	619.5
6	652.3	598.4	652.6	598.4
7	601.4	595.1	601.0	595.2
8	—	—	**628.8**	**572.9**

表 5-3　2 个红外 LED 灯故障时的数据对比

特征点序号	检测 x 坐标	检测 y 坐标	预测 x 坐标	预测 y 坐标
1	598.4	662.2	598.7	662.3
2	625.5	652.8	625.4	653.3
3	573.0	649.4	572.9	648.9
4	638.3	626.9	637.7	626.3
5	563.8	620.9	563.7	6 201.1
6	628.2	600.5	628.7	600.7
7	—	—	**577.2**	**596.9**
8	—	—	**604.2**	**575.5**

表 5-4　3 个红外 LED 灯故障时的数据对比

特征点序号	检测 x 坐标	检测 y 坐标	预测 x 坐标	预测 y 坐标
1	554.2	544.6	554.0	544.6
2	490.7	536.5	490.5	536.4
3	547.4	521.8	547.7	521.9
4	502.9	516.4	503.1	516.4
5	528.0	498.8	527.7	498.7
6	—	—	**518.0**	**573.0**
7	—	—	**541.4**	**567.1**
8	—	—	**486.9**	**560.3**

表 5-5 4 个红外 LED 灯故障时的数据对比

特征点序号	检测 x 坐标	检测 y 坐标	预测 x 坐标	预测 y 坐标
1	708.0	674.3	708.0	674.3
2	677.0	660.3	677.0	660.3
3	664.9	626.2	664.9	626.2
4	678.7	596.3	678.8	596.3
5	——	——	**737.1**	**659.0**
6	——	——	**746.5**	**624.4**
7	——	——	**733.6**	**596.1**
8	——	——	**705.7**	**570.7**

由实验结果可见,所设计的方法对于故障红外 LED 灯在图像中对应的锥套特征点像素坐标具有很好的预测效果,一般情况下通过仿射变换预测到的特征点坐标与检测到的特征点坐标之间的差别保持在 1 个像素以内,去掉小数位保持整数后的像素坐标基本上是完全相同的。因此,当部分红外 LED 灯出现故障时,利用预测得到的特征点坐标仍然可继续进行后续的相对位姿测量。

5.2 锥套相对位姿测量

相对位姿测量一直是基于视觉导航的软式自主空中加油过程中的关键性问题,只有快速、准确、稳定地测量出加油锥套与受油插头间的相对位姿信息,才能利用该信息控制受油机实现自主对接,从而达到自主空中加油的目的。由于相机与受油插头都被固定在受油机上,二者之间的相对位姿信息是固定的且已知的,故可将上述测量锥套和插头间的相对位姿问题转换为测量相机和锥套间的相对位姿问题,即通过视觉导航测量得到锥套所在坐标系和相机坐标系间的平移、旋转矩阵。

5.2.1 位姿测量问题描述

位姿估计是一种"n 点视角"(perspective-n-point, PnP)问题,在已知图像中三维坐标和相机参数的前提下,计算三维坐标参考系与相机之间的转移矩阵。PnP 算法大致可分为迭代和非迭代两类,非迭代算法通过构建方程组来求解位姿估计问题,这类方法为了得到更加精确的位姿信息,一般需要较多的特征点个数。EPnP(efficient perspective-n-point)算法[12]是在 2009 年提出的高精度快速位姿解算方法,该算法为非迭代算法,抗干扰能力相对较强,是目前最高效的位姿解算方法之一。后来提出的 RPnP(robust perspective-n-point)算法[13]不仅具有非常低的计算复杂度,而且具有非常高的位姿测量精度,是一种非常高效、稳定的非迭代位姿估计算法。高斯最小二乘微分校正(the Gaussian least squares differential correction, GLSDC)[8]是由 Haralick 等基于高斯-牛顿法(Gauss-Newton method, GN)所提出的迭代位姿估计方法,用于求解非线性最小二乘定位问题。LHM(Lu, Hager, Mjolsness)算法[14]是一种非常高效且经典的迭代位姿估计算法,在以往有关的空中加油文献中被多次使用,如来自意大利比萨大学的 Pollini 团队和美国西弗吉尼亚大学的 Giampiero Campa 团队等都在多篇论文中利用 LHM 位姿估计算法[15]来对加/受油机之间的相对位姿信息进行求解。基于 RPnP 算法的基本原理,这里设计了一种新的鲁棒的位姿估计算法即 BPnP(binocular perspective-n-point)算法,将原算法扩展到双目测量系统,并采用 RRA 算法[16]对 BPnP 算法的旋转轴进行优化,寻找算法最优旋转轴,进一步提高该算法位姿解算的精度。

5.2.2　非迭代位姿估计

5.2.2.1　EPnP 算法

相机坐标系用 F^c 表示,世界坐标系用 F^w 表示,任何一点可以用 4 个控制点 $P_i^w(i=1, 2, 3, 4)$ 表示为

$$P_i^w = \sum_{j=1}^{4} \alpha_{ij} c_j^w, \quad \sum_{j=1}^{4} \alpha_{ij} = 1 \tag{5-10}$$

写成齐次矩阵形式为

$$p_i^w = \begin{bmatrix} c_1^w & c_2^w & c_3^w & c_4^w \\ 1 & 1 & 1 & 1 \end{bmatrix} \alpha_i \tag{5-11}$$

对于上述方程,只要 $\begin{bmatrix} c_1^w & c_2^w & c_3^w & c_4^w \\ 1 & 1 & 1 & 1 \end{bmatrix}$ 是非奇异的,就一定能找到满足条件的 α_i。理论上来说,可以任意选择控制点,本方法选择第一个控制点为参考点的中心,即

$$c_1^w = \frac{1}{n} \sum_{i=1}^{n} p_i^w \tag{5-12}$$

其他的点在主成分分析（principal component analysis，PCA）得到的主轴上单位长度处，可以得到矩阵 $\boldsymbol{A}$。

$$\boldsymbol{A} = \begin{bmatrix} (p_1^{\mathrm{w}})^{\mathrm{T}} - (c_1^{\mathrm{w}})^{\mathrm{T}} \\ \vdots \\ (p_n^{\mathrm{w}})^{\mathrm{T}} - (c_1^{\mathrm{w}})^{\mathrm{T}} \end{bmatrix} \tag{5-13}$$

计算 $\boldsymbol{A}^{\mathrm{T}}\boldsymbol{A}$ 的 3 个特征值 λ_1、λ_2、λ_3，得到的对应的特征向量为 $\boldsymbol{v}_1$、$\boldsymbol{v}_2$、$\boldsymbol{v}_3$，就可得到其他 3 个控制点为

$$\begin{cases} c_2^{\mathrm{w}} = c_1^{\mathrm{w}} + \sqrt{\dfrac{\lambda_1}{n}} \boldsymbol{v}_1 \\[2mm] c_3^{\mathrm{w}} = c_1^{\mathrm{w}} + \sqrt{\dfrac{\lambda_2}{n}} \boldsymbol{v}_2 \\[2mm] c_4^{\mathrm{w}} = c_1^{\mathrm{w}} + \sqrt{\dfrac{\lambda_3}{n}} \boldsymbol{v}_3 \end{cases} \tag{5-14}$$

已知 4 个控制点在世界坐标系下的坐标 c_j，以及每个三维点的系数 α_{ij}，采用解析方法可相应求出 4 个控制点在相机坐标系下的坐标。

已知一组点云在两个坐标系中的坐标，通过两个坐标系的位姿变换，就可求解出外参 $[R \mid t]$。这是一个典型的三维-三维匹配问题，具体计算步骤如下。

Step 1：求解世界坐标系和相机坐标系中心点坐标，$P_{\mathrm{c}}^{\mathrm{c}} = \dfrac{\sum P_{\mathrm{c}}^i}{N}$，$P_{\mathrm{w}}^{\mathrm{c}} = \dfrac{\sum P_{\mathrm{w}}^i}{N}$。

Step 2：分别计算世界和相机坐标系下去中心点后坐标，$q_{\mathrm{c}}^i = P_{\mathrm{c}}^i - P_{\mathrm{c}}^{\mathrm{c}}$，$q_{\mathrm{w}}^i = P_{\mathrm{w}}^i - P_{\mathrm{w}}^{\mathrm{c}}$。

Step 3：通过去中心点坐标计算 Hessian 矩阵，$\boldsymbol{H} = \sum\limits_{i=1}^{N} q_{\mathrm{c}}^i \boldsymbol{q}_x^{i\mathrm{T}}$。

Step 4：对 $\boldsymbol{H}$ 矩阵进行奇异值分解（singular value decomposition，SVD），$\boldsymbol{H} = \boldsymbol{U} \wedge \boldsymbol{V}^{\mathrm{T}}$。

Step 5：计算 $\boldsymbol{X} = \boldsymbol{V}\boldsymbol{U}^{\mathrm{T}}$，如果 $\triangle x = 1$，则 $\boldsymbol{R} = \boldsymbol{X}$，$\boldsymbol{t} = \boldsymbol{P}_{\mathrm{c}}^{\mathrm{c}} - \boldsymbol{R}\boldsymbol{P}_{\mathrm{w}}^{\mathrm{c}}$，否则 $R(2, \cdot) = -R(2, \cdot)$。

Step 6：计算平移向量 $\boldsymbol{t} = \boldsymbol{P}_{\mathrm{c}}^{\mathrm{c}} - \boldsymbol{R}\boldsymbol{P}_{\mathrm{w}}^{\mathrm{c}}$。

5.2.2.2　RPnP 算法

RPnP 是由 Li 和 Xu 提出的一种非常高效、稳定的非迭代位姿估计算法[13],该算法通过构造一个七阶多项式来进行求解,它在特征点集元素个数小于 5 时也能取得很好的估计效果,并且能保持计算复杂度与点集元素个数 n 呈线性关系。其中心思想可以分为三步:①将所有的参考点分为 $n-2$ 组不同的包含三个参考点的点集,并将每个点集根据三角几何原理构造成一个四阶的多项式,这样可以构造出 $n-2$ 个四阶多项式;②计算步骤 1 中构造的 $n-2$ 个四阶多项式平方的总和,形成一个八阶的代价函数;③通过对步骤 2 中的八阶多项式求导数,并解算出倒数函数的特征根从而确定出最优解。该算法在使用更少的计算时间的情况下,可以达到更高的迭代算法的精度;而在特征点集元素个数小于 5 的情况下,该算法可以取得比迭代算法更好的位姿估计效果。

RPnP 算法通过求解方程组来实现位姿估计,它具有非常高的解算精度且较低的计算复杂度,是一种高效的位姿估计算法。RPnP 算法的实现流程如下:

(1) 建立加油锥套标志点四阶多项式方程组。在锥套世界坐标系下,选择 2 个标志点 (m_{i0}, m_{j0}) 的连线作为旋转轴 $(\overrightarrow{m_{i0}m_{j0}})$,以 $\overrightarrow{m_{i0}m_{j0}}$ 连线的中点为坐标原点,$\overrightarrow{m_{i0}m_{j0}}$ 连线所在方向为 O_aZ_a 轴方向建立新的坐标系 $O_a\text{-}X_aY_aZ_a$,并将原锥套世界坐标系下的 7 个标志点坐标转换到新坐标系 $O_a\text{-}X_aY_aZ_a$ 下,记为 $M^a = \{m_1^a, m_2^a, \cdots, m_7^a\}$。接着对新坐标系下的 7 个标志点坐标进行三三组合后可得 5 个不同的点集,根据三角几何原理每三个点可以构造一个四阶多项式,5 个点集可以形成包含 5 个四阶多项式的方程组:

$$\begin{cases} f_1(x) = \alpha_1 x^4 + \beta_1 x^3 + \chi_1 x^2 + \delta_1 x + e_1 = 0 \\ f_2(x) = \alpha_2 x^4 + \beta_2 x^3 + \chi_2 x^2 + \delta_2 x + e_2 = 0 \\ \qquad\qquad\qquad \vdots \\ f_5(x) = \alpha_5 x^4 + \beta_5 x^3 + \chi_5 x^2 + \delta_5 x + e_5 = 0 \end{cases} \tag{5-15}$$

式中:参数 α_i、β_i、χ_i、δ_i、$e_i (i=1, 2, \cdots, 5)$ 可以用新坐标系下标志点之间的距离和它们与相机光轴中心点所构成的方向向量之间的夹角、距离表示。

(2) 相机坐标系下的标志点坐标求解。将式(5-15)中所有四阶多项式求平方和,可得一个八阶的代价函数 $F = \sum_{i=1}^{5} f_i^2(x)$。 然后,对该代价函数求导,再求导函数倒数的零解,可最多解算得 4 个特征根,通过这些特征根可计算出 7 个标志点在相机坐标系下的坐标,记为 $M^{cam} = \{m_1^{cam}, m_2^{cam}, \cdots, m_7^{cam}\}$。 通过 **Step 1**

确定旋转轴的标志点 m_{i0} 和 m_{j0}，以及其对应的相机系坐标 m_{i0}^{cam}、m_{j0}^{cam}，可得相机坐标系 $O_c Z_c$ 轴的公式为

$$Z_c = \frac{\overrightarrow{m_{i0}^{\mathrm{cam}} m_{j0}^{\mathrm{cam}}}}{\| m_{i0}^{\mathrm{cam}} m_{j0}^{\mathrm{cam}} \|} \tag{5-16}$$

（3）求解旋转矩阵 $\boldsymbol{R}$ 与平移向量 $\boldsymbol{t}$。已知新坐标系 $O_a Z_a$ 轴与相机坐标系 $O_c Z_c$ 轴相对应，则坐标系 $O_a\text{-}X_a Y_a Z_a$ 与相机系之间的旋转矩阵 $\boldsymbol{R}$ 可由一个未知旋转角度 ξ 表示：

$$\boldsymbol{R} = \boldsymbol{H} \cdot \mathrm{rot}(Z_c, \xi) = \begin{bmatrix} h_1 & h_4 & h_7 \\ h_2 & h_5 & h_8 \\ h_3 & h_6 & h_9 \end{bmatrix} \begin{bmatrix} \cos\xi & -\sin\xi & 0 \\ \sin\xi & \cos\xi & 0 \\ 0 & 0 & 1 \end{bmatrix} \tag{5-17}$$

式中：$\boldsymbol{H}$ 表示任意正交旋转矩阵，其第三列 $\begin{bmatrix} h_7 & h_8 & h_9 \end{bmatrix}^{\mathrm{T}}$ 等于 $\boldsymbol{Z}_c$；$\mathrm{rot}(Z_c, \xi)$ 为绕 $O_c Z_c$ 轴旋转角度 ξ。

根据相机成像原理，可将三维特征点投影到二维标准图像平面：

$$\lambda_i \begin{bmatrix} u_i \\ v_i \\ 1 \end{bmatrix} = \begin{bmatrix} h_1 & h_4 & h_7 \\ h_2 & h_5 & h_8 \\ h_3 & h_6 & h_9 \end{bmatrix} \begin{bmatrix} \cos\xi & -\sin\xi & 0 \\ \sin\xi & \cos\xi & 0 \\ 0 & 0 & 1 \end{bmatrix} \begin{bmatrix} x_i^{\mathrm{a}} \\ y_i^{\mathrm{a}} \\ z_i^{\mathrm{a}} \end{bmatrix} + \begin{bmatrix} t_x \\ t_y \\ t_z \end{bmatrix} \tag{5-18}$$

式中：(u_i, v_i) 表示标志点的像素坐标；$(x_i^{\mathrm{a}}, y_i^{\mathrm{a}}, z_i^{\mathrm{a}})$ 为 $O_a\text{-}X_a Y_a Z_a$ 坐标系下第 i 个标志点的坐标；$\boldsymbol{t} = \begin{bmatrix} t_x & t_y & t_z \end{bmatrix}^{\mathrm{T}}$ 表示坐标系 $O_a\text{-}X_a Y_a Z_a$ 与相机系之间的平移向量。通过化简并求解式（5-18）可得坐标系间的转移参数向量 $\begin{bmatrix} \cos\xi & \sin\xi & t_x & t_y & t_z & 1 \end{bmatrix}^{\mathrm{T}}$，将每个标志点构造一个 2×6 的方程组，并进一步组合所有标志点构成的方程组，利用奇异值分解方法[13]求解组合后的方程组，可得坐标系 $O_a\text{-}X_a Y_a Z_a$ 与相机系之间的旋转矩阵 $\boldsymbol{R}$、平移向量 $\boldsymbol{t}$。

5.2.2.3　BPnP 算法

BPnP 算法是基于 RPnP 优化改进得到的，将原算法扩展到双目测量系统，由于 BPnP 利用了 2 个视觉传感器的测量信息，能够有效提高视觉系统的测量精度。

1）双目位姿估计问题描述

经过校准的双目相机系统的位姿估计问题可定义如下：$\begin{bmatrix} \boldsymbol{R}^{\mathrm{rl}} & \boldsymbol{t}^{\mathrm{rl}} \end{bmatrix}_{3\times4}$ 为左相机到右相机的旋转和平移矩阵，$P_i(i=1, 2, \cdots, n, n>3)$ 为立体坐标系下的 n 个参考点，$P_i^{\mathrm{l}}(i=1, 2, \cdots, n)$ 为相应参考点在左图像平面上归一化后的

投影点，$P_i^r(i=1,2,\cdots,n)$为参考点在右图像平面上归一化后的投影点，投影结果如图 5-18 所示。

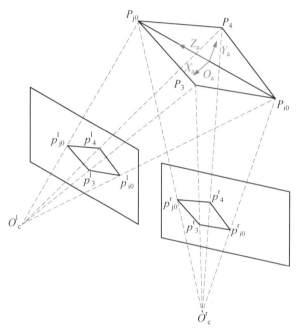

图 5-18　双目视觉系统中的三维空间参考点及其投影点

本算法旨在估计目标在左相机和右相机内的六自由度信息，分别表示为$\begin{bmatrix}\boldsymbol{R}^l & \boldsymbol{t}^l\end{bmatrix}_{3\times4}$ 和 $\begin{bmatrix}\boldsymbol{R}^r & \boldsymbol{t}^r\end{bmatrix}_{3\times4}$。因为已知双相机坐标系之间的刚性变换关系，所以根据确定的左相机的六自由度信息，可以通过如下方法获得右相机的六自由度信息：

$$\begin{bmatrix}\boldsymbol{R}^r & \boldsymbol{t}^r \\ \boldsymbol{0}^T & 1\end{bmatrix}=\begin{bmatrix}\boldsymbol{R}^{rl} & \boldsymbol{t}^{rl} \\ \boldsymbol{0}^T & 1\end{bmatrix}\begin{bmatrix}\boldsymbol{R}^l & \boldsymbol{t}^l \\ \boldsymbol{0}^T & 1\end{bmatrix} \tag{5-19}$$

将左相机坐标系定义为统一的双目相机系统坐标系，并运用双相机提供的信息，通过式(5-19)的转化，双目视觉位姿估计问题即变为求解参考坐标系与统一坐标系之间的刚性变换问题。

2）算法原理

如 5.2.2.2 节确定了旋转轴后，从坐标系 $O_a\text{-}X_aY_aZ_a$ 到左相机坐标系的旋转矩阵如式(5-17)可表示为 $\boldsymbol{R}^l$。给定的 n 个三维参考点从左相机图像平面到

右相机图像平面的投影可表示为

$$
\begin{cases}
\lambda_i^l p_i^l = \boldsymbol{R}^l P_i + \boldsymbol{t}^l \\
\lambda_i^r p_i^r = \boldsymbol{R}^{rl} \boldsymbol{R}^l P_i + \boldsymbol{R}^{rl} \boldsymbol{t}^l + \boldsymbol{t}^{rl}
\end{cases}
\tag{5-20}
$$

式中：$P_i = [X_i \quad Y_i \quad Z_i]^T$ 为坐标系 O_a-$X_a Y_a Z_a$ 中参考点的三维坐标；$p_i^l = (u_i, v_i, 1)^T$ 和 $p_i^r = (u_i^r, v_i^r, 1)^T$ 分别表示左边图像平面和右边图像平面归一化的坐标。

为了求解未知的变量 $\sin \xi$、$\cos \xi$、$\boldsymbol{t}^l = [t_x^l \quad t_y^l \quad t_z^l]^T$，将 $\boldsymbol{R}^l$ 代入式 (5-20)，得到一个 $4n \times 6$ 的齐次线性方程组：

$$
[\boldsymbol{A}_{4n \times 1} \quad \boldsymbol{B}_{4n \times 1} \quad \boldsymbol{C}_{4n \times 4}] [\cos \xi \quad \sin \xi \quad t_x^l \quad t_y^l \quad t_z^l \quad 1]^T = 0
\tag{5-21}
$$

式中：

$$
\boldsymbol{A}_{4n \times 1} = \begin{bmatrix}
u_1^l X_1 r_3 - Y_1 r_4 - X_1 r_1 + u_1^l Y_1 r_6 \\
v_1^l X_1 r_3 - Y_1 r_5 - X_1 r_2 + v_1^l Y_1 r_6 \\
u_1^r X_1 d_3 - Y_1 d_4 - X_1 d_1 + u_1^r Y_1 d_6 \\
v_1^r X_1 d_3 - Y_1 d_5 - X_1 d_2 + v_1^r Y_1 d_6 \\
\vdots \\
u_n^l X_n r_3 - Y_n r_4 - X_n r_1 + u_n^l Y_n r_6 \\
v_n^l X_n r_3 - Y_n r_5 - X_n r_2 + v_n^l Y_n r_6 \\
u_n^r X_n d_3 - Y_n d_4 - X_n d_1 + u_n^r Y_n d_6 \\
v_n^r X_n d_3 - Y_n d_5 - X_n d_2 + v_n^r Y_n d_6
\end{bmatrix},
$$

$$
\boldsymbol{B}_{4n \times 1} = \begin{bmatrix}
Y_1 r_1 + u_1^l X_1 r_6 - u_1^l Y_1 r_3 - X_1 r_4 \\
Y_1 r_2 + v_1^l X_1 r_6 - v_1^l Y_1 r_3 - X_1 r_5 \\
Y_1 d_1 + u_1^r X_1 d_6 - u_1^r Y_1 d_3 - X_1 d_4 \\
Y_1 d_2 + v_1^r X_1 d_6 - v_1^r Y_1 d_3 - X_1 d_5 \\
\vdots \\
Y_n r_1 + u_n^l X_n r_6 - u_n^l Y_n r_3 - X_n r_4 \\
Y_n r_2 + v_n^l X_n r_6 - v_n^l Y_n r_3 - X_n r_5 \\
Y_n d_1 + u_n^r X_n d_6 - u_n^r Y_n d_3 - X_n d_4 \\
Y_n d_2 + v_n^r X_n d_6 - v_n^r Y_n d_3 - X_n d_5
\end{bmatrix},
$$

$$C_{4n\times4} = \begin{bmatrix} C_1 & C_2 & C_3 & C_4 \end{bmatrix}, \quad C_1 = \begin{bmatrix} -1 \\ 0 \\ u_1^r r_3^{rl} - r_1^{rl} \\ v_1^r r_3^{rl} - r_2^{rl} \\ \vdots \\ -1 \\ 0 \\ u_n^r r_3^{rl} - r_1^{rl} \\ v_n^r r_3^{rl} - r_2^{rl} \end{bmatrix}, \quad C_2 = \begin{bmatrix} 0 \\ -1 \\ u_1^r r_6^{rl} - r_4^{rl} \\ v_1^r r_6^{rl} - r_5^{rl} \\ \vdots \\ 0 \\ -1 \\ u_n^r r_6^{rl} - r_4^{rl} \\ v_n^r r_6^{rl} - r_5^{rl} \end{bmatrix},$$

$$C_3 = \begin{bmatrix} u_1^l \\ v_1^l \\ u_1^r r_9^{rl} - r_7^{rl} \\ v_1^r r_9^{rl} - r_8^{rl} \\ \vdots \\ u_n^l \\ v_n^l \\ u_n^r r_9^{rl} - r_7^{rl} \\ v_n^r r_9^{rl} - r_8^{rl} \end{bmatrix}, \quad C_4 = \begin{bmatrix} u_1^l r_9 Z_1 - r_7 Z_1 \\ v_1^l r_9 Z_1 - r_8 Z_1 \\ u_1^r d_9 Z_1 - d_7 Z_1 + u_1^r t_3^{rl} - t_1^{rl} \\ v_1^r d_9 Z_1 - d_8 Z_1 + v_1^r t_3^{rl} - t_2^{rl} \\ \vdots \\ u_n^l r_9 Z_n - r_7 Z_n \\ v_n^l r_9 Z_n - r_8 Z_n \\ u_n^r d_9 Z_n - d_7 Z_n + u_n^r t_3^{rl} - t_1^{rl} \\ v_n^r d_9 Z_n - d_8 Z_n + v_n^r t_3^{rl} - t_2^{rl} \end{bmatrix},$$

$$D = R^{rl} R = \begin{bmatrix} h_1^{rl} & h_4^{rl} & h_7^{rl} \\ h_2^{rl} & h_5^{rl} & h_8^{rl} \\ h_3^{rl} & h_6^{rl} & h_9^{rl} \end{bmatrix} \begin{bmatrix} h_1 & h_4 & h_7 \\ h_2 & h_5 & h_8 \\ h_3 & h_6 & h_9 \end{bmatrix} = \begin{bmatrix} d_1 & d_4 & d_7 \\ d_2 & d_5 & d_8 \\ d_3 & d_6 & d_9 \end{bmatrix}。$$

求解线性方程组后，就可利用结果将这些三维参考点转换到左相机坐标系 $O_c^l\text{-}X_c^l Y_c^l Z_c^l$。一旦确定了左相机的位姿，通过双目相机标定结果，可根据式 (5-19) 获得右相机的位姿。

5.2.3　迭代位姿估计

5.2.3.1　GLSDC 法

GLSDC 法[17-19]在给定初值后，用迭代的方法（具体见下文）使估计点的坐标不断接近提取点的坐标，从而估计出最优的旋转矩阵 R 和平移向量 t。

1）牛顿法原理

牛顿法是一种迭代的优化方法,利用泰勒展开式将非线性问题转换为线性化问题,最终通过迭代求得最优解。假设目标方程如下所示:

$$\begin{cases} f_1(x_1, \cdots, x_n) = 0 \\ \qquad\vdots \\ f_n(x_1, \cdots, x_n) = 0 \end{cases} \tag{5-22}$$

式中:$f_1, \cdots, f_n$ 均为 $(x_1, \cdots, x_n)$ 的多元函数,用向量记号记 $\vec{x} = (x_1, \cdots, x_n)^{\mathrm{T}} \in R^n$, $\vec{F} = (f_1, \cdots, f_n)^{\mathrm{T}}$,则上式可记为

$$F(x) = 0 \tag{5-23}$$

当 $n \geqslant 2$ 且 $f_i(i = 1, \cdots, n)$ 中至少有一个是自变量 $x_i(i = 1, \cdots, n)$ 的非线性函数时,则称前面的方程组为非线性方程组。若已给出方程组(5-22)的一个近似根 $x^{(k)} = (x_1^k, \cdots, x_n^k)^{\mathrm{T}}$,将函数 $F(x)$ 的分量 $f_i(x)(i = 1, \cdots, n)$ 在 $x^{(k)}$ 处用泰勒级数展开,并取其线性部分,则可将 $F(x)$ 表示为

$$F(x) \approx F[x^{(k)}] + F'[x^{(k)}][x - x^{(k)}] \tag{5-24}$$

令上式右端为零,得到线性方程组:

$$F'[x^{(k)}][x - x^{(k)}] = -F[x^{(k)}] \tag{5-25}$$

式中:

$$F'(x) = \begin{bmatrix} \dfrac{\partial f_1(x)}{\partial x_1} & \dfrac{\partial f_1(x)}{\partial x_2} & \cdots & \dfrac{\partial f_1(x)}{\partial x_n} \\ \dfrac{\partial f_2(x)}{\partial x_1} & \dfrac{\partial f_2(x)}{\partial x_2} & \cdots & \dfrac{\partial f_2(x)}{\partial x_n} \\ \vdots & \vdots & & \vdots \\ \dfrac{\partial f_n(x)}{\partial x_1} & \dfrac{\partial f_n(x)}{\partial x_2} & \cdots & \dfrac{\partial f_n(x)}{\partial x_n} \end{bmatrix} \tag{5-26}$$

式(5-26)称为 $F(x)$ 的雅可比(Jacobi)矩阵。求解线性方程组式(5-25),并记解为 $x^{(k+1)}$,则可得

$$\begin{cases} x^{(k+1)} = x^{(k)} + s^{(k)} \\ s^{(k)} = -F'[x^{(k)}]^{-1} F[x^{(k)}] \end{cases} (k = 0, 1, \cdots) \tag{5-27}$$

上述过程是基本牛顿法的求解过程。该方法要求 $F'(x)$ 具有连续的性质，并且初始值位于 x 周围的某一个区域内时，牛顿法才满足收敛条件。因此，牛顿法的雅可比矩阵具有计算量较大且收敛条件较为苛刻的缺点。但是，牛顿法收敛速度较快，每次迭代能够将优化效果提升一倍。

2）基本牛顿法

取二次模型为目标函数 $f(x)$ 在 $x^{(k)}$ 的二阶泰勒级数展开式：

$$f(s) \approx f^{(k)} + g^{(k)^{\mathrm{T}}} s + \frac{1}{2} s^{\mathrm{T}} G^{(k)} s \tag{5-28}$$

式中：$g^{(k)}$ 为 $x^{(k)}$ 处的梯度 $\nabla f(\boldsymbol{x}) = \left(\dfrac{\partial f}{\partial x_1}, \dfrac{\partial f}{\partial x_2}, \cdots, \dfrac{\partial f}{\partial x_n}\right)^{\mathrm{T}}$；$G^{(k)}$ 为 $x^{(k)}$ 处的 Hessian 阵 $\nabla^2 f(\boldsymbol{x}) = \left[\dfrac{\partial^2 f}{\partial x_i \partial x_j}\right]$，$s = x - x^{(k)}$。如果 $G^{(k)}$ 是正定的，$f(\boldsymbol{s})$ 有唯一极小点 $s^{(k)}$，则得到新的迭代点 $x^{(k+1)} = x^{(k)} + s^{(k)}$，称其为基本牛顿法（local Newton method），称 $s^{(k)} = -G^{(k)^{-1}} g^{(k)}$ 是牛顿方向/牛顿步。

3）高斯-牛顿法

以最小二乘形式出现的最优化问题是一类特殊的无约束优化问题，其基本形式为

$$\min_{x \in R^n} f(x) = \frac{1}{2} \|r(x)\|^2 = \frac{1}{2} r(x)^{\mathrm{T}} r(x) \tag{5-29}$$

式中：$r_i(x)(i = 1, 2, \cdots, m)$ 为余量或残量（residuals）。本质上在求解方程组：

$$r_i(x) = 0, \ i = 1, 2, \cdots, m \tag{5-30}$$

易得，$f(x)$ 的梯度和 Hessian 阵为

$$g(x) = A(x)^{\mathrm{T}} r(x) \tag{5-31}$$

$$G(x) = A(x)^{\mathrm{T}} A(x) + \sum_{i=1}^{n} r_i(x) \nabla^2 r_i(x) \tag{5-32}$$

式中：

$$A(x)^{\mathrm{T}} = [\nabla r_1(x), \nabla r_2(x), \cdots, \nabla r_m(x)] = \nabla r^{\mathrm{T}} \tag{5-33}$$

当各分量 $r_i(x)$ 都非常小[即 $r_i(x) \approx 0$]时，或者 $r_i(x)$ 非线性程度较小[即 $\nabla^2 r_i(x) \approx 0$]时，均可忽略式（5-32）中最后一项，于是得到 $G(x)$ 的一种

近似表达式:

$$G(x) \approx A(x)^{\mathrm{T}} A(x) \qquad (5-34)$$

用这种方式考虑问题时仅须确定一阶导数向量 $g^{(k)}$ 所需的信息(r 和 A),即可得到 Hessian 阵 $G(x)$ 的近似,基本牛顿法也就变成了高斯-牛顿法。

4) GLSDC 法

GLSDC 法将高斯-牛顿法应用在表示估计点与检测点之间偏差的非线性代价函数最小化上。在迭代中,旋转矩阵 $\boldsymbol{R}$ 和平移向量 $\boldsymbol{t}$ 被表示为一个未知向量 $\boldsymbol{X}$ 的估计值 $\overline{\boldsymbol{X}}$ 的函数:

$$G(\overline{\boldsymbol{X}}) = [\bar{u}_1, \bar{v}_1, \cdots, \bar{u}_m, \bar{v}_m] \qquad (5-35)$$

$$\overline{\boldsymbol{X}} = [\bar{\theta}, \bar{\varphi}, \bar{\psi}, \bar{t}_x, \bar{t}_y, \bar{t}_z]^{\mathrm{T}} \qquad (5-36)$$

式中:$\bar{u}_j, \bar{v}_j (j = 1, 2, \cdots, m)$ 是估计点的以像素为单位的图像坐标;$\boldsymbol{p}_t$ 为点对应(assignment)之后的标志点的世界坐标,为已知量。将世界坐标转换到相机坐标:

$$\boldsymbol{p}_c = \boldsymbol{R} \cdot \boldsymbol{p}_t + \boldsymbol{t} \qquad (5-37)$$

$$\boldsymbol{R} =$$

$$\begin{bmatrix} \cos\theta\cos\varphi & \cos\theta\sin\varphi & -\sin\theta \\ -\cos\phi\sin\varphi + \sin\phi\sin\theta\cos\varphi & \cos\phi\cos\varphi + \sin\phi\sin\theta\sin\varphi & \sin\phi\cos\theta \\ \sin\phi\sin\varphi + \cos\phi\sin\theta\cos\varphi & -\sin\phi\cos\varphi + \cos\phi\sin\theta\sin\varphi & \cos\phi\cos\theta \end{bmatrix}$$

$$(5-38)$$

$$\boldsymbol{p}_c = \begin{bmatrix} x_1 & x_2 & \cdots & x_m \\ y_1 & y_2 & \cdots & y_m \\ z_1 & z_2 & \cdots & z_m \end{bmatrix} \qquad (5-39)$$

将 $\boldsymbol{p}_c$ 归一化为 $\begin{bmatrix} \dfrac{x_1}{z_1} & \dfrac{x_2}{z_2} & \cdots & \dfrac{x_m}{z_m} \\ \dfrac{y_1}{z_1} & \dfrac{y_2}{z_2} & \cdots & \dfrac{y_m}{z_m} \\ 1 & 1 & \cdots & 1 \end{bmatrix}$,则相机坐标可转换为图像坐标 $\boldsymbol{p}_i$:

$$\boldsymbol{p}_i = \boldsymbol{M}_{\mathrm{in}} \cdot \boldsymbol{p}_c \qquad (5-40)$$

式中：$\boldsymbol{p}_i = \begin{bmatrix} u_1 & u_2 & \cdots & u_m \\ v_1 & v_2 & \cdots & v_m \\ 1 & 1 & \cdots & 1 \end{bmatrix}$；$\boldsymbol{M}_{\text{in}} = \begin{bmatrix} \dfrac{f}{\mathrm{d}x} & 0 & u_0 \\ 0 & \dfrac{f}{\mathrm{d}y} & v_0 \\ 0 & 0 & 1 \end{bmatrix}$ 为摄像机参数，标定时

确定。

因此，给出初始值 $\boldsymbol{E}_{\text{euler}} = \begin{bmatrix} \theta & \phi & \varphi \end{bmatrix}^{\mathrm{T}} = \begin{bmatrix} 0 & 0 & 0 \end{bmatrix}^{\mathrm{T}}$，$\boldsymbol{t} = \begin{bmatrix} t_x & t_y & t_z \end{bmatrix}^{\mathrm{T}} = $

$\begin{bmatrix} 0 & 0 & 7 \end{bmatrix}^{\mathrm{T}}$，则 $\boldsymbol{R} = \boldsymbol{I}_3 = \begin{bmatrix} 1 & 0 & 0 \\ 0 & 1 & 0 \\ 0 & 0 & 1 \end{bmatrix}$。由 $\boldsymbol{R}$、$\boldsymbol{t}$ 初值及标志点的世界坐标，可计

算出标志点估计的图像坐标 $G(\bar{\boldsymbol{X}}) = G(\bar{\theta}, \bar{\varphi}, \bar{\psi}, \bar{t}_x, \bar{t}_y, \bar{t}_z)$。标志点检测到
的图像坐标可以表示为

$$G_{\text{d}} = \begin{bmatrix} u_1, & v_1, & \cdots, & u_m, & v_m \end{bmatrix} \tag{5-41}$$

则估计点与检测点之间的偏差可表示为

$$\Delta G(\bar{\boldsymbol{X}}) = G_{\text{d}} - G(\bar{\boldsymbol{X}}) \tag{5-42}$$

在程序中用一个数量表示偏差，即 $e_{\text{err}} = \text{sum} |\Delta G(\bar{\boldsymbol{X}})|$，每次迭代产生一个
偏差。当偏差小于或等于 1×10^{-5} 时，或者当迭代次数 i 达到 50 次时，迭代停止。

由高斯-牛顿法可知，迭代公式可表示为

$$\bar{\boldsymbol{X}}_{i+1} = \bar{\boldsymbol{X}}_i + \begin{bmatrix} A_i^{\mathrm{T}}(\bar{\boldsymbol{X}}) A_i(\bar{\boldsymbol{X}}) \end{bmatrix}^{-1} A_i^{\mathrm{T}}(\bar{\boldsymbol{X}}) \Delta G_i(\bar{\boldsymbol{X}}) \tag{5-43}$$

为便于调节，添加一个控制矩阵 $\boldsymbol{W}$，得到最后的迭代公式：

$$\bar{\boldsymbol{X}}_{i+1} = \bar{\boldsymbol{X}}_i + R_i(\bar{\boldsymbol{X}})^{-1} A_i^{\mathrm{T}}(\bar{X}) \boldsymbol{W} \Delta G_i(\bar{\boldsymbol{X}}) \tag{5-44}$$

$$\bar{\boldsymbol{X}}_{i+1} = \bar{\boldsymbol{X}}_i + R_i(\bar{\boldsymbol{X}})^{-1} A_i^{\mathrm{T}}(\bar{X}) \boldsymbol{W} \Delta G_i(\bar{\boldsymbol{X}}) \tag{5-45}$$

$$A_i(\bar{\boldsymbol{X}}) = \frac{\partial G_i(\bar{\boldsymbol{X}})}{\partial \bar{\boldsymbol{X}}_i} = \begin{bmatrix} \dfrac{\partial G_i}{\partial \bar{\theta}_i} & \dfrac{\partial G_i}{\partial \bar{\phi}_i} & \dfrac{\partial G_i}{\partial \bar{\varphi}_i} & \dfrac{\partial G_i}{\partial \bar{t}_{xi}} & \dfrac{\partial G_i}{\partial \bar{t}_{yi}} & \dfrac{\partial G_i}{\partial \bar{t}_{zi}} \end{bmatrix} \tag{5-46}$$

迭代过程结束后，即估计点和检测点的位置偏差充分小时，可得到估计值
$\bar{\boldsymbol{X}} = \begin{bmatrix} \bar{\theta}, & \bar{\varphi}, & \bar{\psi}, & \bar{t}_x, & \bar{t}_y, & \bar{t}_z \end{bmatrix}^{\mathrm{T}}$ 的最优解，即解算出旋转矩阵 $\boldsymbol{R}$ 和平移向量 $\boldsymbol{t}$。

5.2.3.2 LHM 算法

LHM 算法[15, 20-21]是利用空间非线性误差来描述位姿估计问题，由于该方
法具有计算精度高、不易陷入局部最优和较快的运行速度而得到广泛的应用。

空间共线性误差向量定义如下：

$$e_i = (I - \hat{V})(Rq_i + t) \tag{5-47}$$

式中：q_i 为第 i 个特征点在锥套坐标系中的坐标；$\hat{V}$ 为视线投影矩阵。

$$\hat{V}_i = \frac{v_i v_i^t}{v_i^t v_i} \tag{5-48}$$

式中：v_i 为通过图像像素坐标和相机内参矩阵求得的图像物理坐标。设共有 n 个特征点，根据最小化空间共线性误差和的原理，构造目标函数为

$$E(R, t) = \sum_{i=1}^{n} \| e_i \|^2 = \sum_{i=1}^{n} \| (I - \hat{V}_i)(Rq_i + t) \|^2 \tag{5-49}$$

将所有的观察点信息都编码为一系列视线投影矩阵 $\hat{V}_i$，由于所构造的目标函数是关于 t 的平方，给定确定旋转矩阵 R 和平移向量 t 的最优值，通过回路计算确定：

$$T(R) = \frac{1}{n}\left(I - \frac{1}{n}\sum_j \hat{V}_j\right)^{-1} \sum_j (\hat{V}_j - i)Rq_j \tag{5-50}$$

给定一个 R 的初始估计值，并且定义：

$$p_i(R) = \hat{V}_i[Rq_i + T(R)] \tag{5-51}$$

$$\bar{p}(R) = \frac{1}{n}\sum_{i=1}^{n} p_i(R) \tag{5-52}$$

$$\bar{q} = \frac{1}{n}\sum_{i=1}^{n} q_i \tag{5-53}$$

则目标函数可以表示为

$$E(R, t) = \sum_{i=1}^{n} \| Rq_i + T(R) - p_i(R) \|^2 \tag{5-54}$$

通过不断迭代求解上述目标函数的最小值，从而得出旋转矩阵 R 和平移向量 t，R 和 t 即为所求相对位姿信息。

5.2.4　RRA‑BPnP 位姿估计

RPnP 算法中旋转轴的选择对位姿测量的效果具有非常重要的影响，在文献[13]中共设计了 3 种不同选择旋转轴的方法，而其中效果最好的是从提取的

n 个特征点中两两组合形成的 $n(n-1)/2$ 条线段中选择一条在相机平面上投影长度最长的线段作为旋转轴(即 Z_a 轴)。这种方法能够保证 RPnP 算法具有较好的位姿测量性能,但是该方法不仅需要计算 $n(n-1)/2$ 条线段在相机平面上的投影长度外,而且不能保证所选择的旋转轴是最优的。为了在 RPnP 算法中选择出最优的旋转轴,进一步地提高算法的位姿测量精度,本节采用枝根搜索算法(runner root algorithm,RRA)[16]对 RPnP 算法中旋转轴的选择问题进行优化,并将重投影像素误差作为旋转轴优化问题的目标代价函数。重投影像素误差是指在某一帧图像中检测到的特征点像素坐标与投影点(利用当前帧图像测量出的旋转矩阵 $\boldsymbol{R}$ 和平移向量 $\boldsymbol{t}$ 将特征点的世界坐标投影到图像平面后得到的投影点)像素坐标之间的像素误差,该误差通常被作为评价位姿估计算法准确性的重要标准。

RRA 是由 Merrikh-Bayat 提出的一种启发式群智能优化算法,该算法受到植物繁殖的启发,即植物在繁殖的过程中,先后依据匍匐枝和根的繁殖来寻找水资源和矿物质。根据这一特性,枝根算法提出了 2 种相对应的算子,分别为匍匐枝搜索算子与根部搜索算子,来模拟植物繁殖的这种特性,并将这 2 种算子结合起来解决优化问题。

匍匐枝搜索算子中,植物通过生长出新的匍匐枝进行繁殖生长,在 D 维空间里,第 i 个植物的位置信息 X_i 每一代更新一次,具体的更新准则如下:

$$X_{\text{daughter}}(t) = X_{\text{mother}}(t) + d_{\text{runner}} \cdot r_1 \qquad (5-55)$$

$$d_{\text{runner}} = x_{\text{u}} - x_{\text{l}} \qquad (5-56)$$

式中:$X_{\text{mother}}(t)$ 代表经过第 t 次迭代过程后中第 i 个植物在 D 维空间中的位置;d_{runner} 代表母株与子株的最大距离,通常取自变量的变换范围;r_1 中的每个元素为 0 到 1 的随机数;$X_{\text{daughter}}(t)$ 为植物经过匍匐枝繁殖生成的子代个体的位置信息;x_{u} 为自变量的上界值;x_{l} 为自变量的下界值。为了减少算法的计算代价,当第 t 代子株的适应度函数远好于第 $t-1$ 代子株的适应度函数时,可不进行根部局部搜索。对于函数最小值优化问题,判断准则如下:

$$\left| \frac{\min f[x_{\text{daughter}}(t)] - \min f[x_{\text{daughter}}(t-1)]}{\min f[x_{\text{daughter}}(t-1)]} \right| \geq t_{\text{ol}} \qquad (5-57)$$

式中:t_{ol} 为算法预设的一个阈值,若不满足上式则进行匍匐枝局部搜索。

$$x_{\text{perturbed, k}} = \text{diag}(1, 1, \cdots, 1 + d_{\text{runner}} n_{\text{k}}, 1, \cdots, 1) \cdot x_{\text{daughter, best}}(t)$$

$$(5-58)$$

由式(5-58)可见,匍匐枝局部搜索方式为对子株进行随机一维扰动得到扰动子株,其中 n_k 为均值为 0、方差为 1 的随机数。$x_{perturbed, k}$ 为扰动子株, $x_{daughter, best}(t)$ 为经过 t 次迭代后最优子株,若扰动子株适应度函数值优于最优子株的适应度函数值,则将最优子株更新为扰动子株。

在植物生长出子株后,每个子株的根部会对当前区域进行局部搜索,找到水资源与矿物质最丰富的位置,根部搜索公式如下:

$$x_{perturbed, k} = \text{diag}(1, 1, \cdots, 1 + d_{root} n_k, 1, \cdots, 1) \cdot x_{daughter, best}(t)$$

$$(5-59)$$

式中:d_{root} 为根搜索范围,通常将其设定为一个较小的值,与匍匐枝局部搜索类似,若局部搜索后的扰动个体的适应度函数值优于最佳子株的适应度函数值,则将最佳子株替换为扰动子株。

基于上述两个基本算子,枝根搜索优化算法将这一代的最佳子株作为下一代第一个母株,下一轮迭代过程中的其余母株由当前子株通过轮盘赌方式生成。整个算法不断地进行迭代更新,直到满足停止迭代的条件,得到一条最优的旋转轴。

5.2.5　坐标系转换

坐标系转换就是要将解算得到的相机坐标系下的加油锥套相对位置信息转换到地面惯性坐标下,进而用于受油无人机控制系统。具体来说,首先将相机系下的加油锥套实时相对位置(即 $t = [t_x \quad t_y \quad t_z]^T$)转换为受油机机体系下的插头-锥套相对位置($[x_R^d, y_R^d, z_R^d]^T$),公式如下:

$$\begin{bmatrix} x_R^d \\ y_R^d \\ z_R^d \end{bmatrix} = \begin{bmatrix} t_x \\ t_y \\ t_z \end{bmatrix} + \begin{bmatrix} x_R^c \\ y_R^c \\ z_R^c \end{bmatrix} - \begin{bmatrix} x_R^p \\ y_R^p \\ z_R^p \end{bmatrix}$$

$$(5-60)$$

式中:$[x_R^c, y_R^c, z_R^c]^T$ 表示受油机机体系下的相机安装位置;$[x_R^p, y_R^p, z_R^p]^T$ 为受油机机体系下的受油插头出口位置。接着将插头-锥套相对位置从受油机机体坐标系转换到地面惯性系:

$$\begin{bmatrix} \Delta x_v \\ \Delta y_v \\ -\Delta h_v \end{bmatrix} = \boldsymbol{S}_{\theta\psi\phi}^T \begin{bmatrix} x_R^d \\ y_R^d \\ z_R^d \end{bmatrix} = \begin{bmatrix} \Delta x_v \\ \Delta y_v \\ \Delta z_v \end{bmatrix}$$

$$(5-61)$$

式中：$[\Delta x_v, \Delta y_v, \Delta h_v]^T$ 为惯性系下的插头-锥套实时相对位置；$\boldsymbol{S}_{\theta\psi\phi}$ 表示受油机方向余弦矩阵(direction cosine matrix，DCM)。

$$\boldsymbol{S}_{\theta\psi\phi} = \begin{bmatrix} c_\theta c_\psi & c_\theta s_\psi & -s_\theta \\ s_\theta c_\psi s_\phi - s_\psi c_\phi & s_\theta s_\psi s_\phi + c_\psi c_\phi & c_\theta s_\phi \\ s_\theta c_\psi c_\phi - s_\psi s_\phi & s_\theta s_\psi c_\phi - c_\psi s_\phi & c_\theta c_\phi \end{bmatrix} \tag{5-62}$$

式中：$c_{(\cdot)} = \cos(\cdot)$；$s_{(\cdot)} = \sin(\cdot)$；$\theta$、$\phi$、$\psi$ 分别为受油机的俯仰角、滚转角和偏航角。

5.2.6　仿真实验分析

5.2.6.1　多种位姿估计方法对比

这里将 EPnP、GLSDC、LHM、最小二乘(LEAST)、绝对定姿(ABSOLUTE)位姿估计算法进行对比分析，为比较位姿估计算法的解算精度，采用真实外场试验场景进行位姿的解算。工业相机采集一组棋盘格标定板图像，通过 MATLAB 2017 年版的 Camera calibrator 工具箱进行标定得到相机侧内参与畸变矩阵。

图 5-19 对比了不同位姿估计算法得到的视觉导航系统与加油锥套之间的相对位置信息，横轴为图像的帧数，纵轴为 x、y 和 z 轴计算得到的距离，单位为

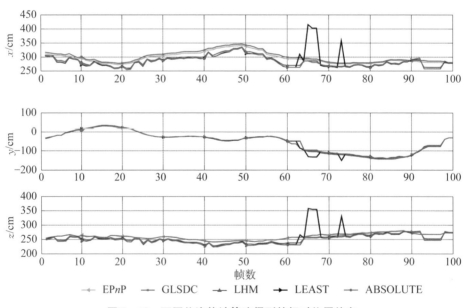

图 5-19　不同位姿估计算法得到的相对位置信息

厘米。由结果可见,不同位姿估计方法解算得到的数据差距不大,LEAST、ABSOLUTE 算法在解算过程中可能出现跳值,应用于控制系统可能出现控制量突然增大的情况,EPnP、GLSDC、LHM 算法得到的解算数据相对稳定。图 5-20 给出了视觉导航系统与加油锥套之间的相对姿态信息,横轴为图像帧数,纵轴分别为俯仰、滚转和偏航的角度。从结果可见:GLSDC 算法得到的相对姿态信息与其他算法差别较大,存在一定的偏差;LEAST、ABSOLUTE 算法得到的相对姿态信息跳变比较多、稳定性较差;EPnP、LHM 算法得到的相对姿态比较稳定,可以为控制系统提供稳定的姿态信息。进一步从重投影像素误差比较不同算法的解算精度,图 5-21 中横轴为图像帧数,纵轴为算法的重投影像素误差,相对于其他四种位姿估计算法,EPnP 算法的重投影像素误差显著小于其他算法,并且稳定性相对较好。

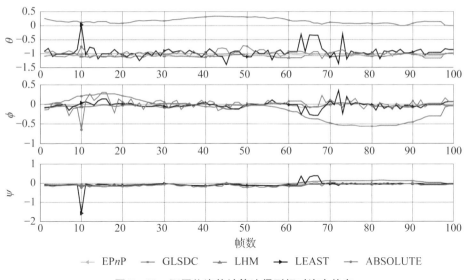

图 5-20　不同位姿估计算法得到相对姿态信息

5.2.6.2　RRA-BPnP 位姿估计实验分析

用 MATLAB 随机生成在相机坐标系下的虚拟三维坐标点,参考点分别在 $[-2,2] \times [-2,2] \times [4,8]$、$[-2,2] \times [-2,2] \times [4,8]$、$[-2,2] \times [-2,2] \times [4,8]$ 范围内生成。设定旋转矩阵 $\boldsymbol{R}$ 和平移向量 $\boldsymbol{t}$ 的真值,将虚拟三维坐标点映射到世界坐标中,再利用虚拟相机的理想内参,得到每个虚拟点的图像坐标。为了验证位姿测量算法的鲁棒性,对虚拟点的图像坐标加入高斯噪

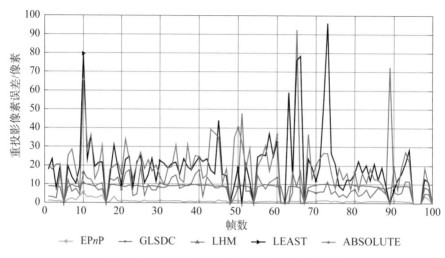

图 5‑21　不同位姿估计算法的重投影像素误差

声进行位姿估计实验。本节将 RRA‑BPnP 算法与 LHM、多目正交迭代位姿估计算法(MLHM)、EPnP、RPnP 等位姿估计算法,在普通三维、共面情况和拟奇异三种情况下进行准确性和鲁棒性的对比。

左右虚拟相机分辨率设置为 640×480 像素,焦距为 800 像素。从左相机到右相机的旋转矩阵和平移向量如下:

$$\begin{bmatrix} \boldsymbol{R}^{\mathrm{rl}} & \boldsymbol{t}^{\mathrm{rl}} \end{bmatrix} = \begin{bmatrix} 1 & 0 & 0 & 1 \\ 0 & 1 & 0 & 0 \\ 0 & 0 & 1 & 0 \end{bmatrix} \tag{5-63}$$

所有实验均在 MATLAB 平台上实现,所使用的电脑的配置为 Intel i7‑5600U、2.6 GHz CPU、8 GB RAM。RRA 算法的参数设置如下:维数 $D = 2$,种群数量 $N_{\mathrm{pop}} = 20$,最大迭代次数 $N_{\mathrm{cmax}} = 30$。 母株与子株距离范围 d_{runner} 的大小直接决定了匍匐枝搜索算子的搜索幅度,根搜索范围 d_{root} 控制算法的局部搜索幅度。针对该问题,d_{runner} 设为 5,d_{root} 设为 1,式(5‑57)中的 t_{ol} 设置为 0.01。当生成的随机点数分别为 20、50、100 和 200 时,RRA‑BPnP 算法的迭代进化曲线结果如图 5‑22 所示。

由图 5‑22 可见,当生成的随机点数为 20 时,算法在第四代就已经完成收敛,即使对于随机点数为 200 时的大规模位姿测量问题时,RRA 算法也能在第10 代完成收敛。因此,在后续的实验过程中,都设置 RRA 算法的迭代次数为

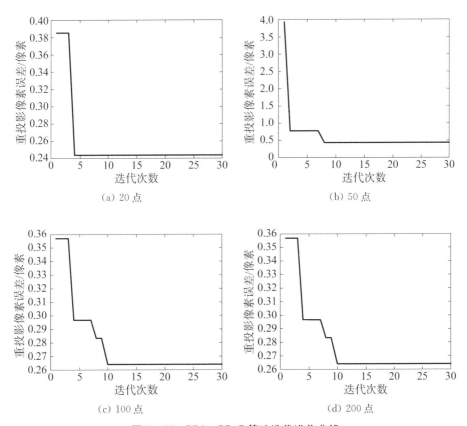

图 5 - 22　RRA - BPnP 算法迭代进化曲线

10,将 RRA - BPnP 算法与其他经典位姿估计算法进行对比。针对普通三维情况,对 RRA - BPnP 算法与 LHM、MLHM、EPnP 和 RPnP 算法在求解的旋转角和平移量的均值和中值上进行比较。针对共面情况,将 RRA - BPnP 算法与 LHM、MLHM、单应矩阵分解位姿估计(HOMO)和 RPnP 算法进行对比。针对最复杂的拟奇异情况,将 RRA - BPnP 算法与 LHM、MLHM、RPnP 和 BPnP 算法进行对比。对于每种测试情况,生成的随机点数从 4 增加到 30,进行独立重复实验 40 次,统计平均旋转误差、中值旋转误差、平均平移误差和中值平移误差,实验结果如图 5 - 23 至图 5 - 25 所示。

　　由图 5 - 23 可见,在普通三维情况下,当点数多时,5 种算法都能够得到精确的结果。当只有少量的参考点可用的时候,EPnP 的平移误差和旋转误差都很大,RPnP 算法虽然是解析算法,但相比于迭代算法 LHM,能够获得更加精确的位姿结果。MLHM 和 RRA - BPnP 算法能够最精确地获得相机坐标系和世

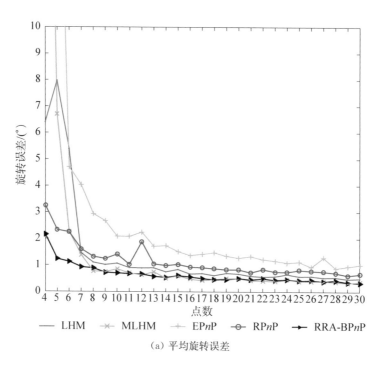

（a）平均旋转误差

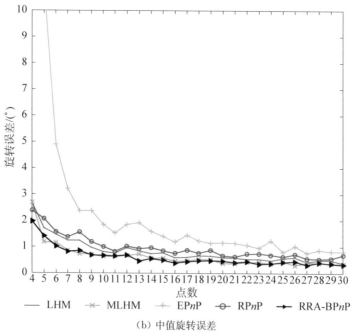

（b）中值旋转误差

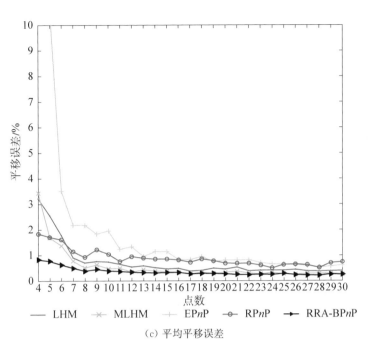

(c) 平均平移误差

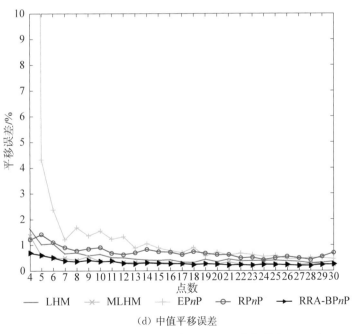

(d) 中值平移误差

图 5‑23 普通三维情况下位姿测量结果(高斯噪声 $\sigma = 3$)

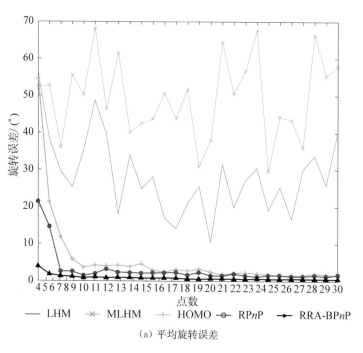

（a）平均旋转误差

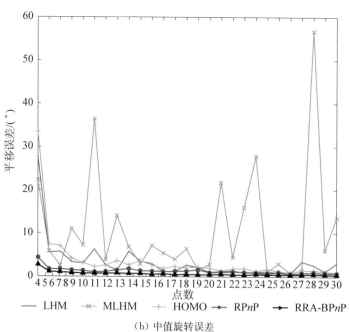

（b）中值旋转误差

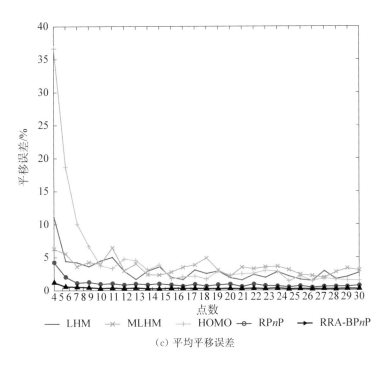

（c）平均平移误差

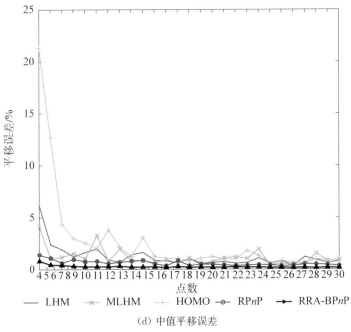

（d）中值平移误差

图 5‑24　共面情况下位姿测量结果（高斯噪声 $\sigma = 3$）

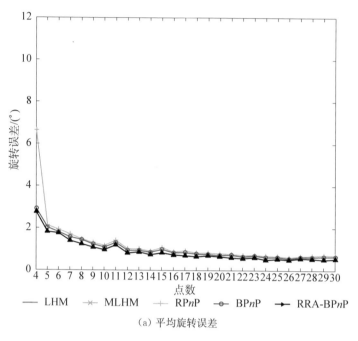

（a）平均旋转误差

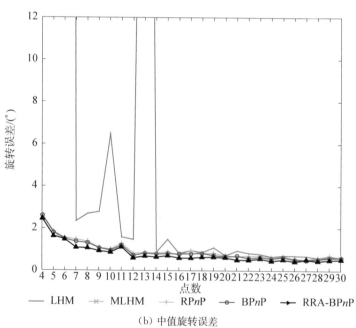

（b）中值旋转误差

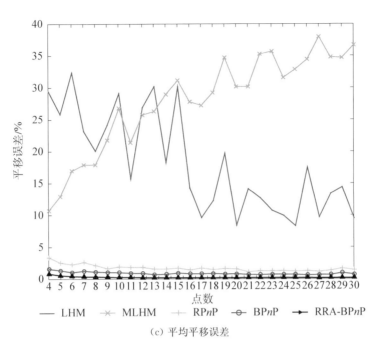

（c）平均平移误差

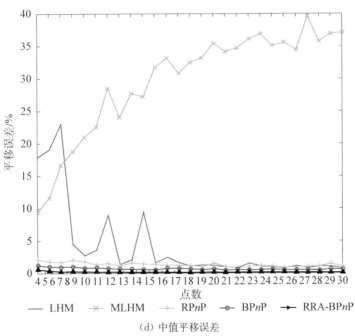

（d）中值平移误差

图 5-25　拟奇异情况下位姿测量结果（高斯噪声 $\sigma = 3$）

界坐标系相对的位姿关系,而且 RRA - BPnP 算法在点数在 4~30 的情况下,能获得更好的结果。图 5 - 24 为共面情况的实验结果,其中 LHM 和 MLHM 对旋转的估计是不稳定的,LHM 和 MLHM 算法的平均旋转误差基本都大于 20°。对于 HOMO 算法,其平均旋转误差很小,但是平均平移误差较大。RPnP 算法精度较高,能够准确求得相机相对于世界坐标系的位姿,而 RRA - BPnP 算法的平移和旋转误差相对其他算法都是最低的。如图 5 - 25 所示的拟奇异情况,LHM 和 MLHM 在迭代过程中容易陷入局部极小值,不能准确地求得位姿关系。尽管 RPnP 算法仍然能够获得相对准确的结果,但与 BPnP 算法相比,它的平移值测量结果误差较大。由于旋转轴的选择通过 RRA 算法进行了优化,RRA - BPnP 算法在所有情况下都能够稳定地获得双目视觉系统最精确的位姿结果。

综上所述,所设计的 RRA - BPnP 算法能够有效用于复杂情况下的位姿估计问题,与其他算法相比,能够获得更准确的结果。

5.2.6.3　近距视觉导航实验分析

为验证所构建的自主空中加油近距对接视觉导航架构及多种视觉导航方法,本节选取远距、中距及近距自主空中加油数字仿真场景进行精确位姿估计、坐标系转换,得到可用于受油机控制系统的视觉导航数据,并分析某一连续视觉导航过程中的视觉解算精度。视觉导航仿真试验采用 MATLAB 与 C++混合编程,设置导航相机视场角 ξ_{cam}、图像像素值 I_{Res},同时为得到导航相机的准确内参,设计相机标定场景并获取 36 张标定图像(其中 3 张如图 5 - 26 所示),进而应用 MATLAB 2017 年版的相机标定工具箱解算相机内参矩阵 $\boldsymbol{K}_{cam}$(也可直接计算出内参矩阵),具体参数如表 5 - 6 所示。无人机软式自主空中加油视觉近距导航流程如图 5 - 4 所示,其他参数如表 5 - 6 所示。

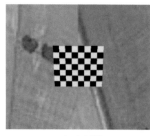 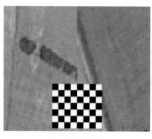 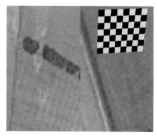

(a) 标定图像 1　　　　　　(b) 标定图像 2　　　　　　(c) 标定图像 3

图 5 - 26　导航相机标定图像

表 5-6 视觉导航基本参数

参数	物理意义	数值
ξ_{cam}	导航相机视场角	$30°$
I_{Res}	导航图像像素值	960×800
$\boldsymbol{K}_{cam}$	导航相机内参矩阵	$\begin{bmatrix} 1507.52 & 0 & 484.00 \\ 0 & 1508.43 & 400.35 \\ 0 & 0 & 1 \end{bmatrix}$
Δx^{thr1}	视觉使能距离阈值	$70\ m$
Δx^{thr2}	视觉方法选择距离阈值	$40\ m$

根据远距、中距及近距三种视觉导航方法的检测误差大小,评估视觉导航方法的有效性,定义检测误差计算方式为标志点重投影像素误差的平均值 $E_{error,pix}$,公式如下:

$$E_{error,pix} = \frac{1}{n} \sum_{i=1}^{n} \sqrt{(p_{ui} - \tau_{ui})^2 + (p_{vi} - \tau_{vi})^2} \quad (5-64)$$

式中:n 为检测到标志点的数量;(p_{ui}, p_{vi}) 为检测到标志点的像素坐标;(τ_{ui}, τ_{vi}) 为标志点重投影像素坐标。此外,通过调用无人机软式自主空中加油数字仿真中加/受油机、软管-锥套组合体的精确位置,可计算得到插头-锥套相对位置差的真值,将其与视觉导航插头-锥套实时位置差进行对比分析,可进一步验证视觉导航数据的精度。

图 5-27 给出了远距、中距及近距视觉导航结果,图中以不同的颜色显示了重投影及预测标志点的位置,并在左上角标明了视觉导航解算到的相机坐标系下插头-锥套相对位置差。由图 5-27 可见:远距情况下加油锥套被拟合出来的椭圆、外接矩形、重投影标志点与实际情况没有明显差别;中距及近距视觉导航的重投影标志点与原标志点基本重合,并且能够通过预测得到近距遮挡标志点的位置。为更好地定量比较视觉导航数据精度,表 5-7 列出了远距、中距及近距视觉导航比较数据,分别为惯性系下的插头-锥套实际位置(真值)、视觉导航解算实时位置、标志点重投影像素误差及位置解算误差。如表 5-7 中数据所示:选取的三种情况视觉导航标志点重投影像素误差均不超过 0.1 个像素,远距时视觉导航位置解算误差相对较大,但此时插头-锥套实际相对距离远,故误差

占比较小,满足对接初始阶段受油插头大致对准加油锥套的要求;中距及近距时三轴解算误差都小于 0.07 m,视觉导航位置解算精度较高,满足无人机软式自主空中加油成功对接的视觉导航精度要求。

（a）远距视觉导航　　　　　　　　　　（b）中距视觉导航

（c）近距视觉导航

图 5 - 27　远距、中距及近距视觉导航结果

表 5 - 7　远距、中距及近距视觉导航比较数据

距离类型	实际位置/m	视觉导航解算实时位置/m	重投影像素误差/像素	视觉导航位置解算误差/m
远距	[42.10, −2.23, 2.34]	[43.55, −2.43, 2.46]	0.013	[−1.45, 0.20, −0.12]
中距	[10.77, 0.014, 0.146]	[10.76, −0.036, 0.165]	0.100	[0.01, 0.050, −0.019]
近距	[0.194, 0.056, 0.003]	[0.126, 0.031, 0.015]	0.050	[0.068, 0.025, −0.012]

进一步分析自主空中加油对接过程中视觉导航的有效性及精度,图 5-28 给出了近距导航连续重投影像素误差,图中方法 1、2、3 分别对应远距椭圆拟合、中距标志点匹配和近距标志点预测方法,可见在整个导航过程中重投影像素误差较小,都维持在 1.5 个像素误差之内。该过程中视觉导航输出的锥管-锥套相对位置数据如图 5-29 所示,图中红色和绿色垂直线与图 5-28 相同,用来区分 3 种视觉导航方法。由图 5-28 可见:随着受油机逐渐接近加油锥套,3 个方向的测量误差普遍减小,并且由椭圆拟合方法切换到标志点匹配方法后,视觉测量精度明显提高;在近距对接末段,y、h 轴的测量误差均在 0.05 m 之内,满足自主空中加油近距视觉导航精度要求,虽然 x 轴的测量误差相对较大(在 0.2 m 左右),但考虑到后期受油机需要减速触发加油机输油,该误差的后续影响不大,基本可以忽略。

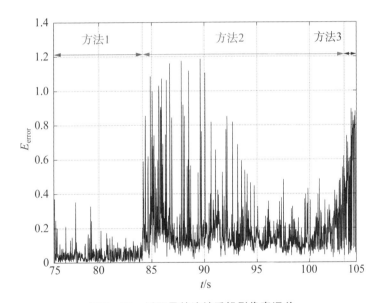

图 5-28 近距导航连续重投影像素误差

综上所述,所设计的无人机软式自主空中加油近距视觉导航方法,能够较好地处理自主空中加油对接过程中标志点检测不到、标志点部分遮挡等情况,视觉导航插头-锥套相对位置解算精度较高,满足软式自主空中加油对接阶段视觉导航要求。

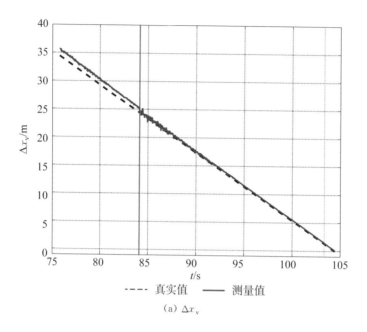

(a) Δx_v

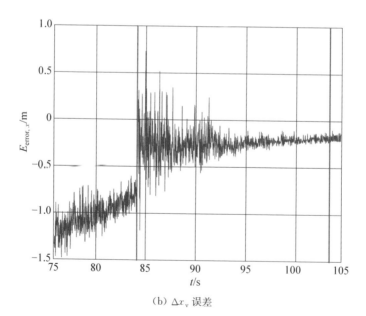

(b) Δx_v 误差

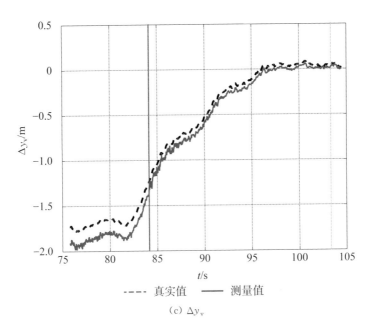

（c）Δy_v

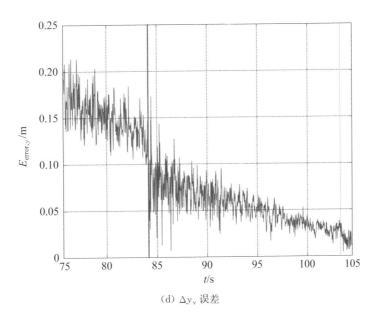

（d）Δy_v 误差

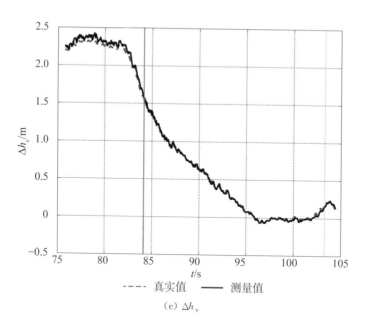

（e）Δh_v

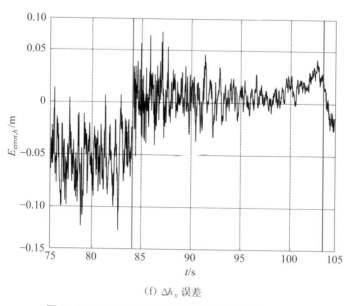

（f）Δh_v 误差

图 5‑29　近距视觉导航输出的锥管‑锥套相对位置

5.3　本章小结

本章针对无人机软式自主空中加油近距视觉导航可见光与红外锥套,构建了近距视觉导航框架,设计了标志点匹配、椭圆拟合、标志点预测三种方法组合的视觉导航方案,以处理自主空中加油对接过程中可能出现的标志点检测不到、标志点部分遮挡及夜间加油等特殊情况,介绍了多种迭代与非迭代位姿估计方法,设计了基于RRA‑BPnP的位姿估计方法,可用于对加油锥套的精确相对位姿估计。

参考文献

［1］孙永斌.基于仿生智能的无人机软式自主空中加油技术研究［D］.北京:北京航空航天大学,2021.

［2］Duan H B, Sun Y B, Shi Y H. Bionic visual control for probe-and-drogue autonomous aerial refueling［J］. IEEE Transactions on Aerospace and Electronic Systems, 2021, 57 (2):848 - 865.

［3］北京航空航天大学. 一种自主空中加油对接仿生视觉导航控制系统及方法: 201801856669.9［P］.2018 - 12 - 25.

［4］北京航空航天大学,中国航空工业集团公司成都飞机设计研究所.仿猛禽视觉导航的自主空中加油对接半物理系统及其方法:202010065454.2［P］.2021 - 03 - 30.

［5］Sun Y B, Deng Y M, Duan H B, et al. Bionic visual close-range navigation control system for the docking stage of probe-and-drogue autonomous aerial refueling［J］. Aerospace Science and Technology, 2019, 91:136 - 149.

［6］陈善军.基于仿鹰眼视觉的软式自主空中加油导航技术研究［D］.北京:北京航空航天大学,2018.

［7］李聪.基于计算机视觉的软式自主空中加油位姿测量［D］.北京:北京航空航天大学,2017.

［8］Chen S J, Duan H B, Deng Y M, et al. Drogue pose estimation for unmanned aerial vehicle autonomous aerial refueling system based on infrared vision sensor［J］. Optical Engineering, 2017, 56(12):124105.

［9］Wilson D B, Schwarzbach M, Goktogan A H, et al. An infrared vision system for UAV close formation flight［C］//AIAC16 Australian International Aerospace Congress. Barton: 2015.

［10］Fitzgibbon A W, Pilu M, Fisher R B. Direct least squares fitting of ellipses［C］// International Conference on Pattern Recognition. Vienna: 1996.

［11］Wilson D B, Göktoan A H, Sukkarieh S. Drogue motion estimation using air-to-air observations［C］//Australasian Conference on Robotics and Automation. Melbourne: 2014.

[12] Lepetit V, Moreno N F, Fua P. EPnP: An accurate $O(n)$ solution to the PnP problem [J]. International Journal of Computer Vision, 2009,81(2):155 – 166.

[13] Li S Q, Xu C, Xie M. A robust $O(n)$ solution to the perspective-n-point problem [J]. IEEE Transactions on Pattern Analysis and Machine Intelligence, 2012,34(7): 1444 – 1450.

[14] Haralick R M, Joo H, Lee C N, et al. Pose estimation from corresponding point data [J]. IEEE Transactions on Systems, Man, and Cybernetics, 1989,19(6):1426 – 1446.

[15] Lu C P, Hager G D, Mjolsness E. Fast and globally convergent pose estimation from video images [J]. IEEE Transactions on Pattern Analysis and Machine Intelligence, 2000,22(6):610 – 622.

[16] Merrikh-Bayat F. The runner-root algorithm: A metaheuristic for solving unimodal and multimodal optimization problems inspired by runners and roots of plants in nature [J]. Applied Soft Computing, 2015,33:292 – 303.

[17] Li H, Duan H B. Verification of monocular and binocular pose estimation algorithms in vision-based UAVs autonomous aerial refueling system[J]. Science China Technological Sciences, 2016,59:1730 – 1738.

[18] Duan H B, Zhang Q F. Visual measurement in simulation environment for vision-based UAV autonomous aerial refueling[J]. IEEE Transactions on Instrumentation and Measurement, 2015,64(9):2468 – 2480.

[19] 张奇夫. 基于仿生视觉的动态目标测量技术研究[D]. 北京:北京航空航天大学,2014.

[20] Duan H B, Li H, Luo Q N, et al. A binocular vision-based UAVs autonomous aerial refueling platform[J]. Science China Information Sciences, 2016,59(5):053201.

[21] 刘芳. 基于仿生智能的无人机自主空中加油技术研究[D]. 北京:北京航空航天大学,2012.

6 基于鸽群优化的锥套位置稳定控制

软管-锥套组合体是软式自主空中加油的重要组成部分,由于软管独特的柔性及气动耦合特性[1-4],使加油锥套易受对接过程中产生的加油机尾流、受油机头波、大气湍流等复杂多风干扰的影响,因此加油锥套时刻处于大范围位置飘摆之中[5-6]。同时,考虑到加油锥套质量远远小于受油机,锥套动态特性相对于受油机较快[7],如果受油机强行追逐"快动态"锥套进行对接,可能会引起受油机控制系统出现明显超调,最终导致受油插头折断、锥套鞭打受油机(见图6-1)等空中加油危险事故,因此受油机要想实时跟踪加油锥套完成对接难度较大。如何提高无人机软式自主空中加油对接成功率,降低自主对接事故风险,是又一个亟待解决的关键技术问题。根据软式自主空中加油对接过程作用对象的不同,行之有效的措施主要包括增强加油锥套抗多风干扰的位置稳定性[5, 6, 8-11],以及提高受油机对接控制系统位置的响应速度[12-15]。本章在充分研究影响加油锥套位置稳定因素的基础上,设计了一种锥套抗多风干扰位置稳定控制方法,以提高无人机软式自主空中加油对接成功率。

一方面,本章以2.2节中建立的软管-锥套组合体分段多刚体动力学模型为基础,研究了加油锥套运动特性受加油机飞行速度及高度、加油机尾流、受油机头波、大气湍流等因素的影响,通过仿真实验分析了不同因素下加油锥套稳定位置的差异,验证了所建软管-锥套组合体模型及复杂多风干扰的有效性;另一方面,本章为解决复杂多风干扰作用下加油锥套大范围位置飘摆问题,根据"+"形自稳定锥套气动特性,分别设计了锥套侧向与垂向抗多风干扰位置稳定比例积分微分(proportional-integral-derivative, PID)控制器与分数阶控制器,以产生期望的主动控制气动力,并通过自稳定锥套作动器分配得到作动器张开角度,进而实现加油锥套位置的稳定与控制,同时针对加油锥套分数阶控制器调参困难

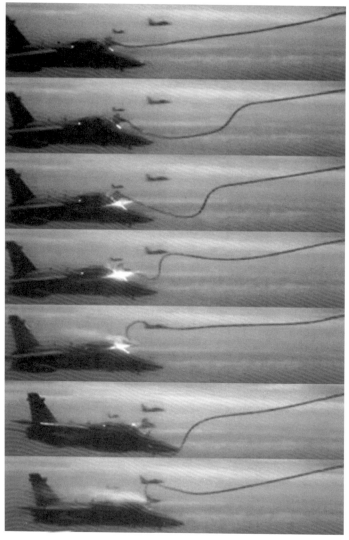

图 6-1　J-10 空中加油软管甩鞭现象

问题,设计了一种基于鸽群优化的锥套抗多风干扰 PID 与分数阶控制方法,对自稳定锥套侧向与垂向 PID 控制器比例、积分、微分参数,以及分数阶控制器比例、积分、微分、积分阶次、微分阶次等参数进行最优化处理,并利用异构综合学习策略改进基本鸽群优化算法,以提高鸽群种群多样性,避免鸽群优化算法陷入局部最优,增强算法的全局寻优能力,从而有效提高加油锥套控制器性能,缩小复杂多风干扰下加油锥套位置飘摆范围,增强加油锥套抗多风干扰的位置稳定性,降低受油机自主对接的难度。

6.1　加油锥套运动特性分析

6.1.1　加油机运动影响

由于软管-锥套组合体固连于加油机,加油机不同的运动状态必然会对加油锥套运动特性产生影响,主要研究加油机不同飞行速度与飞行高度下加油锥套稳定位置的差异。选取加油吊舱安装于加油机右侧翼尖附近,此种情况下软管-锥套组合体受到的风干扰情况更为复杂,其具体安装位置及加油机参数见表 6-1。

表 6-1　加油机参数及加油吊舱安装位置

参数	物理意义	数值
m_T	加油机质量	$120\,000\,\text{kg}$
b_T	加油机翼展	$39.88\,\text{m}$
$L_{HDA\,pos}^{ini}$	机体系下加油吊舱安装位置	$(0,\,0.5b_T-2.85,\,0)\,\text{m}$

为分析加油机飞行速度影响,分别设定加油机以 $125\,\text{m/s}$、$150\,\text{m/s}$、$175\,\text{m/s}$ 及 $200\,\text{m/s}$ 的速度定直平飞,并保持飞行高度为 $7\,000\,\text{m}$。图 6-2 给出了加油

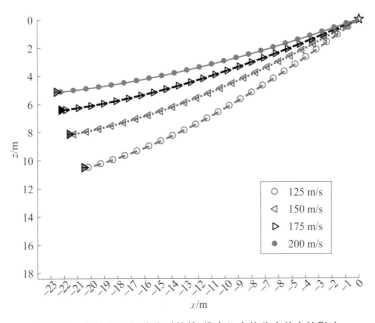

图 6-2　加油机飞行速度对软管-锥套组合体稳定状态的影响

机不同飞行速度下的软管-锥套组合体稳定状态。由图 6-2 可见,随着加油机飞行速度的增加,加油锥套稳定位置向后上方移动,原因在于加油锥套切向、法向空气阻力与加油机飞行速度正相关,仿真结果与式(2-45)原理分析一致。

为分析加油机飞行高度影响,分别设定加油机在 3 000 m、5 000 m、7 000 m 及 9 000 m 的飞行高度,并保持 150 m/s 速度定直平飞。图 6-3 给出了加油机不同飞行高度下的软管-锥套组合体稳定状态。由图 6-3 可见,随着加油机飞行高度的增加,加油锥套稳定位置向前下方移动,原因在于飞行高度增加引起大气密度降低,进而减小加油锥套空气阻力,仿真结果与原理分析一致。

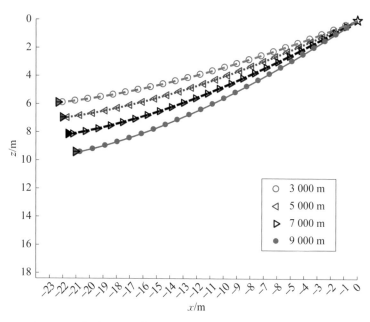

图 6-3　加油机飞行高度对软管-锥套组合体稳定状态的影响

6.1.2　多风干扰影响

无人机软式自主空中加油近距对接阶段,软管-锥套组合体受到的复杂多风干扰种类最多,主要包括加油机尾流、受油机头波及大气湍流。复杂多风干扰仿真分析中,设定加油机在 7 000 m 高度以 150 m/s 的速度定直平飞,分别研究不同风干扰对加油锥套稳定位置的影响。其中,受油机头波仿真参数如表 6-2 所示。

表 6-2 受油机头波仿真参数

参数	物理意义	数值
h_{bow}	受油机机头最大半径	0.4 m
U_{bow}	受油机头波均流强度	V_k
$\boldsymbol{P}_{\text{probe}}$	头波系 S_{bow} 下受油插头位置	(2.05, 0.5, 0.86) m
d_{P2D}	插头与锥套初始对接距离	25 m
V_{R2T}	对接速度	1.5 m/s

图 6-4 给出了不同风干扰作用下软管-锥套组合体状态。其中,加油机尾流影响侧视图与后视图如图 6-4(a)和(b)所示,加油机右翼尖附近向右的侧洗风较大(见图 6-4、图 6-5),造成加油锥套稳定位置向右侧移动,从表 6-3 可得,具体位置右移量为 0.87 m,加油机尾流为与位置相关的静稳定流场,加油锥套存在静稳定位置;受油机头波仿真过程中,受油机以 1.5 m/s 的对接速度从相对距离 25 m 处接近加油锥套,如图 6-4(c)和(d)受油机头波影响侧视图与后视图所示,由于受油机头波作用的锥套外推效果,加油锥套稳定位置向右上移动,与美国国家航空航天局(National Aeronautics and Space Administration, NASA)空中加油试验结果[16]一致,从表 6-3 可得,具体位置偏移量为(−0.25,

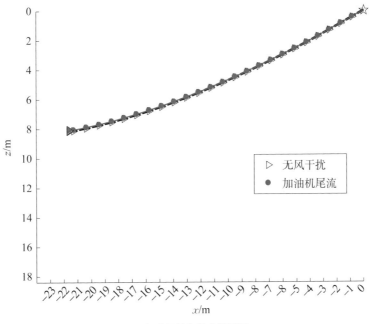

(a) 加油机尾流影响侧视图

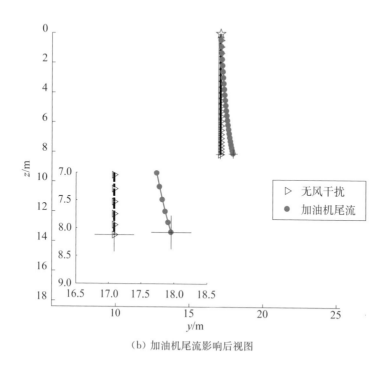

（b）加油机尾流影响后视图

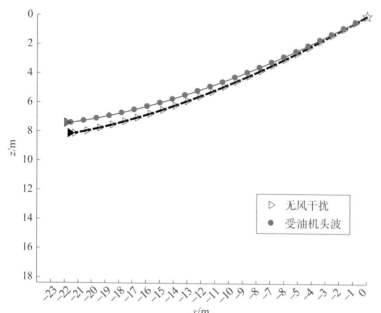

（c）受油机头波影响侧视图

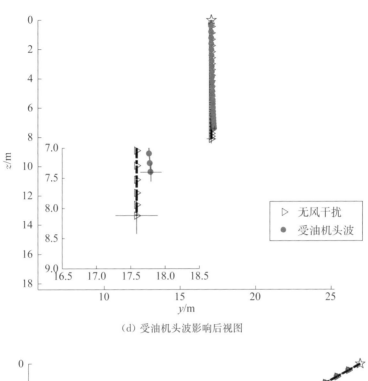

（d）受油机头波影响后视图

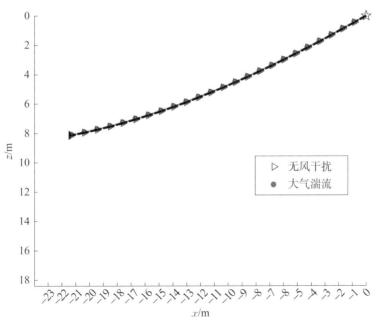

（e）大气湍流影响侧视图

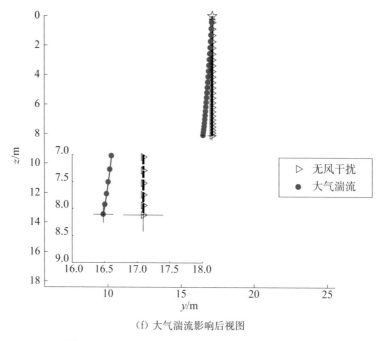

（f）大气湍流影响后视图

图6-4 不同风干扰作用下软管-锥套组合体状态

$0.21，-0.72)m$，受油机动态运动产生头波风速，不同的运动轨迹下软管-锥套组合体状态不同，故加油锥套处于动态平衡，不存静稳定位置，但可以确定头波效应引起的位置偏移方向，提前补偿对接位置能够有效抑制受油机头波的不利影响；大气湍流影响侧视图与后视图如图6-4(e)和(f)所示，加油锥套稳定位置向左移动，从表6-3可得，具体位置左移量为0.61m，大气湍流动态特性相对加油锥套为高频随机噪声，故加油锥套不存在静稳定位置，不能预先确定每次加油对接大气湍流造成的加油锥套稳定位置偏移量大小及方向，给自主空中加油对接造成了极大的不确定性。

表6-3 不同风干扰下的加油锥套稳定位置

风干扰情况	是否存在静稳定位置	仿真结束位置/m	位置偏移量/m
无风干扰	是	$(-21.27，17.09，8.12)$	—
加油机尾流	是	$(-21.27，17.96，8.07)$	$(0，0.87，-0.05)$
受油机头波	否	$(-21.52，17.30，7.40)$	$(-0.25，0.21，-0.72)$
大气湍流	否	$(-21.27，16.48，8.11)$	$(0，-0.61，-0.01)$

6.1.3　仿真实验分析

为验证所建软管-锥套组合体分段多刚体动力学模型和复杂多风干扰模型的有效性，并且后续与基于鸽群优化的自稳定锥套抗多风干扰控制方法进行对比，这里在软管-锥套组合体仿真过程中，加入加油机尾流、受油机头波、大气湍流及阵风干扰，对复杂多风干扰下加油锥套稳定位置及飘摆范围进行了仿真分析。复杂多风干扰下的加油锥套稳定位置仿真条件设置：加油机在 7 000 m 高度以 150 m/s 的速度定直平飞，加油吊舱安装于右侧翼尖处，受油机头波参数、加油吊舱安装位置等具体参数见表 6-1、表 6-2。仿真时间前 50 s 软管-锥套组合体只受静稳定风干扰（即加油机尾流）影响，从仿真时间 50 s 开始，受油机开始逐渐接近加油锥套（即受油机头波起作用），同时加入轻度大气湍流，此外在仿真时间 90 s 时加入强度为 $(0, -3, 2)$ m/s 的阵风。软管-锥套组合体初始状态量设定为 $\vartheta_{k1} = 30°$、$\vartheta_{k2} = 0°$、$\dot{\vartheta}_{k1} = 0°$、$\dot{\vartheta}_{k2} = 0°$，最大仿真时间为 150 s，采样时间为 0.02 s。

复杂多风干扰下的软管-锥套组合体状态及加油锥套位置变化曲线如图 6-5、图 6-6 所示。由图 6-5 可见，在风干扰作用下软管-锥套组合体状态存

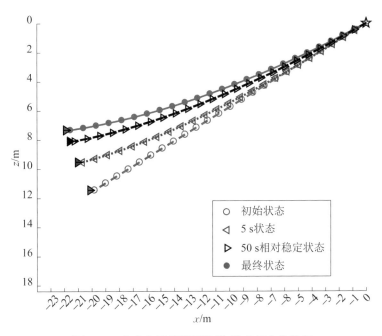

图 6-5　复杂多风干扰下软管-锥套组合体状态

在明显的改变。进一步可从图 6-6 和表 6-4 做定量分析,仿真时间前 50 s 内软管-锥套组合体经初始状态振荡,加油锥套逐渐趋于初始相对稳定位置 (−21.27, 17.961, 8.068)m,由于加油机尾流[见图 6-7(a)]为静稳定风干扰,加油锥套基本不存位置飘摆。仿真时间 50 s 后,开始加入受油机头波、大气湍流、阵风干扰[见图 6-7(b)至(d)],受油机在相对距离 25 m 处以 1.5 m/s 的速度接近加油锥套,因此在 66 s 左右受油机头波风速变化较大,进而引起加油锥套在三轴位置振荡范围可达 2 m,短时间内加油锥套位置大幅改变,对受油无人机机控制系统位置响应速度及位置控制精度提出了更高的要求,并且由于 90 s 时阵风的作用,加油锥套 y 轴位置明显向内侧移动,与风干扰影响的理论分析结果一致,但对加油锥套 z 轴位置的影响相对较小。由图 6-6 可见,加油锥套在 50~150 s 之间三轴位置振荡范围较大。表 6-4 列出了加油锥套三轴位置均方差分别为 0.002 0 m、0.044 7 m、0.018 1 m,复杂多风干扰对加油锥套 z 轴位置的影响明显强于其他两个方向,软管-锥套组合体稳定形态如图 6-5 所示,结合软管-锥套组合体受力情况,由于大部分软管状态角 ϑ_{k1} 大于 ϑ_{k2},故软管拉力在 z 轴方向的分力较大,起到了一定的稳定加油锥套 z 轴位置的作用。相对于 50 s 相对稳定位置,加油锥套最终状态三轴位移量分别为 −0.28 m、−0.309 m、−0.763 m,平均状态三轴位移量分别为 −0.27 m、−0.192 m、−0.731 m,相对位移明显,不利于受油机有效对接。

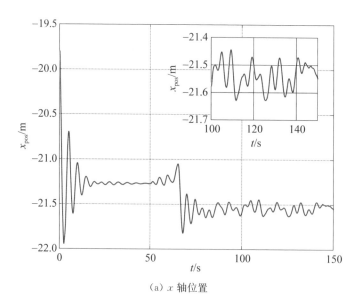

(a) x 轴位置

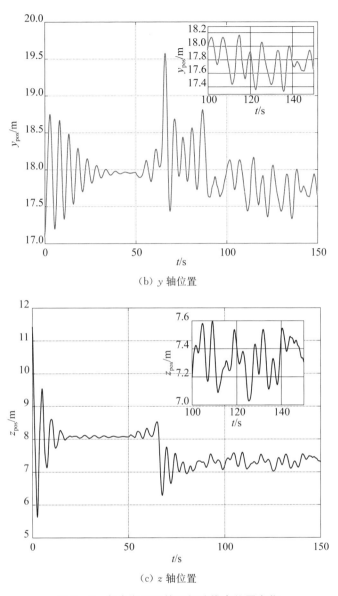

（b）y 轴位置

（c）z 轴位置

图 6－6　复杂多风干扰下加油锥套位置变化

表 6－4　加油锥套位置统计特性（100～150 s）

项目		50 s 位置/m	150 s 位置/m	极差/m	平均值/m	均方差/m
无锥套主动控制	x	−21.270	−21.550	0.184	−21.540	0.0020
	y	17.961	17.652	0.831	17.769	0.0447
	z	8.068	7.305	0.569	7.337	0.0181

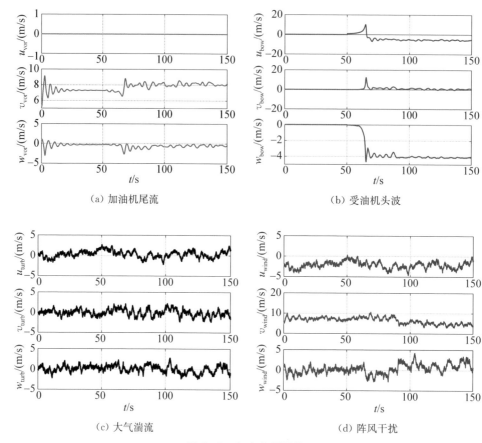

(a) 加油机尾流　　　　　　　　　　(b) 受油机头波

(c) 大气湍流　　　　　　　　　　　(d) 阵风干扰

图 6-7　复杂多风干扰

　　进一步给出了加油锥套在 $O_{hd}Y_{hd}Z_{hd}$ 平面的运动轨迹如图 6-8 所示,其中小图为加油锥套 100~150 s 的运动轨迹。由图 6-8 可见,在复杂多风干扰作用下,加油锥套在 $O_{hd}Y_{hd}Z_{hd}$ 平面内存在两个稳定区域,图中末稳定区域相对初始稳定区域向左下(实际位置向左上)移动,并且末稳定区域振荡范围更大。NASA 德莱顿飞行研究中心得出的空中加油锥套对接标准[16]如图 6-9 所示,加油锥套捕获半径 R_c 定义为锥套外环内侧 4 in(约 0.1 m),由于锥套直径为 0.61 m,故锥套捕获半径 $R_c = 0.205$ m。由加油锥套位置统计特性可知,末稳定区域的三轴振荡范围(即极差)分别为 0.184 m、0.831 m 和 0.569 m,后二者远超过锥套捕获直径 $2R_c = 0.41$ m,这在很大程度上是由相对于锥套运动特性具有高频作用的大气湍流造成的。

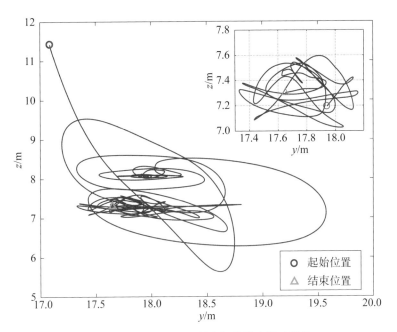

图 6-8 $O_{hd}Y_{hd}Z_{hd}$ 平面内加油锥套运动轨迹

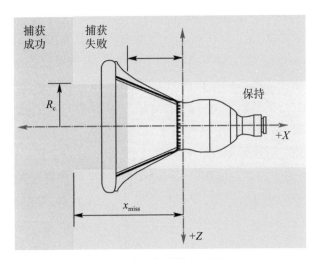

图 6-9 空中加油锥套对接标准

综上所述,复杂多风干扰对加油锥套稳定位置的影响各有不同:加油机尾流强度与锥套相对加油机的位置有关,由于锥套相对位置变化有限,故加油机尾流强度改变不大,并且加油机尾流为静稳定流场,不会主动改变锥套位置,对锥套稳定位置的影响相对较小;受油机头波对加油锥套稳定位置的影响主要体现在自主空中加油对接末段,特别是受油插头距离加油锥套几米范围内,此时受油机头波强度大幅改变,引起加油锥套短时间内位置移动明显,受油机头波对自主空中加油对接成功率的影响较大;大气湍流为软管-锥套组合体引入了高频随机干扰,使得加油锥套在一定范围内随机飘摆,该范围远大于加油锥套捕获直径,增加了受油机成功对接的不确定性。因此,加油锥套易受复杂多风干扰的影响,位置飘摆范围大且速度快,受油机精确跟踪加油锥套并成功对接困难,实现锥套抗多风干扰位置稳定控制是解决该问题的有效途径。

6.2　鸽群智能及优化

6.2.1　鸽群智能

鸽子自身导航能力惊人且群体飞行机制优越,国内外研究学者对其作用机理开展了大量研究。Kramer 提出了经典的"Map-and-Compass"模型[17],是鸽子乃至鸟类导航最重要的理论模型。"Map-and-Compass"模型将鸽子归巢描述为两步:第一步为罗盘步骤(compass step),鸽子根据环境梯度和罗盘,确定其与鸽房的相对位置,并将得到鸽房的方向作为罗盘方向;第二步为地图步骤(map step),鸽子锁定这个方向并在导航地图的帮助下转为飞行方向[18]。在"Map-and-Compass"导航模型中,为了确定罗盘方向,需要依赖在释放地点收集的信息,这种策略涉及双坐标导航[19],即假设环境中存在两相交的梯度,构成类似于网格系统的"导航地图"。在双坐标导航中,鸽子通过特定地点的信息,利用环境梯度的局部标量值来确定其相对于鸽房的位置。然后,它们借助"导航地图"来解释这些值,"导航地图"是对梯度空间分布的心理表征。Wiltschko 等也提出了一种模拟鸽子归巢的模型[20],该模型假设:空间中存在两相交的环境梯度,鸽子具有带噪声的梯度感知、罗盘感知能力,鸽子具有"导航地图"能够获取本地梯度并能理解本地与鸽房的梯度差异。

该模型与已存在模型的区别为:第一,Wiltschko 等通过对大量鸽子释放试验的数据进行分析总结,得到了更加精确的模型参数,对已存在模型进行了修正;第二,模型考虑了更加复杂的模拟环境,即环境梯度不单调或不正交的情况;第三,提出"即时归巢区域"(immediate home area)的概念,在该区域,鸽子将采用视觉线索辅助导航;第四,"导航地图"是通过反复感知的学习过程而形成,因此应该同样存在误差。该模型用由特殊地标组成的"马赛克地图"概念解释"即时归巢区域",即鸽子能够记忆鸽房附近显著地标相对于鸽房及相互之间的相对位置关系[18]。

牛津大学的 Roberts 等利用小型 GPS 采集设备记录鸽子飞行轨迹,并根据飞行轨迹观测飞行行为中大的变化,推断可能的导航策略变化,提出了鸽子在归巢导航过程中,不同的阶段采用不同的导航策略的理论[21]。首先,他们假设复杂的鸽子导航行为可用不同导航策略的行为状态原型模拟,然后以大量的鸽子飞行轨迹为复杂、未知和隐藏变量,建立了一个应用时空熵和概率隐马尔可夫模型的数学模型,该模型能够解释鸽子飞行轨迹变化。其次,他们进一步研究了试验结果和细节的行为学解释,尤其是场景视觉特征,提出了位置熵表征导航不确定性的假设。为了证明这一假设,他们检查了选定的个别轨迹,并发现这些状态如何对应于个别轨迹的熵水平的阶跃变化。Guilford 等据此提出了基于位置熵的三状态模型,用于解释鸽子在归巢过程中使用不同导航策略的现象[22]。

总体而言,鸽群利用太阳、地球磁场及视觉地标三种导航方式完成归巢行为[23]。当鸽群距鸽巢较远时,鸽群通过太阳和地球磁场辨别归巢的方向及方位,根据导航信息偏差调整飞行航线,实现远距归巢导航;随着鸽群逐步接近鸽巢,太阳和地球磁场的大范围导航无法满足鸽群近距导航精度,故鸽群开始利用自身对鸽巢附近熟悉的地标先验信息,并结合自身实时视觉导航信息以实现近距精确导航,完成近距归巢导航。

6.2.2　鸽群优化

1) 基本鸽群优化

鸽群优化算法[24-27]由上述鸽群远距和近距智能导航行为启发而提出,分别以地图和指南针算子(map and compass operator)、地标算子(landmark operator)模拟鸽群归巢过程中的远距太阳和地球磁场导航及近距视觉地标导航,将鸽巢和鸽子位置表示为优化问题的最优解和潜在解,鸽群归巢行为可具体化为寻找潜在解并将其收敛到最优解的过程。

解决鸽群中包含 N_P 只鸽子的 D 维搜索空间最优化(归巢)问题。定义第 i 只鸽子第 N_c 代的速度和位置分别为 $\boldsymbol{V}_i^{N_c} = [v_{i1}^{N_c}, v_{i2}^{N_c}, \cdots, v_{iD}^{N_c}]$、$\boldsymbol{X}_i^{N_c} = [x_{i1}^{N_c}, x_{i2}^{N_c}, \cdots, x_{iD}^{N_c}]$,以及地图和指南针算子最大迭代次数 $N_{c_1, max}$、地标算子最大迭代次数 $N_{c_2, max}$。

利用地图和指南针算子。当前迭代次数 N_c 小于 $N_{c_1, max}$ 时,鸽群中个体的速度和位置更新规则(见图 6-10)如下式所示:

$$
\begin{cases}
\boldsymbol{V}_i^{N_c} = \mathrm{e}^{-R \cdot N_c} \cdot \boldsymbol{V}_i^{N_c-1} + r_{\text{rand}} \cdot (\boldsymbol{X}_g - \boldsymbol{X}_i^{N_c-1}) \\
\boldsymbol{X}_i^{N_c} = \boldsymbol{X}_i^{N_c-1} + \boldsymbol{V}_i^{N_c}
\end{cases}
\tag{6-1}
$$

式中：$\boldsymbol{X}_g = [x_{g1}, x_{g2}, \cdots, x_{gD}]$ 为鸽群全局最优解，鸽子编号 $i = 1, 2, \cdots,$ N_P；R 表示地图和指南针因子；$r_{\text{rand}} \in [0, 1]$ 为随机数。

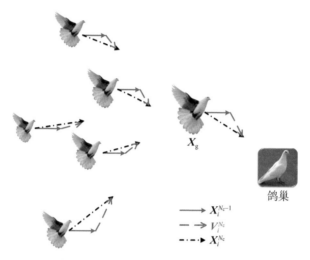

图 6-10　地图和指南针算子优化过程

利用地标算子。鸽群距离鸽巢较近进行视觉地标导航过程中，熟悉地标的一半鸽子被选中作为经验优先者，其余一半鸽子被淘汰，并且后续鸽群位置和速度的更新将跟随剩余鸽群的中心位置（见图 6-11）。具体而言，当迭代次数满

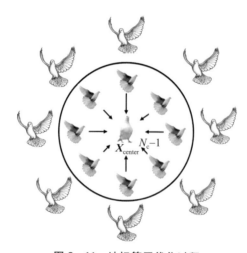

图 6-11　地标算子优化过程

足 $0 < N_c - N_{c_{1,\max}} \leqslant N_{c_{2,\max}}$ 时,鸽群中个体由地标算子进行更新,公式如下:

$$
\begin{cases}
N_p^{N_c} = \left[\dfrac{N_p^{N_c-1}}{2}\right] \\[2mm]
\boldsymbol{X}_{\text{center}}^{N_c-1} = \dfrac{\displaystyle\sum_{i=1}^{N_p^{N_c-1}} \boldsymbol{X}_i^{N_c-1} \cdot f_{\text{fitness}}(\boldsymbol{X}_i^{N_c-1})}{\displaystyle\sum_{i=1}^{N_p^{N_c-1}} f_{\text{fitness}}(\boldsymbol{X}_i^{N_c-1})} \\[2mm]
\boldsymbol{X}_i^{N_c} = \boldsymbol{X}_i^{N_c-1} + r_{\text{rand}} \cdot (\boldsymbol{X}_{\text{center}}^{N_c-1} - \boldsymbol{X}_i^{N_c-1})
\end{cases}
\tag{6-2}
$$

式中:$[\cdot]$ 表示向上取整;$N_p^{N_c}$、$N_p^{N_c-1}$ 分别为第 N_c、$N_c - 1$ 代的鸽群个体数量;$\boldsymbol{X}_{\text{center}}^{N_c-1}$ 为第 $N_c - 1$ 代的鸽群中心;$f_{\text{fitness}}(\cdot)$ 为具体问题的代价函数,本文选取加油锥套位置控制全过程误差平方的累积和。

2) 异构综合学习鸽群优化

基本鸽群优化算法在迭代中后期难免会造成鸽群种群多样性降低,进而容易陷入局部最优、全局寻优能力减弱的问题。异构综合学习策略[28]为解决该问题提供了一种可行的方案,本节结合异构综合学习策略与基本鸽群优化算法,设计了异构综合学习鸽群优化(heterogeneous comprehensive learning PIO, HCLPIO)方法。具体来说,HCLPIO 方法将整个鸽群分为利用子种群和探索子种群,以避免整个鸽群利用与探索功能的不利相互影响。利用子种群重点在于从众多潜在解区域中提取优异解,进而寻找全局最优解;探索子种群主要从整个搜索空间中发现不同的潜在解区域。两个子种群的鸽子各维速度更新均依据综合学习概率选择利用自己或其他鸽子的各维最优值,而不同于基本鸽群优化算法使用最优鸽子的各维数值,以提高鸽群种群多样性,保证算法能够跳出局部最优。

利用改进地图和指南针算子。当前迭代次数 N_c 小于 $N_{c_{1,\max}}$ 时,利用子种群第 i 只鸽子速度与位置更新如下式所示:

$$
\begin{cases}
\boldsymbol{V}_i^{N_c} = \mathrm{e}^{-R \cdot N_c} \cdot \boldsymbol{V}_i^{N_c-1} + r_{\text{rand}} \cdot (\boldsymbol{X}_{i\text{p}}^{\text{select}} - \boldsymbol{X}_i^{N_c-1}) + r_{\text{rand}} \cdot (\boldsymbol{X}_{\text{g}} - \boldsymbol{X}_i^{N_c-1}) \\[2mm]
\boldsymbol{X}_i^{N_c} = \boldsymbol{X}_i^{N_c-1} + \boldsymbol{V}_i^{N_c}
\end{cases}
$$

$$\tag{6-3}$$

式中:$\boldsymbol{X}_{i\text{p}}^{\text{select}}$ 为选择出的速度更新算例;$\boldsymbol{X}_{i\text{p}}^{\text{select}} = [x_{i\text{p}1}^{\text{select}}, x_{i\text{p}2}^{\text{select}}, \cdots, x_{i\text{p}D}^{\text{select}}]$,其中各维 $x_{i\text{p}D}^{\text{select}}$ 具体是选择自己或其他鸽子第 D 维最优值,由第 i 只鸽子第 D 维的

综合学习概率 $P_{c,iD}^{N_c}$ 所决定。具体计算公式如下：

$$P_{c,iD}^{N_c} = a_p + b_p \cdot \frac{e^{10(i-1)/(N_P-1)} - 1}{e^{10} - 1} \qquad (6-4)$$

式中：a_p、b_p 为综合学习概率系数。算例 $\boldsymbol{X}_{ip}^{select}$ 各维的其他鸽子具体确定方式为锦标赛选拔，即从利用子种群随机挑选两只鸽子并选择当前维具有更优代价函数值的鸽子。如果 $r_{rand,id}^{N_c} < P_{c,id}^{N_c}$，算例 x_{ipD}^{select} 选择为其他鸽子第 D 维的最优值；如果 $r_{rand,id}^{N_c} \geqslant P_{c,id}^{N_c}$，算例 x_{ipD}^{select} 选择为鸽子自身第 D 维的最优值。

当前迭代次数 N_c 小于 $N_{c_1 max}$ 时，探索子种群第 i 只鸽子速度与位置更新公式如下：

$$\begin{cases} \boldsymbol{V}_i^{N_c} = e^{-R \cdot N_c} \cdot \boldsymbol{V}_i^{N_c-1} + r_{rand} \cdot (\boldsymbol{X}_{ip}^{select} - \boldsymbol{X}_i^{N_c-1}) \\ \boldsymbol{X}_i^{N_c} = \boldsymbol{X}_i^{N_c-1} + \boldsymbol{V}_i^{N_c} \end{cases} \qquad (6-5)$$

利用改进地标算子，与利用基本鸽群优化算法地标算子步骤基本相同。

6.3　基于鸽群优化的锥套抗多风干扰控制

6.3.1　锥套 PID 控制

采用 PID 控制策略分别设计自稳定锥套侧向与垂向位置稳定控制器，具体公式如下：

$$\begin{cases} F_s = k_{Py}e_y + k_{Iy}\displaystyle\int_0^t e_y dt + k_{Dy}\dfrac{de_y}{dt} \\ F_v = k_{Pz}e_z + k_{Iz}\displaystyle\int_0^t e_z dt + k_{Dz}\dfrac{de_z}{dt} \end{cases} \qquad (6-6)$$

$$\begin{cases} e_y = y_{dro} - y_{stab} \\ e_z = z_{dro} - z_{stab} \end{cases} \qquad (6-7)$$

式中：F_s、F_v 分别为锥套侧向和垂向的期望主动控制气动力；k_{Py}、k_{Iy}、k_{Dy} 分别为锥套侧向 PID 控制器比例、积分、微分系数；k_{Pz}、k_{Iz}、k_{Dz} 分别为锥套垂向 PID 控制器比例、积分、微分系数；e_y、e_z 分别为锥套侧向与垂向的位置误差；y_{dro}、z_{dro} 分别为锥套侧向与垂向的实时位置；y_{stab}、z_{stab} 分别为锥套侧向与垂向的相对稳定位置，仿真实验中的位置可在稳定流场中仿真得到，真实物理系统中的位置可在平稳大气中的试飞测量得到。

6.3.2 锥套分数阶控制

1) 分数阶微积分实现

与整数阶 PID 控制方式相比,分数阶 PID(fractional-order PID, FOPID 或 PI$^\lambda$D$^\mu$)将微积分算子从整数阶扩展到分数阶甚至复数阶,以提高系统的抗干扰能力、跟踪特性及鲁棒性[29]。分数阶微积分算子的实现方法有多种,包括连分式展开近似法[30]、Carlson 近似法[31]、Chareff 近似法[32]、Oustaloup 近似法[33] 及改进 Oustaloup 近似法[5] 等。其中,改进 Oustaloup 近似法对分数阶微积分算子 s^α 的逼近效果较为理想,并且改进了拟合频段端点处拟合效果较差的问题。

在拟合频段 $[\omega_1, \omega_2]$ 内,分数阶微积分算子 s^α 可近似为如下的分数阶传递函数:

$$H(s) = \left(\frac{1 + \dfrac{s}{\dfrac{d_f}{b_f}\omega_1}}{1 + \dfrac{s}{\dfrac{b_f}{d_f}\omega_2}} \right)^\alpha \qquad (6-8)$$

式中:$s = j\omega$;α 为微积分算子阶次,拟合系数 $b_f > 0$、$d_f > 0$。

将式(6-8)进行泰勒级数展开,可得

$$H(s) = \left(\frac{b_f s}{d_f \omega_1} \right)^\alpha \left[1 + \alpha \cdot p(s) + \frac{\alpha(\alpha-1)}{2} \cdot p^2(s) + \cdots \right] \qquad (6-9)$$

式中:$p(s) = \dfrac{-d_f s^2 + d_f}{d_f s^2 + b_f \omega_2 s}$。

进一步截断上述泰勒级数展开式到第 1 项,可得由改进 Oustaloup 近似法得到近似的分数阶微积分算子 s^α:

$$s^\alpha \approx \left(\frac{d_f \omega_2}{b_f} \right)^\alpha \left[\frac{d_f s^2 + b_f \omega_2 s}{d_f(1-\alpha)s^2 + b_f \omega_2 s + d_f \alpha} \right] \prod_{k=-M}^{M} \frac{s + \omega_k'}{s + \omega_k} \qquad (6-10)$$

式中:$2M+1$ 为拟合阶次;$\omega_k' = \left(\dfrac{d_f \omega_1}{b_f} \right)^{(\alpha-2k)/(2M+1)}$,$\omega_k = \left(\dfrac{b_f \omega_2}{d_f} \right)^{(\alpha+2k)/(2M+1)}$。

2) PI$^\lambda$D$^\mu$ 控制器设计

采用分数阶 PI$^\lambda$D$^\mu$ 控制策略分别设计自稳定锥套侧向与垂向位置稳定控制器,其具体传递函数为

$$\begin{cases} C_{F_s}(s) = k_{Py}^{\lambda\mu} + \dfrac{k_{Iy}^{\lambda\mu}}{s^{\lambda_y}} + k_{Dy}^{\lambda\mu} s^{\mu_y} \\[2mm] C_{F_v}(s) = k_{Pz}^{\lambda\mu} + \dfrac{k_{Iz}^{\lambda\mu}}{s^{\lambda_z}} + k_{Dz}^{\lambda\mu} s^{\mu_z} \end{cases} \tag{6-11}$$

式中：$C_{F_s}(s) = L\left\{\dfrac{F_s(t)}{e_y(t)}\right\}$，$C_{F_v}(s) = L\left\{\dfrac{F_v(t)}{e_z(t)}\right\}$；$k_{Py}^{\lambda\mu}$、$k_{Iy}^{\lambda\mu}$、$k_{Dy}^{\lambda\mu}$、$\lambda_y$、$\mu_y$ 分别为锥套侧向分数阶 $\mathrm{PI}^\lambda\mathrm{D}^\mu$ 控制器比例、积分、微分、积分阶次、微分阶次的系数；$k_{Pz}^{\lambda\mu}$、$k_{Iz}^{\lambda\mu}$、$k_{Dz}^{\lambda\mu}$、λ_z、μ_z 分别为锥套垂向分数阶 $\mathrm{PI}^\lambda\mathrm{D}^\mu$ 控制器比例、积分、微分、积分阶次、微分阶次的系数。

6.3.3　基于鸽群优化的锥套稳定控制

为减小无人机自主空中加油对接过程中加油锥套飘摆范围，降低受油机主动对接难度，在建立的带自稳定锥套的软管-锥套组合体模型（见图 2-2）及运动特性分析的基础上，设计了自稳定锥套侧向和垂向 PID 与分数阶 $\mathrm{PI}^\lambda\mathrm{D}^\mu$ 控制器，以补偿加油机尾流、受油机头波、大气湍流等复杂多风干扰的不利影响，提高自主空中加油对接成功率。

基于鸽群优化的锥套抗多风干扰控制架构（见图 6-12）主要包含三个部分：软管-锥套组合体、复杂多风干扰及自稳定锥套位置稳定控制。软管-锥套组合体与复杂多风干扰建模见 2.2 节、2.3 节。自稳定锥套位置稳定控制首先需要设计 PID 控制器与分数阶 $\mathrm{PI}^\lambda\mathrm{D}^\mu$ 控制器，以得到锥套侧向和垂向的期望主动控制气动力 F_s、F_v，然后分配相应的锥套作动器改变张开角度，产生实际的主动控制气动力 F_s'、F_v'。根据 2.2 节所建自稳定锥套气动特性可知，作动器分配只要保证作动器 1、3 或者作动器 2、4（见图 6-12）的张开角度改变量大小相等且符号相反，便可产生实际的侧向和垂向主动控制气动力，并且前向主动控制气动力几乎为 0。同时，为降低控制器调参的难度，利用改进鸽群智能优化 HCLPIO 算法寻找 PID 控制器与分数阶 $\mathrm{PI}^\lambda\mathrm{D}^\mu$ 控制器参数的最优值，提高锥套侧向和垂向控制器性能，增强复杂多风干扰影响下加油锥套的位置稳定性。

异构综合学习鸽群 HCLPIO 算法优化自稳定锥套侧向和垂向控制器的具体实施步骤如下。

Step 1：获取自稳定锥套的初始相对稳定位置。建立软管-锥套组合体模型，并在模型仿真过程中加入静稳定风干扰（即加油机尾流）。计算软管-锥套组合体模型方程，直至加油锥套位置稳定（本章选取 50 s 仿真时间）。

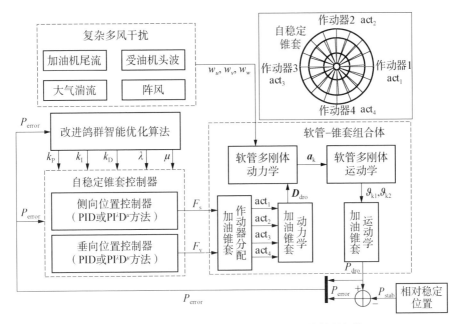

图 6‑12　基于鸽群优化的锥套抗多风干扰控制架构

Step 2：初始化锥套位置稳定控制器及 HCLPIO 参数。初始化分数阶 $PI^\lambda D^\mu$ 控制器拟合频段 $[\omega_1, \omega_2]$、阶次 $2M+1$、拟合系数 b_f、d_f，以及 HCLPIO 鸽群个体数量 N_P、问题搜索空间 D、利用子种群鸽子数量 N_{st}、探索子种群鸽子数量 N_{sr}、综合学习概率系数 a_p、b_p 等参数。

Step 3：评估初始化鸽群的适应度函数值。计算自稳定锥套位置控制误差平方的累积和，以评估加油锥套侧向和垂向控制器初始化参数的抗多风干扰性能。

Step 4：根据选择的算子更新鸽群速度和位置。若迭代次数 N_c 小于地图和指南针算子最大迭代数 $N_{c_1, \max}$，按式（6‑3）至式（6‑5）更新鸽群各子种群速度和位置；若迭代次数满足 $0 < N_c - N_{c_1, \max} \leqslant N_{c_2, \max}$，由地标算子式（6‑2）更新鸽群各子种群速度和位置。

Step 5：评估鸽群的适应度函数值。在软管‑锥套组合体仿真过程中，加入加油机尾流、受油机头波、大气湍流和阵风等复杂多风干扰，获取 PID 控制器与分数阶 $PI^\lambda D^\mu$ 控制器作用下加油锥套稳定位置及其与初始相对稳定位置的误差，并计算误差平方累积和。

Step 6：寻找最优适应度值及鸽群中相应的最优问题解。寻找鸽群中的最优适应度值，并选择出相应的鸽子最优位置作为 PID 控制器与分数阶 $PI^\lambda D^\mu$ 控制器的最优参数。

Step 7：输出最优问题解并判断是否结束仿真。若 $N_c > N_{c_1,\max} + N_{c_2,\max}$，输出 **Step 6** 中的控制器最优参数，否则返回 **Step 4**。

HCLPIO 算法优化自稳定锥套位置控制流程如图 6-13 所示。

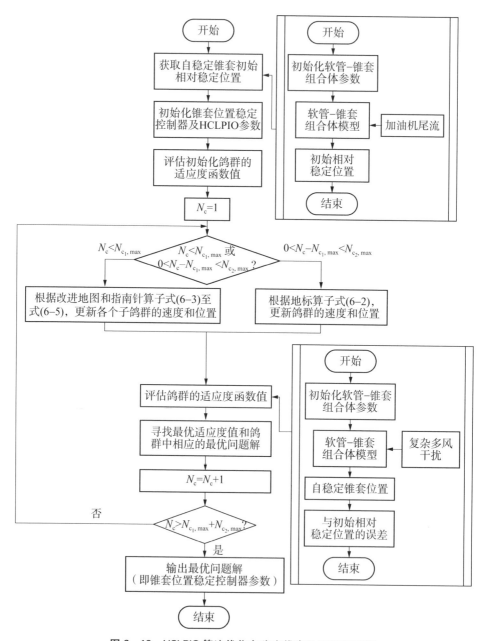

图 6-13 HCLPIO 算法优化自稳定锥套位置控制流程

6.3.4　仿真实验分析

为验证基于鸽群优化的锥套抗多风干扰位置稳定控制方法,本节在复杂多风干扰作用下研究软管-锥套组合体仿真过程,利用设计的加油锥套 PID 与分数阶 PID(FOPID)控制器,产生加油锥套主动控制气动力,以稳定加油锥套相对位置,并且为证明本章方法的有效性和优越性,设置三个方面的对比实验:①有无加油锥套抗多风干扰控制;②基于鸽群优化的锥套抗多风干扰 PID 控制与分数阶控制;③HCLPIO 算法与 PIO 算法、粒子群优化(particle swarm optimization, PSO)算法、异构综合学习粒子群优化(heterogeneous comprehensive learning PSO, HCLPSO)算法。复杂多风干扰、软管-锥套组合体及加油机等相关仿真设置与前述加油锥套稳定位置仿真相同,从 50 s 开始,加油锥套抗多风干扰控制器使能,其具体实现参数见表 6-5。同时,分别利用 PIO、PSO、HCLPIO 及 HCLPSO 算法优化加油锥套位置稳定 PID 控制器和 FOPID 控制器,四种智能优化算法具体仿真参数见表 6-6。

表 6-5　加油锥套 FOPID 控制器实现参数

参数	物理意义	数值
b_f	拟合系数	10
d_f	拟合系数	9
$2M+1$	拟合阶数	7
$[\omega_1, \omega_2]$	拟合频带	$[0.35, 400]$

表 6-6　PIO、PSO、HCLPIO 及 HCLPSO算法参数

算法	符号	名称	数值
PIO，HCLPIO	N_P	鸽子数目	100
	$N_{c_1,\max}$	地图和指南针算子最大迭代次数	75
	$N_{c_2,\max}$	地标算子最大迭代次数	25
	R	地图和指南针因子	0.2
	D	FOPID 搜索空间维数	10
	N_{pt}	利用子种群鸽子数目	70

算法	符号	名称	数值
	N_{pr}	探索子种群鸽子数目	30
	a_p	综合学习概率系数	0.1
	b_p	综合学习概率系数	0.25
PSO，HCLPSO	N_s	粒子数目	100
	$N_{c,\ max}$	最大迭代次数	100
	c_1	个体加速度系数（线性递减）	2.5～0.5
	c_2	全局加速度系数（线性递增）	0.5～2.5
	w	惯性权重（线性递减）	0.99～0.2
	D	FOPID 搜索空间维数	10
	N_{st}	利用子种群粒子数目	70
	N_{sr}	探索子种群粒子数目	30
	a_s	综合学习概率系数	0.1
	b_s	综合学习概率系数	0.25

　　加油锥套位置稳定控制框架及流程如图 6-12 和图 6-13 所示，表 6-7 列出了经 HCLPIO 算法优化得到的加油锥套 PID 和 FOPID 控制器参数。基于鸽群优化的锥套抗多风干扰分数阶控制作用下的软管-锥套组合体状态如图 6-14 所示。由图可见，在仿真时间分别为 50 s 和 150 s 的软管-锥套组合体相对稳定状态和最终状态基本重合，表明最优 FOPID 控制器能够有效地稳定复杂多风干扰下的加油锥套位置。图 6-15 给出了位置稳定控制作用下的加油锥套位置变化曲线，通过比较图 6-6 和图 6-15 可知，加油锥套位置稳定控制避免了锥套位置短时间存在大幅改变，极大地缩小了锥套三轴位置飘摆范围，唯一相对较大振荡出现在 64～70 s 之间，这是由受油机头波风速［见图 6-16(b)］临界变化造成的。加油机尾流、受油机头波、大气湍流等复杂多风干扰如图 6-16 所示，由于加油吊舱位于右侧翼尖，加油机在锥套处产生相对较大的侧向尾流风速约为 7.5 m/s，但垂向尾流风速接近于 0；受油机头波风速 $V_{bowy} > 0$、$V_{bowz} < 0$，趋向于将加油锥套推向右上方向；大气湍流为随机高频扰动，易诱发加油锥套位置飘摆。进一步对比表 6-4 和表 6-8 中的加油锥套位置统计数据，最优 FOPID 控

制作用下,锥套 x 轴位置极差从 0.184 m 减小到 0.026 m,y 轴位置极差从 0.831 m 减小到 0.049 m,z 轴位置极差从 0.569 m 减小到 0.063 m,锥套三轴位置方差仅为无控制情况下的几百分之一,故复杂多风干扰下加油锥套位置飘摆范围在捕获标准直径 $2R_c = 0.41$ m 之内,加油锥套位置稳定控制作用明显。

表 6-7 加油锥套 PID 和 FOPID 控制器最优参数(HCLPIO)

控制器	参数	数值
PID	$[k_{Py}, k_{Iy}, k_{Dy}, k_{Pz}, k_{Iz}, k_{Dz}]$	[234.22, 178.84, 189.64, 301.07, 145.28, 178.84]
FOPID	$[k_{Py}^{\lambda\mu}, k_{Iy}^{\lambda\mu}, k_{Dy}^{\lambda\mu}, \lambda_y, \mu_y, k_{Pz}^{\lambda\mu}, k_{Iz}^{\lambda\mu}, k_{Dz}^{\lambda\mu}, \lambda_z, \mu_z]$	[221.81, 215.72, 208.07, 1.272, 1.318, 217.03, 263.85, 201.22, 1.198, 1.290]

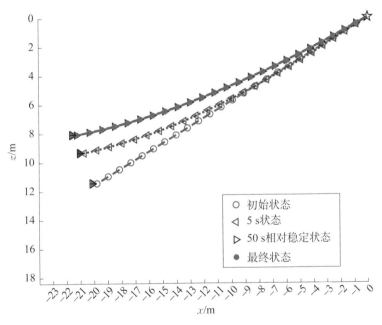

图 6-14 基于鸽群优化的锥套抗多风干扰分数阶段控制作用下的软管-锥套组合体状态(锥套位置稳定控制)

比较图 6-8 和图 6-17 表示的加油锥套在 $O_{hd}Y_{hd}Z_{hd}$ 平面内的运动轨迹差异,可更加直观地分析基于鸽群优化的锥套抗多风干扰 FOPID 控制器作用:从总体来看,加油锥套由无控状态的两个稳定区域改善为只有一个稳定区域;从稳定区域范围来看,无控状态加油锥套末稳定区域在 0.8 m × 0.8 m 的范围内,

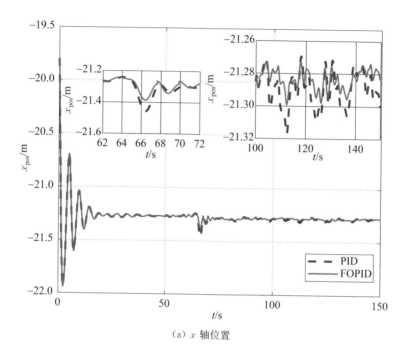

(a) x 轴位置

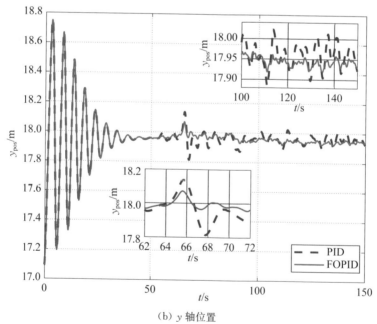

(b) y 轴位置

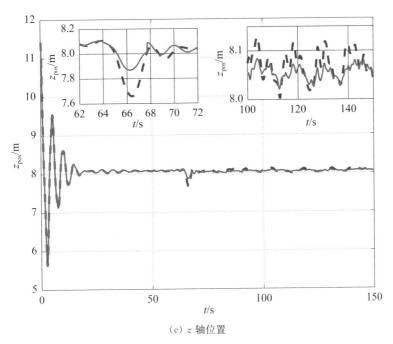

（c）z 轴位置

图 6-15 复杂多风干扰下加油锥套位置变化曲线（锥套位置稳定控制）

表 6-8 控制作用下的加油锥套位置统计特性（100～150 s）

方法		50 s 位置/m	150 s 位置/m	极差/m	平均值/m	均方差/m
最优 PID	x	−21.27	−21.30	0.048	−21.290	0.000110
	y	17.961	17.922	0.138	17.960	0.000870
	z	8.068	8.039	0.126	8.071	0.000770
最优 FOPID	x	−21.27	−21.28	0.026	−21.280	0.000036
	y	17.961	17.944	0.049	17.960	0.000110
	z	8.068	8.050	0.063	8.056	0.000180

而在最优 FOPID 控制作用下将加油锥套稳定到更小的区域（0.1 m × 0.1 m 范围）内，该范围的缩小使加油锥套飘摆满足捕获标准直径 $2R_c$，给受油机从相对远距离直接对准加油锥套预先位置进行成功对接提供了可能，降低了"慢动态"受油机强行追逐"快动态"加油锥套的难度和自主空中加油事故风险。图 6-18 和图 6-19 分别给出了由于加油锥套稳定位置控制产生的主动控制气动力和相应作动器张开角，由图 6-19 可知，根据加油锥套气动特性决定的作动器分配规

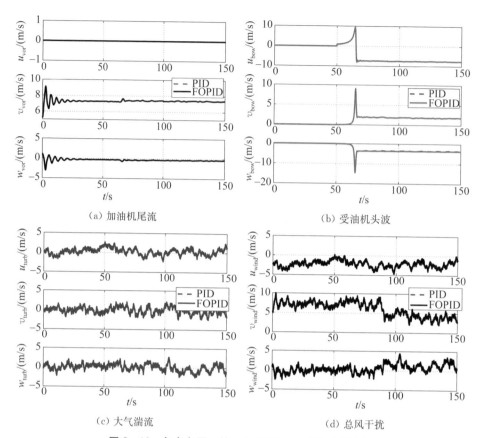

（a）加油机尾流　　　　　　　　　　　（b）受油机头波

（c）大气湍流　　　　　　　　　　　（d）总风干扰

图 6-16　复杂多风干扰示意图(锥套位置稳定控制)

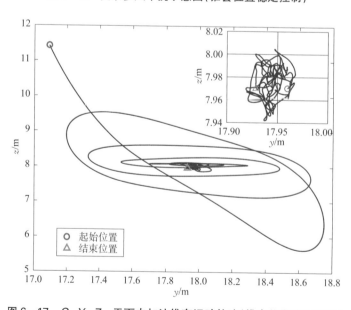

图 6-17　$O_{hd}Y_{hd}Z_{hd}$ 平面内加油锥套运动轨迹(锥套位置稳定控制)

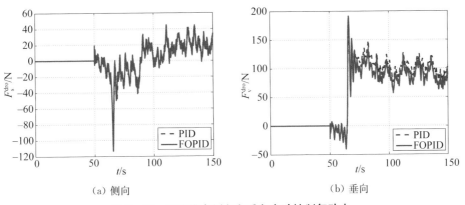

（a）侧向　　　　　　　　　　　（b）垂向

图 6-18　加油锥套侧向和垂向主动控制气动力

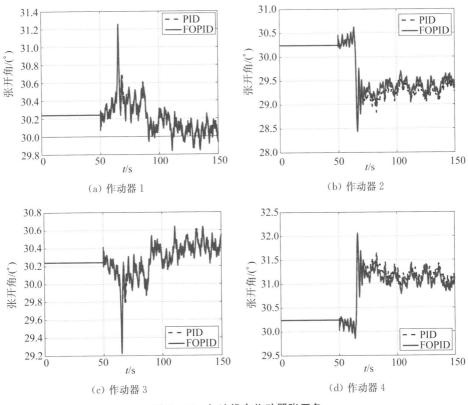

（a）作动器 1　　　　　　　　　　（b）作动器 2

（c）作动器 3　　　　　　　　　　（d）作动器 4

图 6-19　加油锥套作动器张开角

则,得到锥套各个作动器张开角改变量,相应数值在 2.5°之内,属于有效的作动器张开角。总体而言,主动控制气动力作用相当于将存在复杂多风干扰的不稳定流场近似转化为一个相对稳定流场,以减少加油锥套稳定位置受不稳定流场的不利影响。

进一步对比经鸽群算法优化的加油锥套 PID 和 FOPID 控制器性能,如图 6‑15 所示,最优 FOPID 控制器稳定后的加油锥套位置飘摆范围明显小于最优 PID 控制器,特别是受油机头波风速剧烈变化的 62～72 s 之间,最优 PID 控制器作用下加油锥套抖动范围接近 0.4 m,而最优 FOPID 控制器仅为 0.2 m 左右,表明加油锥套最优 FOPID 控制器应对突变风干扰的位置稳定性能更好,降低了自主空中加油对接过程由于风干扰突变引起的不确定性。从表 6‑8 的加油锥套位置统计特性可知,最优 FOPID 控制作用下的加油锥套三轴位置均方差分别仅为最优 PID 控制器的 32.7%、12.6%、23.4%,并且比较 50 s 与 150 s 的加油锥套位置可得,最优 FOPID 控制器使得加油锥套位置偏移相对更小。因此,基于鸽群优化的锥套抗多风干扰 FOPID 控制器位置稳定性能明显优于最优 PID 控制器。

为评估仿生智能优化算法的有效性,利用 HCLPIO、PIO、HCLPSO 及 PSO 算法分别对加油锥套位置稳定 FOPID 控制器进行 10 次独立优化,图 6‑20 给出了四种算法的平均适应度函数值变化曲线,并且表 6‑9 列出了不同算法优化 FOPID 控制器得到的最优参数及适应度函数值,其中 HCLPIO 算法优化的加油锥套 FOPID 控制器参数拥有最小的适应度函数值,也意味着该控制

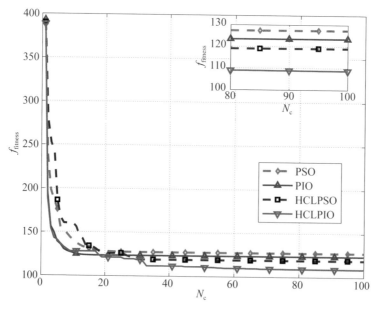

图 6‑20　加油锥套 FOPID 控制器的智能优化算法适应度函数值变化曲线

表6-9　加油锥套 FOPID 控制器最优参数及适应度函数值

算法	FOPID控制器参数 $[k_{Py}^{sc}, k_{Iy}^{sc}, k_{Dy}^{sc}, \lambda_y, \mu_y, k_{Pz}^{sc}, k_{Iz}^{sc}, k_{Dz}^{sc}, \lambda_z, \mu_z]$	适应度函数值
HCLPIO	[221.81, 215.72, 208.07, 1.272, 1.318, 217.03, 263.85, 201.22, 1.198, 1.290]	108.636
PIO	[232.89, 186.55, 192.15, 1.186, 1.110, 237.63, 178.66, 181.69, 1.170, 1.184]	123.410
HCLPSO	[242.10, 170.41, 228.27, 1.466, 1.255, 252.85, 241.80, 214.05, 1.184, 1.373]	119.134
PSO	[199.24, 198.45, 183.69, 1.089, 1.175, 197.53, 246.68, 192.96, 1.045, 1.115]	127.326

器抗复杂多风干扰的位置稳定性最好。此外,进一步分析图6-20中智能优化算法的适应度函数值对比曲线,可得:

(1)基本 PIO 算法收敛速度快于 PSO 算法,原因在于 PIO 算法的地图和指南针算子可以在整个搜索空间中更好地提取优质解以寻找 FOPID 控制器的最优参数。

(2)比较 HCLPIO、HCLPSO 与 PIO、PSO 算法前15代的曲线,可得出基本智能优化算法收敛速度快于改进算法,其本质原因是引入异构综合学习策略使得整个种群分解为两个子种群,子种群可以将探索与利用作用进行区分。

(3)同时,因为探索和利用两个子种群的存在,异构综合学习策略提高了迭代后期的种群多样性,改进算法以略微牺牲早期收敛性为代价换取全局的探索性能。因此,即使在迭代后期,HCLPIO 算法依旧拥有更强的探索性,可以持续更新鸽群位置以获取最优的加油锥套 FOPID 位置稳定控制器参数。

6.4　本章小结

本章在分析加油锥套稳定位置受复杂多风干扰的不同影响基础上,研究了锥套抗多风干扰位置稳定控制问题。一方面,分别将加油机飞行速度、飞行高度、加油机尾流、受油机头波、大气湍流等不同因素引入软管-锥套组合体模型中,结合加油锥套受力和不同风干扰流场分布情况,通过仿真实验分析了不同因素下加油锥套稳定位置的偏移量大小及方向,验证了所建软管-锥套组合体模型及复杂多风干扰的有效性;另一方面,通过模拟鸽群归巢的远距及近距导航机制设计了异构综合学习鸽群智能优化算法,引入异构综合学习策略提高了鸽群种群多样性,增强了基本鸽群优化算法的全局寻优能力,并且设计了基于鸽群优化的锥套抗多风干扰控制框架及方法,通过加油锥套侧向与垂向位置稳定 PID 与分数阶 $PI^\lambda D^\mu$ 控制器,补偿复杂多风干扰对锥套稳定位置的不利影响,以解决无人机软式自主空中加油对接过程中加油锥套大范围飘摆问题。以上研究内容为"慢动态"受油机远距直接对接"快动态"加油锥套提供了行之有效的解决方案,降低了无人机软式自主空中加油对接难度和事故风险。

参考文献

［1］ Wang H T, Dong X M, Xue J P, et al. Dynamic modeling of a hose-drogue aerial refueling system and integral sliding mode backstepping control for the hose whipping phenomenon[J]. Chinese Journal of Aeronautics, 2014, 27(4):930 - 946.

［2］ Ro K, Kamman J W. Modeling and simulation of hose-paradrogue aerial refueling systems[J]. Journal of Guidance, Control, and Dynamics, 2010, 33(1):53 - 63.

［3］ 王海涛,董新民,等. 空中加油动力学与控制[M]. 北京:国防工业出版社,2016.

［4］ Liu Z J, Liu J K, He W. Modeling and vibration control of a flexible aerial refueling hose with variable lengths and input constraint[J]. Automatica, 2017, 77:302 - 310.

［5］ Sun Y B, Duan H B, Xian N. Fractional-order controllers optimized via heterogeneous comprehensive learning pigeon-inspired optimization for autonomous aerial refueling hose-drogue system[J]. Aerospace Science and Technology, 2018, 81:1 - 13.

［6］ Sun Y B, Liu Z J, Zou Y, et al. Active disturbance rejection controllers optimized via adaptive granularity learning distributed pigeon-inspired optimization for autonomous aerial refueling hose-drogue system [J]. Aerospace Science and Technology, 2022, 124:107528.

［7］ 全权,魏子博,高俊,等. 软管式自主空中加油对接阶段中的建模与控制综述[J]. 航空学报,2014,35(9):2390 - 2410.

［8］ Thomas P R, Bhandari U, Bullock S, et al. Advances in air to air refuelling[J]. Progress in Aerospace Sciences, 2014, 71:14 - 35.

［9］ Williamson W R, Reed E, Glenn G J, et al. Controllable drogue for automated aerial refueling[J]. Journal of Aircraft, 2010, 47(2):515 - 527.

［10］ Kuk T. Active control of aerial refueling drogue[D]. Kalamazoo: Weatern Michigan University, 2014.

［11］ 张进. 软管锥套运动的动力学建模与控制[D]. 南京:南京航空航天大学,2016.

［12］ Su Z K, Wang H L, Yao P, et al. Back-stepping based anti-disturbance flight controller with preview methodology for autonomous aerial refueling[J]. Aerospace Science and Technology, 2017, 61:95 - 108.

［13］ Su Z K, Wang H L. Probe motion compound control for autonomous aerial refueling docking[J]. Aerospace Science and Technology, 2018, 72:1 - 13.

[14] Duan H B, Sun Y B, Shi Y H. Bionic visual control for probe-and-drogue autonomous aerial refueling[J]. IEEE Transactions on Aerospace and Electronic Systems, 2021, 57 (2):848－865.

[15] 项林杰. 自主空中加油受油机精确控制与仿真[D]. 南京:南京航空航天大学, 2015.

[16] Dibley R, Allen M, Nabaa N. Autonomous airborne refueling demonstration phase Ⅰ flight-test results[C]//AIAA Atmospheric Flight Mechanics Conference and Exhibit. Hilton Head: 2007.

[17] Kramer G. Experiments on bird orientation and their interpretation[J]. Ibis, 1957, 99 (2):196－227.

[18] Wiltschko R. Navigation without technical aids: How pigeons find their way home [J]. European Journal of Navigation, 2012, 10(1):22－31.

[19] Schmidt-Koenig K. Current problems in bird orientation[J]. Advances in the Study of Behavior, 1965, 1(1):217－278.

[20] Wiltschko R, Nehmzow U. Simulating pigeon navigation[J]. Animal Behaviour, 2005, 69(4):813－826.

[21] Roberts S, Guilford T, Rezek I, et al. Positional entropy during pigeon homing Ⅰ: Application of Bayesian latent state modelling[J]. Journal of Theoretical Biology, 2004, 227(1):39－50.

[22] Guilford T, Roberts S, Biro D, et al. Positional entropy during pigeon homing Ⅱ: Navigational interpretation of Bayesian latent state models[J]. Journal of Theoretical Biology, 2004, 227(1):25－38.

[23] Duan H B, Xin L, Shi Y H. Homing pigeon-inspired autonomous navigation system for unmanned aerial vehicles[J]. IEEE Transactions on Aerospace and Electronic Systems, 2021, 57(4):2218－2224.

[24] Duan H B, Qiao P X. Pigeon-inspired optimization: A new swarm intelligence optimizer for air robot path planning[J]. International Journal of Intelligent Computing and Cybernetics, 2014, 7(1):24－37.

[25] 段海滨,霍梦真. 鸽群优化[M]. 北京:科学出版社, 2023.

[26] Duan H B, Huo M Z, Shi Y H. Limit-cycle-based mutant multiobjective pigeon-inspired optimization[J]. IEEE Transactions on Evolutionary Computation, 2020, 24 (5):948－959.

[27] Duan H B, Wang X H. Echo state networks with orthogonal pigeon-inspired optimization for image restoration[J]. IEEE Transactions on Neural Networks and Learning Systems, 2016, 27(11):2413－2425.

[28] Lynn N, Suganthan P N. Heterogeneous comprehensive learning particle swarm optimization with enhanced exploration and exploitation[J]. Swarm and Evolutionary Computation, 2015, 24:11－24.

[29] Feliu-Batlle V, Perez R R, Rodriguez L S. Fractional robust control of main irrigation canals with variable dynamic parameters[J]. Control Engineering Practice, 2007, 15 (6):673－686.

[30] Vinagre B M, Podlubny I, Hernandez A, et al. Some approximations of fractional order

operators used in control theory and applications[J]. Fractional Calculus Applied Analysis, 2000, 3(3): 231 - 248.

[31] 贾银刚. 分数阶控制系统与控制器设计[D]. 沈阳: 东北大学, 2005.

[32] 王飞. 分数阶 PID 控制器的设计与实现[D]. 沈阳: 东北大学, 2012.

[33] Podlubny I, Petráš I, Vinagre B M, et al. Analogue realizations of fractional-order controllers[J]. Nonlinear Dynamics, 2002, 29(1/2/3/4): 281 - 296.

7 多风干扰下的受油机抗干扰控制

　　无人机软式自主空中加油主要依靠受油机机动动作实现不同阶段的任务目标(见图 7-1),特别是近距对接阶段,由于复杂多风干扰对受油机自身状态量和加油锥套稳定位置的不利影响[1-2],受油机控制系统很难保证其相对位置控制响应速度和精度满足自主空中加油对接标准。因此,受油机作为软式自主空中加油的主体部分,如何提高其在复杂多风干扰下控制系统的抗干扰性、位置控制响应速度及精度[3],是又一个亟待解决的关键技术问题。传统的受油机抗干扰控制方法如 PID 控制[4-5]、LQR 控制[6-10]、鲁棒控制[11-13]、自适应控制[14-17]等,在控制器设计过程中没有预先考虑对复杂多风干扰的抑制或补偿,受油机主动抗风干扰的能力较弱,很难保证控制系统性能。如第 6 章所述,加油锥套位置稳定控制[1, 18-20]是解决受油机位置控制响应慢与加油锥套快速位置飘摆之间矛盾的一种方式,该方式针对的控制对象为加油锥套,因此针对另一控制对象(即受油机)必然可设计相应的控制方法或策略,进而从另一个角度来解决此问题。

　　　　　(a) 大型加/受油机加油　　　　　　　　　　　(b) 伙伴加油

图 7-1　空中加油过程中受油机驾驶舱视角

　　以 2.1 节建立的受油机仿射非线性模型为基础,充分考虑复杂多风干扰对受油机位置控制的影响,采用反步设计方法[21-23]将受油机高阶控制系统分解为角速度、气流角、航迹、位置四个逐级串联的闭环和独立的速度闭环,设计了基于主动抗干扰控制理论的受油机多环抗干扰控制方法,利用了各回路的非线性跟踪微分器、状态观测器和误差反馈控制器,以提高受油机控制系统的抗干扰性及位置控制精度。同时,在软式自主空中加油近距对接末段,由于加油锥套受到的受油机头波风速大幅快速改变,造成受油机位置控制响应速度不能满足实时对接要求的问题,本章设计了一种基于模糊逻辑的锥套实时位置预测控制方法[23],通过借鉴有人机空中加油的经验,利用加油锥套的实时速度和位置预测下一时刻锥套位置的变化趋势,生成相应的受油机外环相对位置控制误差补偿量,将自主空中加油近距对接控制目标从加油锥套实时位置转换为预测位置,以加快无人机软式自主空中加油近距对接末段受油机相对位置控制的响应速度,减小锥管-锥套相对位置的抖动范围,提高自主空中加油对接成功率。此外,加油机与受油机高速运动下的紧密编队存在一定的碰撞风险,因此设计了一种改进人工势场法的无人机自主空中加油防撞方法,以降低对接末段可能发生的加油事故风险。

7.1　受油机抗干扰飞行控制

7.1.1　受油机抗干扰控制架构

　　自抗扰控制方法[24-27]不依赖被控对象和不确定干扰模型,是由现代控制理论发展而来的新型实用技术,其核心思想是把外部扰动(复杂多风干扰)和内部扰动(模型不确定性)统一看作系统集总干扰并扩展为系统的内部状态,从而进行系统集总干扰实时估计与补偿。自抗扰控制方法主要由三个部分组成,即跟踪微分器(tracking differentiator, TD)、扩张状态观测器(extended state observer, ESO)和非线性状态误差反馈(nonlinear state error feedback, NSEF)控制律。针对无人机软式自主空中加油抗干扰精确位置控制问题,借鉴自抗扰控制方法的结构,本节基于复杂多风干扰下受油机抗干扰控制框架设计了主动抗干扰控制方法,以提高受油机控制系统抗干扰性和控制精度。

　　复杂多风干扰下的受油机抗干扰控制框架(见图 7 - 2)设计总体思路为:依据非线性欠驱动飞行控制系统反步设计方法,将 2.1 节所建的受油机高阶仿射

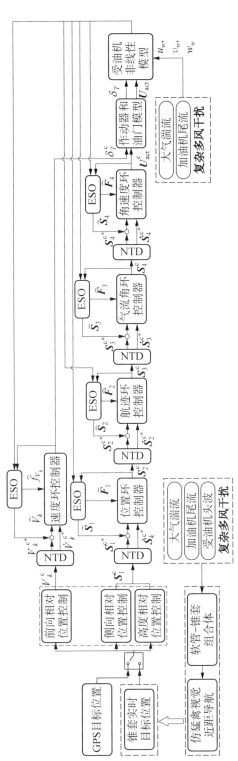

图 7 - 2 复杂多风干扰下的受油机抗干扰控制框架

非线性模型划分为由内到外逐级串联的角速度环控制器、气流角环控制器、航迹环控制器、位置环控制器,以及独立的速度环控制器,本质上是利用反步法将受油机高阶非线性系统设计转化为一个递归设计的过程,以降低系统的复杂度。然后,将模型式(2-18)右端与相应虚拟控制量无关的非线性项 f_{V_k}、$F_i(i=1, 2, 3, 4)$ 定义为各控制回路的总干扰,并分别设计五个控制回路的状态观测器(ESO),对各回路总干扰和状态量进行估计。在受油机底层抗干扰控制回路之外,设计前向、侧向及高度的相对位置控制,其输入存在两种情况,即 GPS 目标位置和锥套实时目标位置,这实际上意味着 GPS 和仿生视觉导航两种导航源切换会导致跟踪目标位置改变。受油机主要受到加油机尾流、大气湍流两种风干扰,而软管-锥套组合体额外增加了受油机引起的头波干扰。

7.1.2　受油机抗干扰控制

考虑到软式自主空中加油过程中受油机状态量及总干扰的实际情况,对其进行如下假设。

假设 7.1:受油机状态量 V_k、$S_i(i=1, 2, 3, 4)$ 可通过直接测量或间接转换获得。

假设 7.2:受油机模型中总干扰 f_{V_k}、$F_i(i=1, 2, 3, 4)$ 是可微的,并且其微分量 $\dot{f}_{V_k}$、$\dot{F}_i(i=1, 2, 3, 4)$ 有界。

图 7-2 中指令信号 $S_i^{c*}(i=1, 2, 3, 4)$ 由采用二阶非线性跟踪微分器(nonlinear tracking differentiator, NTD)得到,具体计算公式如下[24]:

$$\begin{cases} v_{i1}(k+1) = v_{i1}(k) + h \cdot v_{i2}(k) \\ v_{i2}(k+1) = v_{i2}(k) + h \cdot f_{\text{han}}[v_{i1}(k) - u_i(k), v_{i2}(k), r_i, h_i] \end{cases}$$

$$(7-1)$$

式中:$u_i(k)$ 为 k 时刻的跟踪微分器输入信号;$v_{i1}(k)$、$v_{i2}(k)$ 分别为输入 $u_i(k)$ 的跟踪信号及微分信号,$v_{i1}(k) = S_i^{c*}$、$v_{i2}(k) = \dot{S}_i^{c*}$;$r_i$ 为决定跟踪速度的速度因子,其值越大,跟踪速度越快;h_i 为滤波因子;h 为时间步长;$f_{\text{han}}(v_1, v_2, r_0, h_0)$ 为最速控制综合函数[24, 27]。相关参数公式如下:

$$
\begin{cases}
d = h_0 r_0^2 \\
a_0 = h_0 v_2 \\
y = v_1 + a_0 \\
a_1 = \sqrt{d(d + 8|y|)} \\
a_2 = a_0 + \mathrm{sign}(y)(a_1 - d)/2 \\
s_y = [\mathrm{sign}(y + d) - \mathrm{sign}(y - d)]/2 \\
a = (a_0 + y - a_2)s_y + a_2 \\
s_a = [\mathrm{sign}(a + d) - \mathrm{sign}(a - d)]/2 \\
f_{\mathrm{han}} = -r_0\left(\dfrac{a}{d} - \mathrm{sign}(a)\right)s_a - r_0 \mathrm{sign}(a)
\end{cases}
\tag{7-2}
$$

$$
\mathrm{sign}(y) = \begin{cases}
1, & y > 0 \\
0, & y = 0 \\
-1, & y < 0
\end{cases}
\tag{7-3}
$$

受油机多阶段控制过程中,底层控制会面临控制目标的转换,即存在受油机机体坐标下目标位置、加油机机体坐标系下目标位置和加油锥套实时目标位置的相互转换,三种目标位置都需要通过计算或转换得到相对受油机质心的实时目标位置差,并进一步由前向、侧向、高度相对位置控制(如图 7-2 所示)获取期望位置环控制指令 $\boldsymbol{S}_i^c$ 及速度环控制指令 V_k^c。

设计受油机底层抗干扰控制前,定义各回路中间虚拟控制量及跟踪误差如下式[22-23]所示:

$$
\begin{cases}
\boldsymbol{u}_1 = \boldsymbol{S}_2^c, \ \boldsymbol{u}_2 = \boldsymbol{S}_3^c, \ \boldsymbol{u}_3 = \boldsymbol{S}_4^c, \ \boldsymbol{u}_4 = \boldsymbol{U}_{\mathrm{act}} \\
\boldsymbol{e}_1 = \boldsymbol{S}_1^{c*} - \widehat{\boldsymbol{S}}_1, \ \boldsymbol{e}_2 = \boldsymbol{S}_2^{c*} - \widehat{\boldsymbol{S}}_2 \\
\boldsymbol{e}_3 = \boldsymbol{S}_3^{c*} - \widehat{\boldsymbol{S}}_3, \ \boldsymbol{e}_4 = \boldsymbol{S}_4^{c*} - \widehat{\boldsymbol{S}}_4 \\
e_{V_k} = V_k^{c*} - \widehat{V}_k
\end{cases}
\tag{7-4}
$$

式中:$\boldsymbol{u}_1$、$\boldsymbol{u}_2$、$\boldsymbol{u}_3$、$\boldsymbol{u}_4$ 分别为位置、航迹、气流角及角速度四个回路的虚拟控制量;$\boldsymbol{S}_2^c$、$\boldsymbol{S}_3^c$、$\boldsymbol{S}_4^c$ 分别为位置控制器、航迹控制器及气流角控制器的输出,$\boldsymbol{S}_i^{c*}$($i=1,\cdots,4$)、V_k^{c*} 为非线性跟踪微分器输出的控制器指令跟踪信号,$\widehat{\boldsymbol{S}}_i$($i=1,\cdots,4$)、$\widehat{V}_k$ 为各回路状态观测器估计的状态变量。

将系统总干扰 $\boldsymbol{F}_i$($i=1,2,3,4$)作为扩展状态,并引入至式(2-18)的受油机仿射非线性模型各控制回路中,同时由**假设 7.2** 可知 $F_i(i=1,2,3,4)$ 可微,则增广控制回路扩张状态运动方程可表示为

$$\begin{cases} \dot{S}_i = F_i + B_i u_i \\ \dot{F}_i = n_i(t) \\ y_i = S_i \end{cases} \tag{7-5}$$

式中: $n_i(t)$ 为 F_i 的有界导数; y_i 为合回路输出状态量。进而基于**假设 7.1**、**假设 7.2** 构造式(7-5)增广控制回路的 $\mathrm{ESOs}^{[21,23]}$ 如下:

$$\begin{cases} \dot{\hat{S}}_i = \hat{F}_i - \boldsymbol{\beta}_{i1} \cdot \hat{e}_i + B_i u_i \\ \dot{\hat{F}}_i = -\boldsymbol{\beta}_{i2} \cdot \hat{e}_i \\ \hat{e}_i = \hat{S}_i - y_i \end{cases} \tag{7-6}$$

式中: $\hat{F}_i$ 为各控制回路总干扰估计值; $\boldsymbol{\beta}_{i1}$、$\boldsymbol{\beta}_{i2}$ 均为观测器系数, $\boldsymbol{\beta}_{11} = \mathrm{diag}(\beta_{1\bar{y}}, \beta_{1\bar{z}}) = \mathrm{diag}(2\omega_1, 2\omega_1)$, $\boldsymbol{\beta}_{12} = \mathrm{diag}(\beta_{2\bar{y}}, \beta_{2\bar{z}}) = \mathrm{diag}(\omega_1^2, \omega_1^2)$, $\boldsymbol{\beta}_{21} = \mathrm{diag}(\beta_{1\gamma}, \beta_{1\chi}) = \mathrm{diag}(2\omega_2, 2\omega_2)$, $\boldsymbol{\beta}_{22} = \mathrm{diag}(\beta_{2\gamma}, \beta_{2\chi}) = \mathrm{diag}(\omega_2^2, \omega_2^2)$, $\boldsymbol{\beta}_{31} = \mathrm{diag}(\beta_{1\alpha}, \beta_{1\beta}, \beta_{1\mu}) = \mathrm{diag}(2\omega_3, 2\omega_3, 2\omega_3)$, $\boldsymbol{\beta}_{32} = \mathrm{diag}(\beta_{2\alpha}, \beta_{2\beta}, \beta_{2\mu}) = \mathrm{diag}(\omega_3^2, \omega_3^2, \omega_3^2)$, $\boldsymbol{\beta}_{41} = \mathrm{diag}(\beta_{1p}, \beta_{1q}, \beta_{1r}) = \mathrm{diag}(2\omega_4, 2\omega_4, 2\omega_4)$, $\boldsymbol{\beta}_{42} = \mathrm{diag}(\beta_{2p}, \beta_{2q}, \beta_{2r}) = \mathrm{diag}(\omega_4^2, \omega_4^2, \omega_4^2)$; $\hat{e}_i$ 为观测误差, $\hat{e}_1 = (\hat{e}_{\bar{y}}, \hat{e}_{\bar{z}})^{\mathrm{T}}$, $\hat{e}_2 = (\hat{e}_\gamma, \hat{e}_\chi)^{\mathrm{T}}$, $\hat{e}_3 = (\hat{e}_\alpha, \hat{e}_\beta, \hat{e}_\mu)^{\mathrm{T}}$, $\hat{e}_4 = (\hat{e}_p, \hat{e}_q, \hat{e}_r)^{\mathrm{T}}$。

同理,速度回路的扩张状态运动方程可表示为

$$\begin{cases} \dot{V}_k = f_{V_k} + B_{V_k} \delta_T \\ \dot{f}_{V_k} = n_{V_k}(t) \\ y_{V_k} = V_k \end{cases} \tag{7-7}$$

式中: $n_{V_k}(t)$ 为 f_{V_k} 的有界导数; y_{V_k} 为速度回路输出状态量。因此,速度回路的总干扰和状态量可由下式所示的 ESO 估计得到:

$$\begin{cases} \dot{\hat{V}}_k = \hat{f}_{V_k} - \beta_{1V_k} \cdot \hat{e}_{V_k} + B_{V_k} \delta_T \\ \dot{\hat{f}}_{V_k} = -\beta_{2V_k} \cdot \hat{e}_{V_k} \\ \hat{e}_{V_k} = \hat{V}_k - y_{V_k} \end{cases} \tag{7-8}$$

式中：$\widehat{f}_{V_k}$ 为速度回路总干扰的估计值；β_{1V_k}、β_{2V_k} 为观测器系数，$\beta_{1V_k} = 2\omega_{V_k}$，$\beta_{2V_k} = \omega_{V_k}^2$；$\widehat{e}_{V_k}$ 为观测误差。

根据复杂系统的反步设计方法构建受油机抗干扰控制器，具体如下[21, 23]。

对于位置回路，设计非线性控制器得到虚拟控制量 u_1：

$$u_1 = B_1^{-1}(-\widehat{F}_1 + \dot{S}_1^{c^*} + k_1 e_1) \tag{7-9}$$

式中：B_1^{-1} 为 B_1 的逆；e_1 为跟踪误差，$e_1 = (e_{\bar{y}}, e_{\bar{z}})^T$；$k_1 = \mathrm{diag}(k_{\bar{y}}, k_{\bar{z}})$ 为误差比例系数。

对于航迹回路，同样设计非线性控制器得到虚拟控制量 u_2：

$$\begin{cases} \boldsymbol{\kappa}^c = B_2^{-1} \cdot (-\widehat{F}_2 + \dot{S}_2^{c^*} + k_2 e_2) \\ u_2 = \left[\mathrm{sign}(\kappa_2^c) \sqrt{\kappa_1^c \cdot \kappa_1^c + \kappa_2^c \cdot \kappa_2^c} \quad 0 \quad \arctan(\kappa_1^c/\kappa_2^c) \right]^T \end{cases} \tag{7-10}$$

式中：$\boldsymbol{\kappa}^c$ 为航迹回路中间转换控制量，$\boldsymbol{\kappa}^c = (\kappa_1^c, \kappa_2^c)^T$；$B_2^{-1}$ 为 B_2 的逆；e_2 为跟踪误差，$e_2 = (e_\gamma, e_\chi)^T$；$k_2 = \mathrm{diag}(k_\gamma, k_\chi)$ 为误差比例系数。

对于气流角回路，类似地设计非线性控制器得到虚拟控制量 u_3：

$$u_3 = B_3^{-1}(-\widehat{F}_3 + \dot{S}_3^{c^*} + k_3 e_3) \tag{7-11}$$

式中：B_3^{-1} 为 B_3 的逆；e_3 为跟踪误差，$e_3 = (e_\alpha, e_\beta, e_\mu)^T$；$k_3 = \mathrm{diag}(k_\alpha, k_\beta, k_\mu)$ 为误差比例系数。

对于角速度回路，同样设计非线性控制器得到虚拟控制量 u_4：

$$u_4 = B_4^{-1} \cdot \left[\dot{S}_4^{c^*} + K(t)\mathrm{sat}(X) \right] \tag{7-12}$$

式中：B_4^{-1} 为 B_4 的逆；$X = ce_4 (c > 0)$ 为滑模变量；e_4 为跟踪误差，$e_4 = (e_p, e_q, e_r)^T$；$\mathrm{sat}(\cdot)$ 为饱和函数；$K(t)$ 为自适应增益。

$$\begin{aligned} K(t) &= \mathrm{diag}[k_p(t), k_q(t), k_r(t)] \\ &= \mathrm{diag}(0.05 + |\widehat{F}_4^p|, 0.05 + |\widehat{F}_4^q|, 0.05 + |\widehat{F}_4^r|) \end{aligned} \tag{7-13}$$

式中：$\widehat{F}_4 = [\widehat{F}_4^p, \widehat{F}_4^q, \widehat{F}_4^r]^T$。

对于速度回路，设计非线性控制律得到控制量 δ_T：

$$\delta_T = B_{V_k}^{-1} \cdot (-\widehat{f}_{V_k} + \dot{V}_k^{c^*} + k_{V_k} \cdot e_{V_k}) \tag{7-14}$$

式中：$B_{V_k}^{-1}$ 为 B_{V_k} 的逆；e_{V_k} 为跟踪误差；k_{V_k} 为误差比例系数。

7.1.3 仿真实验分析

为综合验证所设计的控制方法、近距视觉导航和锥套位置稳定控制,在锥套位置稳定使能的情况下,利用近距视觉导航数据为受油机主动抗干扰飞行控制提供导引信息,最终消除受油插头与加油锥套之间的位置偏差,实现自主空中加油对接。仿真条件设置:加油机在 7 010 m 高度以 200 m/s 的速度做定直平飞,自主空中加油导航图像实时生成、近距视觉导航相关参数与第 5 章相同,软管-锥套组合体相关参数与第 6 章相同;受油机首先以相对加油机的固定 GPS 位置为控制目标接近加油机,然后切换导航源,使用近距视觉导航数据并将加油锥套实时位置作为控制目标,通过受油机飞行控制系统作用主动完成对接,仿真时间为 150 s,并且前 50 s 为锥套位置稳定控制建立时间(即加/受油机保持相对静止),仿真步长 0.02 s,其他仿真过程参数如表 7-1 所示。作为对比试验,受油机飞行控制采用 PID 控制方式替换 7.1.2 中的主动抗干扰控制,其他锥套位置稳定控制、视觉导航过程相同,简称 PID 系统;此外,分别关闭锥套位置稳定控制、视觉导航对接路径进行对比。

表 7-1 锥套位置稳定使能的自主空中加油对接仿真过程参数

参数	物理意义	数值
h_T	加油机飞行高度	7 010 m
V_T	加油机飞行速度	200 m/s
ΔV_k^{max}	最大接近速度	5 m/s
ΔV_k^{min}	最小对接速度	1.2 m/s
Δx^{du1}	视觉导航使能距离	70 m
Δx_v^{thr}	视觉导航源选择阈值	30 m
$\boldsymbol{P}_{ini}$	加/受油机初始相对位置	$[120, 2, 20]^T$ m
$\boldsymbol{P}_G^{tar}$	加/受油机 GPS 目标相对位置	$[45, -1, 15]^T$ m
$\Delta \boldsymbol{P}_V^{suc}$	对接成功时的锥管-锥套相对位置阈值	$[0.1, 0.25, 0.25]^T$ m
d_{hc}	滞回切换距离	3 m
d_{sw}	视觉导航控制切换距离	5 m

（续表）

参数	物理意义	数值
(r_1, h_1), (r_2, h_2), (r_3, h_3), (r_4, h_4), (r_{V_k}, h_{V_k})	各控制回路非线性跟踪微分器参数	$(1, 0.04)$, $(2, 0.04)$, $(10, 0.04)$, $(20, 0.04)$, $(5, 0.04)$
$\omega_1, \omega_2, \omega_3,$ ω_4, ω_{V_k}	各控制回路 ESO 参数	$5, 10, 20, 40, 40$
$k_1, k_2,$ k_3, k_{V_k}	各控制回路控制器参数	$\mathrm{diag}(0.7, 0.65)$, $\mathrm{diag}(2, 2)$, $\mathrm{diag}(5, 4, 4.5)$, 1.2

图 7-3 给出了锥套位置稳定使能情况下的无人机软式自主空中加油近距对接过程中相对位置变化关系,可见图 7-3(a)中黑色竖直实线将加/受油机相对位置变化曲线分为了两个部分:①阶段 1(黑实线之前 50 s 至 80.82 s 区域),该阶段受油机以 GPS 相对位置 P_G^{tar} 为控制目标接近加油机;②阶段 2(黑实线之后 80.82 s 至 105.04 s 区域),该阶段受油机将控制目标位置转换为加油锥套实时位置,通过受油机机动消除锥管-锥套的相对位置差。如图 7-3(a)所示,在阶段 1,受油机先以最大接近速度 $\Delta V_k^{\max}$ 快速接近加油机,后减速至最小对接速度 $\Delta V_k^{\min}$,并保持稳定直至对接完成,加/受油机侧向和高度方向相对位置分别被稳定到目标值(−1 m、15 m)附近,侧向位置控制误差在 0.1 m 之内,高度位置控制误差在 0.2 m 之内,相比于 PID 系统,本章系统的位置控制误差更小,系统稳定性、抗干扰性更强;在阶段 2,由于复杂多风干扰的作用[见图 7-4(a)],加油锥套不存在相对加油机的固定位置(见图 6-6 和图 6-15),故此阶段受油机控制目标无法直接表示为加/受油机相对位置的形式,由图 7-3(a)可见,加/受油机侧向和高度方向相对位置大致被分别稳定到 0.8 m、12.7 m。为更直观地显示无人机软式自主空中加油是否对接成功,图 7-3(b)表示了锥套位置稳定使能情况下近距视觉导航得到的受油锥管与加油锥套相对位置变化关系。由图可见,从 76.36 s 开始视觉导航使能获取锥套的视觉导航数据,并且从阶段 2(80.82 s 之后)开始,受油机利用视觉导航数据跟踪加油锥套的实时位置。总体而言,若锥套位置稳定控制关闭,无论是采用 PID 系统还是采用本章系统都会对接失败,但本章系统的位置控制抖动范围更小;对接路径的存在使得自主空中

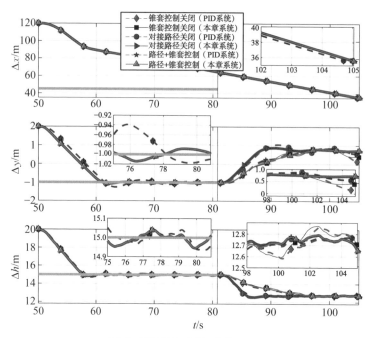

（a）加/受油机相对位置变化（GPS）

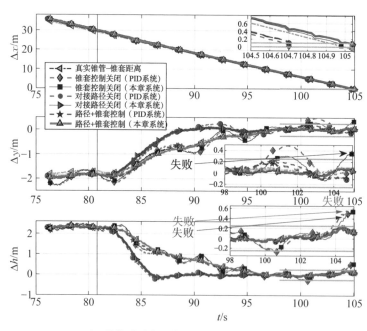

（b）锥管-锥套相对位置变化（近距视觉导航）

图7-3　无人机软式自主空中加油近距对接过程中相对位置变化（锥套位置稳定使能）

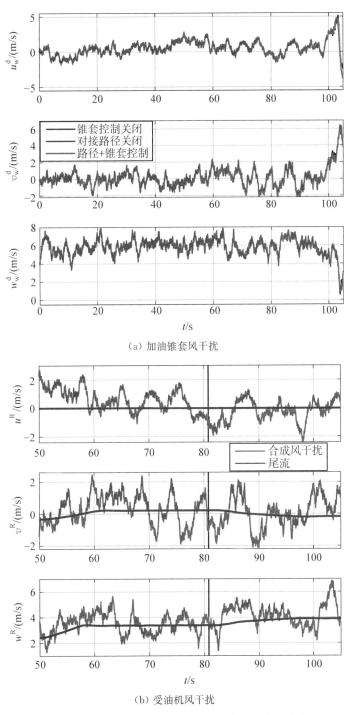

（a）加油锥套风干扰

（b）受油机风干扰

图 7-4　加油锥套与受油机风干扰（锥套位置稳定使能）

加油对接过程更加平滑,减少了受油机控制目标转换时的位置响应超调,降低了诱发切换控制系统不稳定的概率;若锥套位置稳定控制与对接路径共同作用,采用本章系统或 PID 系统都会对接成功,但从图中放大区域可见,本章系统侧向位置控制基本不存在抖动且稳定在对接成功区域(即两条青绿色横实线之间区域)中心附近,而 PID 系统存在明显位置抖动且幅值接近了对接成功标准线。此外,对接完成时刻本章系统的位置控制精度更高(即离加油锥套中心位置更近),并且与图中橙色点画线表示的真实锥管-锥套位置误差较小,表明了本章方法在控制稳定性、精度及抗干扰性能上的有效性和优越性。

进一步分析无人机软式自主空中加油近距对接过程中受油机状态量的动态响应,由图 7-5 状态量与控制指令变化曲线可见,在相同的外环相对位置控制基础上,相比于本章系统,PID 系统位置控制存在一定的抖动,从航迹回路状态量 χ 可以明显看出,在初始指令响应过程相差不大的情况下,60 s 之后状态量 χ 出现较大范围的抖动,造成其外环位置响应的不稳定,而本章系统位置控制响应速度更快、收敛性更好,并且对风干扰[见图 7-4(b)]具有较强的抑制效果,能够更好地满足无人机软式自主空中加油对接任务需求。图 7-6 给出了相应的受油机油门开度和作动器偏转角,均在正常范围内。

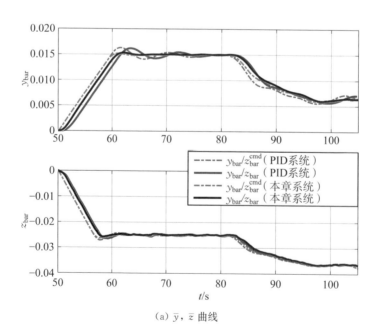

(a) $\bar{y}$,$\bar{z}$ 曲线

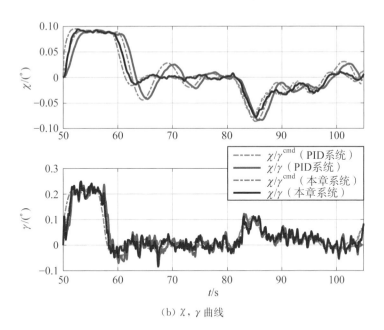

（b）χ，γ 曲线

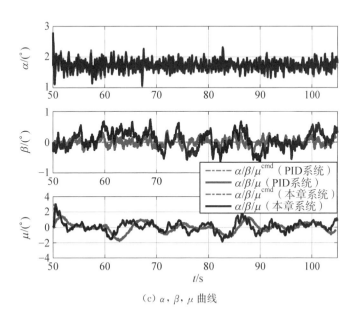

（c）α，β，μ 曲线

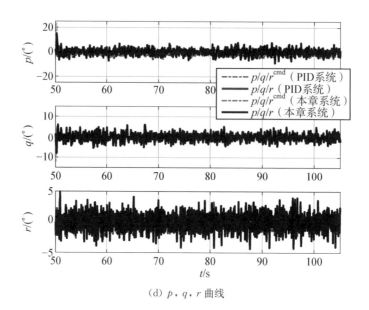

(d) p, q, r 曲线

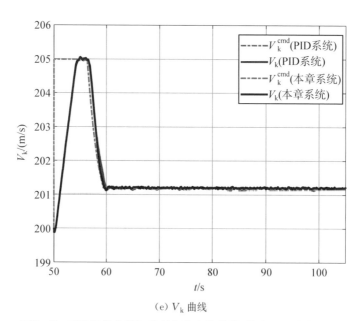

(e) V_k 曲线

图 7-5　受油机状态量与控制指令变化曲线(锥套位置稳定使能)

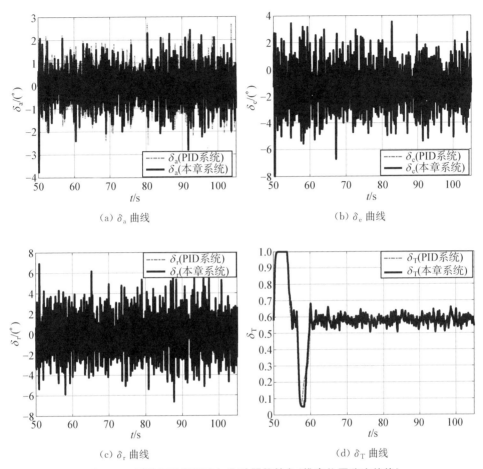

图 7-6 受油机油门开度与作动器偏转角(锥套位置稳定使能)

综上所述,这里所设计的方法在锥套位置稳定控制使能的情况下,可实现无人机软式自主空中加油的有效对接,对复杂多风干扰的抑制效果较好,并且控制稳定性和精度均较高。

7.2 锥套实时位置预测控制

7.2.1 加/受油机相对位置控制

软式空中加油对接需要精确控制加/受油机三个方向的相对位置。具体而言,前向位置控制器产生内环的速度指令,以维持速度稳定并保持基本对接速度,其公式[23]如下:

$$\begin{cases} V_{\mathrm{k}}^{\mathrm{c}} = \Delta V_{\mathrm{k1}} + V_{\mathrm{k0}}, & \Delta x > \Delta x_V^{\mathrm{thr1}} \\ V_{\mathrm{k}}^{\mathrm{c}} = \dfrac{\Delta V_{\mathrm{k1}} - \Delta V_{\mathrm{kd}}}{\Delta x_V^{\mathrm{thr1}} - \Delta x_V^{\mathrm{thr2}}} (\Delta x - \Delta x_V^{\mathrm{thr2}}) + \Delta V_{\mathrm{kd}} + V_{\mathrm{k0}}, & \Delta x_V^{\mathrm{thr2}} \leqslant \Delta x \leqslant \Delta x_V^{\mathrm{thr1}} \\ V_{\mathrm{k}}^{\mathrm{c}} = \Delta V_{\mathrm{kd}} + V_{\mathrm{k0}}, & \Delta x < \Delta x_V^{\mathrm{thr2}} \end{cases}$$

$$(7-15)$$

式中：$V_{\mathrm{k}}^{\mathrm{c}}$ 为受油机底层抗干扰控制内环速度指令；V_{k0} 为受油机配平速度，$V_{\mathrm{k0}} = V_{\mathrm{T}}$；$\Delta x$ 为加/受油机前向相对位置差；$\Delta x_V^{\mathrm{thr1}}$ 为接近距离阈值，ΔV_{k1} 为 $\Delta x > \Delta x_V^{\mathrm{thr1}}$ 时的受油机接近速度，本章取 $\Delta x_V^{\mathrm{thr1}} = 100\ \mathrm{m}$；$\Delta x_V^{\mathrm{thr2}}$ 为对接距离阈值；ΔV_{kd} 为 $\Delta x < \Delta x_V^{\mathrm{thr2}}$ 时的受油机最小对接速度，用于撞开加油锥套输油阀，触发加油机输油过程，本章取 $\Delta x_V^{\mathrm{thr2}} = 90\ \mathrm{m}$。若 $\Delta x_V^{\mathrm{thr2}} \leqslant \Delta x \leqslant \Delta x_V^{\mathrm{thr1}}$，受油机从速度 ΔV_{k1} 减速至 ΔV_{kd}。

进一步采用模糊逻辑方法设计受油机侧向和高度方向的相对位置控制器（见图 7-7），以实现对加/受油机相对位置或者锥管-锥套相对位置的精确控制。两个方向模糊相对位置控制器的输入与输出分别是目标位置差（Y_{in}、H_{in}）、期望位置环控制指令 $\boldsymbol{S}_1^{\mathrm{c}}$ 的一阶微分（$\dot{\boldsymbol{S}}_1^{\mathrm{c}} = [\dot{y}_{\mathrm{R}}^{\mathrm{c}}, -\dot{z}_{\mathrm{R}}^{\mathrm{c}}]^{\mathrm{T}}$）。采用 Z 形、S 形函数作为输入/输出模糊集的隶属度函数，其计算公式如下：

$$\mu_z(x;a,b) = \begin{cases} 1, & x \leqslant a \\ 1 - 2\left(\dfrac{x-a}{b-a}\right)^2, & a < x \leqslant \dfrac{a+b}{2} \\ 2\left(\dfrac{x-b}{b-a}\right)^2, & \dfrac{a+b}{2} < x \leqslant b \\ 0, & x > b \end{cases} \qquad (7-16)$$

$$\mu_s(x;a,b) = \begin{cases} 0, & x \leqslant a \\ 2\left(\dfrac{x-a}{b-a}\right)^2, & a < x \leqslant \dfrac{a+b}{2} \\ 1 - 2\left(\dfrac{x-b}{b-a}\right)^2, & \dfrac{a+b}{2} < x \leqslant b \\ 1, & x > b \end{cases} \qquad (7-17)$$

式中：$\mu_z(x;a,b)$ 为 Z 形隶属度函数；$\mu_s(x;a,b)$ 为 S 形隶属度函数；x 为输入/输出变量；a、b、c 均为隶属度函数形状参数。确定侧向与高度相对位置控制的输入量、输出量模糊集及隶属度函数（见图 7-7）相关参数如下所示。

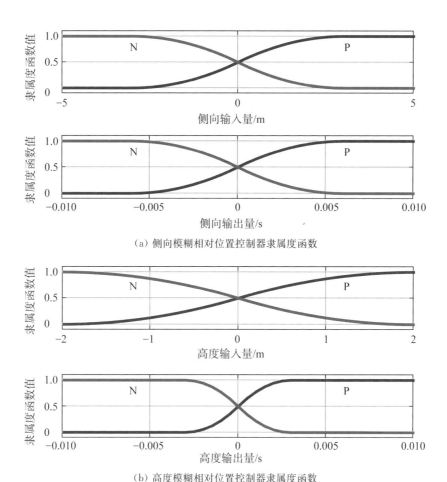

（a）侧向模糊相对位置控制器隶属度函数

（b）高度模糊相对位置控制器隶属度函数

图 7-7　模糊相对位置控制器隶属度函数

（1）侧向输入量（目标位置差 Y_{in}）：模糊集＝{N（负），P（正）}，分别对应隶属度函数 Z 形［-3 3］、S 形［-3 3］（［·］内为相应函数参数）。

（2）侧向输出量（侧向位置控制指令一阶微分 $\dot{y}_R^c$）：模糊集＝{N（负）、P（正）}，分别对应隶属度函数 Z 形［-0.006 0.006］、S 形［-0.006 0.006］。

（3）高度输入量（目标位置差 H_{in}）：模糊集＝{N（负），P（正）}，分别对应隶属度函数 Z 形［-2 2］、S 形［-2 2］。

（4）高度输出量（高度控制指令一阶微分 $-\dot{z}_R^c$）模糊集＝{N（负），P（正）}，分别对应隶属度函数 Z 形［-0.003 0.003］、S 形［-0.003 0.003］。

模糊推理利用先验逻辑规则产生期望的模糊输出。对受油机侧向和高度相对位置控制而言，结合输入量/输出量的模糊变量、隶属度函数和实际相对位置控制经验，确定目标位置差与期望位置环控制指令一阶微分的模糊变量关系，可得多条 IF‑THEN 推理规则，具体见表 7‑2。

表 7‑2　侧向与高度相对位置控制模糊推理规则表

输入量（Y_{in} 或 H_{in}）	对应输出量（$\dot{y}_R^c$ 或 $-\dot{z}_R^c$）
N	N
P	P

经模糊推理获得位置预测控制模糊输出后，采用面积重心法解得输出预测位置基础补偿距离，输出量（ς_o）计算公式如下：

$$\varsigma_o = \frac{\int \varsigma \cdot \mu(\varsigma)\mathrm{d}\varsigma}{\int \mu(\varsigma)\mathrm{d}\varsigma} \tag{7‑18}$$

7.2.2　基于模糊逻辑的锥套位置预测控制

无人机软式自主空中加油对接是一个"慢动态"受油机跟踪"快动态"加油锥套并最终消除相对位置差的过程，但由于受油机与加油锥套质量悬殊造成巨大的动态特性差异，就跟踪速率而言，受油机要想跟踪加油锥套的实时位置本质上是十分困难的。特别是在自主对接的最后几米，受油机头波风速会出现大幅快速改变进而引发加油锥套位置短时间内的巨大变化，极大地增加了受油机实时跟踪的难度。解决此问题的方式有两种：①针对加油锥套，第 6 章设计的控制方法通过稳定加油锥套在复杂多风干扰下的位置，减少加油锥套的位置飘摆范围，降低自主对接难度；②针对受油机，加快受油机应对加油锥套快速位置变化的响应速率，实现成功对接。在有人机空中加油的对接过程中，飞行员会预测加油锥套下一时刻的位置并尝试进行对接，以克服受油机头波效应对加油锥套位置的影响。借鉴有人机空中加油的经验，设计了一种基于模糊逻辑的锥套实时位置预测控制方法，以提高无人机自主空中加油的对接成功率。

所设计的控制方法从距离加油锥套 d_{p1} 位置处开始起作用，具体包含两个步骤：①预测加油锥套下一时刻的速度，表示为 $V_{y_d^p}$、$V_{h_d^p}$；②预测加油锥套侧向和高度方向的基础对接补偿距离，表示为 d_y^p、d_h^p。通过第 3～5 章近距视觉导航可获得加油锥套地面惯性坐标系下的实时相对位置 $(\Delta x_v,\ \Delta y_v,\ \Delta h_v)^\mathrm{T}$，求视觉导航数据的导数得到加油锥套的实时速度 V_{y_d}、V_{h_d} 和加速度 $\dot{V}_{y_d}$、$\dot{V}_{h_d}$，并将其作为加油锥套速度预测的两个输入量，输出量确定为下一时刻的锥套速度。速度预测输入量和输出量采用相互重叠的三角形、Z 形、S 形函数作为隶属度函数，其中 Z 形、S 形函数如式(7-16)、(7-17)所示，三角形函数公式如下：

$$\mu_t(x;a,b,c) = \max\left[\min\left(\frac{x-a}{b-a},\frac{c-x}{c-b}\right),0\right] \tag{7-19}$$

式中：$\mu_t(x;a,b,c)$ 为三角形隶属度函数。确定速度预测输入量和输出量的模糊集及隶属度函数(见图 7-8)相关参数如下所示。

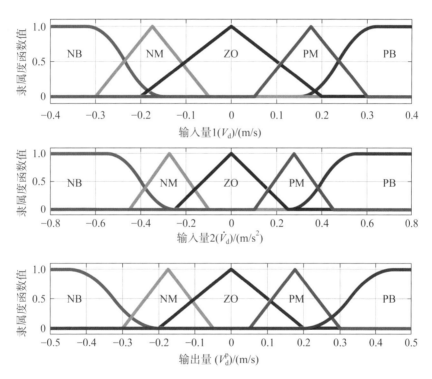

图 7-8　速度预测输入量和输出量的模糊集及隶属度函数

(1) 输入量 1(实时速度)：模糊集＝{NB(负大)、NM(负中)、ZO(零)、PM(正中)、PB(正大)}，分别对应隶属度函数 Z 形[−0.32 −0.15]、三角形[−0.3 −0.175 −0.05]、三角形[−0.2 0 0.2]、三角形[0.05 0.175 0.3]、S 形[0.15 0.32]。

(2) 输入量 2(实时加速度)：模糊集＝{NB(负大)、NM(负中)、ZO(零)、PM(正中)、PB(正大)}，分别对应隶属度函数 Z 形[−0.55 −0.25]、三角形

$[-0.45 \ -0.275 \ -0.1]$、三角形$[-0.25 \ 0 \ 0.25]$、三角形$[0.1 \ 0.275 \ 0.45]$、S形$[0.25 \ 0.55]$。

（3）输出量（预测速度）：模糊集＝{NB（负大）、NM（负中）、ZO（零）、PM（正中）、PB（正大）}，分别对应隶属度函数 Z 形$[-0.45 \ -0.2]$、三角形$[-0.3 \ -0.175 \ -0.05]$、三角形$[-0.2 \ 0 \ 0.2]$、三角形$[0.05 \ 0.175 \ 0.3]$、S 形$[0.2 \ 0.45]$。

采用相似方式确定加油锥套位置预测的输入量分别为锥套预测速度（$V_{y_d^p}$、$V_{h_d^p}$）和实时相对位置（Δy_v、Δh_v），输出量为下一时刻的加油锥套预测位置基础补偿距离（d_y^p、d_h^p），并得到输入量和输出量的模糊集及隶属度函数（见图 7-9）相关参数如下所示。

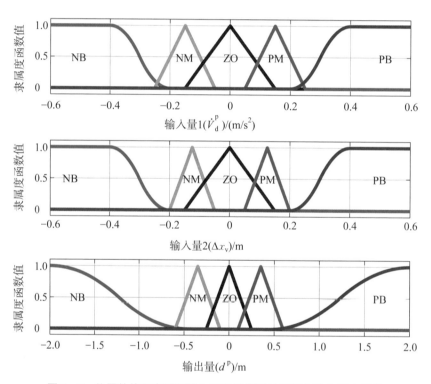

图 7-9　位置补偿距离预测输入量和输出量的模糊集及隶属度函数

（1）输入量 1（预测速度）：模糊集＝{NB（负大）、NM（负中）、ZO（零）、PM（正中）、PB（正大）}，分别对应隶属度函数 Z 形$[-0.4 \ -0.2]$、三角形$[-0.25 \ -0.15 \ -0.05]$、三角形$[-0.15 \ 0 \ 0.15]$、三角形$[0.05 \ 0.15 \ 0.25]$、S 形$[0.2 \ 0.4]$。

（2）输入量2(实时相对位置)：模糊集＝{NB(负大)、NM(负中)、ZO(零)、PM(正中)、PB(正大)}，对应的隶属度函数 Z 形[−0.4 −0.2]、三角形[−0.2 −0.125 −0.05]、三角形[−0.15 0 0.15]、三角形[0.05 0.125 0.2]、S 形[0.2 0.4]。

（3）输出量(预测基础补偿距离)：模糊集＝{NB(负大)、NM(负中)、ZO(零)、PM(正中)、PB(正大)}，对应隶属度函数 Z 形[−2 −0.45]、三角形[−0.6 −0.35 −0.1]、三角形[−0.25 0 0.25]、三角形[0.1 0.35 0.6]、S 形[0.45 2]。

图 7－8 和图 7－9 中的输入量和输出量论域及形状参数均根据工程经验选取。

对锥套实时位置预测控制而言，结合输入量/输出量的模糊变量、隶属度函数和实际自主空中加油经验，确定预测速度和预测补偿距离的模糊变量关系，因此可得多条 IF－THEN 推理规则，具体见表 7－3。

表 7－3　锥套实时位置预测控制模糊推理规则表

输入量1(实时速度)	NB	NM	ZO	PM	PB
输入量2(实时相对位置)	NB	NM	ZO	PM	PB
输出量(预测基础补偿距离)	NB	NB	NB	NM	NM
	NB	NB	NM	ZO	ZO
	NM	NM	ZO	PM	PM
	ZO	ZO	PM	PB	PB
	PM	PM	PB	PB	PB

经模糊推理获得位置预测控制模糊输出后，同样采用式(7－18)所示的面积重心法解得输出预测位置基础补偿距离。

此外，为进一步加快受油机位置控制响应速率，在预测位置基础补偿距离之外，从距离加油锥套 $d_{p2}(d_{p2} < d_{p1})$ 处，根据受油机头波对加油锥套的外推效果，添加固定的经验补偿距离 d_y^f、d_h^f，最终锥套实时位置预测控制输出补偿距离 d_y^c、d_h^c：

$$\begin{cases} d_y^c = k_y^p d_y^p, & d_{p2} \leqslant \Delta x_v < d_{p1} \\ d_y^c = k_y^p d_y^p + d_y^f, & \Delta x_v < d_{p2} \\ d_h^c = k_h^p d_h^p, & d_{p2} \leqslant \Delta x_v < d_{p1} \\ d_h^c = k_h^p d_h^p + d_h^f, & \Delta x_v < d_{p2} \end{cases} \tag{7－20}$$

式中：k_y^p、k_h^p 分别为侧向和高度方向的预测补偿距离系数。

上述步骤后受油机侧向和高度相对位置控制器的输入可表示为 $P_{y_{in}}$、$P_{h_{in}}$：

$$\begin{cases} P_{y_{in}} = (\Delta y - \Delta y_{tar}) \cdot (1 - E_v) + (\Delta y_v - Y_v + d_y^c) \cdot E_v \cdot u_{sw} \\ P_{h_{in}} = (\Delta h - \Delta h_{tar}) \cdot (1 - E_v) + (\Delta h_v - H_v + d_h^c) \cdot E_v \cdot u_{sw} \end{cases}$$

$$(7-21)$$

式中：Δy_{tar}、Δh_{tar} 分别为侧向和高度方向的 GPS 目标相对位置；(X_v, Y_v, H_v) 为对接路径上最近的目标位置点，对接路径设计为 2/3 指数函数形式；E_v 为利用视觉导航数据的使能标志；u_{sw} 为视觉导航控制切换权值。使能标志 E_v 与 GPS 或视觉导航数据的切换有关，不同导航源数据的应用本质上意味着受油机跟踪目标位置在相对加油机的固定位置和加油锥套实时位置之间进行转换，为防止控制目标在视觉导航源选择阈值 Δx_v^{thr} 附近频繁切换诱发受油机控制系统的不稳定，设计滞回切换抖动抑制策略：寄存第一次出现 Δx_v 小于 Δx_v^{thr} 时的值，记为 Δx_v^j，滞回切换抖动抑制策略输出 Δx_v^{jo} 及使能标志 E_v。更新如下：

$$\begin{cases} \Delta x_v^{jo} = \Delta x_v, \quad E_v = 0, \quad \Delta x_v \geqslant \Delta x_v^{thr} + d_{hc} \\ \Delta x_v^{jo} = \Delta x_v^j, \quad E_v = 1, \quad \Delta x_v^{thr} \leqslant \Delta x_v < \Delta x_v^{thr} + d_{hc} \\ \Delta x_v^{jo} = \Delta x_v, \quad E_v = 1, \quad \Delta x_v < \Delta x_v^{thr} \end{cases}$$

$$(7-22)$$

式中：d_{hc} 为滞回切换距离。对于视觉导航控制切换权值 u_{sw}，为了避免受油机控制目标的大范围改变，设定一个视觉导航控制切换距离 d_{sw}。权值 u_{sw} 的计算公式如下：

$$\begin{cases} u_{sw} = 1 - (\Delta x_v + d_{sw} - \Delta r_v^{thr})/d_{sw}, \quad \Delta x_v \geqslant \Delta x_v^{thr} - d_{sw} \\ u_{sw} = 1, \quad \Delta x_v < \Delta x_v^{thr} - d_{sw} \end{cases}$$

$$(7-23)$$

融合近距视觉导航、锥套位置稳定控制及受油机抗干扰控制，无人机软式自主空中加油近距对接的流程（见图 7-10）如下。

Step 1：参数初始化。初始化加/受油机速度、高度、近距对接 GPS 目标位置、软管长度、软管段数等参数。

Step 2：建立分段多刚体模型的软管-锥套组合体及锥套位置稳定控制。如第 6 章步骤得到软管-锥套组合体初始状态，并确定锥套抗多风干扰位置稳定控制是否使能。

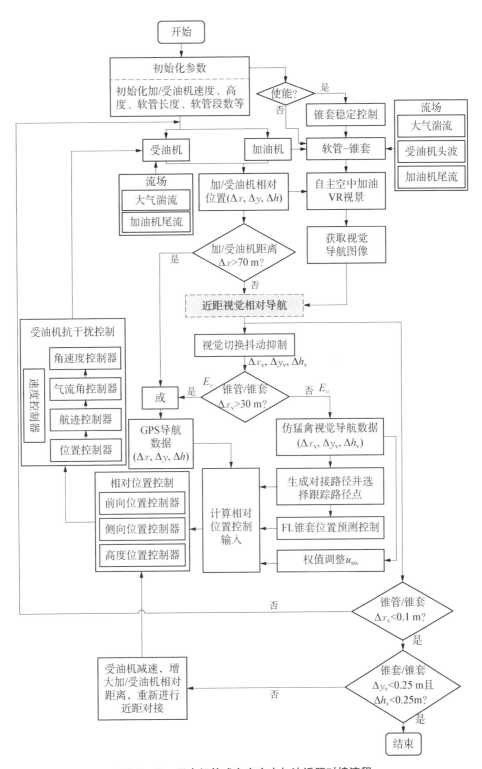

图 7-10 无人机软式自主空中加油近距对接流程

Step 3：获取加/受油机 GPS 位置并计算相对位置差（Δx，Δy，Δh）。

Step 4：判断前向相对距离 Δx 与视觉导航使能距离 Δx^{thr1} 的大小关系。若 $\Delta x > \Delta x^{\text{thr1}}$（本章取 $\Delta x^{\text{thr1}} = 70\,\text{m}$），转 **Step 6**；若 $\Delta x \leqslant \Delta x^{\text{thr1}}$，近距视觉导航开始工作，获取自主空中加油视觉导航图像并处理得到视觉导航数据（Δx_v，Δy_v，Δh_v）（具体步骤见第 5 章），并对视觉导航数据执行滞回切换抖动抑制［见式(7 - 22)］，取视觉导航源选择阈值 $\Delta x_v^{\text{thr}} = 30\,\text{m}$，输出 Δx_v^{jo} 和使能标志 E_v，为方便后续表示，令 $\Delta x_v = \Delta x_v^{\text{jo}}$，得到最终的对接近距视觉导航数据（$\Delta x_v$，$\Delta y_v$，$\Delta h_v$）。

Step 5：判断 Δx_v 与 Δx_v^{thr} 的大小关系。若 $\Delta x_v > \Delta x_v^{\text{thr}}$，采用 GPS 数据进行受油机控制，转 **Step 6**；若 $\Delta x_v \leqslant \Delta x_v^{\text{thr}}$，采用近距视觉导航数据进行受油机控制。

Step 6：计算受油机相对位置控制器输入。利用 GPS 相对位置（Δx，Δy，Δh）和近距视觉导航相对位置（Δx_v，Δy_v，Δh_v），进行对接路径生成、跟踪路径点选择、锥套实时位置预测控制、视觉导航控制切换权值计算，并根据式(7 - 21)得到受油机相对位置控制器输入。

Step 7：进行受油机相对位置控制和底层主动抗干扰飞行控制。根据本章的受油机控制方法，实现受油机状态量的稳定与控制。

Step 8：判断无人机自主空中加油对接是否成功。当 $\Delta x_v \leqslant 0.1\,\text{m}$ 时，判断此时 Δy_v、Δh_v 是否满足对接成功标准，即 $\Delta y_v < 0.25\,\text{m}$ 且 $\Delta h_v < 0.25\,\text{m}$。若满足对接成功标准，仿真结束；否则，受油机减速，增大加/受油机相对距离，重新进行自主对接。

7.2.3　仿真实验分析

为进一步验证设计的控制方法，关闭锥套位置稳定控制，并采用基于模糊逻辑的锥套实时位置预测控制方法，补偿无人机软式自主空中加油对接末段加油锥套的快速位置飘摆，加快受油机飞行控制系统对接末段的相对位置响应速率，提高自主空中加油对接成功率。仿真条件设置与 7.1.3 节基本相同：加油机同样在 7 010 m 高度以 200 m/s 的速度做定直平飞，受油机首先以相对加油机的固定 GPS 位置为控制目标接近加油机，然后切换导航源使用近距视觉导航数据并将加油锥套实时位置作为控制目标，通过受油机自主控制作用主动完成对接，仿真时间为 150 s，并且前 50 s 为加油锥套稳定状态建立时间（即加/受油机保持静止），仿真步长为 0.02 s，锥套实时位置预测控制参数见表 7 - 4，其他与仿真过程相关的参数见表7-1。作为对比实验,受油机飞行控制同样采用PID控制方式替换7.1节的主动抗干扰控制,其他复杂多风干扰下锥套稳定位置、近距视觉导航过程相同,简称PID系统;此外,分别关闭锥套位置预测控制、视觉导航对接路径进行对比。

表7-4 锥套实时位置预测控制参数

参数	物理意义	数值	参数	物理意义	数值
d_{p1}	锥套位置预测作用距离	10 m	k_h^p	高度预测补偿距离系数	1
d_{p2}	锥套经验补偿作用距离	3.2 m	d_y^f	侧向固定经验补偿距离	1.8 m
k_y^p	侧向预测补偿距离系数	2.25	d_h^f	高度固定经验补偿距离	−1.2 m

图7-11给出了锥套位置稳定关闭情况下的无人机软式自主空中加油近距对接过程中相对位置变化关系,可见图7-11(a)中黑色、绿色竖直实线将加/受油机相对位置变化曲线分为了三个部分:①阶段1(黑实线之前50 s至80.84 s区域)与7.1.3节相同,该阶段受油机以GPS相对位置 P_G^{tar} 为控制目标接近加油机;②阶段2(黑色实线与绿色实线之间80.84 s至96.98 s区域),该阶段按照对接路径且以视觉导航实时锥套位置为控制目标,接近加油锥套;③阶段3(绿色实线之后96.98 s至105.04 s区域),该阶段锥套实时位置预测控制使能,受油机通过自主控制消除锥管-锥套相对位置偏差,完成自主空中加油对接。如图7-11(a)所示,与7.1.3节阶段1相同,受油机以一定的相对速度接近加油机,并以满足此阶段控制要求的侧向和高度方向相对位置误差,分别稳定至目标值(−1 m、15 m)左右,并且本章系统的控制稳定性、抗干扰性更强,位置控制误差更小;在阶段2与阶段3,如图7-12(a)所示的复杂多风干扰造成加油锥套存在可达0.83 m×0.57 m的较大飘摆范围(见第6章),如图7-11(a)所示受油机跟踪并逐渐靠近加油机机体坐标系下的锥套位置。由图可见,加油锥套位置改变引起的加/受油机相对位置的快速抖动,特别是在对接完成的前几米。由图7-11(a)可见,从大约98 s开始加油锥套受到的风干扰出现短时间大幅度改变,该时间段由于加油锥套距离受油机机头较近,承担主要作用的是受油机头波,故快速飘摆的加油锥套容易造成受油机相对位置控制的滞后。为更直观地显示无人机软式自主空中加油是否对接成功,图7-11(b)表明了锥套位置稳定关闭情况下近距视觉导航得到的受油锥管与加油锥套相对位置关系。由图可见,从76.36 s视觉导航使能开始,受油机始终保持最小对接速度 ΔV_k^{min} 直至锥管-锥套

前向相对距离 Δx_v 小于 $0.1\,\mathrm{m}$;同时,在自主对接过程中锥管-锥套的侧向和高度方向相对距离 Δy_v、Δh_v 明显出现了跟随加油锥套的位置抖动,并且 PID 系统抖动范围更大,引入视觉导航对接路径增强了自主对接过程的平滑性,降低了受油机控制目标位置瞬时转换诱发切换控制系统不稳定的可能性。具体分析阶段 3(绿色实线之后区域)所示自主空中加油对接完成情况:若锥套实时位置预测控制关闭,所设计的系统与 PID 系统均超出对接成功区域(即两条青绿色横实线之间区域),对接失败;而对比其他四种情况,其中只有锥套预测控制使能时与所设计的系统相关的两种情况实现了成功对接,验证了 7.2.2 节基于模糊逻辑的锥套实时位置预测控制的有效性,此外在阶段 2 锥套预测控制使能情况下所设计的系统将侧向和高度相对位置(Δy_v、Δh_v)始终稳定于成功对接区域之内,而对比方法此阶段的位置抖动范围会明显超出成功对接区域,表明了本章方法在位置控制稳定性、精度及抗干扰性能上的有效性和优越性。

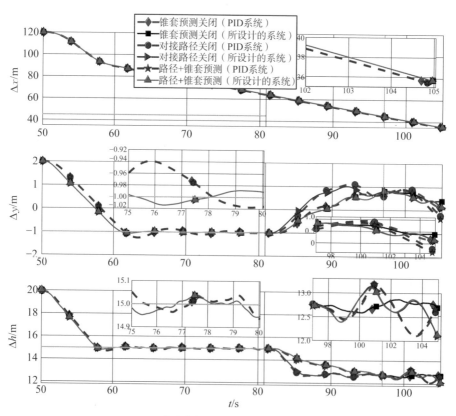

（a）加/受油机相对位置变化(GPS)

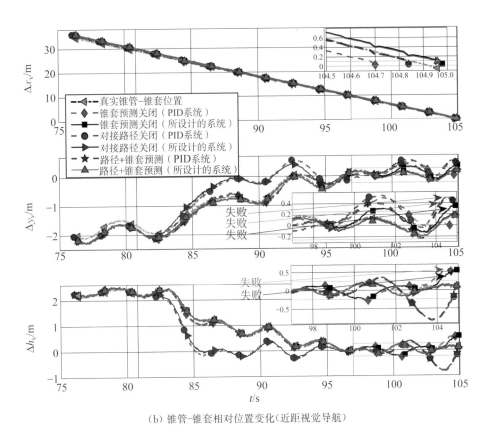

（b）锥管-锥套相对位置变化（近距视觉导航）

图7-11　无人机软式自主空中加油近距对接过程中相对位置变化（锥套位置稳定关闭）

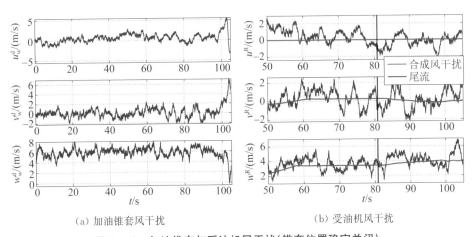

（a）加油锥套风干扰　　　　　　　（b）受油机风干扰

图7-12　加油锥套与受油机风干扰（锥套位置稳定关闭）

加油锥套实时位置预测控制输出量如图 7‐13 所示。结合图 7‐11(b)中锥管‐锥套相对位置区域局部放大图进行分析,总体而言,图 7‐13 所示侧向和高度方向预测控制输出量 d_y^p、d_h^p 与图 7‐11(b)中锥管‐锥套相对位置偏差符号一致,通过增大受油机相对位置控制器输入误差,加快受油机对加油锥套快速位置飘摆的响应,同时由于加油锥套实时位置预测控制引入了预测速度的影响因子,根据预测速度的大小和方向,提前判断锥管‐锥套相对位置变化趋势,进而利用受油机控制系统提前抑制锥管‐锥套相对位置的大范围改变,提高受油机头波效应影响下的无人机软式自主空中加油对接成功率。

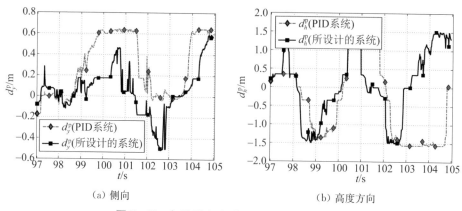

（a）侧向　　　　　　　　　　　　　（b）高度方向

图 7‐13　加油锥套实时位置预测控制输出量

进一步分析锥套位置稳定关闭情况下自主空中加油对接过程中受油机状态量的动态响应,由图 7‐14 的状态量与控制指令变化曲线可见,与 7.1.3 节分析结果一致,相较于对比系统,所设计的系统在初始阶段的位置控制响应速度更快、收敛性更好,并且对风干扰[见图 7‐12(b)]具有较强的抑制效果;在自主对接末段,由于加油锥套的位置飘摆范围增人,受油机各状态量与相应控制指令出现较大的改变,所设计的系统同样在抗干扰性、响应速度上有一定的优势,因此本章方法能够更好地满足无人机软式自主空中加油对接阶段控制目标。图 7‐15 给出了锥套位置稳定关闭情况下的受油机油门开度和作动器偏转角,各参数均在正常范围内。

图 7‐16 展示了无人机自主空中加油对接成功场景,可见受油锥管已经成功插入加油锥套内部,对接效果较好。综上所述,所设计的锥套实时位置预测控制方法,能够在加油锥套与受油机受到复杂多风干扰的影响下成功完成自主对接,并且位置控制响应速度、稳定性及精度较高。

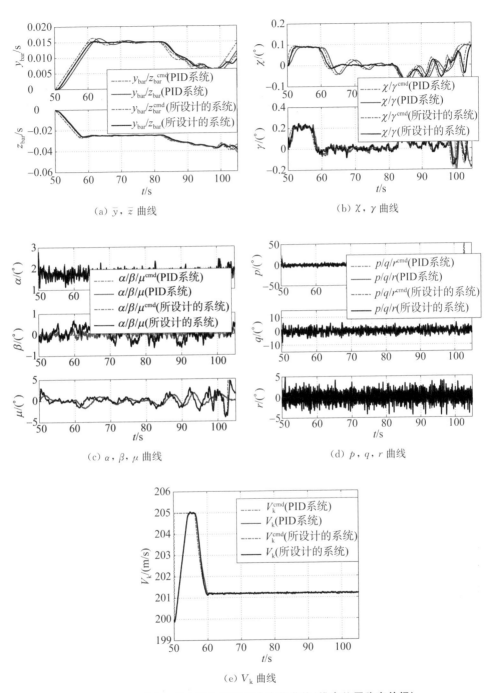

(a) $\bar{y}$, $\bar{z}$ 曲线

(b) χ, γ 曲线

(c) α, β, μ 曲线

(d) p, q, r 曲线

(e) V_k 曲线

图 7-14 受油机状态量与控制指令变化曲线(锥套位置稳定关闭)

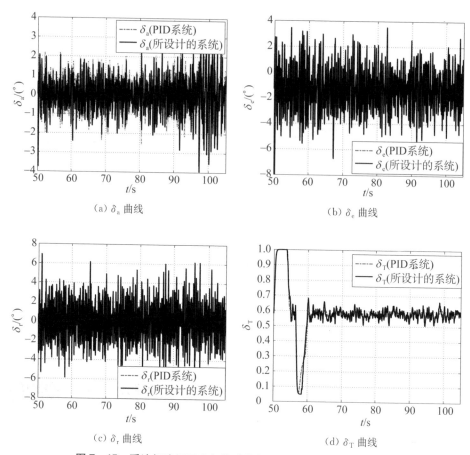

(a) δ_a 曲线　　　　　　　　(b) δ_e 曲线

(c) δ_r 曲线　　　　　　　　(d) δ_T 曲线

图 7 - 15　受油机油门开度与作动器偏转角(锥套位置稳定关闭)

(a) 导航相机视角　　　　　　　　(b) 侧视图

（c）后视图

图 7 - 16　无人机自主空中加油对接成功场景

7.3　基于改进人工势场法的自主空中加油防撞

7.3.1　人工势场法原理

人工势场法是一种虚拟力场方法,该方法将空间障碍区域的分布等因素转化为弥漫在空间中的虚拟势场,无人机根据在虚拟势场中受到的虚拟力,改变自身的航向和速度,从而实现对空间中特定区域的躲避。这里所用的人工势场法属于梯度势场法,将无人机的虚拟力设计为虚拟势的负梯度,以保证目标点始终对无人机产生引力,而对障碍区域则产生斥力。两种力的叠加可引导无人机避开危险区域,同时引导无人机向着目标做无碰运动并到达指定目标点。

人工势场方法的实现方式简单、直观性强,适用于解决避障等问题。利用人工势场法可实现受油机躲避环境中的危险区域(见图 7 - 17),以解决加/受油机间的防撞问题。

1）引力势场

定义引力的中心位置为 X_0,则空间一点 X 的引力势如式(7-24)所示:

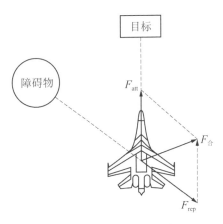

图 7 - 17　无人机防撞示意图

$$
\begin{cases}
U_{\text{att}}(X) = \dfrac{1}{2} k_{\text{att}} \left[d(X, X_0) \right]^2 \\
d(X, X_0) = X_0 - X
\end{cases}
\tag{7-24}
$$

目标点在无人机处的引力势场记作 U_{att}，其大小与无人机和目标点之间的距离 d 的平方成反比关系。k_{att} 为一个正参数，代表引力场的比例增益系数。无人机运动方向上的引力是引力势场的负梯度，则对应的吸引虚拟力为

$$
F_{\text{att}}(X) = -\nabla U_{\text{att}}(X)
\tag{7-25}
$$

由此，可得

$$
F_{\text{att}}(X) = -k_{\text{att}} \| X_0 - X \|
\tag{7-26}
$$

由式(7-26)可知，无人机所受到的引力从无人机指向目标点。无人机到目标的距离越大，无人机受到引力也越大。通过调节 k_{att}，可改变虚拟力的吸引程度。

2) 斥力势场

斥力势场函数的情况与引力势场类似，由于障碍区域的排斥作用，障碍区域会存在大小为 U_{rep} 的斥力势场，从而使得无人机远离障碍区域，设定斥力势能大小与距离成反比。定义斥力中心的位置为 X^*，位置 X 处的斥力势的表达式为

$$
U_{\text{rep}}(X) = \begin{cases}
\dfrac{1}{2} k_{\text{rep}} \left(\dfrac{1}{X - X^*} - \dfrac{1}{\phi} \right), & X - X_0 \leqslant \phi \\
0, & X - X_0 > \phi
\end{cases}
\tag{7-27}
$$

与式(7-25)类似，在障碍物的影响范围内，斥力沿着斥力势场函数的负梯度方向，即

$$
F_{\text{rep}}(X) = -\nabla U_{\text{rep}}(X)
\tag{7-28}
$$

综合式(7-27)、式(7-28)，有

$$
F_{\text{rep}}(X) = \begin{cases}
k_{\text{rep}} \left(\dfrac{1}{X - X^*} - \dfrac{1}{\phi} \right) \dfrac{1}{(X - X^*)^2} \dfrac{\partial}{\partial X}(X - X^*), & X - X^* \leqslant \phi \\
0, & X - X^* > \phi
\end{cases}
\tag{7-29}
$$

障碍区会对无人机产生一个斥力势场 U_{rep}，k_{rep} 为该斥力场的比例增益系

数，ϕ 表示该障碍物作用的距离。$X - X^* > \phi$ 时，该处的虚拟斥力场和无人机受到的虚拟力均为 0，代表此时无人机不受障碍区域的影响。

人工势场下，合势场为引力场和斥力场的叠加，则合势场 $U_合$ 的表达式为

$$U_合(X) = U_{att}(X) + U_{rep}(X) \qquad (7-30)$$

同时，无人机所受虚拟力也是引力和斥力的叠加，其合力的表达式为

$$F_合(X) = F_{att}(X) + F_{rep}(X) \qquad (7-31)$$

7.3.2　基于改进人工势场法的受油机防撞

软式自主空中加油需要加油机与受油机之间的协同配合，即对高速运动的加油机与受油机进行精确控制，因此自主空中加油过程相当危险。特别是近距对接阶段，高速运动下的加/受油机紧密编队存在较大的碰撞风险。因此，紧密编队防撞是一个亟待解决的关键技术问题。

将传统人工势场法应用于软式自主空中加油防撞任务，其原理与避障路径规划相似，但存在若干不同之处。结合自主空中加油的自身特点，将加油锥套看作吸引中心，将加油机质心看作排斥中心，使受油机能在复杂的空域形势下完成防撞航迹规划。通常人工势场法中存在虚拟力处于稳定平衡的区域，大于平衡点则合力体现为引力，小于平衡点则合力体现为斥力，虚拟力会造成无人机在平衡点附近反复振荡，故容易造成平衡点附近控制系统的振荡。因此，改进方法在平衡点设置死区，能够有效避免振荡现象。此外，自主空中加油任务中受油机和加油机均处于高速运动，这与传统人工势场法解决的静态避障不同。改进方法在势场函数中引入相对速度项，使得受油机对加油机的避障与加/受油机相对速度紧密相关。

1）改进人工势场法的防撞算法设计

由前述分析可知，传统人工势场法的斥力场函数仅考虑了当前位置与障碍物的相对位置，不满足自主空中加油的任务需求。改进方法的斥力场函数引进加/受油机目标点的相对速度项。算法中将加油机质心位置看作斥力的中心，定义斥力中心的位置为 X^*，位置 X 处的斥力场的表达式为

$$U_{rep}(X) = k_{rep} \cdot k(V_0) \frac{1}{e^{\frac{\| X - X^* \|}{m_0}} - e^{\frac{\dot{\phi}_{min}}{m_0}}} \qquad (7-32)$$

$$k(V_0) = \begin{cases} 1 + \mathrm{e}^{-\frac{1}{V_0}}, & V_0 > 0, \ \|X - X^*\| \leqslant \phi_{\max} \\ 1, & \text{其他} \end{cases} \qquad (7-33)$$

式中：k_{rep} 为斥力场的幅值增益参数；m_0 为斥力场随着空间变化速率参数；$\phi_{\min}$ 为受油机与障碍物间的最小安全距离，在该距离以内将造成碰撞事故；$\phi_{\max}$ 为受油机与障碍物间的最大影响距离，在该距离以外则不会对受油机产生虚拟力；V_0 是障碍物相对于受油机的运动速度；$k(V_0)$ 为非定常系数，当受油机在障碍物影响区以外，或远离障碍物中心时，$k(V_0) = 1$，当受油机向障碍物中心靠近时，$k(V_0) > 1$，并且 V_0 与 $k(V_0)$ 为正相关关系，当 $V_0 \to +\infty$ 时，有 $\lim\limits_{V_0 \to +\infty} k(V_0) = 2$。这确保了引入相对速度项带来的斥力增益是有界的，并且不会随着加/受油机速度的增加而发散。

根据式(7-28)可得改进后的斥力势场下，受油机与障碍物间的斥力如下式[28]所示：

$$F_{\mathrm{rep}}(X) = \frac{k_{\mathrm{rep}}}{m_0} \cdot k(V_0) \frac{1}{\left(\mathrm{e}^{\frac{\|X-X^*\|}{m_0}} - \mathrm{e}^{\frac{\phi_{\min}}{m_0}} \right)^2} \mathrm{e}^{\frac{\|X-X^*\|}{m_0}} \frac{X-X^*}{\|X-X^*\|}$$

$$(7-34)$$

根据上式构造的排斥虚拟力满足连续可导条件，因此避障得到的路径是平滑的，适合受油机的运动特点。改进后的人工势场法，可减少平衡点附近振荡的问题，有效避免高速运动下加/受油机的碰撞。

2) 基于改进人工势场的受油机编队防撞控制律设计

改进人工势场法可解算出受油机受到的虚拟排斥力，接下来将给出排斥力到受油机状态指令之间的关系。定义避障速度指令为

$$V_{\mathrm{cmd}} = \check{V} + F_{\mathrm{rep}}(X) \qquad (7-35)$$

式中：V_{cmd} 为受油机避障速度指令；$\check{V}$ 为受油机预定速度。受油机避障指令速度为预定速度与虚拟力之和。

可将式(7-35)改写为前向、纵向及横侧向三个分量的避障指令速度，如下式所示：

$$V_{cmd}^x = \breve{V}^x F_{rep}(X) = \frac{k_{rep}}{m_0} \cdot k(V_0) \frac{1}{\left(e^{\frac{\|X-X^*\|}{m_0}} - e^{\frac{\phi_{min}}{m_0}}\right)^2} e^{\frac{\|X-X^*\|}{m_0}} \frac{x-x^*}{\|X-X^*\|}$$

$$(7-36)$$

$$V_{cmd}^y = \breve{V}^y F_{rep}(X) = \frac{k_{rep}}{m_0} \cdot k(V_0) \frac{1}{\left(e^{\frac{\|X-X^*\|}{m_0}} - e^{\frac{\phi_{min}}{m_0}}\right)^2} e^{\frac{\|X-X^*\|}{m_0}} \frac{y-y^*}{\|X-X^*\|}$$

$$(7-37)$$

$$V_{cmd}^z = \breve{V}^z F_{rep}(X) = \frac{k_{rep}}{m_0} \cdot k(V_0) \frac{1}{\left(e^{\frac{\|X-X^*\|}{m_0}} - e^{\frac{\phi_{min}}{m_0}}\right)^2} e^{\frac{\|X-X^*\|}{m_0}} \frac{z-z^*}{\|X-X^*\|}$$

$$(7-38)$$

式中:定义障碍物的位置为 $X^* = [x^*, y^*, z^*]$。

将速度指令改写为受油机航迹指令,包括空速指令、俯仰角指令及横滚角指令,其表达式为

$$V_{cmd} = \sqrt{V_{cmd}^x + V_{cmd}^y + V_{cmd}^z} \tag{7-39}$$

$$\theta_{cmd} = \arctan\left(\frac{V_{cmd}^y}{V_{cmd}^x}\right) \tag{7-40}$$

$$\phi_{cmd} = \arctan\left(\frac{V_{cmd}^z}{V_{cmd}^x}\right) \tag{7-41}$$

3) 改进人工势场法的防撞算法流程

设置改进人工势场法的防撞算法终止条件如下:如果受油机与锥套位置距离小于阈值,则对接成功,此时算法成功终止。当受油机停止与加油机的相对运动时,受油机陷入局部次优区;当受油机退出对接区域时,目标不可达。这两种情况被认为避障失败,同样终止算法。改进人工势场防撞算法的具体流程(见图7-18)如下。

Step 1:初始化改进人工势场法的防撞算法的参数,如幅值增益参数 k_{rep}、空间变化速率最大迭代次数 m_0、最大影响距离 ϕ_{max}、最小安全距离 ϕ_{min}。

Step 2:获取加油机和受油机的位姿信息。

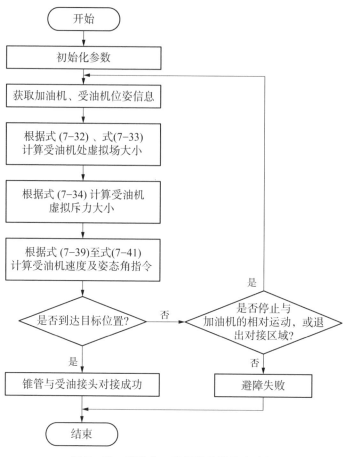

图 7 - 18 改进人工势场的防撞算法流程

Step 3：根据式(7 - 32)、式(7 - 33)计算受油机处虚拟场大小。

Step 4：根据式(7 - 34)计算受油机虚拟斥力大小。

Step 5：根据式(7 - 39)至式(7 - 41)计算受油机速度指令 V_{cmd}、俯仰角指令 θ_{cmd} 及横滚角指令 ϕ_{cmd}。

Step 6：判断是否受油机已经到达锥套位置。如果是，那么此时对接已成功，终止算法；否则，进入 **Step 7**。

Step 7：判断受油机是否停止与加油机间的相对运动，或受油机是否已经离开加油区域。如果是，那么此时受油机陷入局部次优区或避障算法不收敛，避障失败，终止算法；否则，进入 **Step 2**。

7.3.3 仿真实验分析

为了验证所设计方法的有效性,与无避障情况进行对比。验证场景为在对接状态下,由于受气流干扰或其他干扰的影响,受油机偏离常规轨迹,进入靠近加油机的危险区。受油机目标位置为加油锥套,锥套相对加油机质心的位置为$(-18.9, -4.725, 8.19)$ m。算法必要参数设置如下:幅值增益参数 $k_{rep}=5$、空间变化速率最大迭代次数 $m_0=2$、最大影响距离 $\phi_{max}=20$ m、最小安全距离 $\phi_{min}=6$ m。

图 7 - 19 给出了自主对接阶段三轴加/受油机相对位移,由图可见,在加入避障和不加入避障的前提下,受油机均可以到达期望的锥套位置,但没有使用避障算法时,受油机会靠近最小安全距离 ϕ_{min}。使用所设计的改进人工势场法防撞算法时,受油机受到避障算法的虚拟力,能够远离受油机危险区,加/受油机最近的距离由 17.2 m 增加至 18.1 m,提高了对接过程的安全性。图 7 - 20 中球形区域为加油机所在位置,可见在加入人工势场避障方法后,受油机更倾向远离加油机,因此改进算法可提高软式自主空中加油对接阶段的安全性。

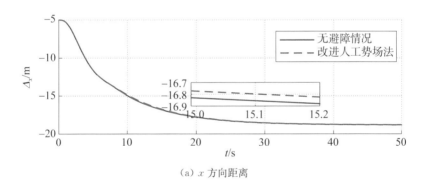

(a) x 方向距离

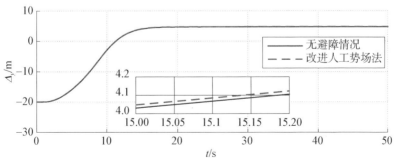

(b) y 方向距离

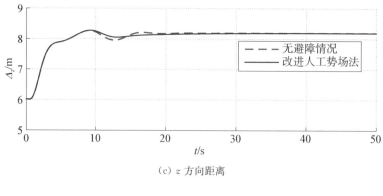

（c）z 方向距离

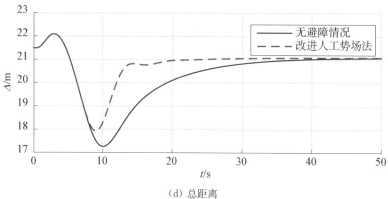

（d）总距离

图 7‑19　自主对接阶段三轴加/受油机相对位移

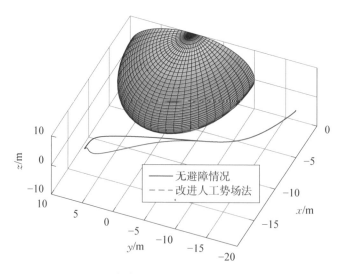

图 7‑20　自主对接阶段加/受油机航迹曲线

7.4 本章小结

本章设计了复杂多风干扰下的受油机抗干扰控制方法。在受油机仿射非线性模型基础上,采用高阶系统反步设计方法,分别设计了角速度回路、气流角回路、航迹回路、位置回路和速度回路的非线性跟踪微分器(NTD)、状态观测器(ESO)及误差反馈控制器。此外,针对受油机头波效应造成受油机自主对接失败问题,设计了一种基于模糊逻辑的锥套实时位置预测控制方法,利用加油锥套实时速度和位置预测受油机外环相对位置控制误差补偿量,以提高受油机位置控制响应速度,降低自主空中加油近距对接末段锥管-锥套相对位置的抖动范围,提高自主对接的成功率。同时,本章根据软式加油的实际需求,分析了传统人工势场法处理空中加油对接阶段防撞遇到的问题,并设计了一种基于改进人工势场法的自主空中加油防撞方法,将与障碍物的相对速度项引入算法中,通过仿真验证了所设计控制方法、近距视觉相对导航、锥套位置稳定控制及近距防撞方法能够在复杂多风干扰作用下较好地完成自主空中加油任务需求,表明了本章所设计控制方法的有效性和优越性。

参考文献

[1] Sun Y B, Duan H B, Xian N. Fractional-order controllers optimized via heterogeneous comprehensive learning pigeon-inspired optimization for autonomous aerial refueling hose-drogue system[J]. Aerospace Science and Technology, 2018,81:1 - 13.

[2] 王海涛,董新民,等. 空中加油动力学与控制[M]. 北京:国防工业出版社,2016.

[3] 全权,魏子博,高俊,等. 软管式自主空中加油对接阶段中的建模与控制综述[J]. 航空学报,2014,35(9):2390 - 2410.

[4] Duan H B, Zhang Q F. Visual measurement in simulation environment for vision-based UAV autonomous aerial refueling [J]. IEEE Transactions on Instrumentation and Measurement, 2015,64(9):2468 - 2480.

[5] Sun Y B, Deng Y M, Duan H B, et al. Bionic visual close-range navigation control system for the docking stage of probe-and-drogue autonomous aerial refueling [J]. Aerospace Science and Technology, 2019,91:136 - 149.

[6] Kimmett J, Valasek J, Junkins J L. Vision based controller for autonomous aerial refueling [C]//The 2002 IEEE International Conference on Control Applications. Glasgow: 2002.

[7] Valasek J, Gunnam K, Kimmett J, et al. Vision-based sensor and navigation system for autonomous air refueling[J]. Journal of Guidance, Control, and Dynamics, 2005, 28 (5):979 - 989.

[8] Tandale M D, Bowers R, Valasek J. Trajectory tracking controller for vision-based probe and drogue autonomous aerial refueling[J]. Journal of Guidance, Control, and Dynamics, 2006,29(4):846-857.

[9] 王宏伦,杜熠,盖文东. 无人机自动空中加油精确对接控制[J]. 北京航空航天大学学报,2011,37(7):822-826.

[10] 刘嬰,周春华,袁锁中. 软管式自主空中加油飞行控制系统与仿真研究[J]. 系统仿真学报,2012,24(10):2054-2059.

[11] Fravolini M, Ficola A, Napolitano M, et al. Development of modelling and control tools for aerial refueling for UAVs[C]//AIAA Guidance, Navigation, and Control Conference and Exhibit. Austin: 2003.

[12] Murillo O, Lu P. Comparison of autonomous aerial refueling controllers using reduced order models[C]//AIAA Guidance, Navigation and Control Conference and Exhibit. Honolulu: 2008.

[13] 郭军,董新民,王龙,等. 自主空中加油变质量无人机建模与控制[J]. 飞行力学,2011,29(6):36-40.

[14] Wang J, Hovakimyan N, Cao C Y. Verifiable adaptive flight control: unmanned combat aerial vehicle and aerial refueling[J]. Journal of Guidance, Control, and Dynamics, 2010,33(1):75-87.

[15] Marwaha M, Valasek J, Narang A. Fault tolerant SAMI for vision-based probe and drogue autonomous aerial refueling[C]//AIAA Infotech @ Aerospace Conference. Seattle: 2009.

[16] Wang J, Hovakimyan N, Cao C. L1 Adaptive augmentation of gain-scheduled controller for racetrack maneuver in aerial refueling[C]//AIAA Guidance, Navigation, and Control Conference. Chicago: 2009.

[17] 李大伟,王宏伦,盖文东. 基于 L1 自适应的自动空中加油对接段飞行控制技术[J]. 控制理论与应用,2014,31(6):717-724.

[18] Ro K, Kuk T, Kamman J W. Dynamics and control of hose-drogue refueling systems during coupling[J]. Journal of Guidance, Control, and Dynamics, 2011,34(6):1694-1708.

[19] Ro K, Kuk T, Kamman J W. Active control of aerial refueling hose-drogue systems[C]//AIAA Guidance, Navigation, and Control Conference. Toronto: 2010.

[20] 张进. 软管锥套运动的动力学建模与控制[D]. 南京:南京航空航天大学,2016.

[21] Su Z K, Wang H L, Yao P, et al. Back-stepping based anti-disturbance flight controller with preview methodology for autonomous aerial refueling[J]. Aerospace Science and Technology, 2017,61:95-108.

[22] Su Z K, Wang H L. Probe motion compound control for autonomous aerial refueling docking[J]. Aerospace Science and Technology, 2018,72:1-13.

[23] Duan H B, Sun Y B, Shi Y H. Bionic visual control for probe-and-drogue autonomous aerial refueling[J]. IEEE Transactions on Aerospace and Electronic Systems, 2021,57(2):848-865.

[24] Han J. From PID to active disturbance rejection control[J]. IEEE Transaction on

Industrial Electronics, 2009,56(3):900 - 906.

[25] Xu L X, Ma H J, Guo D, et al. Backstepping sliding-mode and cascade active disturbance rejection control for a quadrotor UAV[J]. IEEE/ASME Transactions on Mechatronics, 2020,25(6):2743 - 2753.

[26] Zhang Y, Chen Z Q, Zhang X H, et al. A novel control scheme for quadrotor UAV based upon active disturbance rejection control[J]. Aerospace Science and Technology, 2018,79:601 - 609.

[27] 费伦,段海滨,徐小斌,等. 基于变权重变异鸽群优化的无人机空中加油自抗扰控制器设计[J]. 航空学报,2020,10(1):323490.

[28] 费伦. 固定翼软式自主空中加油关键技术研究与验证[D]. 北京:北京航空航天大学,2019.

第8章 多无人机受油自主控制决策

多无人机执行复杂作战任务过程中,由于每架无人机任务分工或自身燃油消耗率不同,不可避免地会出现自身剩余燃油量的差异,多无人机系统剩余燃油也制约着其后续的协同作战效能。无人机软式自主空中加油是增强多无人机协同作战能力,提高多无人机自主性等级的有效方式。借鉴有人机多机空中加/受油流程,多无人机需要以紧密的编队形式在加油等待区等候依次完成空中加油(见图8-1),提高无人机空中加油的效率,此阶段要求多无人机既要保持协同一致运动,又要快速响应加/受油任务指令及外部环境变化,因此如何构建高效的自主空中加油多无人机受油自主编队和轮换控制决策,是又一个亟待解决的关键技术问题。常见的多无人机编队控制方法主要包括长-僚机式、虚拟结构法和基于行为法等,其中:长-僚机式需要指定编队结构,长机故障会引起编队无法保持,鲁棒性差;虚拟结构法类似于集中式控制,需要保持多无人机机间实时通信通畅,对计算能力要求高;基于行为法的控制指令由预设触发条件生成,缺乏

(a) 软式多机空中加油

(b) 硬式多机空中加油

图8-1 多受油机空中加油

适应性。多无人机编队轮换方法通常为循环式,该方法在某一无人机故障情况下无法正常进行,鲁棒性差,仅适用于常规简单队形,并且不能体现多无人机剩余燃油量差异对编队队形的影响,无法延长多无人机系统的续航时间。

　　由于鹳、雁群迁徙行为中群体的自组织性、邻近个体的去中心化交互等特点与多无人机受油编队控制决策的分布式、局部性和鲁棒性等需求相契合,从鹳、雁群迁徙编队行为和迁徙合作行为中获得启发,将鹳、雁群迁徙行为映射到自主空中加油多无人机受油自主编队与轮换控制决策中,并以第 7 章受油机底层抗干扰控制为基础,设计了一种基于鹳、雁群迁徙编队行为的受油机自主编队控制决策方法,以及一种基于鹳、雁群迁徙合作行为的受油机编队轮换控制决策方法,保证了多无人机受油形成以领导-跟随关系为基础的协同一致运动与分布式编队决策,以解决现有多受油机编队控制决策方法在单机自主能力和鲁棒性上的不足,以及多受油机编队轮换控制决策方法在适应性和多机决策方面的不足,从而有效提高无人机软式空中加油自主编队控制决策水平。此外,综合第 7 章和本章涉及的多无人机受油自主编队等待、编队对接轮换、编队内部轮换、预对接、视觉导航近距对接等阶段,将多模式任务集成到自主空中加油多无人机受油综合控制决策中,并设计了基于模糊逻辑的自主空中加油多阶段多模态切换控制方法,以实现无人机自主空中加油不同阶段的软切换,保障自主空中加油不同阶段的顺利过渡与实施。

8.1　受油机自主编队与轮换控制

8.1.1　仿鹳、雁群迁徙编队行为的自主编队控制

　　自然界中区域资源会随着季节的改变而产生颠覆性变化,当某一区域剩余资源不再满足大量候鸟的生存需求时,候鸟便会以群体的形式向更加适合生存的区域进行大规模迁徙。其中,大中型候鸟,如图 8 - 2 所示的雁群(加拿大黑雁[1, 4]、雪雁[5]等)、鹳群(白鹳[6, 7]、秃鹳[8, 9]等),在大范围迁徙过程中表现出独特的编队合作行为,研究表明,加拿大黑雁以"V"字形编队飞行可增加 70% 的迁移距离,白鹳利用热上升气流获取飞行高度并通过编队翱翔进行远距迁徙,秃鹳同样采用"V"字形或梯形编队方式完成群体迁徙,以减少个体飞行成本、增加群体迁徙距离、降低群体面临的外界危险。总体而言,鹳、雁群形成了两种迁徙行为策略:①由于翅膀面积大、载荷低,利用外界热上升气流爬升飞行高度并以翱翔方式编队飞行;②形成有序的"V"字形或梯形编队队形,通过群体自身一致的

协调运动产生气动效应,降低群体的能量消耗。采用第一种方式时,需要有良好的外界条件,对环境依赖性较大,而采用第二种方式时,个体在飞行过程中由于翅膀扇动产生两个翼尖涡(即翅膀外侧的上洗气流区和靠近飞行轴的下洗气流区),依靠个体自身在群体中选择最优的气动位置进而形成协调运动,不依赖外界环境。图8-3为迁徙过程中鹳群个体在尾涡区的时间占比,可见不同个体在不同程度上借助尾涡上洗气流的有利气动效应。相比而言,第二种方式更适用于多无人机受油编队飞行,并且鹳、雁群编队迁徙过程中群体具有自组织性、邻近个体的去中心化交互等特点,与多无人机受油自主编队控制决策的分布式、局部交互和鲁棒性等需求相契合,将鹳、雁群迁徙编队行为映射到多无人机受油自主编队任务中,以建立受油机分布式自主编队控制决策。

(a) 加拿大黑雁

(b) 雪雁

(c) 秃鹳

(d) 白鹳

图8-2　鹳、雁群迁徙编队行为

鹳、雁群迁徙编队行为的基础是相邻个体的领导-跟随关系。跟随者在其有效感知范围内主动选择并跟随其领导者上洗气流区最优气动位置,对受油机而言,由于领导者后方左右上洗气流区大致相同,一个领导者最多可以存在两个跟随者,同时该领导者又可能成为其他领导者的跟随者。因此,首先需要确定多无人机受油自主编队的最优气动位置及有效感知范围。

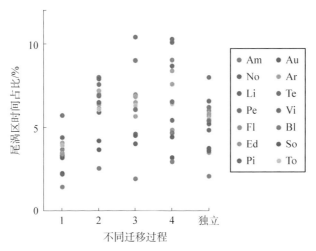

图 8-3 迁徙过程中鹳群个体在尾涡区的时间占比

1）受油机编队最优气动位置

仿鹳、雁群迁徙行为的受油机自主编队突出优势之一是可以利用相邻受油机产生的尾流上洗风速提供额外升力，以降低燃油消耗，延长受油机有效续航时间。因此，需要通过分析加/受油机尾流场分布确定最优的受油机编队位置，从而更好地体现仿鹳、雁群迁徙行为的受油机自主编队优越性。

为保证受油机自主编队的安全性，设定前向与高度方向的期望编队位置分别为领导受油机机体坐标系下的 -15 m、2.5 m 处，再找到尾流影响下的侧向最优编队位置即可。通过 2.3 节中所建的尾流模型可得受油机尾流场的分布情况，以侧向编队位置为变量，得到 $x_{rel} = -15$ m、$z_{rel} = 2.5$ m 轴上受油机尾流在高度方向的风速分量如图 8-4 所示。为方便计算等效上洗作用效果，根据受油机翼展和机翼面积，将受油机等效为长度为 11.43 m、宽度为 6.57 m 的长方形，并在等效面积内对受油机尾流高度方向风速分量做积分[见图 8-5(a)]，从而得

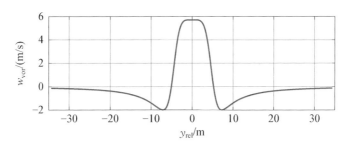

图 8-4 $x_{rel} = -15$ m、$z_{rel} = -2.5$ m 轴上受油机尾流在高度方向的风速分量

到受油机尾流等效上洗作用。如图 8-5(b)所示,受油机半轴等效上洗效应在侧向编队位置为 11.1 m 处取得最大值,因此确定在机体坐标系下的受油机自主编队左右侧最优编队位置分别为 $\boldsymbol{P}_{\mathrm{FR}}=(-15,\mp 11.1,2.5)\mathrm{m}$。设定受油机在加油机左侧加油等待区形成编队,同理可得加油机机体坐标系下 x 方向 $-100\,\mathrm{m}$、z 方向 $-20\,\mathrm{m}$ 处的最优编队位置为 $\boldsymbol{P}_{\mathrm{FT}}=(-100,-49.8,20)\mathrm{m}$。通过对受油机最优编队位置的选取可以最大限度地利用加/受油机尾流上洗气流,降低受油机燃油消耗速率。

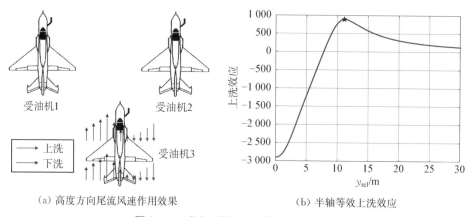

(a) 高度方向尾流风速作用效果   (b) 半轴等效上洗效应

图 8-5 受油机尾流半轴等效上洗效应

2) 受油机编队感知范围

鹳、雁群迁徙编队过程中,鹳、雁群个体由于视场的限制只能感知到自身前方个体的编队有效信息,但与鹳、雁群个体感知范围不同,受油机之间的通信并没有视场限制的盲区。考虑到受油机自主编队必然在有限加油等待区域内进行,假设受油机 i 的感知范围在该区域内高度方向是无界的,并且在水平面内感知范围为 360°。如图 8-6(a)所示,受油机 i 的有效感知范围被分为四个区域,通过与有效感知范围各个区域内距离最近的受油机建立局部通信,获取不同受油机的实时位置与姿态信息,并结合自身当前状态信息进行自主编队决策。

定义受油机 i 与受油机 j 间的距离 D_{ij} 如下式[10]所示:

$$D_{ij}=\sqrt{(x_i-x_j)^2+f_y \cdot (y_i-y_j)^2} \tag{8-1}$$

式中:$\boldsymbol{P}_i=[x_i,y_i,z_i]^{\mathrm{T}}$,$\boldsymbol{P}_j=[x_j,y_j,z_j]^{\mathrm{T}}$ 分别为受油机 i 和受油机 j 的实时位置;f_y 为侧向比例因子,$f_y \geqslant 1$,f_y 越大,受油机 i 与该区域内正前方受油机建立通信的倾向越强,同时也意味着受油机 i 跟随正前方可跟随受油机的

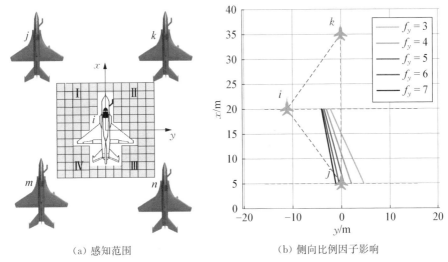

（a）感知范围　　　　　　　　　（b）侧向比例因子影响

图 8-6　受油机自主编队感知范围与侧向比例因子影响

倾向越强。受油机以最优编队位置自主编队的侧向比例因子影响差异如图 8-6(b)所示,图中不同颜色实线分别表示 f_y 从 3 取至 7 时,受油机 j 与受油机 i、k 按照式(8-1)计算得到的红色虚线之间区域 $D_{ji}=D_{jk}$ 的等值线。如果初始时刻受油机 j 位于实线右侧区域(即 $D_{ji}>D_{jk}$),受油机 j 跟随受油机 k 进行编队;如果初始时刻受油机 j 位于实线左侧区域(即 $D_{ji}<D_{jk}$),受油机 j 跟随受油机 i 进行编队。由图可见,随着 f_y 的增大,等值线向左移动,进一步分析 f_y 取不同值对自主编队队形的影响。以 $f_y=7$ 为例,如果受油机 j 位于实线右侧区域,在其向受油机 i 右侧跟随位置运动的过程中必然会越过等值线 $D_{ji}=D_{jk}$,使得最小距离跟随受油机从 i 转为 k,受油机 j 的编队目标位置转变为受油机 k 的右侧跟随位置,因此受油机编队队形有一定的紧密趋势。相比而言,当 $f_y=4$ 时,若受油机 j 从后方向受油机 i 右侧跟随位置运动就不会存在跟随目标位置的改变,会形成如图 8-6(b)所示的最终编队队形。

　　基于鹳、雁群迁徙编队行为的受油机自主编队控制决策确定了两种飞行状态(即总领导者和跟随者状态)。由于整个多无人机受油系统中只有处于最前方的受油机主动跟随加油机编队位置 $\boldsymbol{P}_{\mathrm{FT}}$,故仅有一个总领导者 k;其他受油机 j 均可确定其相对领导者 i,并跟随受油机编队位置 $\boldsymbol{P}_{\mathrm{FR}}$ 形成稳定的编队队形。以受油机 i 为例,先定义每个受油机均具有的左右跟随位标志 $P_{\mathrm{left,\,flag}}^{i}$、$P_{\mathrm{right,\,flag}}^{i}$,左右位跟随者编号 $P_{\mathrm{left,\,follower}}^{i}$、$P_{\mathrm{right,\,follower}}^{i}$ 及领导者编号 $I_{\mathrm{ind,\,leader}}^{i}$、领导者方向 $D_{\mathrm{dir,\,leader}}^{i}$。若受油机 i 右侧存在跟随者,那么 $P_{\mathrm{right,\,flag}}^{i}=1$,否则 $P_{\mathrm{right,\,flag}}^{i}$

$=0$；若受油机 i 左侧存在跟随者，那么 $P_{\text{left, flag}}^{i}=2$，否则 $P_{\text{left, flag}}^{i}=0$。由受油机感知范围的方向划分可知，若受油机 i 存在领导者，领导者方向 $D_{\text{dir, leader}}^{i}$ 取值为 1 或 2，具体的自主编队控制决策如下。

（1）总领导者受油机 k。

获取各个受油机相对当前受油机 k［见图 8-6(b)］的方向（1 代表左前，2 代表右前，3 代表右后，4 代表左后），并按照式（8-1）计算当前受油机 k 与各个受油机间的距离 D_{ki}，比较确定各个感知方向区域内该距离最近的受油机以建立局部通信。若与受油机 k 局部通信的受油机均处于右后或左后方向，说明不存在位于受油机 k 前方的受油机，那么受油机 k 为总领导者（即 $I_{\text{ind, leader}}^{k}=0$），主动跟随加油机编队位置 $\boldsymbol{P}_{\text{FT}}$。受油机 k 的编队位置参数 $P_{\text{left, flag}}^{k}$、$P_{\text{right, flag}}^{k}$、$P_{\text{left, follower}}^{k}$、$P_{\text{right, follower}}^{k}$ 根据其跟随者的 $I_{\text{ind, leader}}^{i}$、$D_{\text{dir, leader}}^{i}$ 进行更新，若 $I_{\text{ind, leader}}^{i}=k$ 且 $D_{\text{dir, leader}}^{i}=1$，则 $P_{\text{right, flag}}^{k}=1$、$P_{\text{right, follower}}^{k}=i$；若 $I_{\text{ind, leader}}^{i}=k$ 且 $D_{\text{dir, leader}}^{i}=2$，则 $P_{\text{left, flag}}^{k}=2$、$P_{\text{left, follower}}^{k}=i$。

（2）跟随者受油机 i,j。

跟随者受油机自主编队控制决策分不同情况详细说明。首先，同样获取各个受油机相对当前受油机 i 的方向及距离，进而得到各个感知方向区域内距离最近的局部通信受油机。如图 8-6(b) 所示，若受油机 i 存在处于左前或右前方向的局部通信受油机，则可以找到位于受油机 i 前方的领导者，受油机 i 为跟随者。然后，需要确定受油机 i 的领导者编号及方向，如果受油机 i 局部通信内只有位于左前或右前某一方位的受油机 k，则受油机 k 为其领导者（$I_{\text{ind, leader}}^{i}=k$），并确定领导者方向 $D_{\text{dir, leader}}^{i}$，若受油机 k 在右前方向，则 $D_{\text{dir, leader}}^{i}=1$，若受油机 k 在左前方向，则 $D_{\text{dir, leader}}^{i}=2$；如果受油机 i 局部通信内左前和右前两个方位的受油机都存在［见图 8-7(a)］，则比较并选择距离较近的受油机 k 作为领导者（$I_{\text{ind, leader}}^{i}=k$），同样依据领导者受油机相对受油机 i 的方位确定 $D_{\text{dir, leader}}^{i}$。通过以上述方式可以得到所有受油机的领导者和方向，由于比例因子 f_y 产生的侧向距离放大作用，按照该方式容易产生多于两个受油机跟随同一领导者 k 的决策情况［见图 8-7(b)］，与领导者实际可跟随位置数相矛盾，此时以受油机编号先后区分的多余跟随者需要根据感知范围重新选择除受油机 k 之外的领导者，进而得到所有受油机合理的领导者和方向，以解决领导者存在多余跟随者的问题。但如果某一领导者被两个受油机跟随，此时的两个受油机可能会存在跟随方向的冲突，故分别计算两个跟随者到同一领导者左右跟随位的距离和，根据后续运动距离最短的原则重新分配跟随方向,得到最终所有受油机的领导者编号 $I_{\text{ind, leader}}^i$ 及方向 $D_{\text{dir, leader}}^i$,接着根据相应规则更新所有跟随者受油机的编队位置参数 $P_{\text{left, flag}}^i$、$P_{\text{right, flag}}^i$、$P_{\text{left, follower}}^i$、$P_{\text{right, follower}}^i$。

如图 8-7(c)、(d)所示,当两个受油机 j,m 拥有共同的领导者 k 时,受油机 j 左侧跟随位与受油机 m 右侧跟随位是重合的,若受油机 j 或 m 存在跟随者 i,则需要对重合跟随位进行占用剔除,具体规则为:若受油机 i 位于重合跟随位右侧,受油机 i 占用受油机 j 的左侧跟随位并剔除受油机 m 的右侧跟随位,令 $P_{\text{left, flag}}^j = 2$、$P_{\text{right, flag}}^m = \infty$;若受油机 i 位于重合跟随位左侧,受油机 i 占用受油机 m 右侧跟随位并剔除受油机 j 的左侧跟随位,令 $P_{\text{right, flag}}^m = 1$、$P_{\text{left, flag}}^j = \infty$。此外,若当前受油机左前和右前感知范围内所有受油机不可跟随(被占用或剔

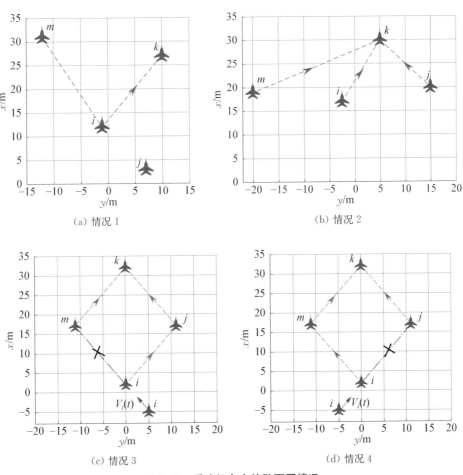

图 8-7　受油机自主编队不同情况

除),受油机减速以寻找可跟随的领导者。根据所有受油机的领导者 $I_{\text{ind, leader}}^i$ 和方向 $D_{\text{dir, leader}}^i$,得到受油机具体跟随左侧或者右侧编队位置,若领导者 $D_{\text{dir, leader}}^i = 1$,确定为领导者 $I_{\text{ind, leader}}^i$ 的右侧跟随位置 $\boldsymbol{P}_{\text{FR}}^r = (-15, 11.1, 2.5)\text{m}$,否则若 $D_{\text{dir, leader}}^i = 2$,确定为领导者 $I_{\text{ind, leader}}^i$ 的左侧跟随位置 $\boldsymbol{P}_{\text{FR}}^l = (-15, -11.1, 2.5)\text{m}$。综上,可以完成最终基于鹳、雁群迁徙编队行为的多无人机受油自主编队飞行。

通过以上所有控制决策规则可实现稳定的多无人机受油自主编队,但可能会出现两种松散编队队形(见图 8-8),其中图 8-8(b)所示的编队队形与分析过的侧向比例因子 f_y 的取值有关。对多无人机受油而言,更加紧密的自主编队队形可以保证更好地利用上洗气动效应,故设计多无人机受油自主编队中间者仲裁控制规则:如图 8-8 所示,假如中间领导者 j 的领导者 k 另一侧跟随位置空闲,选取中间领导者 j 的跟随者 i、m 中离受油机 k 空闲跟随位置更近的跟随者受油机 i 填补空闲位置。

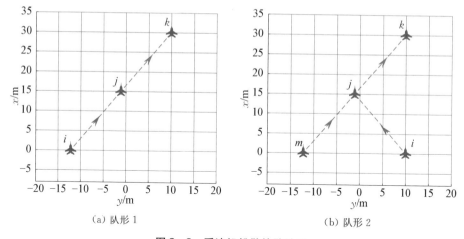

(a) 队形 1　　　　　　　　　　(b) 队形 2

图 8-8　受油机松散编队队形

基于鹳、雁群迁徙编队行为的受油机自主编队控制决策具体实现流程如下。

Step 1:参数初始化。初始化加/受油机初始位置、速度等状态量、受油机编队个体数 $N_{\text{num, R}}$、各个受油机的编队位置参数 $P_{\text{left, flag}}^i$、$P_{\text{right, flag}}^i$、$P_{\text{left, follower}}^i$、$P_{\text{right, follower}}^i$,以及相应领导者编号 $I_{\text{ind, leader}}^i$、领导者方向 $D_{\text{dir, leader}}^i$、总仿真时间 t_{sum}、仿真时间步长 t_s 等参数。

Step 2:获取当前时刻所有受油机的相对方位信息和相对距离信息。根据各个受油机的位置信息判断当前时刻 t 的相对方位(1 代表左前,2 代表右前,3 代表右后,4 代表左后),并按照式(8-1)计算各个受油机间的相对距离 D_{ij},如果某一受油机上一时刻存在被剔除的跟随位[即 $P^i_{\text{right, flag}}(t - t_s) = \infty$ 或 $P^i_{\text{left, flag}}(t - t_s) = \infty$],则该受油机与其他受油机间的相对距离定义为 ∞。

Step 3:选取总领导者受油机。对当前受油机 i,若 **Step 2** 相对方位信息中不存在位于左前和右前的受油机,则受油机 i 为总领导者,控制目标为加油机编队位置 P_{FT},转 **Step 9**。

Step 4:确定跟随者受油机的领导-跟随关系。对当前受油机 i,如果排除左右跟随位置都被除自己之外受油机占用的受油机 j(即满足 $P^j_{\text{right, flag}} \neq 0$、$P^j_{\text{left, flag}} \neq 0$、$P^j_{\text{left, follower}} \neq i$、$P^j_{\text{right, follower}} \neq i$),则该方向可被感知受油机数量减 1,并且将与受油机 j 间的距离 D_{ij} 更新为 ∞。 分别将各方向相对距离排序,并从左前和右前方位中选取距离最近的受油机作为初决策领导者,得到 $I^i_{\text{ind, leader}}$ 和 $D^i_{\text{dir, leader}}$。 若左前和右前方位可被感知受油机数量为 0,转 **Step 8**。

Step 5:重分配受油机的领导者和跟随位置并确定编队位置参数。统计所有受油机的领导者,若以某一受油机 k 为领导者的跟随者数量大于 2,以受油机编号先后区分的多余跟随者根据感知范围重新选择除受油机 k 之外的领导者,更新 $I^i_{\text{ind, leader}}$ 和 $D^i_{\text{dir, leader}}$,并以后续运动距离最短的原则重新分配跟随方向,得到所有受油机的领导者 $I^i_{\text{ind, leader}}$ 及方向 $D^i_{\text{dir, leader}}$。 根据 $I^i_{\text{ind, leader}}$、$D^i_{\text{dir, leader}}$ 确定所有受油机的编队位置参数 $P^i_{\text{left, flag}}$、$P^i_{\text{right, flag}}$、$P^i_{\text{left, follower}}$、$P^i_{\text{right, follower}}$。

Step 6:剔除被占用的重合跟随位,并按照规则更新 $P^i_{\text{left, flag}}$、$P^i_{\text{right, flag}}$。

Step 7:中间者仲裁控制规则调整领导-跟随关系,并更新得到最终的领导者信息 $I^i_{\text{ind, leader}}$、$D^i_{\text{dir, leader}}$。 根据最终决策领导者编号 $I^i_{\text{ind, leader}}$ 和方向 $D^i_{\text{dir, leader}}$,确定受油机跟随相应领导者的左侧或右侧编队位置(P^l_{FR} 或 P^r_{FR})。

Step 8:生成受油机编队防撞指令。计算当前受油机与其他各个受油机的高度差 h_{ij} 及 $O_g X_g Y_g$ 平面真实距离 d_{ij},若 h_{ij} 小于防撞高度阈值 h_{coll} 且 d_{ij} 小于防撞距离阈值 d_{coll},生成编队防撞指令(即受油机降低固定高度 $h^{\text{cmd}}_{\text{coll}}$)。

Step 9:受油机底层抗干扰控制指令生成。若当前受油机存在自主编队目标位置,计算其与自身实时位置、编队防撞指令的差,并输入受油机前向、侧向和高度相对位置控制器,得到受油机底层抗干扰控制指令 V^c_k、S^c_1;若当前受油机不存在自主编队目标位置,生成减速指令,寻找可跟随的领导者。

Step 10:受油机状态量稳定与控制。利用第 7 章受油机底层抗干扰控制方法实现对受油机各个状态量的稳定与控制,并更新所有受油机的状态量信息。

Step 11:判断是否结束仿真。若 $t > t_{sum}$,仿真结束;否则,令 $t = t + t_s$,转 **Step 2**。

8.1.2 仿鹳、雁群迁徙合作行为的编队轮换控制

在鹳、雁群以"V"字形编队迁徙过程中,领头的个体相比于后方的个体处于劣势,需要消耗更多的能量来维持长途飞行,并且承担路径选择、导航等任务。对群体内的个体而言,鹳、雁群迁徙编队飞行表现出两种假设合作方式:基于亲缘选择的编队迁徙合作和基于互惠的编队迁徙合作。鹳、雁群迁徙属于社会行为,不同地区的鸟类聚集为群在一定程度上依赖个体间的亲缘关系。基于亲缘选择的编队迁徙合作通过亲缘选择可以减轻编队中领头个体的飞行劣势,领头个体仍然可以获得超过其飞行成本的亲属间接收益(即牺牲自己保证群体利益最大化)。但如果鹳、雁群个体间没有亲缘关系或亲缘关系较弱,直接互惠才是确保群体编队迁徙合作关系稳定的必要条件。如图 8-9、图 8-10 所示,秃鹳[8]、白鹳[6]群体内不同个体间会相互位于尾涡上洗区,具体表现为鹳、雁群编队迁徙过程中不同个体间会经常互换位置以实现领导和跟随关系的相互转换(即基于互惠的编队迁徙合作)。对多无人机受油而言,不同受油机间为单纯的

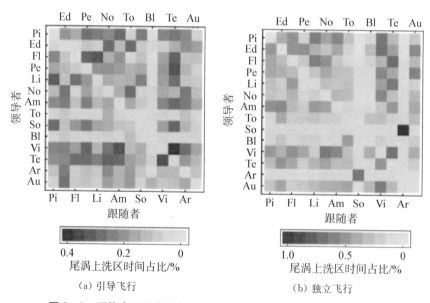

(a) 引导飞行   (b) 独立飞行

图 8-9 群体内不同个体间相互位于尾涡上洗区的时间占比(秃鹳)

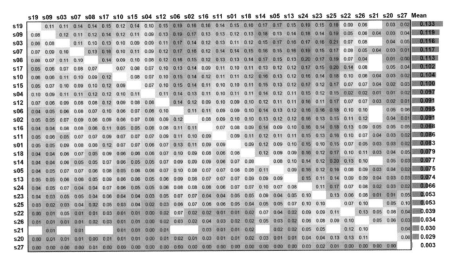

图 8 - 10　群体内不同个体间相互位于尾涡上洗区的时间占比（白鹳）

协同执行任务关系，并且比较两种合作方式，基于互惠的编队迁徙合作关系在保证个体利益的同时更能兼顾群体利益，与多无人机受油编队轮换控制决策的任务目标相契合。构建基于鹳、雁群迁徙合作行为的受油机编队轮换控制决策方法，可以增加多无人机系统的有效续航时间，并且适用于单个受油机从编队中脱离进行后续自主空中加油阶段。

以 8.1.1 节的受油机自主编队控制为基础，将鹳、雁群互惠的迁徙合作行为映射到多无人机受油编队轮换任务中来，设计基于鹳、雁群迁徙合作行为的受油机编队轮换控制决策方法，该方法包括编队外部轮换和内部轮换，外部轮换即从自主编队队形中选择剩余燃油量最少的受油机率先脱离编队，进行后续自主空中加油预对接等阶段，确定外部轮换受油机的策略也可根据情况调整；内部轮换即编队内部不同受油机间位置轮换，总体策略为以受油机剩余燃油量为轮换条件，按稳定自主编队队形进行分层轮换。具体如下：先按编队队形区分不同层级的受油机，如图 8 - 11 受油机自主编队分层情况所示，总领导者受油机 k 为第一层，其他受油机根据领导-跟随关系从总领导者向后编队层数依次增加，每层受油机的数量不超过层数。若层数大的受油机 i 剩余燃油量多于其前一层领导者 m 的剩余燃油量，受油机 i 将编队目标位置从领导者 m 的左或右跟随位置转换到期望轮换位置，进行该层受油机的编队轮换过程，同一层的受油机在相同时刻开始编队轮换，若该层存在领导者相同的两个受油机，其中剩余燃油量更多的受油机优先进行轮换，当轮换受油机 i 前向位置超过其领导者 m 时，按照 8.1.1 节

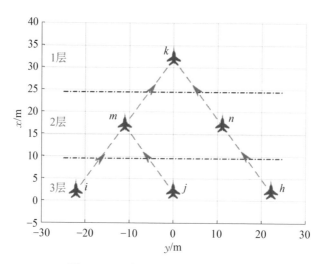

图 8-11　受油机自主编队分层情况

所设计方法实现受油机自主编队控制,整个多无人机受油编队系统按层数由大到小的顺序依次完成编队轮换。为避免相邻层级间的频繁无意义轮换,设置编队轮换油量差阈值,剩余燃油量相差较小时不进行编队轮换。上述基于鹳、雁群迁徙合作行为的受油机编队轮换控制方法可以保证编队轮换结束时剩余油量最多的受油机处于总领导者位置,并且油量最少的受油机率先进入自主空中加油对接过程,进而延长整个多无人机受油系统的有效续航时间。

基于鹳、雁群迁徙合作行为的受油机编队轮换控制决策具体实现流程如下。

Step 1:参数初始化。受油机自主编队控制参数初始化与 8.1.1 节相同,并初始化编队形成时间 t_{format}、编队对接轮换开始时间 $t_{\text{start}}^{\text{dock}}$、编队内部轮换开始时间 $t_{\text{start}}^{\text{rot}}$、轮换时间间隔 $t_{\text{period}}^{\text{rot}}$、计算分层开始时间 $t_{\text{start}}^{\text{caliter}}$、每层轮换时间 $t_{\text{tier}}^{\text{rot}}$、轮换次数 $N_{\text{num}}^{\text{rot}}$、层轮换数 $N_{\text{num}}^{\text{iter}}$、编队轮换油量差阈值 $F_{\text{fuel}}^{\text{thr}}$、左期望轮换位置 $\boldsymbol{P}_{\text{L}}^{\text{rot}}$、右期望轮换位置 $\boldsymbol{P}_{\text{R}}^{\text{rot}}$、预对接初始位置 $\boldsymbol{P}^{\text{dock}}$、单燃油节省率 $R_{\text{rate, save1}}$、双燃油节省率 $R_{\text{rate, save2}}$、受油机燃油消耗率 $F_{\text{fuel, rate}}$、每个受油机剩的余燃油量 $F_{\text{fuel}, i}$、编队轮换总仿真时间 $t_{\text{sum}}^{\text{rot}}$、仿真时间步长 t_{s} 等参数,其中 $t_{\text{format}} < t_{\text{start}}^{\text{dock}} < t_{\text{start}}^{\text{rot}}$。

Step 2:计算受油机编队各层轮换开始时间 $t_{\text{start}}^{\text{iter}}$。 利用上一时刻轮换次数和层轮换数,由下式计算该时间 $t_{\text{start}}^{\text{iter}}$:

$$t_{\text{start}}^{\text{iter}} = t_{\text{start}}^{\text{rot}} + \left[N_{\text{num}}^{\text{rot}}(t - t_{\text{s}}) - 1\right] \cdot t_{\text{period}}^{\text{rot}} + \left[N_{\text{num}}^{\text{iter}}(t - t_{\text{s}}) - 1\right] \cdot t_{\text{tier}}^{\text{rot}}$$

$$(8-2)$$

式中：N_{num}^{rot}、N_{num}^{iter} 的初始值为 1。

Step 3：受油机编队对接轮换决策。选择 $t = t_{start}^{dock}$ 时刻所有受油机中剩余油量最少的受油机 I_{ind}^{dock}，并将其目标位置转换为预对接初始位置 $\boldsymbol{P}^{dock}$，转 **Step 7**。

Step 4：计算受油机自主编队分层情况。定义存储变量 $N_{num,\,sum}^{iter}$ 为编队总层数，存储矩阵 $\boldsymbol{U}_{UAV,\,ind}^{iter}$，只在编队轮换开始前一定时间（即 $t_{start}^{iter} - t_{start}^{caliter}$ 到 t_{start}^{iter} 时间段）内，根据受油机上一时刻的左右跟随位标志及编号 $P_{left,\,flag}^{i}$、$P_{right,\,flag}^{i}$、$P_{left,\,follower}^{i}$、$P_{right,\,follower}^{i}$ 确定编队分层情况。具体方式为：由于编队中总领导者受油机被唯一确定（编号为 $N_{num,\,leader}$），即为第一层，将总领导者编号 $N_{num,\,leader}$ 存入 $\boldsymbol{U}_{UAV,\,ind}^{iter}$ 第一行，令 $N_{num,\,sum}^{iter} = 1$；确定编队第二层到第 n 层受油机，以第 n 层为例，从矩阵 $\boldsymbol{U}_{UAV,\,ind}^{iter}$ 中读取第 $n-1$ 行（即第 $n-1$ 层受油机编号）的非零数值 $I_{ind,\,Nonzero}^{iter}$，判断该数值编号受油机的左右跟随位标志，若 $P_{right,\,flag}^{I_{ind,\,Nonzero}^{iter}} = 1$ 或 $P_{left,\,flag}^{I_{ind,\,Nonzero}^{iter}} = 2$，将跟随者编号 $P_{right,\,follower}^{I_{ind,\,Nonzero}^{iter}}$ 或 $P_{left,\,follower}^{I_{ind,\,Nonzero}^{iter}}$ 存入矩阵 $\boldsymbol{U}_{UAV,\,ind}^{iter}$ 第 n 行，并且令 $N_{num,\,sum}^{iter} = n$。依次确定第二层到第 n 层受油机，最终得到受油机编队总层数 $N_{num,\,sum}^{iter}$ 及各层对应的受油机编号矩阵 $\boldsymbol{U}_{UAV,\,ind}^{iter}$。

Step 5：寄存各层编队轮换开始时刻的编队分层情况和受油机领导者信息。即寄存 $t = t_{start}^{iter}$ 时的 $N_{num,\,sum}^{iter}$、$\boldsymbol{U}_{UAV,\,ind}^{iter}$、受油机领导者 $I_{ind,\,leader}^{i}$ 及方向 $D_{dir,\,leader}^{i}$，表示为 $N_{Snum,\,sum}^{iter}$、$\boldsymbol{U}_{SUAV,\,ind}^{iter}$、$I_{Sind,\,leader}^{i}$、$D_{Sdir,\,leader}^{i}$。

Step 6：确定当前轮换层需要进行编队轮换的受油机和具体期望轮换位置。如果 $t_{start}^{iter} < t < t_{start}^{rot} + N_{num}^{rot} \cdot t_{period}^{rot} (t_{period}^{rot} > N_{Snum,\,sum}^{iter} \cdot t_{tier}^{rot})$ 且 $N_{num}^{iter} \leqslant N_{Snum,\,sum}^{iter}$，令当前轮换层数值 $N_{Snum,\,sum}^{iter} - N_{num}^{iter} + 1 = n$，若 $n \neq 1$，则读取矩阵 $\boldsymbol{U}_{SUAV,\,ind}^{iter}$ 中第 n 行的受油机编号 i，并寻找该行是否存在与受油机 i 跟随同一领导者 k 的受油机 j 即 $I_{Sind,\,leader}^{i} = I_{Sind,\,leader}^{j}$，若存在满足条件的受油机 j，由下式确定可能轮换受油机编号 I_{ind}^{rot}：

$$I_{ind}^{rot} = \begin{cases} i, & F_{fuel,\,i} \leqslant F_{fuel,\,j} \\ j, & F_{fuel,\,i} > F_{fuel,\,j} \end{cases} \tag{8-3}$$

若 $F_{fuel,\,k} - F_{fuel,\,I_{ind}^{rot}} > -F_{fuel}^{thr} (F_{fuel}^{thr} > 0)$，受油机 I_{ind}^{rot} 与受油机 k 不需要进行轮换；若 $F_{fuel,\,k} - F_{fuel,\,I_{ind}^{rot}} \leqslant -F_{fuel}^{thr}$，需要进行编队轮换，并由下式确定受油机 I_{ind}^{rot} 期望轮换位置 $\boldsymbol{P}^{rot}$。

$$\boldsymbol{P}^{\mathrm{rot}}=\begin{cases}\boldsymbol{P}_{\mathrm{R}}^{\mathrm{rot}}, & D_{\mathrm{Sdir, leader}}^{I_{\mathrm{ind}}^{\mathrm{rot}}}=1 \\ \boldsymbol{P}_{\mathrm{L}}^{\mathrm{rot}}, & D_{\mathrm{Sdir, leader}}^{I_{\mathrm{ind}}^{\mathrm{rot}}}=2\end{cases} \tag{8-4}$$

依次确定该层所有受油机是否需要轮换,并得到期望轮换位置 $\boldsymbol{P}^{\mathrm{rot}}$,转 **Step 7**。若 $n=1$,整个多无人机受油自主编队系统本次轮换完毕,令 $N_{\mathrm{num}}^{\mathrm{rot}}=N_{\mathrm{num}}^{\mathrm{rot}}+1$,$N_{\mathrm{num}}^{\mathrm{iter}}=1$,转 **Step 8**。

Step 7:受油机编队轮换控制。若当前受油机 $i=I_{\mathrm{ind}}^{\mathrm{dock}}$,计算实时位置与加油机预对接目标位置的差,输入受油机抗干扰飞行控制系统实现状态量的稳定控制;若当前受油机 i 需要编队轮换,利用其领导者位置、期望轮换位置 $\boldsymbol{P}^{\mathrm{rot}}$ 和自身位置,计算目标相对位置差并输入受油机抗干扰飞行控制系统,实现受油机 i 与其领导者 $I_{\mathrm{Sind, leader}}^{i}$ 的领导-跟随关系互换,如果当前层(第 n 层)全部受油机编队轮换完毕,令 $N_{\mathrm{num}}^{\mathrm{iter}}=N_{\mathrm{num}}^{\mathrm{iter}}+1$,转 **Step 6**。

Step 8:多无人机受油自主编队控制。按照 8.1.1 节所设计方法和步骤实现多无人机受油自主编队飞行。

Step 9:确定每个受油机的燃油节省率 $R_{\mathrm{rate, save}}^{i}$ 并更新剩余燃油量 $F_{\mathrm{fuel}, i}$。若 $t<t_{\mathrm{format}}$,没有形成稳定的编队队形,$R_{\mathrm{rate, save}}^{i}=0$;若受油机 i 进入对接过程,$R_{\mathrm{rate, save}}^{i}=0$;若受油机 i 位于总领导者位置,$R_{\mathrm{rate, save}}^{i}=0$;若受油机 i 位于单跟随位置(见图 8-11 受油机 i),$R_{\mathrm{rate, save}}^{i}=R_{\mathrm{rate, save1}}$;若受油机 i 位于重合跟随位置(见图 8-11 受油机 j),$R_{\mathrm{rate, save}}^{i}=R_{\mathrm{rate, save2}}$($R_{\mathrm{rate, save2}}>R_{\mathrm{rate, save1}}$)。 受油机剩余燃油量 $F_{\mathrm{fuel}, i}$ 由下式计算得到:

$$F_{\mathrm{fuel}, i}=F_{\mathrm{fuel}, i}-F_{\mathrm{fuel, rate}} \cdot (1-R_{\mathrm{rate, save}}^{i}) \cdot t_{\mathrm{s}} \tag{8-5}$$

Step 10:判断是否结束仿真。若 $t>t_{\mathrm{sum}}^{\mathrm{rot}}$,仿真结束;否则,令 $t=t+t_{\mathrm{s}}$,转 **Step 2**。

8.1.3　仿真实验分析

为验证 8.1.1 与 8.1.2 中设计方法的可行性和有效性,本节采用仿鹳、雁群迁徙行为的受油机自主编队与轮换控制决策方法,以实现自主空中加油过程中加油机和多个受油无人机的自主编队与编队轮换。仿真条件设置:加油机在 7010 m 高度以 200 m/s 的速度做定直平飞,受油机数量为 6,受油机底层抗干扰控制与第 7 章相同,在 $t=0\sim65$ s 时无人机在等待区形成自主编队,并于 $t=65$ s 进行编队对接轮换,然后从 $t=80$ s 开始受油机编队内部轮换,同时每隔 90 s

重新进行一次编队内部轮换,仿真时间设置为 450 s,仿真步长为 0.02 s,其他与仿真相关的参数见表 8-1。

表 8-1　受油机自主编队与轮换控制决策参数

参数	物理意义	数值
$\mathbf{P}_{FR}^{r}$	受油机右侧最优跟随位置	$(-15, 11.1, 2.5)$ m
$\mathbf{P}_{FR}^{l}$	受油机左侧最优跟随位置	$(-15, -11.1, 2.5)$ m
$\mathbf{P}_{FT}$	加油机编队位置	$(-100, -49.8, 20)$ m
h_{coll}	防撞高度阈值	2 m
d_{coll}	防撞距离阈值	12 m
h_{coll}^{cmd}	编队防撞指令	-5 m
$t_{format},\ t_{start}^{dock}$	编队形成时间或对接轮换开始时间	65 s
t_{start}^{rot}	编队内部轮换开始时间	80 s
t_{period}^{rot}	轮换时间间隔	90 s
$t_{start}^{caliter}$	计算分层开始时间	5 s
t_{tier}^{rot}	每层轮换时间	25 s
F_{fuel}^{thr}	编队轮换油量差阈值	5 kg
$\mathbf{P}_{L}^{rot}$	受油机左期望轮换位置	$(1, -8.3, -2.5)$ m
$\mathbf{P}_{R}^{rot}$	受油机右期望轮换位置	$(1, 8.3, -2.5)$ m
$\mathbf{P}^{dock}$	预对接初始位置	$(-90, 0, -15)$ m
$R_{rate,\ save1}$	受油机单燃油节省率	0.2
$R_{rate,\ save2}$	受油机双燃油节省率	0.3
$F_{fuel,\ rate}$	受油机燃油消耗率	67.2 kg/min

在多次闭环仿真中,随机初始化 6 个受油机的初始位置,并设置感知距离侧向比例因子 $f_y=4$,利用 8.1.1 的基于鹳、雁群迁徙编队行为的受油机自主编队控制决策方法,多无人机受油最终只会形成如图 8-12(a)至(g)的 7 种编队队形。由图可见,在总领导者受油机及跟随者受油机领导-跟随关系随机变化的情况下,多无人机受油保持了有序且紧密的自主编队飞行,表明了所设计编队控制决策方法的有效性。

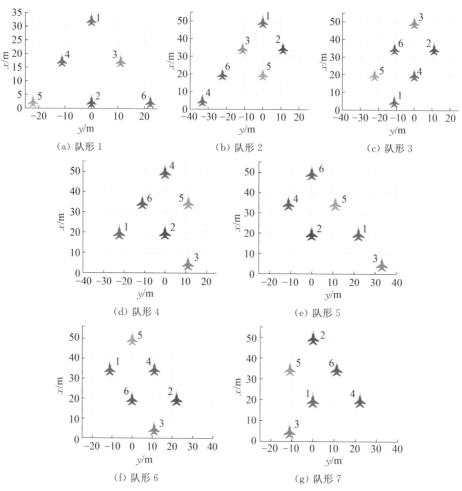

图 8-12　多无人机受油自主编队队形

　　为进一步从多无人机受油位置关系和领导-跟随关系方面说明 8.1.2 节中受油机自主编队与轮换控制决策方法的有效性,选取图 8-12(a)所示的编队情况进行具体分析,加/受油机的初始位置及燃油量见表 8-2,当初始燃油量不同时,受油机会表现出不同的编队轮换状态,以此区分两种仿真情况(情况 1 和情况 2)。图 8-13 给出了情况 1 下加/受油机自主编队与轮换过程中的位置关系。如图 8-13(a)加/受油机航迹曲线所示,多无人机受油从初始时刻的随机位置逐渐形成稳定编队,受油机 4 从编队中脱离跟随加油机预对接初始位置,进行了编队对接轮换,其余受油机依次进行了三次编队内部轮换,并始终保持稳定的编队飞行;图 8-13(b)至(d)表示了加/受油机前向相对距离、加/受油机侧向和高度位置变化曲线。由此可见,受油机在三个方向均稳定地到了期望的加油机编队位置或受油机左右侧最优编队位置，位置控制响应变化平稳且基本没有超调。

表 8-2　加/受油机的初始位置及燃油量

对象	x_g/m	y_g/m	h_g/m	$F_{fuel, i}/kg$（情况 1）	$F_{fuel, i}/kg$（情况 2）
受油机 1	626.5	−21.3	6 965.4	1 165.6	1 061.4
受油机 2	421.4	−5.4	6 969.7	1 101.9	1 154.2
受油机 3	420.9	−89.7	6 960.5	1 020.7	1 147.3
受油机 4	137.7	−30.7	6 963.7	964.7	1 101.8
受油机 5	428.0	−99.5	6 964.1	1 036.5	1 021.5
受油机 6	499.6	−6.2	6 971.9	1 052.7	1 152.4
加油机	800.0	0	7 010.0	—	—

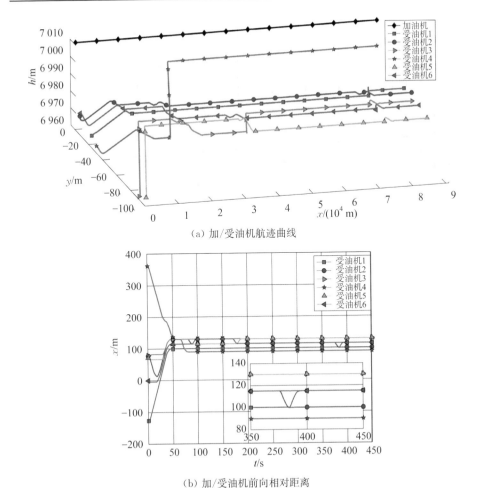

（a）加/受油机航迹曲线

（b）加/受油机前向相对距离

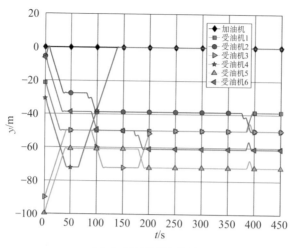

（c）加/受油机侧向位置

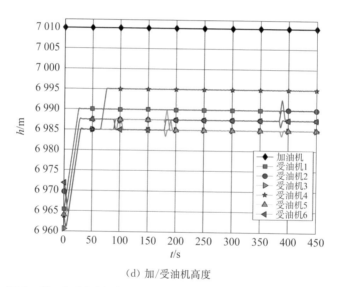

（d）加/受油机高度

图 8-13　加/受油机自主编队与轮换过程中的位置关系(情况 1)

图 8-14 和图 8-15 分别给出了情况 1 下多无人机受油自主编队与轮换情况，以及受油机剩余燃油量。图 8-14(a)用不同颜色表示了左侧编号受油机跟随的领导者受油机、加油机编队位置和预对接初始位置，总体而言，整个仿真过程中多无人机受油领导-跟随关系明确，具体结合图 8-14(b)至(e)不同时刻的编队队形情况、图 8-15 受油机剩余燃油量可见：$t = 65\text{ s}$ 时多无人机受油形成三角形编队，受油机 1 为总领导者，并且从此刻开始剩余燃油量最少的受油机 4 跟随加油机预对接初始位置；相对于 $t = 65\text{ s}$ 时，$t = 150\text{ s}$ 时受油机完成了编队对

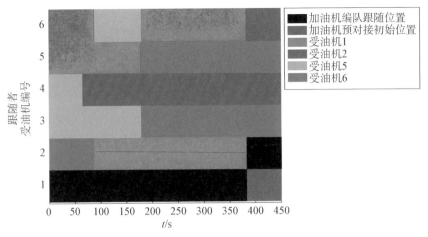

（a）受油机领导-跟随关系

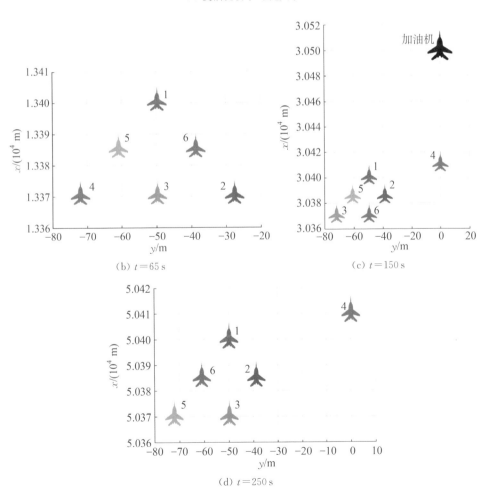

（b）$t=65\ \mathrm{s}$

（c）$t=150\ \mathrm{s}$

（d）$t=250\ \mathrm{s}$

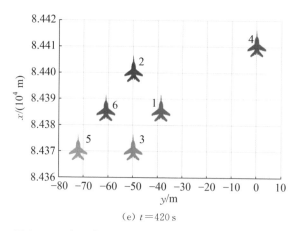

(e) $t=420\,\mathrm{s}$

图 8-14 多无人机受油自主编队与轮换情况(情况 1)

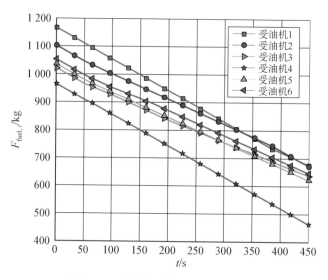

图 8-15 受油机剩余燃油量(情况 1)

接轮换和第一次编队内部轮换,受油机 4 到达了预对接初始位置,燃油量较多的受油机 2 与其领导者受油机 6 进行了领导-跟随关系的互换,其他受油机满足油量较多的受油机处于领导者位置的条件,保持了原有领导-跟随关系;$t=250\,\mathrm{s}$时,受油机完成了第二次编队内部轮换,只有受油机 6 与其领导者受油机 5 进行了领导-跟随关系的互换;$t=420\,\mathrm{s}$时,受油机完成了第三次编队内部轮换,相对上一轮换周期,受油机 1 的剩余燃油量不再是最多的,故受油机 1 与其两个跟随者中剩余燃油量较多的受油机 2 发生了领导-跟随关系的互换,受油机 2 成为总领导者。如图 8-15 所示,多无人机受油在初始燃油量存在较大差异的情况下,由于自主编队与轮换控制的决策作用,实时剩余燃油量向差异较小的方向发展,有利于延长多无人机受油系统的编队续航时间。

由于情况 1 中各个受油机初始燃油量差异明显,以上在多无人机受油自主编队与轮换控制决策的有限时间仿真内,受油机间领导-跟随关系改变次数较少。表 8-2 中情况 2 所示的受油机(特别是受油机 2、3、6)初始燃油量差异相对较小,如图 8-16 所示,该情况下受油机自主编队与轮换控制更为复杂,在 $t = 0 \sim 420\,\mathrm{s}$ 内,受油机完成了编队对接轮换和四次编队内部轮换,均稳定到了期望编队位置,并且控制效果较好,8.1.2 节方法仍然保证了受油机自主编队与轮换的有序进行。

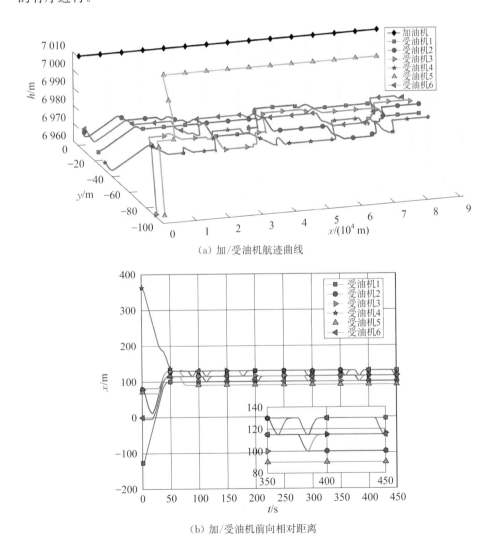

(a) 加/受油机航迹曲线

(b) 加/受油机前向相对距离

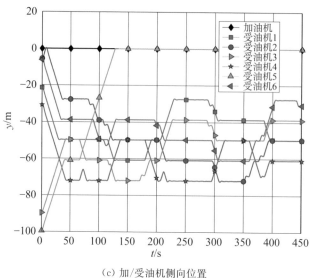

(c) 加/受油机侧向位置

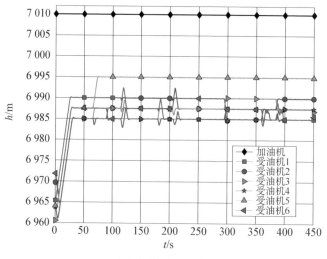

(d) 加/受油机高度

图 8-16　加/受油机自主编队与轮换过程中的位置关系(情况 2)

　　图 8-17 和图 8-18 分别给出了情况 2 下多无人机受油自主编队与轮换情况及受油机剩余燃油量。由图 8-17(a)可见,情况 2 下多无人机受油不仅编队轮换次数增加,而且在每次编队轮换中涉及的受油机数量更多,表现为图中领导-跟随关系的多次改变。结合图 8-18 的剩余燃油量分析图 8-17(b)至(e)不同时刻的受油机编队轮换情况,均实现了将剩余燃油量较多的受油机调整为领导者。

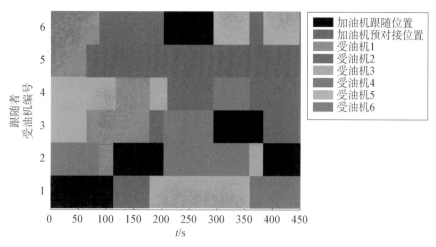

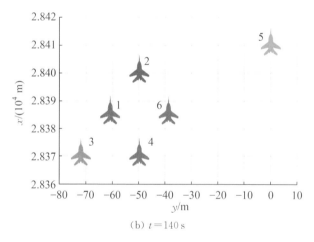

（a）受油机领导-跟随关系

（b）$t = 140\ \mathrm{s}$

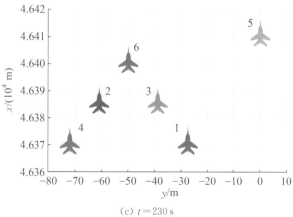

（c）$t = 230\ \mathrm{s}$

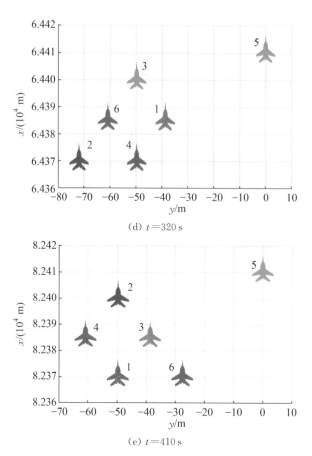

(d) $t = 320\,\mathrm{s}$

(e) $t = 410\,\mathrm{s}$

图 8-17　多无人机受油自主编队与轮换情况(情况 2)

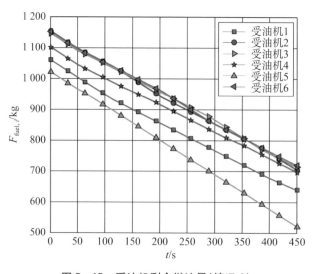

图 8-18　受油机剩余燃油量(情况 2)

综上所述,所设计的仿鹳、雁群迁徙行为的受油机自主编队与轮换控制决策方法,能够使多无人机受油形成稳定、紧密的编队队形,实现自主编队飞行,并且以受油机剩余燃油量为决策条件的编队对接轮换和编队内部轮换控制效果较好。相较于以长-僚机编队为基础的传统规则队形编队方法,所设计的方法属于分布式编队控制决策方法,根据复杂环境影响下的受油无人机不同状态决定其处于领导者或跟随者模态,整个编队对复杂环境变化的适应性、自主性较强,无论编队队形中任意位置的受油无人机出现故障,其他受油无人机均可维持稳定的编队队形,鲁棒性强,并且仅针对编队控制决策而言,本章所设计方法建立局部通信网络实现相邻受油无人机之间的信息交互即可,降低了数据通信的复杂度。同时,本章方法仅适用于油量少的受油机轮换,而不是传统编队轮换方法的每个受油无人机均轮换,编队轮换控制决策效率更高。

8.2　多无人机受油综合控制决策

8.2.1　多阶段多模态综合控制决策

无人机软式自主空中加油过程复杂,涉及多无人机受油远距会合、自主编队等待、编队对接轮换、编队内部轮换、预对接、视觉导航近距对接等多个阶段,如图 8-19 所示,需要设计自主空中加油多无人机受油综合控制决策与多模式任务流程,以满足不同阶段的导航与控制任务需求,进而保证无人机软式自主空中加油全过程的顺利实施。

本节设计的软式自主空中加油多无人机受油综合控制决策框架[11-13]主要由五个部分组成,如图 8-20 所示,分别为:①加/受油机抗干扰控制模块;②多干扰软管-锥套稳定控制模块;③受油机自主编队、编队对接轮换与编队内部轮换模块;④预对接与视觉导航近距对接模块;⑤流程设计与过程切换模块。

各模块具体如下:

(1) 加/受油机抗干扰控制模块,包括 n 个受油机的底层控制和相对位置控制、加油机稳定控制。对于 n 个受油机的底层控制和相对位置控制,采用反步设计方法将受油机高阶非线性系统分为从外到内的四个递归控制回路,分别为位置、航迹、气流角、姿态角速率控制回路,以实现受油机高度方向与侧向位置的精确控制。同时,为降低三个方向位置共同控制的复杂度,将前向位置控制从其他两个方向位置控制中分离出来,对应受油机底层速度控制,通过控制速度来消除前向位置偏差。通过设计受油机抗干扰控制方法,完成对干扰量的抑制和期望

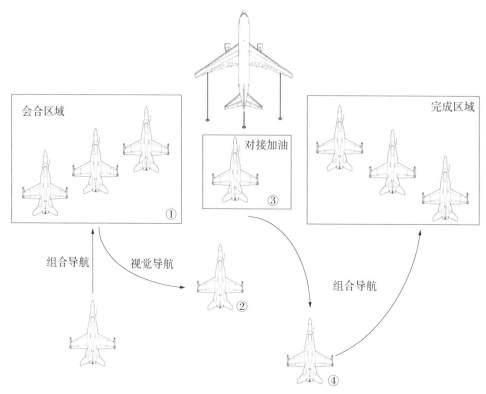

图 8 - 19 无人机自主空中加油多阶段示意

输出的响应,进而得到副翼、方向舵、升降舵偏转量和油门改变量,实现对 n 个受油机状态量的稳定与控制;前向、侧向和高度相对位置控制根据各个阶段的不同相对位置差生成受油机底层控制指令。加油机稳定控制保持加油机直平飞状态,俯仰角保持配平状态值,滚转角、偏航角保持为零。

(2) 多干扰软管-锥套稳定控制模块,包括软管-锥套模型、多种大气扰动模型(大气湍流、受油机头波、加油机尾流)及锥套位置稳定控制。软管-锥套模型由软管分段多刚体动力学与运动学、自稳定锥套动力学与运动学方程构成,软管-锥套组合体与加油机固连在一起。多种大气扰动模型包括大气湍流、加油机尾流、受油机头波模型,如第 6 章所述,各段软管与锥套容易受到多种大气扰动的影响,多种大气扰动的合成风速会叠加到软管及锥套的质心处,进而影响软管与锥套受到的气动力,因此软管与锥套的稳定位置会有较大的振荡,很难实现自主对接;锥套位置稳定控制,根据锥套稳定位置分别设计锥套侧向与垂向 FOPID 控制器,产生侧向与垂向的期望主动控制力,并根据锥套气动特性,分配锥套相应

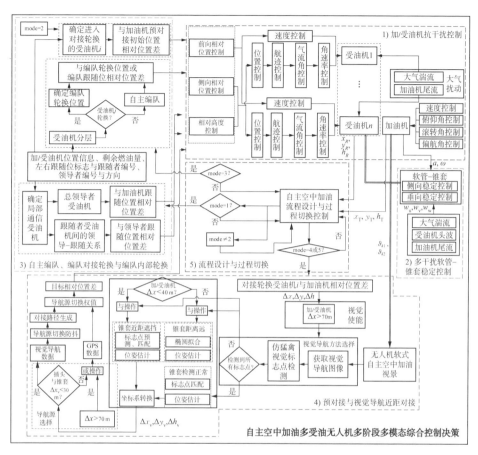

图 8-20　软式自主空中加油多无人机受油综合控制决策框架

的作动器产生实际的主动控制力,减小锥套飘摆的范围,降低自主对接的难度。

（3）受油机自主编队、编队对接轮换和编队内部轮换模块,包括受油机自主编队控制、编队对接轮换控制和编队内部轮换控制。受油机自主编队控制模拟鹳、雁群迁徙编队行为,根据加/受油机位置信息、左右跟随位标志与跟随者编号、领导者编号与方向确定局部通信受油机,并通过设计的自主编队控制策略产生总领导者受油机与跟随者受油机间的领导-跟随关系,进而使总领导者受油机得到与加油机跟随位置的相对位置差,使跟随者受油机得到与领导者跟随位置的相对位置差。编队对接轮换控制,比较编队中受油机的剩余燃油量,选择剩余燃油量最少的受油机 i 进入对接轮换,得到与加油机预对接初始位置的相对位置差。编队内部轮换控制模拟鹳、雁群迁徙合作行为,根据加/受油机位置信息、剩余燃油量、左右跟随位标志与跟随者编号等信息,得到受油机编队分层情况,通过设计的编队轮换控制策略确定轮换受油机 j 及编队轮换位置，其他非轮换受油机仍然进行自主编队控制，进而计算与编队轮换位置或跟随位置的相对位置差。将上述不同相对位置差均输入到加/受油机抗干扰控制模块。

（4）预对接与视觉导航近距对接模块，包括视景显示、视觉使能、视觉导航方法选择、近距视觉相对导航、导航源选择、预对接与近距对接切换。视景显示：将加/受油机和软管-锥套状态量显示在无人机软式自主空中加油视景中。视觉使能：使仿猛禽视觉导航工作，进行后续的视觉导航处理。视觉导航方法选择：获取近距对接导航图像，并进行仿猛禽视觉锥套标志点检测，根据是否检测到所设计的锥套上的所有标志点，判断是使用锥套标志点检测正常的导航方法还是锥套遮挡或距离远的导航方法，然后根据加/受油机相对距离判断选取锥套近距遮挡还是锥套距离远的导航方法。近距视觉相对导航：如第 5 章所述，包括锥套检测正常、锥套距离远、锥套近距遮挡三种情况，根据视觉导航方法选择结果。如果锥套标志点检测正常则进行标志点匹配，进而进行精确位姿估计；如果锥套距离过远，造成标志点不能被全部检测到，则根据锥套颜色信息进行椭圆拟合，进而进行位姿估计；当锥套近距出现标志点部分遮挡，根据标志点的先验信息进行标志点预测、匹配，然后进行位姿估计。根据选择的不同导航方法获得加油锥套相对相机的位置后，进行坐标系转换，先将相机坐标系下的加油锥套位置转换到受油机机体坐标系下，再转换到地面惯性坐标系下，为受油机控制系统提供导航信息。导航源选择：根据受油插头与加油锥套间的视觉解算位置差及加/受油机间的距离，判断使用 GPS 还是视觉导航数据。预对接与近距对接切换：根据导航源选择结果获取视觉导航或者 GPS 数据，若进入视觉导航近距对接阶段，受油机以指数曲线对接路径接近加油机，并选择最近跟踪路径点，降低视觉导航下受油机位置响应超调。同时，设计导航源切换防抖策略，防止不同导航源在阈值边界处来回切换，并根据导航源切换规则得到不同导航源切换的权值，以降低不同导航源切换带来的受油机位置超调。

（5）自主空中加油流程设计与过程切换模块，该模块将自主空中加油多无人机受油综合控制决策分为五个模式［见图 8 - 21(a)］，分别为模式 1 自主编队、模式 2 编队对接轮换、模式 3 编队内部轮换、模式 4 预对接、模式 5 视觉导航近距对接，不同模式根据自主空中加油任务流程［见图 8 - 21(b)］、加/受油机位置关系和各阶段完成情况等进行过程模式切换。具体而言，多无人机受油分别会合于加油机后方，并在左侧编队等待区进行自主编队飞行，选择剩余油量最少的受油机 i 前往预对接初始位置，而其他受油机依次完成编队对接轮换、多次内部

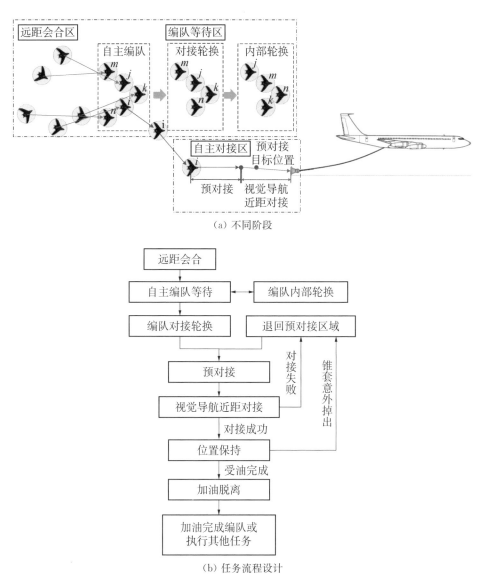

（a）不同阶段

（b）任务流程设计

图 8-21 多无人机受油自主空中加油阶段与任务流程设计

轮换,继续保持编队飞行;受油机 i 在自主对接区开始预对接阶段,并在前往预对接目标位置的过程中切换 GPS 和视觉导航源,根据锥管-锥套相对位置关系将加油锥套实时位置切换为控制目标进行视觉导航近距对接。若近距对接失败,受油机 i 退回预对接区域重新进行自主对接,直至对接成功,接着执行编队位置保持并触发加油机输油,若位置保持误差较大或出现其他突发状况导致加油锥套意外掉出,受油机 i 同样退回预对接区域重新进行自主对接;若受油完成,受油机 i 主动脱离加油锥套,等待其他受油机完成空中加油或直接执行其他任务,同时触发编队等待区其他受油机的自主对接过程。

8.2.2　多模态模糊切换控制器设计

8.2.2.1　多模态模糊切换控制器结构

针对无人机自主空中加油不同阶段不同的任务需求和控制特点,需设计不同的飞行控制律,但直接切换不同阶段控制律时会造成受油机控制效果抖动,增加了系统的不稳定性。为保持不同模态切换的平滑过渡,在无人机自主空中加油多阶段控制器设计的基础上,使用模糊推理方法设计多模态模糊切换控制器[14],从而实现加油任务过程的软切换,做到不同阶段控制律的平稳过渡,混合增益的确定过程即为控制器参数的调整过程(见图8-22)。

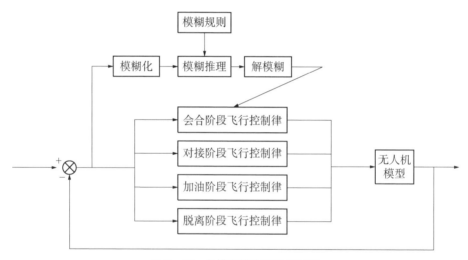

图8-22　多模态模糊切换控制器

8.2.2.2　多模态模糊切换控制器设计方式

这里设计符合无人机自主空中加油特点的多模态模糊切换控制器,其输入量是加/受油机前向相对位移及受油机质量,输出量是混合模态值,能够刻画受油机当前状态接近某一模态的程度。

多模态模糊切换控制器输入值与输出值的分割方式如下。

(1)输入值1(加/受油机前向相对位移):模糊集=$\{S,M,B\}$,分别对应"小""中""大"。

(2)输入值2(受油机质量):模糊集=$\{S,M,B\}$,分别对应"小""中""大"。

（3）输出值 1（模态值）：模糊集＝｛MD1，MD2，MD3，MD4｝，分别对应"模态 1""模态 2""模态 3""模态 4"，即无人机软式加油的会合、对接、加油、退出四种模态。

模糊系统的输入项、输出项隶属度函数曲线如图 8 - 23 所示。

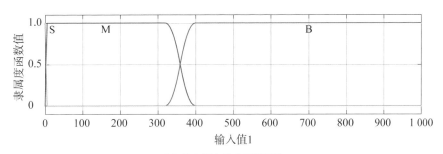

（a）输入值 1 的隶属度函数

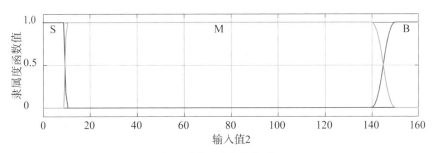

（b）输入值 2 的隶属度函数

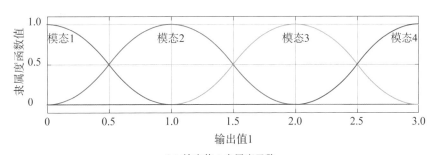

（c）输出值 1 隶属度函数

图 8 - 23　模糊系统输入项、输出项隶属度函数曲线

前向相对位移的隶属度函数：S 为 Z 形函数[0.05，0.8]，M 为 π 形函数[0.05，0.8，320，400]，B 为 S 形函数[320，400]；

受油机质量的隶属度函数：S 为 Z 形函数[9.242，10，140，150]，M 为 π 形函数[9.242，10，140，150]，B 为 S 形函数[140，150]；

模态值的隶属度函数为高斯型函数。模态 1 为[0, 1, 2],模态 2 为[1, 2, 3],模态 3 为[2, 3, 4],模态 4 为[3, 4, 5]。

这里以飞行模态的划分准则来建立模糊规则库,模糊系统规则设计如表 8 - 3 所示,其输入-输出关系如图 8 - 24 所示。

表 8 - 3 模糊系统规则设计

规则号	输入值 1 条件	输入值 2 条件	结果
1	B	S	模态 1
2	M	S	模态 2
3	S	—	模态 3
4	—	M	模态 3
5	—	B	模态 4

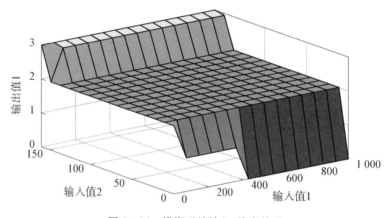

图 8 - 24 模糊系统输入-输出关系

传统变增益方法根据无人机当前的飞行状态,通过阈值开关判断当前属于何种飞行模态。这种切换方式是突变的,可能造成受油机在模态切换过程的振荡;而这里设计的模糊方法则根据模糊推理后的结果来混合增益,这种调节方法属于软式切换。不同的混合模态值代表了不同的混合控制律连入受油机控制系统。当输出模态值是整数时,说明受油机此刻的模态属于非混合状态,该模态对应的控制器增益为 1,其余模态的控制器增益为 0;如果模态值不是整数,则此时受油机属于混合模态,控制器的增益由下式决定。

$$\begin{cases} \delta = k_1 \delta_{\text{model}} + k_2 \delta_{\text{mode2}} \\ k_1 = m_{\text{mode}} - m_{\text{model}} \\ k_2 = m_{\text{mode2}} - m_{\text{mode}} \end{cases} \tag{8-6}$$

式中：δ_{model}、δ_{mode2} 为两个模态所计算出的控制量，为当前混合模态值。根据当前时刻加油任务的模态值，可以实时改变控制律的切换与组合。

8.2.3　仿真实验分析

8.2.3.1　多阶段多模态综合控制决策实验

为验证所设计的自主空中加油多无人机受油综合控制多模式任务决策，本节采用与前述章节相同的自主空中加油导航与控制方法，来完成无人机软式自主空中加油多阶段多模式任务需求。仿真条件设置：多无人机受油自主编队与轮换控制决策仿真条件、流程与 8.1.3 相同，对接轮换受油机到达预对接初始位置后，立即进入预对接和视觉导航近距对接阶段，该阶段的仿真条件、流程与第7 章相同。

图 8 - 25 给出了自主空中加油多无人机受油综合控制决策仿真位置关系，由图可见，综合控制决策将自主空中加油多阶段多模式任务集成到统一的系统，实现了自主编队等待、编队对接轮换、编队内部轮换、预对接和视觉导航近距对接等多个阶段的平稳过渡，满足了自主空中加油不同阶段的任务需求。

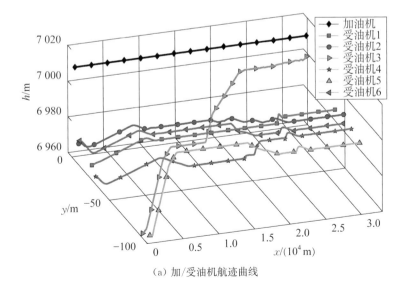

（a）加/受油机航迹曲线

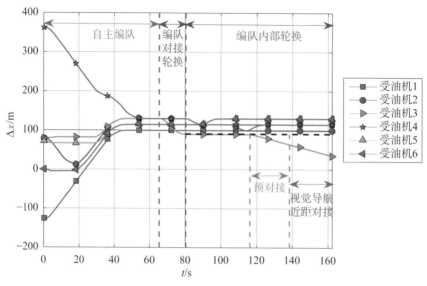

（b）加/受油机前向相对距离

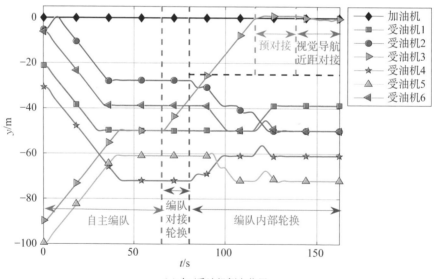

（c）加/受油机侧向位置

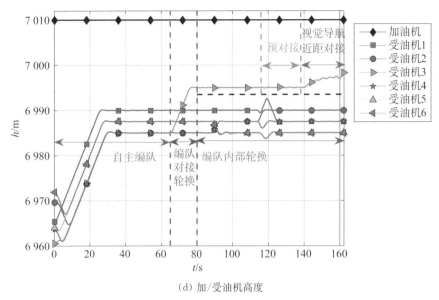

（d）加/受油机高度

图 8-25　自主空中加油多无人机受油综合控制决策仿真位置关系

8.2.3.2　多模态模糊切换控制实验

基于受油机从会合模态、对接模态、加油模态到脱离模态的切换过程，进行多模态模糊切换控制实验，以验证所设计控制器的有效性。

切换过程采用传统变增益控制方法[15]和模糊切换控制方法，并对二者进行比较。传统变增益切换方法根据受油机飞行状态是否达到阈值判断当前的加油模态，切换到对应的控制策略，这种切换方法会造成控制律的突变，而此处设计的模糊切换控制方法属于软切换。在模糊切换控制作用下，加/受油机前向距离处于 350 m 至 500 m 之间时为混合模态，而传统切换方法则将前向距离 350 m 作为硬切换的阈值。

1）相邻两个阶段模糊切换控制

以远距会合与近距对接阶段为例，设定加/受油机初始相对位置为（−550，0，30）m，加/受油机飞行高度分别为 10 000 m、9 970 m，加/受油机初始速度分别为 205 m/s、200 m/s。选取远距会合模态下期望加/受油机相对位置为（−360，0，30）m，近距对接及加油保持模态下期望相对位置为模拟加油锥套位置（−18.9，−4.725，8.19）m。传统切换方法参数阈值为加/受油机前向相对目标位置点，多模态模糊切换方法参数阈值为模糊变量确定的范围。先分析从会合模态到对接模态切换下受油机距离加油机的位置变化的情况（见图 8-26）。

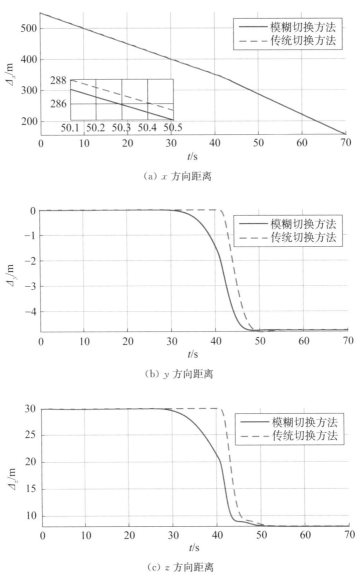

（a）x 方向距离

（b）y 方向距离

（c）z 方向距离

图 8-26   模态切换过程中加/受油机相对位置变化

由图 8-26 可见：传统切换方法以前向相对距离 350 m 为阈值，进行模态硬切换；而多模态模糊切换控制方法则在前向相对距离 350 m 至 500 m 时，处于混合模态的软管切换模式。同时，受油无人机在侧向和纵向的不同控制模态过渡过程受切换方法的影响较大：在 30～40 s 时，模糊切换方法相对于传统切换方法，率先进入混合模态下的受油机侧向和纵向下一模态位置响应，此处设计的模糊切换方法将侧向位置控制最大超调量从传统切换方法的 1.51% 改善至

0.42%,并且模糊切换方法下纵向相对位置响应明显提前,实现了对模态切换过渡过程的改善。进一步分析模态切换下受油机姿态角的变化(见图8-27)。

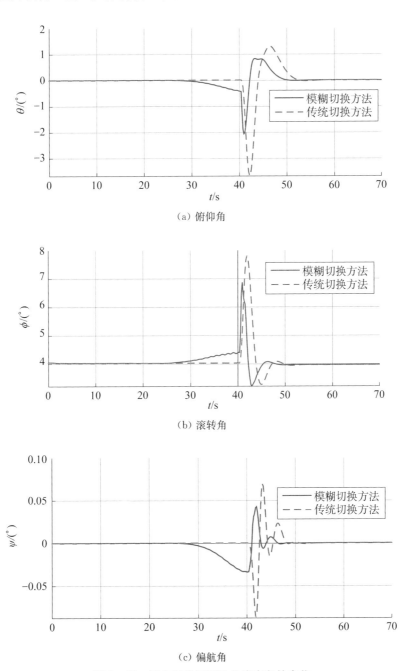

(a) 俯仰角

(b) 滚转角

(c) 偏航角

图8-27 模态切换下受油机姿态角的变化

由图 8-27 可见：传统切换方法下受油机俯仰角出现 $-3.7°\sim1.3°$ 的波动，滚转角出现 $-0.8°\sim3.8°$ 的波动，偏航角则出现 $-0.09°\sim0.07°$ 的波动；而模糊切换方法下受油无人机姿态角波动相对较小，分别为 $-2.1°\sim0.8°$、$-0.8°\sim2.9°$、$-0.03°\sim0.04°$。由于多模态模糊切换方法的"软切换"特性，模糊切换控制下的姿态角振荡幅度较小且可以更快收敛，更小的机体振荡可以提高受油无人机在空中加油任务过程中的安全性。综合分析图 8-26、图 8-27，表明了模态切换模糊控制器可以实现模态间的软切换，对位置回路的超调量和过渡时间做出改善，并能够减少姿态角的振荡幅度，优化了控制器的控制性能。

分析模态切换过程中的抗干扰性能与鲁棒性，向环境中加入轻度 Dryden 大气湍流，考虑尾涡流影响，其余条件均不改变。两种切换方法下的受油机位置与姿态角状态分别如图 8-28、图 8-29 所示。

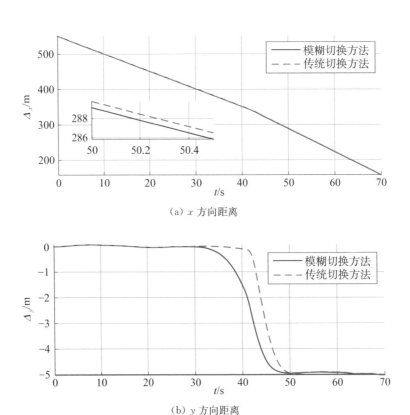

(a) x 方向距离

(b) y 方向距离

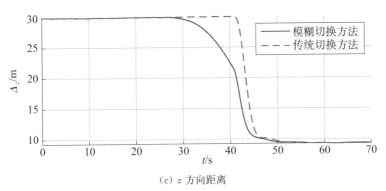

（c）z 方向距离

图 8 - 28　风干扰作用下模态切换加/受油机位置变化曲线

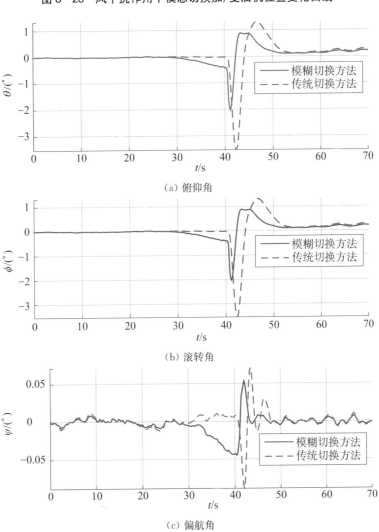

（a）俯仰角

（b）滚转角

（c）偏航角

图 8 - 29　风干扰作用下模态切换受油机姿态角变化曲线

由图 8‑28 和图 8‑29 可见：在风干扰作用下，设计的模态切换控制器仍然可实现不同模态控制律的软切换，有效降低了位置控制的超调量和过渡时间，减少了姿态角的振荡幅度，优化了多模态控制律的性能。相比于传统滞后切换方法，所提出的方法解决了空中加油不同阶段切换瞬间控制目标突变引起的状态量严重超调与振荡问题，提高了受油机位置控制的稳定性。同时，所设计方法利用模糊逻辑设计切换策略不需要严格限制线性切换过程，对空中加油强风干扰不确定环境的适应性更强，并且相邻空中加油阶段多模态控制律设计稳定、时间间隔较大，满足平均驻留时间稳定性要求。

2）全过程模糊切换控制

设定加油机在 10 000 m 高度以 200 m/s 的速度做定直平飞，初始偏航角为 0°，初始位置为(15 000，10 000，10 000)m，加油锥套位置为(−18.9，−4.725，8.19)m，受油无人机初始位置(0，0，9000)m，其他配平状态 $\alpha=\theta=4.223°$、$V=200$ m/s、$\psi=0°$。自主空中加油全过程划分为远距会合、近距对接、加油保持、加油脱离四个阶段，远距会合阶段目标位置(−360，0，30)m，近距对接和加油保持阶段目标位置为锥套位置，加油脱离阶段受油机和加油锥套脱离，加/受油机期望侧向相对位置超过 200 m。

图 8‑30 给出了风干扰下加/受油机三维轨迹。由图 8‑30 可见，受油机航线可分为会合、对接、加油、脱离四个阶段，说明受油无人机多模态飞行控制系统能够完成自主空中加油全过程任务。如图 8‑31 所示，受油无人机模态值存在 0～3 的变化过程，其中：0～386 s 为远距会合模态，405～450 s 为近距对接模态，452～517 s 为加油保持模态，520 s 之后为加油脱离模态。不同模态之间的空余时间受油无人机飞行控制系统处于混合模态。

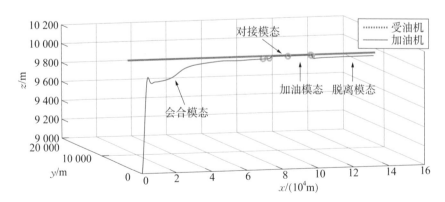

图 8‑30　风干扰下加/受油机三维轨迹

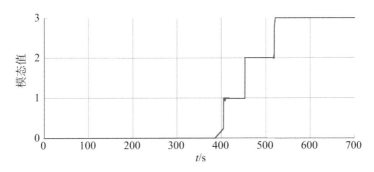

图 8-31 受油无人机控制模态

图 8-32 为自主空中加油全过程加/受油机相对位置变化,图 8-33 为各阶段末加/受油机相对位置变化。进一步由图 8-32、图 8-33 可知:远距会合阶段末,受油机侧向和纵向实际位置与期望目标位置分别存在 120 m、0.4 m 的误差,但由于会合阶段仅要求加/受油机聚集到同一区域,对位置误差要求较低;近距对接阶段末,受油机侧向和纵向实际位置与期望目标位置误差分别为 0.02 m、0.1 m,满足对接精度要求;加油保持阶段末,受油机前向、侧向和纵向实际位置

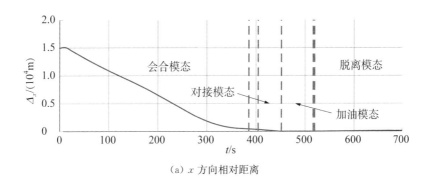

(a) x 方向相对距离

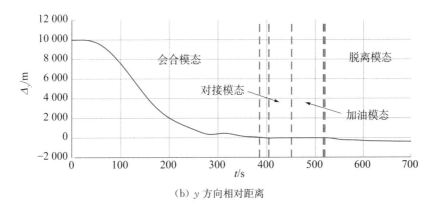

(b) y 方向相对距离

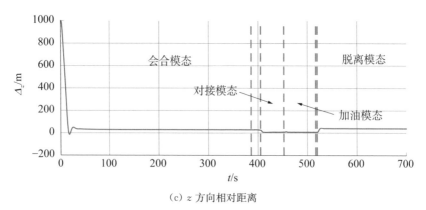

（c）z 方向相对距离

图 8-32　自主空中加油全过程加/受油机相对位置变化

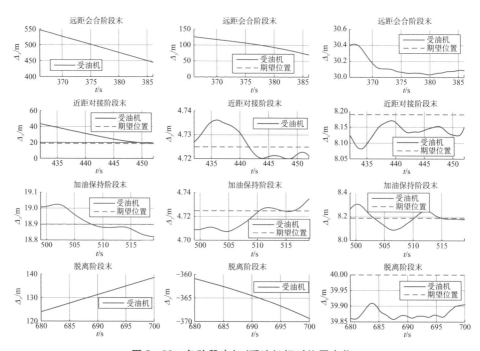

图 8-33　各阶段末加/受油机相对位置变化

误差分别为 0.1 m、0.02 m、0.1 m，该阶段受油机允许有一定的位置偏移，满足位置控制精度要求；脱离阶段末，纵向实际位置与期望目标位置存在 0.2 m 的误差，对该阶段位置误差不做要求，由前向相对位置差可见，受油无人机已实现脱离。因此，所设计的受油无人机多阶段多模态模糊切换控制方法能够满足各阶段不同的控制目标，即使在存在一定的风干扰情况下也能完成自主空中加油任务,验证了所设计方案及方法的有效性和可行性。

8.3 本章小结

本章设计了仿鹳、雁群迁徙行为的受油机自主编队与轮换控制决策方法,将鹳、雁群"V"字形编队迁徙行为映射到多无人机受油自主编队控制决策,并结合受油机尾流场气流分布,通过上洗气动效应最大化得到加/受油机最优编队位置,各个受油机与不同感知方向区域内编队距离最近的受油机建立局部通信,根据自主编队控制决策确定受油机为领导者或跟随者,然后设计编队中间者仲裁控制规则,实现多无人机受油紧密编队飞行;针对受油机剩余燃油量分布不均问题,模拟鹳、雁群互惠的迁徙合作行为,以剩余燃油量为决策条件,研究了多无人机受油编队对接轮换、编队内部分层轮换控制决策方法,确保了油量最少受油机优先进入对接阶段,并且有利于延长多无人机受油系统的整体续航时间,提高自主空中加油效率。此外,设计了自主空中加油多无人机受油综合控制决策与多模式任务流程,完成了自主编队等待、编队对接轮换、编队内部轮换、预对接和视觉导航近距对接等多个阶段多模式任务的平稳过渡,并设计了多模态模糊切换控制器,将受油无人机当前的飞行状态作为模糊控制器的输入量,采用输出量刻画受油无人机接近某一加油模态的程度,进而确定此时刻所处的混合模态和受油无人机此时的控制器混合增益,实现了无人机自主空中加油不同阶段的软切换,通过仿真验证了本章方法的可行性和有效性。

参考文献

[1] Maeng J S, Park J H, Jang S M, et al. A modeling approach to energy savings of flying canada geese using computational fluid dynamics[J]. Journal of Theoretical Biology, 2013,320:76 - 85.

[2] Spedding G. The cost of flight in flocks[J]. Nature, 2011,474(7352):458 - 459.

[3] Hainsworth F R. Precision and dynamics of positioning by Canada Geese flying in formation[J]. Journal of Experimental Biology, 1987,128(1):445 - 462.

[4] May R M. Flight formations in geese and other birds[J]. Nature, 1979,282(5741):778 - 780.

[5] Menu S, Gauthier G, Reed A. Survival of Young Greater Snow Geese (*Chen Caerulescens Atlantica*) during fall migration[J]. The Auk, 2005,122(2):479 - 496.

[6] Flack A, Nagy M, Fiedler W, et al. From local collective behavior to global migratory patterns in white storks[J]. Science, 2018,360(6391):911 - 914.

［7］ Nevitt G A. Following the leader, for better or worse[J]. Science, 2018, 360(6391): 852 - 853.

［8］ Völkl B, Fritz J. Relation between travel strategy and social organization of migrating birds with special consideration of formation flight in the northern bald ibis[J]. Philosophical Transactions of the Royal Society B: Biological Sciences, 2017, 372(1727): 20160235.

［9］ Voelkl B, Portugal S J, Unsöld M, et al. Matching times of leading and following suggest cooperation through direct reciprocity during V-formation flight in ibis[J]. Proceedings of the National Academy of Sciences, 2015, 112(7): 2115 - 2120.

［10］ Duan H B, Qiu H X. Unmanned aerial vehicle distributed formation rotation control inspired by leader-follower reciprocation of migrant birds[J]. IEEE Access, 2018, 6: 23431 - 23443.

［11］ Duan H B, Sun Y B, Shi Y H. Bionic visual control for probe-and-rogue autonomous aerial refueling[J]. IEEE Transactions on Aerospace and Electronic Systems, 2021, 57 (2): 848 - 865.

［12］ Sun Y B, Deng Y M, Duan H B, et al. Bionic visual close-range navigation control system for the docking stage of probe-and-drogue autonomous aerial refueling[J]. Aerospace Science and Technology, 2019, 91: 136 - 149.

［13］ 孙永斌. 基于仿生智能的无人机软式自主空中加油技术研究[D]. 北京: 北京航空航天大学, 2021.

［14］ 费伦. 固定翼软式自主空中加油关键技术研究与验证[D]. 北京: 北京航空航天大学, 2019.

［15］ Yang Y, Yan Y. Attitude regulation for unmanned quadrotors using adaptive fuzzy gain-scheduling sliding mode control[J]. Aerospace Science and Technology, 2016, 54: 208 - 217.

第9章 自主空中加油半物理与外场飞行验证

无人机自主空中加油系统作为一个融合了近距相对导航、控制、通信、任务决策、环境评估等多项关键技术的综合系统,需要确保加油机、受油机及软管-锥套装置等分系统正常运作并协调各分系统的导航与控制信息,完成复杂环境下的空中加油任务需求。地面半物理平台与外场飞行验证是将理论研究工作拓展到实际工程应用的必要环节。基于地面半物理平台[1-15]的无人机自主空中加油技术验证通过搭建相对数字仿真环境真实的硬件平台,比如在半物理平台应用真实工业相机、机械臂、真实加油锥套等,实现对自主空中加油近距相对导航、加/受油装置控制等分系统的精度及功能验证。地面半物理验证可在一定程度上表明相关自主空中加油方案及技术的可行性和有效性,但由于地面环境的限制,半物理平台能够验证的技术相当有限,并且存在向实际自主空中加油综合系统移植后失效的可能性。自主空中加油外场试飞验证[5, 16-21]在集成通信、控制及任务决策等功能的基础上,还面临通信延迟、相对导航及控制精度差等问题,如何利用有限的机载信息的处理与交互能力,实现无人机软式自主空中加油近距视觉导航、紧密编队等复杂任务的外场试飞验证,是一个亟待解决的关键技术难题。

本章按照由易到难、由半物理平台到外场试飞验证平台的顺序,外场试飞验证平台由于无人机平台搭载传感器的限制,所获取的无人机状态量有限,并且均为加/受油双机验证平台。通过系列外场飞行试验,可验证自主空中加油视觉近距相对导航与综合控制决策多模式任务的可行性和有效性。半物理平台由仿真计算机、视景计算机、真实工业相机等部分组成。外场飞行验证平台由加油机、受油机及加油锥套组成,其中,加/受油无人机硬件均包括机体、动力系统、飞行控制器、顶层任务机、通信设备五个部分。此外,受油机添加导航相机,加油机连接加油锥套。验证平台软件系统设计主要围绕加/受油机状态模式切换,机间通信、飞控与任务机、地面站与任务机、飞控与地面站间的通信框架设计,近距视觉相对导航获取加油锥套实时位置,以及自主空中加油任务模式切换等展开。通过在机载任务决策集成近距视觉导航方法和综合控制决策多阶段多任务模式,实现了无人机软式自主空中加油的近距视觉导航、对接编队及多任务模式切换,验证了该技术的可行性和有效性。

9.1　半物理验证平台

用真实的工业相机替代数字仿真的虚拟相机,设置仿真计算机与视景计算机:①仿真计算机,集成软式空中加油模型、近距视觉相对导航方法、加/受油机抗干扰控制方法、综合控制决策多阶段多任务模式及视景计算机通信程序,运行基于视觉导航信息的无人机自主空中加油闭环仿真;②视景计算机,用于生成FlightGear 模拟飞行视景,将 FlightGear 视景计算机上的虚拟视景显示在液晶显示器上来模拟无人机软式自主空中加油场景。

9.1.1　FlightGear 视景

FlightGear 是一款免费开源的飞行模拟软件,于 1996 年 4 月首次开发。FlightGear 飞行模拟器兼容包括 Microsoft Windows、Mac OS X、Linux、IRIX和 Solaris 等在内的多种操作系统。FlightGear 中的仿真引擎为 Simgear,用于作为终端用户设计飞行仿真过程。图 9-1 为 YF-23 战斗机各个方向的FlightGear 虚拟视景,其中:图(a)为在机舱内前视机场跑道视景,图(b)为侧向观测 YF-23 视景,图(c)为从几米高处俯视飞机的视景,图(d)为从几十米视角远处观测飞机视景。

（a）机舱内前视视景

（b）侧向视景

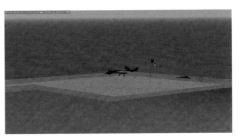

（c）俯视视景　　　　　　　　　　　　　（d）远观视景

图 9‐1　YF‐23 战斗机各个方向的 FlightGear 虚拟视景

在半物理仿真验证平台中，仿真计算机的 MATLAB/Simulink 仿真数据通过 UDP 网络通信传输至视景计算机中运行的 FlightGear 飞行仿真软件，FlightGear 仅用于视景显示端，不调用 FlightGear 自带的动力学解算模型。FlightGear 视景显示结构如图 9‐2 所示。

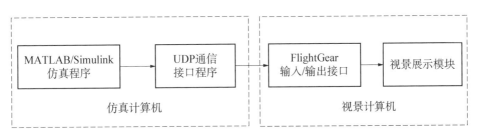

图 9‐2　FlightGear 视景显示结构

9.1.2　AC3D 加/受油机虚拟模型设计

基于视觉导航的自主空中加油半物理仿真在 MATLAB/Simulink 和 C++ 混合编程的环境下进行。首先要通过三维建模软件 AC3D 搭建软式自主空中加油场景的加/受油机模型。AC3D 是一个跨平台的三维模型制作软件，支持 Windows、Linux 等不同操作平台。它设计过程简单、软件容量小、运行速度快，并且包含功能丰富。通过 AC3D 软件可以将虚拟的加/受油机模型转换为 VRML 格式的三维视景文件，然后由 MATLAB/Simulink 平台调用完成整个无人机软式自主空中加油的仿真任务。本节半物理平台中无人受油机使用 F‐16 模型，受油锥管安装在机头右侧，机载虚拟相机位于右侧机翼中间位置，加油机使用 KC‐135 模型，并在加油机挂载中线加油吊舱，软管模型为多刚体分段模型（视景中软管被分为 20 段）。受油机 F‐16 模型如图 9‐3 所示，加油机 KC‐135 模型如图 9‐4 所示。

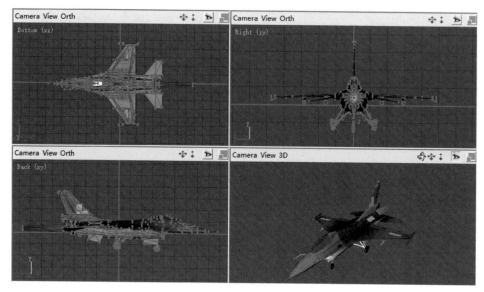

图 9‐3　受油机 F‐16 模型

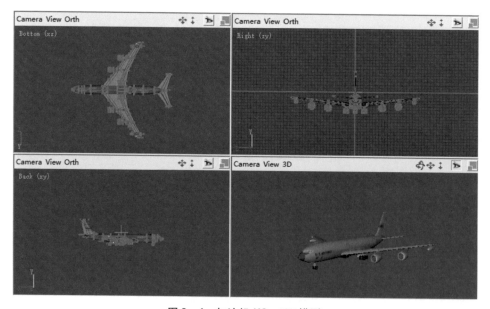

图 9‐4　加油机 KC‐135 模型

9.1.3 无人机软式自主空中加油视景

这里基于 FlightGear 视景软件构建无人机软式自主空中加油场景,场景中主要包括加油机、受油机、软管-锥套组合体(见图 9-5)。对于加/受油机、软管-锥套组合体,FlightGear 定义了四种运动,即 none、spin、rotate 和 translate,其中,rotate 代表绕指定轴转动一定角度,translate 代表沿指定轴运动一定距离,采用 XML 文件进行配置。通过定义半物理仿真部件的运动类型和关联属性,可描述加/受油机的位姿变化及锥管-锥套组合体相对于加油机的状态角变化。FlightGear 用作自主空中加油视景平台时,需要对基本配置做一些更改,将动力学模型选项设置为"external",同时还需要为属性系统提供数据源,即将"Input-Output"项中的"Protocol"配置为"generic",选择通信协议为 UDP 模式,并根据实际需要选择端口号、频率等。配置完成后使用命令行文件,即可启动无人机自主空中加油 FlightGear 视景。为简化视景显示过程,仿真过程中,加油机在视景中位置不变(实际位置是变化的),受油机接近加油机。

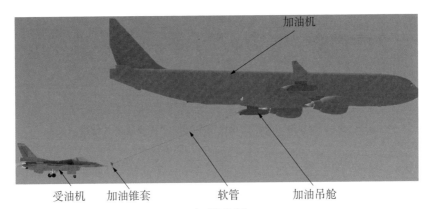

（a）视景侧视图

（b）视景后视图　　　　　　　　　　　（c）虚拟相机试图

图 9-5　无人机软式自主空中加油场景

　　FlightGear 与软式自主空中加油闭环系统中其他模块的关系如图 9-6 所示。其中,工业相机获取 FlightGear 虚拟视景图像,并传输到视觉导航模块中,依次进行目标检测、特征提取、位姿估计和坐标系转换,最终得到用于受油机控制系统的加油锥套位姿信息,并传输到加/受油机控制系统,控制系统以此来控制加/受油机之间的距离。在此过程中,软管-锥套系统受到复杂多风干扰的作用,软管各段状态角时刻改变,进而引起加油锥套位置时刻改变。加/受油机控制系统与软管-锥套系统的驱动指令通过计算机间网络通信传递给 FlightGear,驱动虚拟视景中的加/受油机、软管-锥套实时运动,完成整个闭环的运作流程。

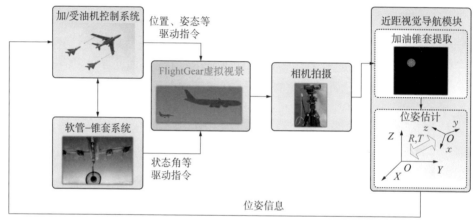

图 9-6　FlightGear 与软式自主空中加油闭环系统中其他模块关系

　　无人机软式自主空中加油的过程需要加/受油机共同参与,而 FlightGear 的 MATLAB 接口无法同时驱动两架飞机,用两个单机接口同时驱动两个 FlightGear 多机飞行模式,会导致双机刷新不同步。使用多机通信协议将双机之间的位姿信息发送给 FlightGear,通过 FlightGear 内置脚本实时获取飞机位姿以调整相机的视场角,这样可以避免双机之间相对位置不稳定。

　　根据 FlightGear 的 Multiplayer 模式协议,这里在 Visual C++开发环境下编写了 FlightGear 与 MATLAB 的通信接口,采用无阻塞通信模式连接 MATLAB 端口及 FlightGear 端口,端口数据中断及切换时设定默认数据发送,记录上一状态端口数据,在数据切换时进行数据保持(见图 9-7)。多机通信接口程序用于接收 MATLAB 中传送的加油机和受油机之间的位置、姿态信息,并且根据 FlightGear 协议转发给客户端。要注意的是,经 MATLAB 接口传送的数据需要经过坐标变换和单位转换,旋转矩阵的表达方式也要进行变换。在完成数据转换后,将数据信息打包成多机协议发送给 FlightGear 客户端。整个软件流程图如图 9-8 所示。

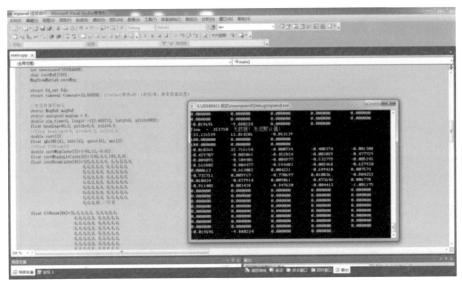

图 9-7　MATLAB 与 FlightGear 通信

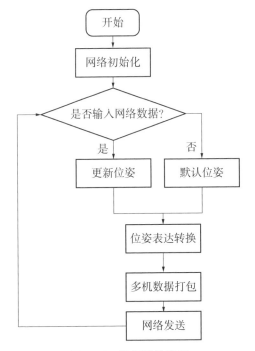

图 9-8　数据接收流程

9.1.4 半物理仿真验证平台系统实现

无人机软式自主空中加油半物理仿真验证平台如图9-9所示,其中仿真计算机与视景计算机通过网线连接,视景显示屏幕分辨率设置为 $1\,600 \times 1\,200$,虚拟相机视场设置为 $30°$,工业相机型号为 AVT - Manta MG - 125C,获取图像分辨率为 700×540 ,帧率为 30 帧/s。

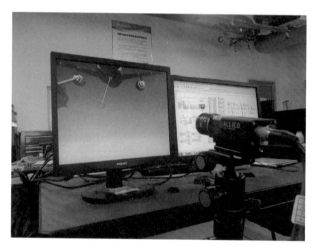

图9-9 无人机软式自主空中加油半物理仿真验证平台

1) 相机标定

系统搭建完成后,在运行之前首先要对相机进行标定,这里的标定是将相机拍摄到的图像坐标校正为虚拟视景生成的图像坐标。标定步骤如下。

(1) 标定板生成。生成一个 10×8 的棋盘格作为标定板,每格占 40×40 个像素(见图9-10)。

图9-10 标定板图像

（2）采集图像。将标定板通过计算机投影到屏幕上，并通过工业相机进行采集。使用 AVTUniCam 打开相机（见图 9-11）。为了减少引入的干扰量，调整相机拍摄范围和像素点，在 Setting 中拖动相机拍摄区域的模板即可，尽量在将整个屏幕调整到相机拍摄范围内的同时减少边缘（见图 9-12）。调整完毕后记录当前设定的相机拍摄范围大小和位置，然后拍摄一幅图像保存在摄像机标定程序的目录下。

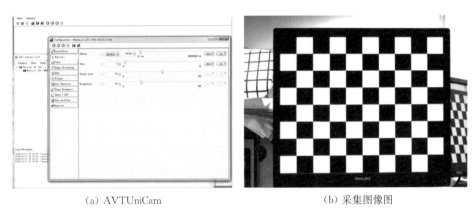

(a) AVTUniCam　　　　　　　　　　　(b) 采集图像图

图 9-11　AVTUniCam 采集图像

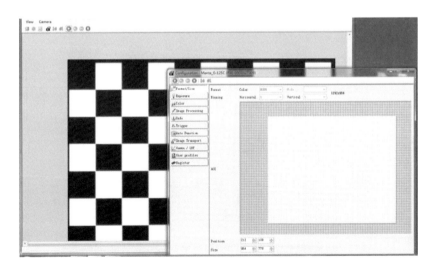

图 9-12　调整相机拍摄范围

（3）计算标定矩阵。利用成熟的角点提取方法提取角点（见图 9-13），并将提到的角点坐标保存在数组 P 中。角点保存次序有两种形式：将左上角作为第

图 9-13　相机标定图像角点

一个点,按列提取保存;从右上角开始作为第一个点,按列提取保存。按照 MATLAB 和 FlightGear 标定板的不同及角点提取两种保存方式的不同,设置四种表示标定板中角点坐标的矩阵 C_1/C_2、C_3/C_4。 根据角点数组 P 中第一个点的坐标可判断出保存方式,如果第一个点在左上角选择 C_1、右上角选择 C_2,然后使用透视变换模型来描述相机图像与虚拟视景生成图像的转换关系。

计算预先保存的标定板角点坐标与检测到的标志点角点坐标之间的单应性矩阵 H 及它的逆 H^{-1}。 那么,真实工业相机采集到的导航图像像素坐标与单应性矩阵 H 相乘,便可得到标定后的导航图像(等价于数字仿真中虚拟相机采集的导航图像),该过程消除了工业相机与显示屏的作用。最后,通过构建虚拟相机标定场景或直接计算(见 5.2.6 节),可得等价虚拟相机的内参矩阵 K_{vc}。 将单应性矩阵 H、相机内参阵 K_{vc} 用于后续的位姿估计。

（4）视景标定。按照 AVTUniCam 软件中相机拍摄视野的大小、起始坐标,对 MATLAB 中的相机接口进行设置,输入顺序要行列对应,如图 9-14 所示:

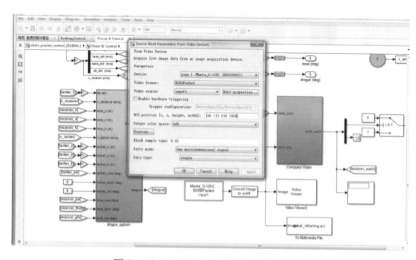

图 9-14　MATLAB 中的相机参数修改

2）半物理系统仿真架构

无人机软式自主空中加油半物理系统仿真架构采用 MATLAB/Simulink 与 C++混合编程的方式，其中近距视觉导航程序以 C++编程为基础并调用 OpenCV2.4.9 库，该方式更方便于直接将程序移植到外场试飞验证平台。

半物理系统仿真得到加/受油机、软管-锥套实时数据并打包，通过计算机间 UDP 通信与 FlightGear 进行连接（见图 9-15）。整体半物理系统仿真包括四个部分，即受油机控制、加油机控制、软管-锥套组合体和近距视觉导航（见图 9-16）。

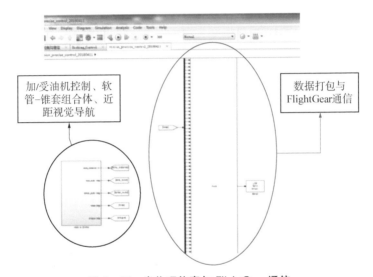

图 9-15　半物理仿真与 FlightGear 通信

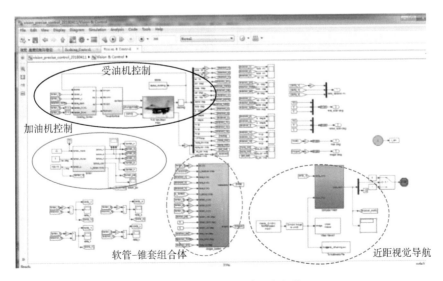

图 9-16　半物理系统仿真架构

9.1.5　自主空中加油半物理仿真验证

无人机软式自主空中加油半物理仿真方法、仿真条件、基本参数与 7.2.3 节数字仿真基本相同,区别在于导航图像的获取方式与视景显示方式:①半物理仿真用工业相机采集导航图像,数字仿真直接调用 VR 视景图;②半物理仿真通过计算机间 UDP 通信,在另一台视景计算机的显示屏上显示 FlightGear 自主空中加油视景,数字仿真直接调用 VR 显示模块。

图 9-17 展示了采用仿猛禽视觉颜色分割方法检测到的红色区域及标志点。如图 9-17(a)所示,相比于数字仿真导航图像,工业相机采集到的导航图像更容易受到光照不均衡、颜色对比度等参数的影响。如图 9-17(b)所示,若仅利用仿猛禽视觉颜色分割方法的 I_L 通道提取导航图像红色区域,还存在一些小面积的红色干扰区域,通过设置红色区域轮廓面积滤波,滤除红色干扰区域后,可得加油锥套 ROI 区域。然后,利用仿猛禽视觉颜色分割方法的 I_M 与 I_S 通道输出响应检测出锥套 ROI 区域内的蓝色与绿色标志点,如图 9-17(c)、(d)所示。作为对比,本节同样采用 HSV 颜色分割方法对该导航图像进行了加油锥套与标志点检测,表 9-1 列出了相同情况下两种方法的平均耗时。由表 9-1 可见:对比两种方法,无论是红色区域、蓝色标志点或绿色标志点检测还是整个

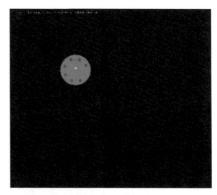

（a）半物理导航图像　　　　　　　（b）红色区域提取

（c）蓝色标志点　　　　（d）绿色标志点

图 9-17　相机标定场景

视觉导航过程,仿猛禽视觉颜色分割方法的消耗时间都相对较少,可增强视觉导航算法的实时性。

表 9-1　HSV 方法与仿猛禽颜色分割方法的平均耗时

提取范围	HSV 方法平均耗时/ms	仿猛禽方法平均耗时/ms	占比/%
红色区域	5.9959	1.0382	17.3146
蓝色标志点	0.6347	0.1030	16.2280
绿色标志点	0.3847	0.0326	8.4624
整个视觉导航	14.3531	8.1381	56.6993

无人机软式自主空中加油半物理仿真中近距视觉相对导航同样面临远距、中距与近距三种情况,图 9-18 给出了这三种场景的近距视觉导航结果,图中用不同颜色实点表示出了重投影标志点。由图可见,重投影标志点与原始标志点

(a) 远距椭圆拟合

(b) 中距标志点匹配

(c) 近距标志点预测

图 9-18　三种场景的近距视觉导航结果

基本重合,几乎没有误差,此外,图(c)中用绿色圆圈准确地表示出了被遮挡两个标志点的位置。表9-2列出了图9-18三种情况及对接成功时刻的视觉导航位置及误差,由表中数据可见,随着加/受油机距离的接近,相对位置误差逐渐减小,特别是在距离锥套较近时,视觉导航侧向和高度方向的位置误差小于0.03 m,满足无人机自主空中加油视觉导航的精度要求。

表9-2　远距、中距及近距视觉导航比较数据

项目	实际位置/m	视觉导航解算实时位置/m	重投影像素误差/像素	视觉导航位置解算误差/m
图9-17(a)	[27.47, −1.85, 2.13]	[28.62, −1.99, 2.21]	0.002 0	[−1.15, 0.14, −0.08]
图9-17(b)	[6.90, −0.05, 0.12]	[7.13, −0.08, 0.11]	0.113 7	[−0.23, 0.03, 0.01]
图9-17(c)	[0.30, −0.03, 0.09]	[0.43, −0.06, 0.08]	0.096 5	[−0.13, 0.03, 0.01]
对接成功位置	[−0.06, 0.13, 0.09]	[0.09, 0.16, 0.10]	0.832 7	[−0.15, 0.03, −0.01]

无人机软式自主空中加油半物理仿真加/受油机位置关系、锥管-锥套视觉导航相对位置关系等数据曲线与数字仿真基本一致,此处不再给出。半物理对接成功场景如图9-19所示。

(a) 虚拟相机视图　　　　　　　　　(b) 侧视图

图9-19　半物理对接成功场景

9.2 外场飞行验证平台

为验证无人机软式自主空中加油相关技术,本节开发了基于旋翼机和垂直起降固定翼无人机的两种飞行验证平台,给出了硬件平台组成与软件系统架构。

9.2.1 加/受油无人机硬件平台

1) 加/受油多旋翼无人机验证平台

加/受油多旋翼无人机验证平台主要包括机体、动力系统、飞行控制器、顶层任务机及通信设备五个部分,并且受油机添加导航相机、加油机连接加油锥套(见图 9-20)。机体为平台躯干;动力系统为平台各模块提供电力;飞行控制器产生使无人机状态量稳定与控制的指令,并控制动力系统执行指令;顶层任务机根据空中加油流程,执行近距视觉导航并实现任务模式的切换;通信设备为加/受油无人机间、飞控与任务机、飞控与地面站、任务机与地面站之间的通信提供渠道。

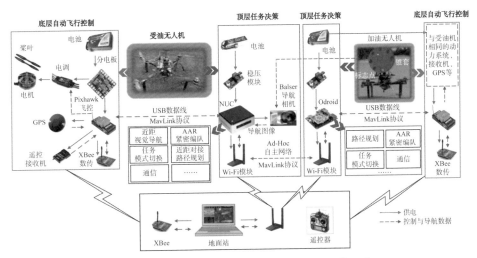

图 9-20 加/受油多旋翼无人机验证平台硬件组成

机体由机身、机臂及起落架组成,机身与起落架为碳纤材质,机臂为空心方形铁质长管,便于机臂电机调平且不易造成机臂断裂。机体轴距为 550 mm,考虑实际载重需求加装了 60 mm 的机臂延长架。总体而言,机体各部分连接较为紧固,刚度大、强度高,并且不易引起机体的振颤。

动力系统包括电机、电调、桨叶、电池及稳压模块。电机采用 T-motor

MN4012(480 kV)无刷电机,电调采用与电机相配的 T-motor AIR 40A 多旋翼电调,桨叶采用 T-motor 碳纤桨,电池采用参数为 6 600 mA·h、14.8 V、4 S、35 C 及 2 600 mA·h、14.8 V、4S、25 C 的锂电池,稳压模块采用 5 A DC-DC 大功率可调降压模块。采用底层自动飞行控制与顶层任务机分开供电的方式,6 600 mA·h 电池直接为底层自动飞行控制(含飞行控制器、电机、电调等)供电,2 600 mA·h 电池经稳压模块降压至 5 V、12 V 左右,分别为加油机、受油机任务机供电。多旋翼无人机电机、电调、桨叶及电池之间需要相互匹配,既可以保证充足的可用升力,又可以避免电力的浪费,进而达到最优的载重能力和续航时间。

飞行控制器是多旋翼无人机底层自动控制的核心,选用 HEXAERO Pixhawk2 开源飞行控制器,加载多旋翼无人机固件程序,用于接收顶层控制指令,并保持无人机状态量的稳定与控制。该控制器集成三轴磁力计、三冗余三轴加速度计、三冗余三轴陀螺仪、两冗余气压计等传感器,并且可外接双 GPS 传感器,用于无人机经纬度、姿态、加速度和气压高度等信息的测量,主处理器为 STM32H753VIT6,协处理器为 STM32F100,信息处理能力强大、稳定性高,可满足二次开发的需求。

顶层任务机是实现自主空中加油复杂多模式任务的核心。根据数据处理量的差异,加油机选用 Odroid-XU4 单板计算机,受油机选用 Intel NUC10i7FNH 迷你微型处理器(简称 NUC)。Odroid 任务机满足加油机路径规划等任务的计算能力要求,并且重量轻、功耗低,可通过 USB 数据线实现与飞行控制器的连接,同时可外接无线通信设备。由于受油机需要进行仿猛禽视觉导航信息处理,对机载实时数据处理量的要求较高,NUC 任务机性能强大,视觉信息处理速度快,同样可搭载飞行控制器和无线通信设备,以实现受油机多模式任务目标。

通信设备是实现加/受油多旋翼无人机、地面站三者之间信息共享的载体。对多旋翼验证平台而言,存在三种通信设备,即 XBee 无线数传模块(型号 XBee Pro 900HP)、Wi-Fi 通信模块(型号 EDUP EP-MS8515GS)和 USB 数据线。XBee 无线数传模块连接在飞行控制器上,用于飞控与地面站 Mission Planner 之间的实时数据共享;Wi-Fi 通信模块通过构建无线通信网络,用于加/受油多旋翼无人机顶层任务机与地面站任务发布之间的数据共享;USB 数据线将任务机与飞行控制器连接起来,实现任务机指令向底层自动飞行控制器的传输。

受油机导航相机实现自主空中加油近距导航图像的获取。导航相机选用德国 Balser 公司的 acA1920-155uc 工业相机,并配备焦距 8 mm 的镜头,通过 USB 3.0 数据线连接至受油机 NUC 任务机,兼具供电和数据传输的功能。

加油机的加油锥套是实现近距视觉导航目标检测与精确位姿测量的基础。

由于旋翼机飞行速度较慢,可能无法将柔性软管维持在稳定拖曳状态,并且就旋翼机飞行特性而言,柔性软管会构成极大的飞行安全隐患,因此采用加油锥套固连于加油机之上的方案(见图 9 - 20),设置红色加油锥套区域半径为 15 cm,标志点与圆心的距离为 12 cm,标志点半径为 1.5 cm,各个标志点在锥套区域的分布角度与图 3 - 2、图 3 - 4 相同。

2) 加/受油固定翼无人机验证平台

加/受油固定翼无人机验证平台同样由机体、动力系统、飞行控制器、顶层任务机及通信设备五个部分组成,并且受油机添加导航相机、加油机连接加油锥套(见图 9 - 21)。

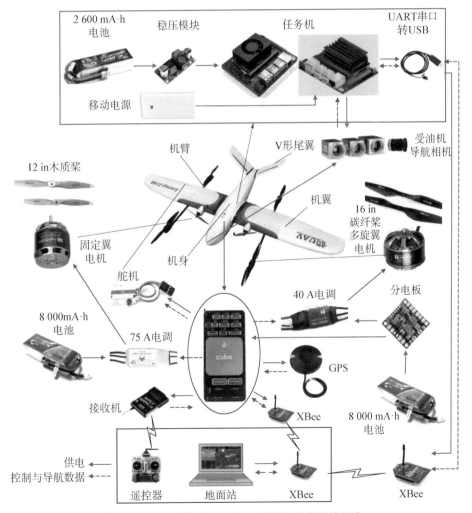

图 9 - 21　加/受油固定翼无人机验证平台硬件组成

　　机体由机身、机翼、机臂、V 形尾翼组成,机身、机翼、V 形尾翼为泡沫材料,机臂为碳纤维材料,翼展为 2 160 mm、机身长度为 1 200 mm。垂直起降固定翼无人机是多旋翼与固定翼的组合形式,其中多旋翼为普通四旋翼样式,固定翼为常规布局、双发动机、V 形尾翼样式。垂直起降固定翼通过旋翼模式执行起飞与降落任务,不仅解决了普通固定翼起飞、降落操作困难的问题,而且提高了固定翼基本起飞重量限制范围。

　　动力系统包括多旋翼模式动力部分、固定翼模式动力部分和顶层任务机供电。多旋翼模式动力部分的基本构成与加/受油多旋翼无人机相同,但将其更换为更大的动力配置,如:电机采用 T-motor MN4014(400 kV),桨叶采用碳纤桨;固定翼模式动力部分由电机、电调、桨、舵机和电池组成,双发电机采用 T-motor AT3520(550 kV),电调采用 T-motor 75A,桨叶采用 HiPROP 木质桨,舵机采用 KST DS215MG,直接由飞控供电;多旋翼模式与固定翼模式的电机和电调共用一块 8 000 mA·h、22.2 V、6 S、25 C 的锂电池。此外,2 600 mA·h 电池经稳压模块降压至 5 V 为加油机任务机供电,20 000 mA·h 移动电源为受油机任务机供电。垂直起降固定翼无人机除起飞、降落任务外,应尽量减少使用多旋翼模式的时间,以起到节约电力、增加续航时间的作用。

　　飞行控制器选用与加/受油多旋翼无人机平台相同的开源飞行控制器 HEXAERO Pixhawk2,加载固定翼无人机固件程序,并使能垂直起降固定翼参数。Pixhawk2 飞控除具备基本的多传感器外,针对固定翼模式,可外接空速管实现对实时空速的测量。

　　顶层任务机同样根据数据处理量不同进行选择,加油机依旧选用 Odroid-XU4 单板计算机,受油机选用 NVIDIA Jetson Nano 开发板,其中受油机 Nano 任务机内置 Quad-Core ARM Cortex-A57 处理器和 128-core NVIDIA Maxwell GPU,相对于 NUC,具有质量小、功耗低,以及图像处理能力强大等特点,满足仿猛禽视觉近距导航、简单深度神经网络目标检测与跟踪等任务数据处理能力要求,并可实现自主空中加油多模式任务流程规划与切换、通信等任务。加油机 Odroid 任务机实现功能与多旋翼无人机平台基本相同。

　　通信设备与多旋翼无人机平台的区别在于加/受油固定翼无人机顶层任务机、地面站三者之间的通信也换用 XBee 无线数传模块,原因在于 Wi-Fi 无线模块自组织网络通信范围不大,不满足固定翼无人机飞行范围要求。选用 XBee 模块接口为 UART 串口,通过串口转 USB 刷机线(型号 FT232RL)连接至顶层任务机。

受油机导航相机型号、基本参数与多旋翼无人机平台相同,将其安装在固定翼机头前部,以避免机体对相机视场的遮挡。

垂直起降固定翼加油机的加油锥套通过模拟软管连接于加油机尾部,模拟软管-锥套组合体如图 9-22 所示,软管设计总体思路采用分段形式,由多段碳纤维硬管软连接组成模拟软管,但出于多旋翼模式飞行安全性考虑,模拟软管初始段长度比其他段长,加油锥套设计为底面直径 30 cm、高 30 cm 的圆锥形实心泡沫,并在其圆形表面覆盖与图 3-4 外观相似、尺寸不同的锥套合作目标区域。

(a) 加油机与软管-锥套组合体

(b) 侧视图

(c) 后俯视图

图 9-22　垂直起降固定翼加油机验证平台模拟软管-锥套组合体

9.2.2　加/受油无人机软件架构

1) 加/受油多旋翼无人机验证平台

加/受油多旋翼无人机验证平台软件系统(见图 9-23)主要以底层飞行控制器和顶层任务机为载体,实现自主空中加油多模式任务。底层飞行控制器软

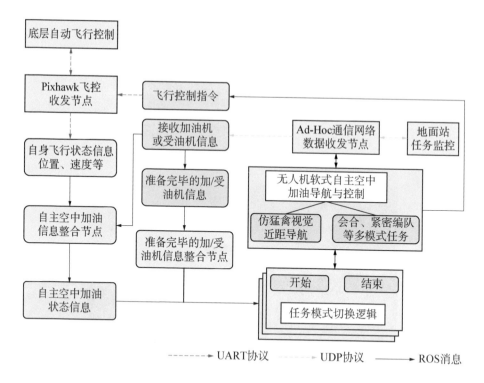

图9-23　加/受油多旋翼无人机验证平台软件系统架构

件系统搭载了传感器驱动与数据读取模块、组合导航模块、姿态解算模块、姿态控制模块、位置控制模块等多个模块,各个模块间根据自动飞行控制流程相互调用,以实现多旋翼无人机自动起飞、悬停、速度改变、航点跟踪、油门控制、着陆等功能。顶层任务机软件系统在机器人操作系统(robot operating system, ROS)框架之下,通过添加 ROS 程序节点实现通信、飞行状态管理、视觉导航信息处理、自主空中加油多任务模式控制等功能,各个节点间可分别进行程序调试,并以 ROS 订阅/发布话题的方式实现内部数据交互,下面具体介绍 ROS 各程序节点的功能。

(1) 通信节点:该节点负责加/受油无人机任务机、任务机与地面站、飞控与任务机间的数据收发,所有数据的打包和解包都利用 MavLink 通信协议。其中,加/受油无人机任务机、任务机与地面间通信无线网络基于 Wi-Fi 模块建立的 Ad-Hoc 自组织网络,所有任务机与地面站统一至同一网络网段,并根据加/受油无人机编号分配独特的 IP 地址,以实现用户数据报协议(user datagram protocol, UDP)的无线通信。此外,任务机间利用飞控数据请求与发送指令,获取无人机状态数据,发送顶层控制指令。

(2)飞行状态管理节点:该节点读取加/受油无人机的心跳包、GPS 定位精度、飞控模式等信息,判断无人机当前状态是否可进入自主空中加油任务模式。同时,对加/受油无人机故障情况(即 GPS 失效、电池电量过低等)进行监控,若无人机出现故障,执行返航或着陆指令。

(3)视觉导航信息处理节点:该节点利用导航图像进行仿猛禽视觉锥套区域检测与标志点提取、标志点匹配、位姿解算等视觉处理,具体处理流程如第 5 章所示。

(4)自主空中加油多任务模式控制节点:该节点是无人机软式自主空中加油外场验证的核心,实现的功能主要有判断无线通信网络连接情况、整合加/受油机位置等状态信息、加/受油机远距会合、受油机视觉导航近距编队,以及判断自主空中加油当前流程。

2)加/受油固定翼无人机验证平台

加/受油固定翼无人机验证平台软件系统基本架构与多旋翼验证平台相似,仅针对区别点进行叙述,具体如下。

(1)底层自动飞行控制。针对该平台采用的垂直起降固定翼,Pixhawk2 飞控不仅分别实现多旋翼模式和固定翼模式的状态量稳定与控制,包括多旋翼模式下的起飞、悬停、着陆等功能,以及固定翼模式下的航点跟踪、Home 点盘旋等功能,但固定翼模式控制方法与多旋翼模式有较大差别,比如固定翼速率和高度的总能量控制、固定翼俯仰与协调转弯姿态控制等。同时,完成多旋翼模式与固定翼模式之间的稳定切换控制:由多旋翼模式切换到固定翼模式时,双发电机先开始工作以提供前向的推力,产生固定翼模式飞行速度,此时旋翼电机依旧处于工作状态,以避免固定翼速度太低造成失速,若双发电机产生的固定翼飞行速度足够大,多旋翼模式电机停止工作,以完全的固定翼模式自动飞行;由固定翼模式切换到多旋翼模式时,旋翼电机先以保持高度稳定的较大油门量开始工作,然后双发电机转速迅速降至 0,从而完成模式转换。

(2)顶层任务机、地面站三者之间的 XBee 无线通信。XBee 无线数传模块采用 16 位地址的 802.15.4 传输协议,并可在电脑端设置自身地址、传输目标地址,以及是否传输应答。本章使用的每个 XBee 模块均修改为独特的 16 位地址,用以区分接收数据来自加油机或受油机,并将传输目标地址设置为 0xFFFF 即数据帧广播发送,除自身外的加/受油机及地面站均可接受所发送数据,同时防止频繁传输应答造成的数据堵塞,不使能传输应答位。XBee 无线数传模块发送/接收的数据帧必须以 16 位地址的 802.15.4 传输协议进行打包/解包,此外由于飞控状态量数据为 MavLink 协议消息包,故将整个 MavLink 消息包作为有效数据,插入 XBee 传输数据帧,并通过机载任务机的 USB 口经串口转换发送至直连的 XBee 模块,该 XBee 模块在有效通信范围内进行数据帧广播发送。其他 XBee 无线数传模块接收到传输数据帧时,需要先解 802.15.4 传输协议数据包,再解 MavLink 协议消息包,并以 ManLink 消息 ID 区分不同消息类型(比如经纬高消息,ID 编号为 33),得到其他加/受油机的 GPS 位置、速度、高度等信息。总之,利用 XBee 无线数传建立通信网络,加/受油机状态信息以双协议为基础,数据收发需要经过两次打包、两次解包,才能最终用于实现自主空中加油多模式任务。

（3）自主空中加油多任务模式控制。主要针对固定翼模式下由机载任务机计算得到加/受油机速度、航向、高度等的底层自动控制指令,加油机在规定航线自主飞行,受油机先判断无线通信网络连接情况、整合加/受油机位置等状态信息,并根据加/受油机前向相对位置差,执行自主空中加油多任务模式控制决策,实现不同任务模式(远距会合导引、对接编队等)的协同自主飞行。

9.2.3　多旋翼无人机飞行验证

为验证无人机自主空中加油近距视觉相对导航及综合控制决策方法,这里选用两架多旋翼无人机作为加/受油机,并在其任务机中集成近距视觉相对导航和自主空中加油多阶段多模式任务综合控制方法,进行无人机软式自主空中加油外场试飞验证。

无人机软式自主空中加油飞行验证多模式任务流程(见图 9 - 24)为:加/受油机在起降区起飞,加油机先按预定航线进行飞行,此时加/受油机的距离逐渐拉开,然后受油机开始依次执行远距会合、预对接编队、视觉导航近距对接紧密编队、脱离、自主降落等多阶段多模式任务。具体设置如下:首先,加油机以 1.5 m/s 的速度向正北方向自主飞行;受油机进入多模式任务后,先远距会合并以加油机机体坐标系下的位置(-5.5,0,0)m 为目标位置,完成加/受油机预对接编队;然后,执行视觉导航近距对接紧密编队,目标位置为锥套-受油机相对位置(3.5,0,0)m,该相对位置由仿猛禽视觉导航方法解算得到;最后,受油机脱离近距紧密编队位置,自主返回并降落到起降区,加油机同样返回起降区自主降落。图 9 - 25 为多旋翼加/受油机地面准备场景。

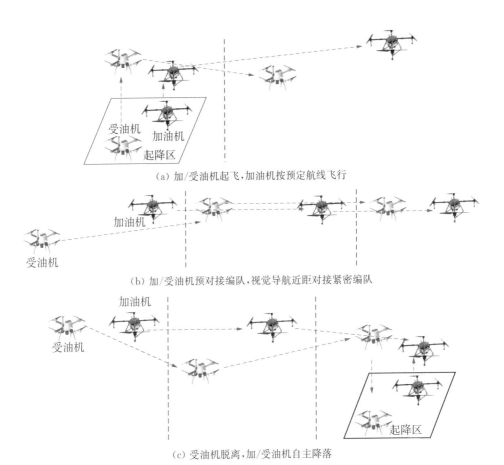

（a）加/受油机起飞,加油机按预定航线飞行

（b）加/受油机预对接编队,视觉导航近距对接紧密编队

（c）受油机脱离,加/受油机自主降落

图 9-24　无人机软式自主空中加油飞行验证多模式任务流程

图 9-25　多旋翼加/受油机地面准备场景

这里绘制多旋翼加/受油机飞行轨迹、相对位置关系及实时速度结果图的外场试验数据为机载飞行控制器直接导出的飞行日志数据。机载 GPS 模块存储

数据的频率为 5 Hz,用于绘制飞行轨迹和相对位置关系结果图的数据是飞控航姿参考系统通过扩展卡尔曼滤波融合 GPS 数据和惯性测量单元数据,然后以 10 Hz 频率存储位置点信息。实时速度数据为飞控由 GPS 数据计算得到的 GPS 速度,以 5 Hz 频率进行存储。近距视觉相对导航结果图的外场试验数据由机载任务机视觉处理程序解算得到锥套位置后再进行中值滤波,然后存储,没有设置具体的存储帧率,视觉处理程序运行周期在 100 ms 左右。

多旋翼无人机软式自主空中加油试验在谷歌地图下的加/受油机飞行轨迹如图 9-26 所示,其中:图(a)和(b)分别为飞行试验全过程的俯视和侧视图,并在侧视图中标明了飞行方向,加/受油机能够完成自主空中加油飞行任务并成功返航;图(c)和(d)分别为飞行试验中加/受油机对接编队俯视与侧视图,加/受

(a) 全过程俯视

(b) 全过程侧视

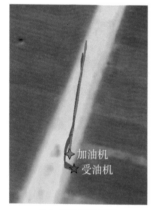

(c) 对接编队俯视

(d) 对接编队侧视

图 9-26　多旋翼无人机软式自主空中加油试验在谷歌地图下的飞行轨迹

油机最终飞行轨迹基本重合,即受油机能够与加油机形成稳定的编队,并且存在较小的高度差。

图 9-27 给出了多旋翼无人机外场试验加/受油机位置关系,如图(a)中加/受油机飞行轨迹所示,从初始时刻较大的相对位置差,加/受油机逐渐被基本控制在沿惯性系 x 轴的一条直线上,并且图(a)中放大的四个时刻分别为加/受油机初始时刻、预对接编队时刻、编队转换时刻、视觉导航近距对接编队时刻的相对位置关系,由此可见,受油机从远距逐渐接近加油机形成预对接编队,并转换

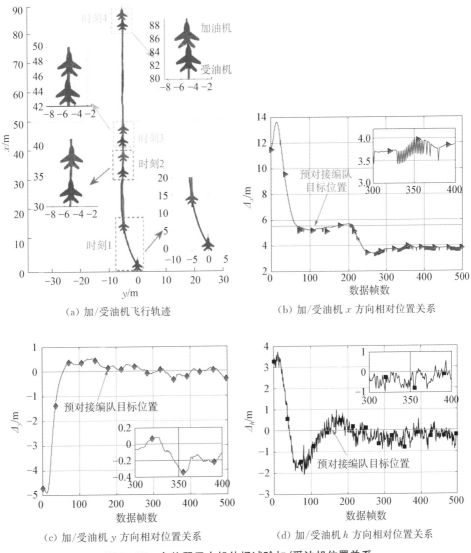

(a) 加/受油机飞行轨迹

(b) 加/受油机 x 方向相对位置关系

(c) 加/受油机 y 方向相对位置关系

(d) 加/受油机 h 方向相对位置关系

图 9-27 多旋翼无人机外场试验加/受油机位置关系

为距离更近的视觉导航近距对接编队;进一步对图(b)、(c)、(d)的加/受油机三轴相对位置关系曲线进行定量分析,由于加油机先按预定航线飞行,加/受油机 x 方向距离先增大至 13.62 m,后受油机加速追踪加油机,并稳定到加/受油机预对接编队目标位置附近区间(5.04~5.65 m),此过程中 y 方向距离控制在 0.12~0.51 m,h 方向位置稳定相对较慢,控制在 −1.00~1.00 m,过程中形成编队的趋势明显,并且该阶段最后时刻(选取数据帧数为 200 的时刻),三个方向的相对位置分别为 5.65 m、0.12 m、−0.01 m,基本完成了软式自主空中加油预对接编队控制目标,然后受油机转换跟踪目标为加油锥套位置,由图可见,加/受油机 x 方向距离减小到 3.41~3.98 m 区间。为判断是否达到近距对接紧密编队目标,需要以仿猛禽视觉近距相对导航得到的数据为标准分析锥套-受油机实时相对位置数值关系。图 9-28 表示了多旋翼无人机外场试验加/受油机实时速度,由图可见,除初始阶段外加油机速度始终控制在 1.5 m/s 左右,速度变化区间在 1.33~1.72 m/s,受油机速度曲线存在两个尖峰,分别对应形成预对接编队、视觉导航近距对接紧密编队的两个过程,并且速度最终稳定到与加油机相同的速度,图中加/受油机速度曲线与实际物理过程一致。

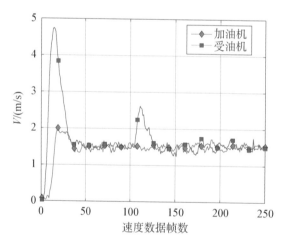

图 9-28　多旋翼无人机外场试验加/受油机实时速度

利用仿猛禽颜色处理机制的锥套及标志点检测方法实时处理自主空中加油外场试飞验证视觉导航图像,如图 9-29 检测结果所示,即使在环境复杂的外场试飞环境下,也能够基本过滤所有干扰,准确地检测到锥套 ROI 区域及全部标志点,表明了仿猛禽颜色分割方法的抗干扰性及实用性。通对整个多旋翼无人机软式自主空中加油视觉导航与控制试验,得到近距视觉相对导航结果如图 9-30 所示。图(a)和(b)分别为机载视觉导航系统实时处理得到的远距及近距导航结果,由图可见,远距视觉导航通过外接矩形较好地展示了加油锥套区域椭圆拟合结果,而近距视觉导航在检测加油锥套区域基础上,利用标志点匹配方法获取更加精确的位姿估计结果,通过对七个先验标志点进行重投影,表明了近距视觉导航误差较小。分析外场试验相机坐标系下的锥套-受油机三轴相对位置,图(c)和(d)的 x 方向相对位置稳定到 $-0.71\sim0.75\,\mathrm{m}$(数据帧数为 $200\sim335$),平均值为 $-0.13\,\mathrm{m}$,对应的 y 方向相对位置稳定到 $-0.26\sim0.41\,\mathrm{m}$ 之间,平均值为 $0.02\,\mathrm{m}$。图(e)的 z 方向相对位置曲线可明显观察到两个对接编队目标,第一个编队目标已由加/受油机 GPS 相对位置(见图 9-27)进行了分析,第二个稳定位置为视觉导航近距对接编队目标,利用仿猛禽视觉导航数据,相机系下锥套-受油机 z 方向相对位置被控制在 $3.34\sim3.69\,\mathrm{m}$(数据帧数为 $200\sim335$),平均值为 $3.52\,\mathrm{m}$,与视觉导航近距对接目标位置一致,并且结合加油锥套的实际尺寸,对比图 9-27 中加/受油机 x 方向相对距离,稳定平均值存在约 $0.2\,\mathrm{m}$ 的位置差,该位置差实际为加油锥套相对受油机飞控的安装位置偏移量,故图 9-27 与图 9-30 的相对位置数值关系起到了相互印证的作用,表明了外场试验中近距视觉导航方法的有效性。

(a) 外场视觉导航图像

(b) 锥套 ROI 区域

(c) 蓝色标志点

(d) 绿色标志点

图9-29 外场视觉导航图像锥套 ROI 区域及标志点检测结果

（a）远距视觉导航　　　　　　　　　　　（b）近距视觉导航

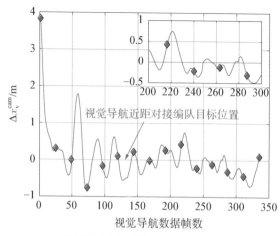

（c）相机系下锥套-受油机 x 方向相对位置

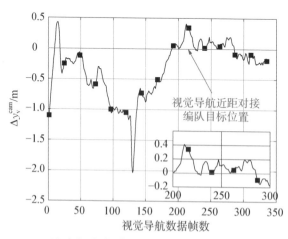

（d）相机系下锥套-受油机 y 方向相对位置

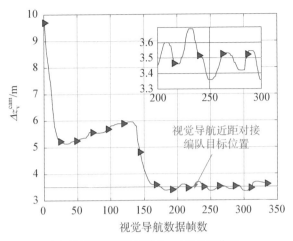

（e）相机系下锥套-受油机 z 方向相对位置

图 9-30　多旋翼无人机软式自主空中加油试验近距视觉相对导航结果

　　多旋翼无人机软式自主空中加油试验序列图像如图 9-31 所示，图（a）至（d）分别为加/受油机起飞、预对接编队、视觉导航近距对接紧密编队及返航场景，从图中可以看出自主空中加油综合控制外场试验的不同任务模式，与图 9-26 至图 9-30 的数据结果相对应。综上所述，多旋翼无人机软式自主空中加油

（a）起飞

（b）预对接编队

（c）视觉导航近距对接紧密编队

（d）返航并降落

图 9-31　多旋翼无人机软式自主空中加油试验序列图像

外场试验通过集成近距视觉相对导航方法和自主空中加油综合控制任务模式，完成了自主空中加油近距视觉导航、对接编队和多任务模式切换，验证了相关方法和技术的可行性和有效性。

9.2.4　固定翼无人机飞行验证

选用两架垂直起降固定翼无人机作为加/受油机，并在其任务机中集成自主空中加油多阶段多模式任务综合控制决策方法，进行无人机软式自主空中加油外场试飞验证。以固定翼无人机平台为对象的软式自主空中加油飞行验证多模式任务流程，包括远距会合、对接编队、加油脱离等阶段，但固定翼无人机平台的开发与应用，增加了软式自主空中加油外场飞行试验的被控对象难度、环境复杂度。固定翼无人机外场试飞验证具体设置如下：加/受油机先以旋翼模式起飞，接着加油机切换固定翼模式在规定航线自主飞行；受油机进入多模式任务后，以固定翼模式先与加油机进行远距会合，然后执行自主空中加油对接编队，最后受油机脱离编队位置，自主返航并以旋翼模式降落到起降区，加油机同样返回起降区自主降落。

这里绘制固定翼加/受油机飞行轨迹、相对位置关系及实时速度结果图的外场试验数据为机载飞行控制器直接导出的飞行日志数据。具体而言，机载 GPS 模块存储数据的频率仍为 5 Hz，由此计算得到的实时速度仍以 5 Hz 频率存储。但用于绘制飞行轨迹和相对位置关系结果图的数据是飞控航姿参考系统通过扩展卡尔曼滤波融合 GPS 数据和惯性测量单元数据，然后以 25 Hz 频率存储的位置点信息。

固定翼加/受油机地面准备场景如图 9-32 所示，由图可见，加/受油机均采用同一型号的垂直起降固定翼无人机平台，并在加油机尾部安装软管-锥套组合体、受油机头部前端安装视觉导航相机，该平台起降简单且连接软管-锥套组合体，安全性能更好。垂直起降固定翼无人机硬件平台调试较为复杂，平台飞行测试前需要进行如下检查：①旋翼模式、固定翼模式的电机转向及对应正反桨正确；②固定翼模式滚转、俯仰及偏航舵偏方向正确且各舵偏量不能太小，保证飞控作用下平台处于水平位置时，各舵偏在中位附近（偏差尽量小）；③加速度计校准，地面站观察平台水平状态；④磁罗盘校准；⑤平台配重应保证重心在机翼 1/3 弦长附近，可略微上仰；⑥平台各部分（桨、电池、飞控等）在机体上安装牢固。在确保以上检查项完成后，飞行测试应按照一定的顺序进行，先给飞控接通电源，给予飞控一定的时间搜星定位，接着测试旋翼模式的稳定飞行并保证可返

(a) 加油机与受油机

(b) 加油机

(c) 受油机

图 9-32　固定翼加/受油机地面准备场景

回 Home 点(即解锁位置点)降落,然后测试固定翼模式的稳定飞行,平台以旋翼模式起飞后切换至固定翼模式进行遥控飞行,无人机操控员直观感受固定翼模式下的油门速度、转弯及高度控制效果,最终返回起飞点附近并以旋翼模式降落。图 9-33 为固定翼加/受油机遥控飞行谷歌地图轨迹,平台飞行效果较好,可用于无人机软式自主空中加油外场试验。

图 9-34 给出了固定翼无人机软式自主空中加油试验谷歌地图轨迹,其中,图(a)为轨迹俯视图,图(b)为轨迹侧视图。图(a)中以不同颜色表示了加/受油机轨迹并标明了飞行方向,由图可见,受油机能够跟踪加油机进行较大范围的飞行,同时可以完成返航、降落,并且在直线飞行段加/受油机侧向位置偏差较小;图(b)从侧面定性展示了加/受油机对应飞行轨迹的高度变化,由图可见,除初始和返航阶段外,加/受油机高度基本保持一致,特别是在直线飞行段。

（a）加油机　　　　　　　　　　　　　（b）受油机

图 9‑33　固定翼加/受油机遥控飞行谷歌地图轨迹

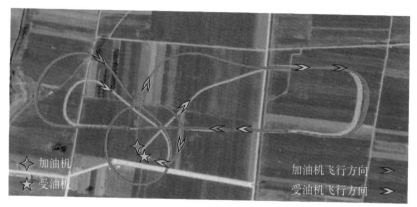

☆ 加油机　　　　　　　　　　　　　　　加油机飞行方向
★ 受油机　　　　　　　　　　　　　　　受油机飞行方向

（a）俯视图

（b）侧视图

图 9‑34　固定翼无人机软式自主空中加油试验谷歌地图轨迹

　　固定翼无人机外场试验加/受油机轨迹如图 9‑35 所示,与图 9‑34(a)的谷歌地图轨迹一致,图中以不同的序号标出了 8 组加/受油机位置,总体而言,加油机按航线飞行先拉开与受油机的距离,接着受油机以较大的速度与加油机实现远距会合,经转弯后进入直线飞行段,在此阶段完成加/受油机对接编队飞行,然后受油机率先脱离编队并返航、降落,加油机随后返航,考虑到降落过程中加/受油机安全性因素,加油机返航后先在 Home 点盘旋,等受油机降落到一定高度后,加油机再进行降落。图9-36 给出了固定翼无人机外场试验加/受油机实时速度,由图可见,受油机先以较大的速度接近加油机,在对接编队过程中,加/受油机平均速度相差不大,图中加/受油机速度曲线与实际物理过程一致。

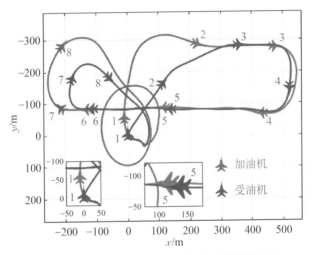

图9-35　固定翼无人机外场试验加/受油机轨迹

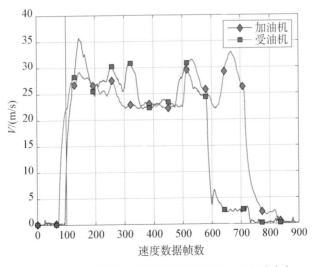

图9-36　固定翼无人机外场试验加/受油机实时速度

固定翼无人机软式自主空中加油试验序列图像如图9-37所示,其中:图(a)为加/受油机起飞,图(b)为加油机航线飞行,图(c)为对接编队,图(d)为返航并降落。由图可见,起飞阶段加油锥套竖直悬在加油机下,当加油机按航线飞行时,加油锥套由于受到空气动力作用被拉直,对接编队使加/受油机保持相对较近的位置关系,遵循先后顺序返航并降落。

(a) 起飞　　　　　　　　　　　(b) 加油机航线飞行

(c) 对接编队　　　　　　　　　　(d) 返航并降落

图 9-37　固定翼无人机软式自主空中加油试验序列图像

通过固定翼无人机外场试验对软式自主空中加油综合控制决策多模式任务进行了验证,实现了自主空中加油远距会合、对接编队、加油脱离等阶段,验证了相关方法和技术的可行性和有效性。

9.3　本章小结

本章设计并开发了无人机软式自主空中加油半物理仿真验证平台和外场试飞验证平台,并进行了半物理集成仿真验证和初步的外场试飞验证。半物理仿真验证平台由仿真计算机、视景计算机、真实工业相机等部分组成,软式空中加油各部分模型、近距视觉相对导航、加/受油机控制及计算机间通信等在仿真计算机中运行,视景计算机加载 FlightGear 自主空中加油视景,在显示屏显示自主空中加油场景,工业相机实时获取自主空中加油场景并传输至仿真计算机的近距视觉导航系统进行实时处理。此外,开发两种外场试飞验证平台,分别为多旋翼无人机自主空中加油平台与固定翼无人机自主空中加油平台,根据两种平台的硬件特性,设计了相应的软件系统架构,进而通过自主空中加油外场飞行试验,验证了近距视觉相对导航、综合控制决策多阶段多任务模式等技术与方法的可行性与有效性。

目前,对无人机自主空中加油技术的研究,在视觉导航、多模态控制律、加/受油机紧密编队、加油流程设计等方面虽取得了一些进展,但大多数自主空中加油系统多局限于常规加油任务场景,按照特定的加油流程在有限状态间循环进行,自主性低、智能化水平不高。而自主空中加油技术极大可能应用于复杂、强对抗作战环境,结合强化学习、深度学习、类脑计算等人工智能领域的研究成果,可以构建更加智能的无人机自主空中加油系统,使系统具备记忆和自学习能力,增强复杂突发状况的处理能力。此外,无人机自主空中加油作为专用技术,其技术特性决定了相关研究应更贴近工程实际与应用场景。在国内外研究人员取得的一系列成果基础上,后续相关研究应紧密结合具体无人机型号、对抗应用场景等,以型号无人机自主空中加油战场应用为技术导向,增强相关技术方法与各分系统的实用性,在对抗战场环境下的型号无人机自主空中加油试飞验证中,逐渐完善理论和技术方案,攻克技术瓶颈及难题。

参考文献

[1] Zhao K D, Sun Y R, Li H, et al. Monocular visual pose estimation for flexible drogue by decoupling the deformation [J]. IEEE Transactions on Instrumentation and Measurement, 2022,71:5015311.

[2] Sun S Y, Yin Y J, Wang X G, et al. Robust visual detection and tracking strategies for autonomous aerial refueling of UAVs[J]. IEEE Transactions on Instrumentation and Measurement, 2019,68(12):4640-4652.

[3] 吴慈航,闫建国,程龙,等. 基于多头卷积长短期记忆网络的锥套轨迹预测[J]. 西北工业大学学报,2022,40(3):628-635.

[4] Duan H B, Zhang Q F. Visual measurement in simulation environment for vision-based UAV autonomous aerial refueling [J]. IEEE Transactions on Instrumentation and Measurement, 2015,64(9):2468-2480.

[5] Duan H B, Sun Y B, Shi Y H. Bionic visual control for probe-and-drogue autonomous aerial refueling[J]. IEEE Transactions on Aerospace and Electronic Systems, 2021,57(2):848-865.

［6］周仁先,杨尚君,林以军.软式空中加油半实物仿真系统研究［J］.图学学报,2021,42(3):478-484.

［7］张易明,艾剑良.基于双目视觉的空中加油锥套定位与对接控制［J］.系统工程与电子技术,2021,43(10):2940-2953.

［8］王卓雅,屈耀红,闫建国,等.基于无人机空中加油的目标追踪算法［J］.飞行力学,2018,36(4):53-57.

［9］王旭峰,董新民,孔星炜.机器视觉辅助的插头锥套式无人机自主空中加油仿真［J］.科学技术与工程,2013,13(18):5245-5250.

［10］费伦.固定翼软式自主空中加油关键技术研究及验证［D］.北京:北京航空航天大学,2019.

［11］吴腾飞.无人机软式自主空中加油视觉导航技术研究［D］.南京:南京航空航天大学,2015.

［12］千露.基于仿生视觉感知的无人机位姿测量［D］.北京:北京航空航天大学,2015.

［13］张奇夫.基于仿生视觉的动态目标测量技术研究［D］.北京:北京航空航天大学,2014.

［14］毕英才.基于机器视觉的无人机空中加油精确导引及半物理实现［D］.北京:北京航空航天大学,2013.

［15］刘芳.基于仿生智能的无人机自主空中加油技术研究［D］.北京:北京航空航天大学,2012.

［16］Xu X B, Duan H B, Guo Y J, et al. A cascade adaboost and CNN algorithm for drogue detection in UAV autonomous aerial refueling［J］. Neurocomputing, 2020, 408:121-134.

［17］孙永斌.基于仿生智能的无人机软式自主空中加油技术研究［D］.北京:北京航空航天大学,2021.

［18］李晗.仿猛禽视觉的自主空中加油技术研究［D］.北京:北京航空航天大学,2019.

［19］陈善军.基于仿鹰眼视觉的软式自主空中加油导航技术研究［D］.北京:北京航空航天大学,2018.

［20］李聪.基于计算机视觉的软式自主空中加油位姿测量［D］.北京:北京航空航天大学,2017.

［21］张聪.面向无人机编队的视觉从测量方法研究［D］.北京:北京航空航天大学,2017.

索　引